煤炭分选加工技术丛书

选煤厂工艺设计与建设

黄 波　谢 华　李志勇
崔广文　王成江　刘 珊　编著

北 京
冶 金 工 业 出 版 社
2014

内 容 简 介

本书结合近年来选煤工程设计与建设领域的成果，系统地介绍了选煤厂工艺设计的基本原则和建设程序，煤质资料的分析、整理原则及方法，选煤方法比较与方案确定，选煤工艺流程的制定与计算，选煤设备选型与计算，选煤车间工艺布置，选煤厂工业场地布置，选煤工艺设计的制图规范和选煤厂工程的建设模式，选煤厂设计的技术经济分析以及选煤厂设计需要的土建、管道等相关专业知识。此外，还介绍了选煤厂车间工艺布置的三维设计思路及设计实例等。

本书内容丰富，实用性强，汇集了大量工程设计的实际资料和企业生产技术管理经验，以及近年来颁布的国家（行业）标准，突出了选煤厂工艺设计的创新理念和选煤厂工程建设的新模式。

本书可作为高等学校矿物加工工程专业的教学用书和从事选煤工艺设计、咨询的技术人员以及选煤厂技术人员的学习参考书，也可作为选煤厂管理和技术人员的培训用书。

图书在版编目（CIP）数据

选煤厂工艺设计与建设/黄波等编著. —北京：冶金
工业出版社，2014.8
（煤炭分选加工技术丛书）
ISBN 978-7-5024-6704-3

Ⅰ.①选…　Ⅱ.①黄…　Ⅲ.①选煤厂—工艺设计
Ⅳ.①TD942.81

中国版本图书馆 CIP 数据核字（2014）第 198384 号

出 版 人　谭学余
地　　址　北京市东城区嵩祝院北巷 39 号　邮编　100009　电话　(010)64027926
网　　址　www.cnmip.com.cn　电子信箱　yjcbs@cnmip.com.cn
责任编辑　张登科　美术编辑　彭子赫　版式设计　孙跃红
责任校对　卿文春　责任印制　李玉山
ISBN 978-7-5024-6704-3
冶金工业出版社出版发行；各地新华书店经销；三河市双峰印刷装订有限公司印刷
2014 年 8 月第 1 版，2014 年 8 月第 1 次印刷
787mm×1092mm　1/16；25.25 印张；1 插页；613 千字；387 页
50.00 元

冶金工业出版社　投稿电话　(010)64027932　投稿信箱　tougao@cnmip.com.cn
冶金工业出版社营销中心　电话：(010)64044283　传真　(010)64027893
冶金书店　地址　北京市东四西大街46 号(100010)　电话　(010)65289081(兼传真)
冶金工业出版社天猫旗舰店　yjgy.tmall.com
（本书如有印装质量问题，本社营销中心负责退换）

《煤炭分选加工技术丛书》序

煤炭是我国的主体能源，在今后相当长时期内不会发生根本性的改变，洁净高效利用煤炭是我国国民经济快速发展的重要保障。煤炭分选加工是煤炭洁净利用的基础，这样不仅可以为社会提供高质量的煤炭产品，而且可以有效地减少燃煤造成的大气污染，减少铁路运输，实现节能减排。

进入 21 世纪以来，我国煤炭分选加工在理论与技术诸方面取得了很大进展。选煤技术装备水平显著提高，以重介选煤技术为代表的一批拥有自主知识产权的选煤关键技术和装备得到广泛应用。选煤基础研究不断加强，设计和建设也已发生巨大变化。近年来，我国煤炭资源开发战略性西移态势明显，生产和消费两个中心的偏移使得运输矛盾突出，加大原煤入选率，减少无效运输是提高我国煤炭供应保障能力的重要途径。

《煤炭分选加工技术丛书》系统地介绍了选煤基础理论、工艺与装备，特别将近年来我国在煤炭分选加工方面的最新科研成果纳入丛书。理论与实践结合紧密，实用性强，相信这套丛书的出版能够对我国煤炭分选加工业的技术发展起到积极的推动作用！

是为序。

中国工程院院士

中国矿业大学教授

2011 年 11 月

《煤炭分选加工技术丛书》前言

煤炭是我国的主要能源,占全国能源生产总量的70%以上,并且在相当长一段时间内不会发生根本性的变化。

随着国民经济的快速发展,我国能源生产呈快速发展的态势。作为重要的基础产业,煤炭工业为我国国民经济和现代化建设做出了重要的贡献,但也带来了严重的环境问题。保持国民经济和社会持续、稳定、健康的发展,需要兼顾资源和环境因素,高效洁净地利用煤炭资源是必然选择。煤炭分选加工是煤炭洁净利用的源头,更是经济有效的清洁煤炭生产过程,可以脱除煤中60%以上的灰分和50%~70%的黄铁矿硫。因此,提高原煤入选率,控制原煤直接燃烧,是促进节能减排的有效措施。发展煤炭洗选加工,是转变煤炭经济发展方式的重要基础,是调整煤炭产品结构的有效途径,也是提高煤炭质量和经济效益的重要手段。

"十一五"期间,我国煤炭分选加工迅猛发展,全国选煤厂数量达到1800多座,出现了千万吨级的大型炼焦煤选煤厂,动力煤选煤厂年生产能力甚至达到3000万吨,原煤入选率从31.9%增长到50.9%。同时随着煤炭能源的开发,褐煤资源的利用提到议事日程,由于褐煤含水高,易风化,难以直接使用,因此,褐煤的提质加工利用技术成为褐煤洁净高效利用的关键。

"十二五"是我国煤炭工业充满机遇与挑战的五年,期间煤炭产业结构调整加快,煤炭的洁净利用将更加受到重视,煤炭的分选加工面临更大的发展机遇。正是在这种背景下,受冶金工业出版社委托,组织编写了《煤炭分选加工技术丛书》。丛书包括:《重力选煤技术》《煤泥浮选技术》《选煤厂固液分离技术》《选煤机械》《选煤厂测试与控制》《煤化学与煤质分析》《选煤厂生产技术管理》《选煤厂工艺设计与建设》《计算机在煤炭分选加工中的应用》《矿物加工过程Matlab仿真与模拟》《煤炭开采与洁净利用》《褐煤提质加工利用》

《煤基浆体燃料的制备与应用》，基本包含了煤炭分选加工过程涉及的基础理论、工艺设备、管理及产品检验等方面内容。

本套丛书由中国矿业大学（北京）化学与环境工程学院组织编写，徐志强负责丛书的整体工作，包括确定丛书名称、分册内容及落实作者。丛书的编写人员为中国矿业大学（北京）长期从事煤炭分选加工方面教学、科研的老师，书中理论与现场实践相结合，突出该领域的新工艺、新设备、新理念。

本丛书可以作为高等院校矿物加工工程专业或相近专业的教学用书或参考用书，也可作为选煤厂管理人员、技术人员培训用书。希望本丛书的出版能为我国煤炭洁净加工利用技术的发展和人才培养做出积极的贡献。

本套丛书内容丰富、系统，同时编写时间也很仓促，书中疏漏之处，欢迎读者批评指正，以便再版时修改补充。

中国矿业大学（北京）教授　徐志强

2011 年 11 月

前 言

近 30 年来，我国选煤业发展十分迅速，2013 年全国原煤入选率达到了 60.16%。与此同时，大型、高效的选煤设备不断出现并应用于生产，选煤工艺、选煤厂厂房结构和设备布置不断创新，突破了传统的模式，选煤厂工艺设计理念和建设模式也发生了巨大变化，选煤厂工程设计标准（规范）日益完善，正是在这样的背景下，我们组织编写了《选煤厂工艺设计与建设》一书。本书汇集了大量工程设计的实际资料和企业生产技术管理经验，以及近年来颁布的国家（行业）标准，介绍了选煤厂车间工艺布置的三维设计思路及设计实例。

全书共分 11 章，系统地介绍了选煤厂工艺设计的基本原则和建设程序，煤质资料的分析和整理原则及方法，选煤方法比较与方案确定，选煤工艺流程的制定与计算，选煤设备选型与计算，选煤车间工艺布置及三维设计，选煤厂工业场地布置，选煤工艺设计的制图规范和选煤厂工程的建设模式，选煤厂工程的技术经济分析以及选煤厂设计所需要的土建、管道等相关专业知识。

本书第 1、2 章由中煤科工集团北京华宇工程有限公司李志勇编写，第 3、8 章由中国矿业大学（北京）黄波编写，第 4、5 章由中国矿业大学（北京）谢华编写，第 6、9 章由山东科技大学崔广文编写，第 7 章由泰戈特（北京）工程技术有限公司刘珊编写，第 10、11 章由煤科总院天地设计研究院王成江编写，全书由黄波统稿。

本书在编写过程中，得到了中国矿业大学（北京）矿物加工系老师的大力帮助，在此表示衷心的感谢。同时，本书参考或引用了国内外相关文献的一些内容和实例，部分章节引用了匡亚莉主编的《选煤工艺设计与管理》一书中的相关内容，并对引用部分的一些不妥之处作了修正，在此谨向这些作者表示诚挚的谢意。

由于编者水平所限，书中不妥之处，敬请广大读者批评指正。

作　者
2014 年 8 月

目　录

1 | 选煤厂设计的基本原则与依据

1.1 我国选煤工程设计和选煤厂建设概况

选煤是煤炭加工利用的基础，是改善煤炭产品质量、提高社会效益和节能减排的重要途径。选煤工艺设计是选煤工程建设的重要环节。

近30年来，我国选煤工业发展十分迅速，2011年原煤入选率为52.99%，2012年原煤入选率达到56.16%，2013年原煤入选率达到了60.16%。预计到2015年原煤入选率将达65%，2020年达到75%。截至2013年末，我国规模以上（≥0.3Mt/a）的选煤厂达到了2000多座，有40多座年处理量超过10.0Mt/a的大型选煤厂，总入选能力超过600.0Mt/a，约占全国选煤能力的27%，其中最大的炼焦煤选煤厂已经达到30.0Mt/a，最大的动力煤选煤厂已经达到40.0Mt/a。

我国选煤厂的分布非常广泛，除西藏和东南沿海少数省份没有选煤厂或未统计到以外，全国大多数省份都建有数量不等的选煤厂。由于地域经济发展的不平衡性，选煤厂的发展也是不平衡的，建设的水平也有较大差别。

目前，国内外采用的选煤方法主要为重介、跳汰、粗煤泥分选、浮选以及干法选煤。我国地域广阔，煤炭资源丰富，煤种齐全，煤质变化大，煤炭的可选性多数偏难。其中，炼焦煤资源稀缺。为尽可能完全地回收有用资源，炼焦煤选煤厂的工艺流程均比较复杂，原煤入选粒度范围一般为50~0mm。动力煤主要是工业锅炉和发电用煤，用量占我国煤炭产量的80%左右。

由于环境保护的意识增强和节能减排的压力增大，我国动力煤入选量在逐年增加，2011年、2012年和2013年全国动力煤入选量分别为9.00亿吨、10.60亿吨和12.14亿吨。动力煤选煤厂一般采用相对简单的工艺流程，原煤入选粒度范围一般为100（300）~25（13或6）mm。

我国选煤厂使用的设备种类很多。最近几年，选煤设备的种类、规格都有所增加，选煤设备朝着机电一体化方向发展，例如加压过滤机、隔膜压滤机等配备了较为完善的单机自动控制设施。

选煤厂采用的选煤方法、工艺流程千差万别，设备种类、规格繁多，给选煤厂的设计和管理带来了许多挑战。

1.2 选煤厂设计的基本原则

煤炭工业是我国国民经济的基础产业，我国以煤炭作为主要能源的格局在今后50年内不会有根本性的变化。根据我国能源结构和资源特点，为了适应国民经济快速发展和环境保护的要求，保障煤炭工业持续健康发展，必须提高我国煤炭的入选比例。因此，未来一段时间，我国大规模改造和建设选煤厂必不可少。选煤厂设计与建设是煤炭工业基本建设项目的重要环节，选煤工艺设计是工程建设的灵魂，是煤炭基本建设计划具体实现的必经途径。

选煤厂设计的目的是有计划地解决新建厂或扩建厂的建筑、设备安装和进行生产时所需要的原材料供应、劳动力配备等一系列重大问题，并给出和保证投产后可能达到的最佳技术经济指标。

煤炭分选工程（包括选煤厂、干选厂、筛选厂等）的新建、改建和扩建工程的工程设计和工程咨询，应遵循以下基本原则：

（1）应从我国的国情出发，顺应国际发展趋势，及时采取国内外先进技术、实践经验和成熟可靠的新工艺、新设备、新材料，不断提高选煤厂建设的现代化水平和经济效益。

（2）应合理利用资源，做到技术先进，安全适用，经济合理，环保节能，实现可持续发展。动力煤应加工后销售。稀缺煤种必须实行保护性加工利用。

（3）认真贯彻党和国家有关工程设计方面的方针、政策，遵守基本建设程序，执行《煤炭洗选工程设计规范》和有关的规程、规范、法令、规定，严格按照设计任务书的要求进行。

选煤厂设计是一个复杂的系统工程（见图1-1），包括多级子系统。各子系统之间相互依赖、相互关联，需要高度的协同，任何一个环节出了差错，都会严重影响整个设计的质量。设计质量高度依赖于设计人员的知识和经验，因此，难免会出现由于设计人员经验不足而造成的失误。

选煤厂设计工作的具体要求如下：

（1）设计时应首先考虑煤炭资源特点和条件及市场的要求，其次要考虑原煤和产品运输距离。必须有足够的煤炭资源且经过精查落实，方具备设计的前提条件。在有足够的煤质资料和其他设计资料的基础上，确定适当的工艺流程和设备，同时还要考虑产品的市场竞争能力，以保证获得经济效益。工艺流程应具备一定的灵活性以适应市场变化和多种用户的要求。在一般情况下，原煤和产品运输距离越短越好，以保证经济效益和产品的竞争力。

（2）矿井型选煤厂应与矿井同时设计、同时施工、同时投产。其他类型选煤厂必须保证煤源供应，以及在不影响有关矿井正常投产的前提下，适当安排工期。

（3）在设计中因地制宜地采用经济效益高的工艺、技术和设备。工艺流程与设备力求简单、可靠和高效率。在技术经济条件允许的情况下提高机械化、自动化水平。在一般情况下应该优先采用国内先进设备。如果需要引进国外技术与设备时，必须经过可行性研究，慎重决定。

（4）在条件适合的情况下，尽量套用或局部套用经过生产考验的定型设计或比较成功的设计。必要时进行局部修改，或以此为参考重新设计。设计中考虑标准化、系列化、通用化的问题，不仅可节约人力、物力、财力，还可缩短设计周期、提高设计质量，并且也为将来选煤厂的生产创造有利条件。

（5）重视回收利用煤中共生和伴生矿物，以及选煤厂的多种经营问题。设计中要特别考虑中煤、矸石、煤泥等副产品的利用和多种经营问题。

（6）设计要为安全生产创造必要的条件，要认真考虑消防及预防火灾的问题。

（7）设计要符合环境保护的要求。煤泥尽可能地在厂内回收，并实现洗水闭路循环。如果排放生产废水，则必须符合环保要求，甚至要将废水加工处理合格后再排放。废渣、废气和煤尘要合理处置，要有一定措施减少或隔离噪声。环境保护工程与选煤厂同时设计、同时施工、同时投产。要考虑厂区、生活区的绿化和美化设计，使选煤厂要有良好的

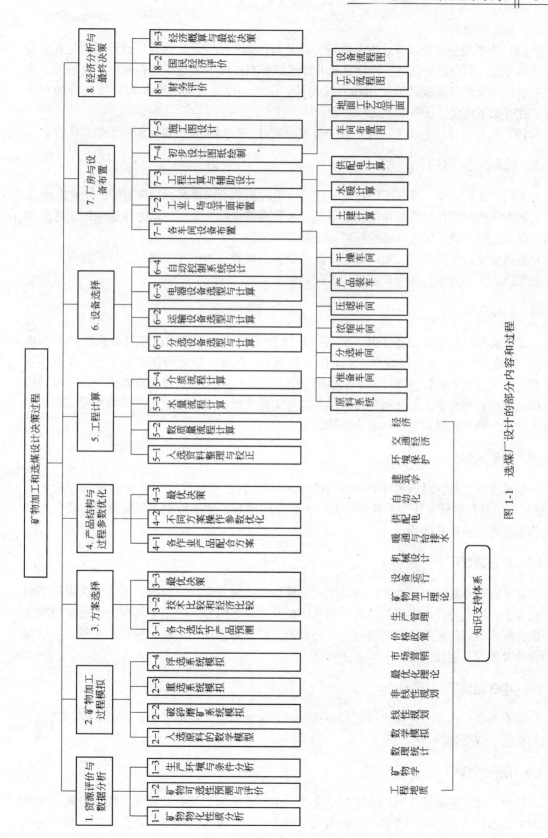

图 1-1 选煤厂设计的部分内容和过程

生产、生活环境。

（8）为了避免重复设计、重复投资，以及防止漏项的问题，选煤厂设计必须与有关设计严格分工，划分设计范围。特别是矿井型或群矿型选煤厂多与矿井在同一工业场地，许多附属设施和福利设施必须共用和同时设计，因此，设计方面的分工和投资的分摊很重要，在开始下达设计任务时就必须明确。

（9）现有设计应为将来选煤厂进一步发展或改、扩建留有余地，为施工创造条件。

1.3 选煤厂的类型和厂型

不同类型的选煤厂具有不同特点，在设计中应根据不同情况，采取不同的技术措施。

根据所处理原料煤性质和用途的不同，可分为炼焦煤选煤厂、动力煤选煤厂或炼焦和动力煤兼选的选煤厂以及只要求粒度分级的筛选厂。

根据拟建选煤厂位置、用户位置及煤源位置不同可分为矿井选煤厂、群矿选煤厂、矿区选煤厂、中心选煤厂和用户选煤厂5种类型。

1.3.1 矿井选煤厂

矿井选煤厂是单独服务于某一矿井，厂址位于该矿工业场地内且只分选该矿所产毛（原）煤的选煤厂，其处理能力、年工作日数等工作制度一般应与该矿井相同。规范要求矿井日工作班数4班，选煤厂为3班生产。这类选煤厂的一些附属设施如机修、供暖、供电以及行政管理和职工生活福利设施尽可能与矿井共用。对于大型选煤厂的建设，应首先考虑建设此类型选煤厂，因其最为经济。

1.3.2 群矿选煤厂

群矿选煤厂是同时服务于产量较小的几个矿井，一般处理几个矿井的煤质相近的毛（原）煤。其厂址设在几个矿井中最大一个矿井的地面工业场地上。附属设施与公共福利设施尽可能与该矿井共用。

1.3.3 矿区选煤厂

矿区选煤厂是同时处理矿区内几个矿井原煤的大型选煤厂，其与上述两种选煤厂不同之处在于：厂址位于本矿区范围内、与几个矿井有联系的独立的工业场地上。通常设在几个矿井所产原煤的运输流向的交点上；处理若干矿井的来煤；有独立的辅助车间、生活福利设施及铁路运输线。

1.3.4 中心选煤厂

中心选煤厂的厂址设在矿区范围外独立的工业场地上，处理多个矿区的来煤，其他方面与矿区选煤厂相同。

1.3.5 用户选煤厂

用户选煤厂是附属于某一个用煤企业的一个厂或车间，其行政管理、辅助设施、生活福利等均由所属企业统一管理。一般附属于钢铁公司、煤气公司或焦化厂，厂址位于这些企业的工业场地上。该类型的选煤厂一般分选多种牌号的外来煤。

根据选煤厂处理能力的不同，又可分为以下三种厂型，见表1-1。

表1-1 选煤厂设计厂型

厂 型	年处理能力/Mt
大 型	1.2、1.5、1.8、2.4、3.0、4.0、5.0、6.0及以上
中 型	0.45、0.6、0.9
小 型	0.3及以下

注：原煤量按干基计算。

1.4 煤炭的用途及其对煤炭质量的要求

1.4.1 煤炭的用途

煤炭既是燃料，也是工业原料，广泛用于冶金、电力、化工、城市煤气、铁路、建材等国民经济各部门。不同的行业、不同的用煤设备对煤炭的质量均有不同的要求。选煤设计工作者不仅要了解入选原料的性质，而且还要了解用户对煤炭产品质量的要求，根据用户对产品质量、数量的要求确定产品结构和工艺流程。

1.4.2 动力发电对煤炭质量的要求

我国发电厂是煤炭的最大用户。用作动力发电的煤炭质量指标有发热量、挥发分、灰分、灰融性、可磨性和全水分等，如表1-2所示。其中发热量是发电用煤必须首先满足

表1-2 动力发电对煤炭质量要求

发 热 量		灰 分	
符 号	$Q_{net,ar}$/MJ·kg^{-1}	符 号	A_d/%
Q_1	>24.00	A_1	≤20.00
Q_2	21.01~24.00	A_2	20.01~30.00
Q_3	17.01~21.00	A_3	30.01~40.00
Q_4	15.51~17.00	灰 融 性	
Q_5（适用于褐煤）	>12.00	符 号	ST/(°)
挥 发 分		ST_1	>1150~1250
符 号	V_{daf}/%	$Q_{net,ar}$/MJ·kg^{-1}	ST_2	1260~1350
V_1（不宜单独燃用）	6.50~10.00	>21.00	ST_3	1360~1450
V_2	10.01~20.00	>18.00	ST_4	>1450
V_3	20.01~28.00	>16.00	哈氏可磨性指数	
V_4	>28.00	>15.00	符 号	HGI
V_5（适用于褐煤）	>37.00	>12.00	HGI_1	>40~60
全 水 分		HGI_2	>60~80
符 号	M_t	V_{daf}/%	HGI_3	>80
M_1	≤8.00	≤37.00	硫 分	
M_2	8.1~12.0	≤37.00	符 号	$S_{t,d}$/%
M_3	12.1~20.0	>37.00	S_1	≤0.50
M_4'（适用于褐煤）	>20.0		S_2	0.51~1.00
			S_3	1.01~2.00
			S_4	2.01~3.00

的条件，一般来说，单机容量越大的火力发电厂对燃煤热值的要求也越高。动力发电用煤质量一定要与锅炉设备相互适应，对于某一项煤炭指标达不到标准要求，应由煤炭供需双方协商解决。

动力发电煤炭的品种以粒度小于 13mm（或小于 25mm）的末煤或粉煤（小于 6mm）为最好，煤中的可见矸石含量也是越低越好。

1.4.3 化工用煤对煤炭质量的要求

1.4.3.1 炼焦用煤对煤炭质量要求

冶炼焦是高炉炼铁必不可少的燃料和原料。据统计，70%的焦炭主要用于高炉炼铁。在我国新的煤炭分类（GB 5751—1986）中，1/2 中黏煤、气煤、气肥煤、1/3 焦煤、肥煤、焦煤、瘦煤和贫煤均属于炼焦煤范畴，都可作为炼焦煤或炼焦配煤使用。

在炼铁过程中，焦炭既是为冶炼过程提供热源的燃料，又是主要的还原剂。为维持炉内料柱的透气性，使高炉能够正常运行，焦炭要有一定的块度和强度。随着高炉大型化和强化冶炼技术的发展，对焦炭强度的要求日益提高。

焦炭强度的高低主要取决于煤的结焦性和黏结性，因此，炼焦用煤要有较好的结焦性和黏结性。此外，对煤的其他指标也有相应的规定。

A 配煤质量指标

在炼焦生产中，为了获得符合质量标准的焦炭，必须控制影响焦炭性能的各种因素，其中配煤方案是关键因素。制定配煤方案时，要综合考虑资源概况，做到优势互补，努力降低原料煤的费用，结合资源配置和焦炭质量的要求，提出合理的配煤控制指标。配煤质量指标主要有以下几种。

a 灰分

煤的灰分高，焦炭的灰分也高。据统计，炼焦精煤灰分每增加 1%，焦炭灰分平均提高 1.33%，焦炭灰分每升高 1%，高炉熔剂消耗量约增加 4%，炉渣量约增加 3%，每吨生铁消耗焦炭量约增加 1.7%~2.0%，生铁产量约降低 2.2%~3.0%。因此，对炼焦用煤而言，灰分应尽可能低一些。炼焦精煤的灰分一般控制在 10.00% 以下，最高不应超过 12.50%。

b 硫分

焦炭中的硫全部来自于煤，高炉内由炉料带入的硫分，仅 5%~20%随高炉煤气逸出，其余的参加炉内硫循环，只能靠炉渣排出。焦炭含硫高会使生铁含硫高，增大其热脆性，同时还会增加炉渣碱度，使高炉运行指标下降。通常焦炭硫分每增加 0.1%，煤炭消耗量增加 1.2%~2.0%，生铁产量减少 2%以上。此外，焦炭中的硫含量高还会使冶炼过程的环境污染加剧。

配煤中的硫 70%~80%将进入焦炭，我国规定一级冶金焦硫不高于 0.60%，配煤的硫分不高于 0.66%。

c 全水分

煤中水分的高低对焦炭的质量没有直接影响。但水分过高，除了会增加不必要的运输量以外，还会使炼焦过程的能耗增加，也会给严寒地区装卸车等带来一定的困难。一般规定炼焦配煤的全水分应在8%以下。

d 磷含量

煤中所含的磷几乎全部残留在焦炭中，焦炭中的磷又全部转入生铁中，增加生铁的冷脆性。转炉炼钢不易除磷，要求生铁的含磷量低于0.01%~0.015%。我国炼焦精煤的磷含量普遍较低，一般都能满足要求。

e 结焦性和黏结性

生产实践中，大多采用配煤炼焦。在保证焦炭质量的前提下，对配煤中的单煤，特别是结焦性和黏结性均较好的焦煤和肥煤的要求可适当放宽一些，以解决炼焦煤源不足的问题。煤的结焦过程是一个由很多环节构成的极其复杂的工艺。煤的黏结性和结焦性是炼焦煤极为重要的性质。煤的黏结性强是煤的结焦性好的必要条件。弱黏结性煤的结焦性能一定很低；没有黏结性的煤也就不存在结焦性。

f 其他配煤指标

挥发分应保持在22%~25%；胶质层最大厚度Y值应为17~25mm；黏结性指数G在65以上；配煤的粉碎细度为0~3mm粒度的煤占全部煤的80%~85%。

铸造焦配煤应符合的指标是：二级铸造焦的配煤相当于一级冶金焦的配煤，一级铸造焦的配煤相当于特级冶金焦的配煤。另外气孔率应符合铸造焦的要求。

B 煤种对焦炭质量的影响

a 气煤（QM）对焦炭质量的影响

气煤是一种变质程度较低的烟煤，在我国的炼焦煤资源中所占比例最大。气煤的挥发分指标较高，为28.0%~37.0%，黏结指数为50~65。由于挥发分高，生成的焦炭呈长条形状，并且有很多纵向裂纹，块度小，抗碎强度和耐磨强度均较差。一般在配煤炼焦时多配入气煤，可增加产气率和化学产品回收率，同时能增加焦炭的收缩度，减小膨胀压力。

b 肥煤（FM）对焦炭质量的影响

肥煤是一种中等变质程度及中、高挥发分的强黏结性的烟煤，其黏结惰性组分的能力非常强，在焦化过程中起着类似骨架的重要作用，是配煤炼焦中的基础煤。肥煤的胶质层厚度大于25mm，加热时能产生大量的胶质体，容易使焦炭的孔隙率增大、强度降低。在炼焦配煤中，肥煤配比大时，应适当多配入瘦煤，或多配弱黏煤，这样有助于改善焦炭的质量、提高强度，还能充分利用弱黏煤炼焦，因此，肥煤是最宝贵的炼焦煤资源。

c 焦煤（JM）对焦炭质量的影响

焦煤是一种中等变质程度及低挥发分的中等黏结性及强黏结性的烟煤。挥发分大于20.0%~28.0%、黏结指数大于20~65的煤和挥发分大于20.0%~28.0%、黏结指数大于50~65、胶质层厚度不大于25.0mm的煤都属于焦煤。焦煤加热时能产生热稳定性很高的胶质体，炼得的焦炭结焦性好、块度均匀、裂纹少，抗碎强度和耐磨强度都很高。但单独炼焦时，膨胀压力大，推焦困难，一般作为配煤炼焦使用较好。

d 瘦煤（SM）对焦炭质量的影响

瘦煤是一种高变质程度及低挥发分的中等黏结性的烟煤，黏结指数为20~65，挥发分为10.0%~20.0%。瘦煤分子结构上的多聚芳香环系周围的侧链和官能团少，开始断裂的时间长，因此，瘦煤的热分解温度高。焦化过程中能产生相当数量的胶质体，形成的焦炭块度大、裂纹少、抗碎强度较好，但耐磨强度差。在配煤中加入瘦煤，还可增加焦炭块度。

1.4.3.2 高炉喷吹用煤的质量要求

高炉喷吹是 20 世纪末发展起来的炼铁新技术。高炉喷吹用煤的煤种、煤质对高炉冶炼过程及技术经济指标有重要影响，尤其是对大幅度使用喷煤的高炉则更为重要。高炉喷吹用煤的煤质及工艺性能以满足高炉冶炼工艺要求和对提高喷吹量与转换比有利，以便替代更多焦炭。影响高炉喷吹用煤质量的主要因素有煤种、灰分、硫分、可磨性、反应性、燃烧性和爆炸性等。

A　高炉喷吹对煤种的选择

高炉喷吹煤粉主要是利用煤粉中的固定碳，对高炉而言，碳比氢的价值高。从煤种角度来说，应优先选用固定碳含量高的煤种，依次为无烟煤、贫煤、瘦煤、气煤、长焰煤、不黏煤、弱黏煤等。高炉喷吹对不同煤种质量要求可参见《高炉喷吹用煤技术条件》（GB/T 18512—2008）。

生产实践表明：任何一种煤都不可能达到对喷吹用煤性能的全部要求，为了获得较全面的喷吹效果和经济效果，应利用配煤来实现。无烟煤和烟煤混喷，挥发分可配到 20% ~ 25%。这在无烟煤源少时可以考虑，优先选用的是贫煤、瘦煤而不是气煤。

B　灰分

喷吹用煤的灰分是决定性的指标。灰分每提高 1%，会造成燃料比增加 2% 和相应的减产，尤其我国属大渣量冶炼，高灰分还将给高炉操作带来更多困难，因此，要求喷吹用煤的灰分应尽量低一些，高炉喷吹用煤的最高灰分至少应比本厂焦炭灰分低两个百分点。

C　硫分

对喷吹用煤的硫分与焦炭的硫分应同等重视，当今欧洲的生产水平是煤比为每吨铁 200kg，生铁含硫小于 0.02%。因此，喷吹用煤的硫分越低越好。

D　可磨性

可磨性是反映煤耐磨特性的一项煤质指标，可磨性指数越高，越易粉碎。可磨性也是决定磨机效率和电耗的重要依据，影响着粉煤的加工成本和高炉的生产效率，对于磨机能力不足的工厂，煤的这项指标显得特别重要。可磨性好的试样，其可磨性（HGI）高达 90 以上。对于烟煤，可磨性高到这种程度，在磨机内会有黏结现象，但对于无烟煤则完全没有这种现象。

E　反应性

煤的反应性是反映煤气化、燃烧的一项重要特性指标，喷吹用煤的反应性应尽量高。因为煤粉不可能在 1~2ms 内燃烧完全，总有一定量的未燃炭进入炉缸，若不能被铁矿中的 FeO 吸收或进一步燃烧、气化，则会造成炉缸堆积，使操作困难。

大量喷煤时，料柱中作为支撑部分的焦炭已大为减少，如果碳素溶解反应还气化焦炭，则会使焦炭更少。因此，若喷煤形成的未燃炭不但粒度极细，而且活性又高，遇到渣中的 FeO 时，首先被气化的自然是未燃炭粒，而不是焦炭，于是焦炭强度就被保持，这样就可弥补我国焦炭强度不佳的缺陷。

F 燃烧性

粉煤在高炉风口前能否完全燃烧，直接关系到置换比的高低和喷煤量的大小。粉煤在高炉风口的燃烧状况要受诸多因素影响，如风温、煤量、富氧、粒度以及煤本身的组分、煤质等。前面几个因素可促进煤的燃烧，而煤本身的组分、煤质则是选择煤的指标。

G 爆炸性

高炉喷吹煤是以煤代焦、开辟煤源利用的一条重要途径。高炉喷吹用煤粉粒度细，在高温、粉尘情况下极易发生爆炸，不同煤种发生爆炸的可能性不同，只有无爆炸性或弱爆炸性的煤种才能作为高炉喷吹用煤。无烟煤无爆炸性。

煤粉的爆炸性用特定条件下爆炸燃烧火焰长度表示。煤粉试样通过气流喷入实验管内1050℃的火源上，视其爆炸时返回火焰长短判断其爆炸性。一般仅在火源处出现稀少火星或无火星的属于无爆炸性的煤，如无烟煤；当产生的火焰返回至喷入端，火焰长度在50mm 以下时，视为微弱爆炸性的煤；火焰长度在 100~400mm 时为易燃且具有爆炸性的煤；当返回火焰长度大于 400mm 时为强爆炸性的煤，如高挥发分烟煤、褐煤等。

H 灰熔点

灰熔点高的煤，灰分属于难熔性，可防止喷煤过程中风口结渣，是高炉喷吹理想用煤。

I 粒度组成

试验认为喷吹用煤的粒度组成最好是：+150μm 含量不超过 10%，-74μm 含量不超过 30%。

J 流动性

流动性反映煤粉的输送性能。输送性能差时，喷吹过程中表现为喷煤量不稳定，有时有煤仓堵塞现象。

1.4.3.3 气化用煤的质量要求

煤的气化是把固体的煤加入煤气发生炉中，在气化剂（氧、空气、水蒸气等）和高温下，使煤中的有机物转化成含有 H_2、CO 等可燃气体的过程。褐煤、长焰煤、气煤、不黏结煤或弱黏结煤等煤种可用于煤炭的气化，但不同的煤气化工艺对煤炭的质量要求是不同的。

A 常压固定床煤气发生炉对煤质的要求

常压固定床煤气发生炉的应用较广，对煤的适应性也较强，可使用的煤种有褐煤、长焰煤、不黏煤、弱黏煤、气煤、瘦煤、贫瘦煤、贫煤和无烟煤。煤的品种以各粒级块煤为宜，灰熔融性软化温度高于 1250℃，灰分（A_d）低于 24.00%，硫分（$S_{t,d}$）低于 2.00%，热稳定性和抗碎强度也应较高，抗碎强度（试验后大于 25mm 块煤量）应大于 60%，热稳定性 TS_{+6} 大于 60%。对于无搅拌装置的发生炉，要求原料煤的胶质层最大厚度 Y 值小于 12.0mm；有搅拌装置的发生炉，则要求原料煤的 Y 值小于 16.0mm。

有关常压固定床气化用煤的质量要求可参见国家标准《常压固定床气化用煤技术条件》（GB/T 9143—2008）。

B 合成氨用煤对煤质的要求

当用无烟块煤为原料生产合成氨的原料气时，要求原料煤有较好的热稳定性和较高的抗碎强度。要求煤的热稳定性 TS_{+6} 大于 70%，抗碎强度大于 65%，灰分以小于 16% 为佳，最高不应大于 24%。硫分应尽可能低，一般不应大于 2.00%。硫分过高，不仅会污染环境、腐蚀设备，而且进入煤气中的硫（大部分是 H_2S）还会使催化剂中毒，给整个生产工艺带来一系列问题。合成氨用煤的固定碳（FC_d）含量应大于 65%。为使气化炉能顺利运行，煤灰熔融性软化温度宜高于 1250℃，否则，灰渣容易在气化炉内结疤挂炉，影响产气率和煤气质量，严重时会造成停炉等事故。

各种气化用煤应尽量就近取材，即使某些指标差一些，但若从生产的总成本来看合算，也不必舍近求远去寻找煤源。

C 流化床气化用煤对煤质的要求

流化床气化工艺以不大于 10 mm 的细颗粒煤为原料，通过调节和控制气化剂的流速，可使煤料全部处于流化状态，进行气化反应。流化床气化炉操作温度一般为 850~1050℃，适合高挥发分、高活性的年轻煤，最适合的是褐煤和低阶烟煤。流化床气化工艺采用干法排灰，要求煤的灰熔融性要高，一般灰融性软化温度高于 1250℃。入炉煤水分要求小于 10%，最好小于 5%。硫分应小于 2.00%。褐煤作为流化床气化用煤时，一般要求：$M_t <$ 12.00%，$A_d <25.00\%$；长焰煤或不黏煤作为流化床气化用煤时，要求粒度小于 8mm，但 0~1mm 的煤粉越少越好，否则飞灰会带出大量炭而降低煤的气化率。

D 气流床气化用煤对煤质的要求

气流床气化是一种并流气化，是用气化剂将粒度小于 0.1mm 的煤粉带入气化炉内，也可将煤粉先制成水煤浆，煤粉和气化剂通过特殊喷嘴喷入气化炉后，煤料在高于其灰熔点的温度下与气化剂在几秒钟之内发生燃烧反应和气化反应，灰渣以液态形式排出气化炉。按进料方式的不同，又可分为湿法进料（水煤浆）气流床气化工艺和干法进料（干煤粉）气流床气化工艺两类。

湿法进料（水煤浆）气流床气化工艺需要考虑原料煤的反应性、成浆性和灰熔融性等煤质指标，最合适的原料煤种为长焰煤、弱黏煤、不黏煤、气煤等。德士古气化用煤煤灰流动温度（FT）宜低于 1350℃；煤的灰分不宜大于 13%，越低越好；内在水分不超过 8%；发热量应大于 22.9MJ/kg；灰渣黏度控制在 20~30Pa·s 时，更有利于操作。

干煤粉气流床气化的最大特点在于煤粒被气流各自隔开，每个颗粒都能单独膨胀、软化、烧尽或形成熔渣，而与临近的颗粒毫不相干，燃料颗粒不易黏结，因此煤种适应范围较宽。灰分为 6%~18% 经济上较为合理，水分最好小于 2%，硫分越低越好，哈氏可磨性指数大于 60。气流床采用液态排渣，气化温度很高，故对原料煤的灰融性和灰的黏温特性有要求，煤灰流动温度 FT 低于 1400℃。

1.4.3.4 液化用煤的质量要求

煤炭直接液化是指煤在适当的温度和压力条件下，直接催化加氢裂化，使其降解和加氢转化为液体油品的工艺过程。在多数情况下，原煤比精煤的液化效果好，但原料煤的灰分宜不超过25%，因为灰分过高会给整个工艺系统带来一系列困难，但黄铁矿高的煤有利于液化反应。液化用煤的质量要求如表1-3所示。

表1-3 液化用煤的质量要求

煤 种	V_{daf}/%	A_d/%	C/H	C_{daf}/%	S/%	R_{max}/%	壳质组含量/%
褐煤、长焰煤、气煤、气肥煤	>37	<25	<16	60~85	>1.0	0.3~1.7	<10

一般宜采用挥发分较高的低阶煤（如褐煤、长焰煤和 V_{daf}>37%的气煤等）作为液化用煤。容易液化的煤岩显微组分的顺序是壳质组、镜质组、半镜质组和半丝质组，丝炭几乎不能液化。研究表明，液化用煤的壳质组含量以小于10%为宜，最高也不要大于15%，否则由于未反应的煤太多而影响液化效果。镜质组平均最大反射率小于0.7%的煤大多适合于液化，但某些达到0.9%的煤也适合于液化。从煤的化学成分来看，一般以含碳量（C_{daf}）小于85%、碳氢质量比（C/H）小于16的煤较为适宜。氧含量高的煤，由于煤结构中的氧大多以羧基形态存在，液化加氢时会消耗大量的氢，生成水。高硫煤在液化时也会消耗大量的氢，生成硫化氢析出，但对加氢液化有利，应尽量使用高硫煤。含氮量高的煤，在液化时会消耗大量的氢，生成氨。如采用含氧量较低的年轻烟煤进行液化，虽然氢的消耗量较小，但反应速度要比含氧量高的褐煤慢。由此看来，液化用煤也以采用配煤的方法较为适合。

1.4.3.5 煤炭干馏对煤质的要求

煤在隔绝空气（或在非氧化气氛）条件下，将煤加热，引发热解，生成煤气、焦油、粗苯和焦炭（或半焦）的过程，称为煤的干馏。煤的低温干馏技术主要用于褐煤提质、高含油煤提油。中、低温干馏适宜煤种为褐煤、长焰煤和高挥发分的不黏煤。沸腾床干馏炉要求原料煤粒度小于6mm。气流内热炉要求原料煤粒度为20~80mm。外热立式炉原料煤有一定黏结性，并具有一定块度，粒度小于75mm，其中粒度小于10mm的量小于75%。内热式立式炉要求原料煤必须是块状，粒度为20~80mm。固体热载体干馏炉适合粉煤干馏，LFC轻度气化可用于褐煤及次烟煤干燥提质，入炉原料煤粒度为3.2~50.8mm。

1.4.3.6 煤基碳一化学化工产品对煤炭质量要求

碳一化学是以含有一个碳原子的物质（如 CO、CO_2、CH_4、CH_3OH 和 HCHO 等）为原料合成化工产品或液体燃料的有机化化工生产过程。以煤为原料的碳一化学包括：由煤制合成气（CO+H_2）合成燃料、甲醇及系列产品、合成低碳醇、醋酸及系列产品、合成低碳烯烃、燃料添加剂等。甲醇是碳一化工的基础产品，也是碳一化学起始化合物，主要用于替代石油作为清洁燃料和作为高附加值有机化工产品的原料。二甲醚主要用于石油液化气和柴油的替代品，是新型的清洁燃料。

煤基碳一化学化工产品对煤质要求与煤制合成对原料煤的质量是一致的，可参见煤气化部分相关内容。

1.4.4 煤基制品对煤炭质量的要求

煤基制品的种类很多,应用广泛。不同的煤基制品对煤炭质量不同。

1.4.4.1 电石炉用无烟煤的质量要求

电石炉可以用焦炭,也可以用无烟煤作为原料。开启式电石炉可全部使用无烟煤,但在密闭式电石炉中需要焦炭与无烟煤掺混使用。这两种电石炉对无烟煤的质量要求如表 1-4 所示。生产电极糊用无烟煤的质量要求如表 1-5 所示。

表 1-4 电石炉对无烟煤的质量要求

煤质指标	开启式电石炉	密闭式电石炉
$A_d/\%$	<7	<6
$V_{daf}/\%$	<8	<10
$M_t/\%$	<5	<2
$P_d/\%$	<0.04	<0.04
$S_{t,d}/\%$	<1.5	<1.5
真相对密度 TRD_d	>1.45	>1.6
粒度 /mm	3~40	3~40

表 1-5 生产电极糊用无烟煤的质量要求

煤质指标	一级	二级
$A_d/\%$	<10	<12
$V_{daf}/\%$	<2	<2
$M_t/\%$	<3	<3
抗碎强度(>40mm 残留量)/%	<35	<25

1.4.4.2 生产避雷针用碳化硅时对无烟煤的质量要求

生产避雷针用碳化硅时对无烟煤的质量要求见表 1-6。

表 1-6 生产避雷针用碳化硅时对无烟煤的质量要求

煤质指标	固定碳 $FC_{daf}/\%$	$A_d/\%$	粒度/mm
质 量	>80	<13	>13(或>25)

1.4.4.3 生产人造刚玉用无烟煤的质量要求

生产人造刚玉用无烟煤的质量要求见表 1-7。

表 1-7 生产人造刚玉用无烟煤的质量要求

煤质指标	固定碳 C_{daf}/%	A_d/%	粒度/mm
质 量	>77	<15	>13（或>25）

1.4.4.4 碳粒砂用无烟煤的质量要求

对制造碳粒砂的无烟煤的质量要求主要是：物理性质好（硬度高、质地均一、块状、光亮、致密、贝壳状断口），煤灰中的 Fe_2O_3 含量要低，煤的灰分应小于2%，挥发分也应较低，纯煤真密度不宜过高。但仅凭上述物理和化学性质还不能确定是否适于制造碳粒砂，而只能作为选择煤时的参考。只有通过生产性试验，才能最终确定该煤是否可用于制造碳粒砂。

1.4.4.5 煤基活性炭用煤的质量要求

生产活性炭用的煤，其灰分以（A_d）<10%为宜，且越低越好，也就是固定碳含量要高，煤的化学反应性要好，硫分要低。生产优质活性炭最好用超低灰（灰分小于3%）精煤作原料。生产颗粒状活性炭的用煤，其热稳定性也是一项十分重要的指标，因为热稳定性不好的无烟煤在加热处理过程中会碎裂成粉而达不到要求。但在生产粉末状活性炭时，低灰、低硫的褐煤也可使用，因为这种煤经过高温处理后，其固定碳含量会增高，活性也较强。

1.4.5 其他工业用途对煤炭质量的要求

1.4.5.1 水泥回转窑用煤的质量要求

水泥、玻璃、陶瓷、砖瓦等建筑材料都要经过炉窑焙烧、煅烧甚至熔化等高温处理。煤炭是其主要燃料，水泥工业用煤要求较高。回转窑要求灰分 A_d<27%、发热量 $Q_{net,ar}$>21.00MJ/kg、挥发分较高的烟煤煤粉作燃料。立窑则要求 $Q_{net,ar}$>25.09MJ/kg 的无烟块煤作燃料。为减轻对水泥配方的影响，水泥用煤的质量要保持稳定。砖瓦窑、石灰窑（土窑）对用煤的质量要求不高，甚至煤矸石、石煤也可使用。水泥回转窑用煤的质量要求详见《水泥回转窑用煤质量》（GB/T 7563—1987）。

1.4.5.2 烧结矿用无烟煤的质量要求

贫矿直接作为高炉冶炼的原料，不仅高炉的利用系数降低，生产能力下降，炼铁时的焦比也会大幅度上升，所以这种贫矿通常都要进行精选。但选后的精铁矿粉不能直接送入高炉冶炼，必须将其在高温下烧结（熔融）成块状。烧结时，过去多用焦粉作燃料，因此，对烧结燃料的要求也是低灰、低硫和高发热量。为了节约焦炭，目前已多用无烟煤粉来代替。烧结用无烟煤的灰分应小于15%、硫分应小于0.7%（最高不应超过1%，否则会增加生铁的含硫量，从而影响烧结质量），此外，小于0.5mm 的煤粉量要少。

1.4.5.3 竖窑烧石灰用无烟煤的质量要求

竖窑烧石灰用无烟煤的质量要求见表 1-8。

表 1-8 竖窑烧石灰用无烟煤的质量要求

煤质指标	固定碳 FC_{daf}/%	A_d/%	粒度/mm
质 量	>60	<25	13~100

1.4.5.4 制备代油水煤浆用煤的质量要求

制备水煤浆最重要的条件是要求原料煤具有良好的成浆性。煤炭制水煤浆受煤种、煤的孔隙、煤的哈氏可磨性指数、煤的内在水分、水煤浆添加剂和制浆工艺等多种因素影响。一般来说，高挥发分的低阶煤至中阶烟煤，如不黏煤、弱黏煤、1/2 中黏煤、气煤等是我国主要制浆煤种。长焰煤、贫瘦煤可用作配煤制浆。

2 | 选煤厂工程的基本建设程序

2.1 基本建设程序的内容及特点

基本建设是指固定资产的建设，也就是建筑、购置和安装固定资产的活动以及与此相联系的其他工作，包括整个固定资产的增加和整体性固定资产的恢复、迁移、补充等。

基本建设程序是指建设项目从设想、选择、评估、决策、设计、施工到竣工验收、投入生产、后评价等整个建设过程中各项工作必须遵循的先后次序，反映了工程建设各个阶段之间的内在联系，是从事基本建设工作的各有关部门和人员都必须遵守的原则。

我国规定：一般项目的基本建设程序都要经历前期工作、后期工作和延展后期工作阶段。并将环境影响评价制度、"三同时"管理制度贯穿到基本建设程序中，基本建设程序框图见图2-1。

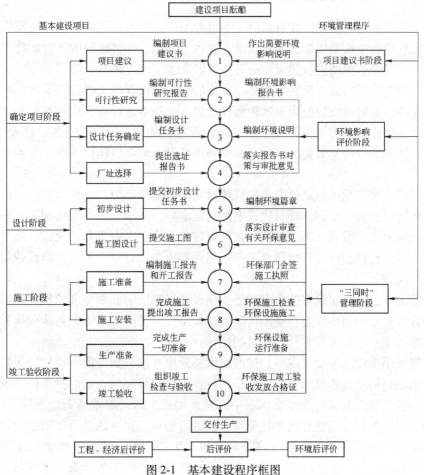

图 2-1 基本建设程序框图

环境影响评价制度是指在进行开发建设活动之前，对建设项目的选址、设计、施工以及建成使用后可能对周围环境产生的不良影响进行调查、分析、预测和评价，提出防治措施，并按照法定程序进行报批的法律制度。环境影响评价工作与建设项目的开发建设活动紧密联系在一起，是建设项目开发建设前期工作的一部分。从本质上讲，建设项目的环境影响评价是该项目可行性研究的一个组成部分，即项目的环境可行性研究。将环境影响评价制度作为建设程序的一个环节，有助于对拟建项目的经济效益、社会效益与环境效益进行综合评估，找出既利于经济发展又能促进环境保护的决策建设方案。

"三同时"管理制度是指新建、改建、扩建项目和技术改造项目以及区域性开发建设项目的污染防治设施必须与主体工程同时设计、同时施工、同时投产的制度。将"三同时"管理制度纳入建设程序，贯穿到建设项目建设和使用全过程的始终，对于积极贯彻"预防为主"的环境污染防治方针，防止和减小建设项目的建设对环境的污染和破坏，改善建设项目的环境质量，保证项目建成投入使用后在环境保护方面具备良好的基础和条件，实现经济建设与环境保护的协调发展，具有重要作用。

2.1.1 基本建设程序的主要内容

2.1.1.1 项目建议书提出

项目建议书是指按规定由政府部门、企事业单位或新组成的项目法人根据国民经济的发展、国家和地方中长期规划、产业政策、国内外市场、经济建设的方针、技术经济政策和建设任务，结合资源情况、建设布局等条件和要求，经过调查、预测和分析，向国家计划部门、行业主管部门或本地区有关部门提出的对某个投资建设项目需要进行可行性研究的建议性文件，是对投资建设项目的轮廓性设想，是基本建设程序中最初阶段的工作。项目建议书的主要作用是为了推荐一个拟进行建设项目的初步说明，论述其建设的必要性、条件的可行性和取得经济效益的可能性，供基本建设管理部门选择并确定是否进行下一步工作。

编制、提交和审批项目建议书是投资建设程序的初始环节，是将国家计划落实到具体地点、具体项目的重要步骤。项目建议书得到批准后，该项目方可列入国家长期计划，编制可行性研究报告。因此，项目建议书在投资建设程序中有着重要的地位。项目建议书经批准后，可以进行详细的可行性研究工作，但并不表明项目非上不可，项目建议书并不是项目的最终决策。

一般情况下，项目建议书的内容包括：建设项目提出的必要性和依据；产品方案、拟建规模和建设地点的初步设想；资源情况、建设条件、协作关系等的初步分析；投资估算和资金筹措方案；经济效益和社会效益的估计。

项目建议书按要求编制完成后，按照建设总规模和限额划分的审批权限报批。大中型或限额以上项目的项目建议书，首先要报送行业归口主管部门，同时抄送国家发展和改革委员会。行业归口主管部门要根据国家中长期规划的要求，着重从资金来源、建设布局、资源合理利用、经济合理性及技术政策等方面进行初审，初审通过后报国家发展和改革委员会，国家发展和改革委员会再从建设总规模、生产力总布局、资源优化配置及资金供应、外部协作条件等方面进行综合平衡，还要委托有资格的工程咨询单位评估后审批。行业归口主管部门初审未通过的项目，国家发展和改革委员会不予审批。小型和限额以下项目的项目建议书，按项目隶属关系由部门或地方发展和改革委员会审批。

2.1.1.2 可行性研究

可行性研究是指在项目投资决策之前，通过对与项目有关的工程、技术、经济等情况进行调查、研究、分析，对各种建设方案进行分析论证，并对项目建成后的财务效益、经济效益和社会影响进行预测及评价的决策分析过程。

可行性研究是项目投资前期咨询论证的核心内容，它从项目建设到生产经营的全过程来考察分析项目的可行性，为项目投资的科学决策和项目的工程方案设计以及项目的实施、监测及工程监理等提供依据，也为银行和工程咨询机构进行项目评估提供依据。

2.1.1.3 项目评估、审批及设计任务书编制

中央投资、中央和地方合资的大中型和限额以上项目的可行性研究报告要报送国家发展和改革委员会审批。国家发展和改革委员会在审批过程中要征求行业归口主管部门和国家专业投资公司的意见，同时要委托有资格的工程咨询公司进行评估。根据行业归口主管部门的意见、投资公司的意见和咨询公司的评估意见，国家发展和改革委员会再行审批。可行性研究报告经批准后，不得随意修改和变更。如果在建设规模、产品方案、建设地区、主要协作关系等方面有变动以及突破投资控制额度时，应经原批准机关同意。经过批准的可行性研究报告，是确定建设项目和编制设计文件的依据。

设计任务书是编制初步设计文件的主要依据。所有新建、改建、扩建项目，在编制初步设计之前，都要编制设计任务书。

设计任务书编制有两种情况：一种是拟建项目经过了可行性研究阶段。这时的设计任务书由上级主管部门对可行性研究报告审查批准，并对工程建设的主要原则问题（如规模、产品方案、流程、投资、建设进度、水电供应等）进行批复，其批复文件就是设计任务书。另一种是拟建项目未经可行性研究，设计任务书是在项目建议书（甚至企业建设规划）基础上进行编制的。设计任务书的下达，标志着设计前期工作基本结束，设计条件基本具备，设计工作即将开展。因此，设计任务书编制必须慎重对待，认真研究。

2.1.1.4 设计工作

设计工作是对拟建工程的实施在技术上和经济上所进行的全面而详尽的安排，是基本建设计划的具体化，是把先进技术和科研成果引入建设的渠道，是整个工程的决定性环节。设计工作是组织施工的依据，它直接关系着工程质量和将来的使用效果。可行性研究报告经批准的建设项目应通过招标投标择优选择设计单位，按照批准的可行性研究报告的内容和要求进行设计，编制设计文件。根据建设项目的不同情况，设计过程一般划分为两个阶段，即初步设计和施工图设计。

2.1.1.5 施工前准备

项目在开工建设之前要切实做好各项准备工作，其主要内容包括：征地、拆迁和场地平整；完成施工用水、电、路等工程；组织设备、材料订货、准备必要的施工图纸；组织

施工和监理招标投标，择优选定施工单位和监理单位。

项目在报批开工前，必须由审计机关对项目的有关内容进行审计证明。新开工的项目还必须具备按施工顺序需要至少有三个月以上的工程施工图纸，否则不能开工建设。

2.1.1.6 建设实施

建设项目经批准开工建设，项目即进入了建设实施阶段。通常，项目开工日期是指建设项目设计文件中规定的任何一项永久性工程第一次正式破土开槽开始施工的日期。不需要开槽的工程，以建筑物组成的正式打桩作为正式开工日期。分期建设的项目分别按各期工程开工的时间填报，如二期工程应根据二期工程设计文件规定的永久性工程开工填报开工时间。

2.1.1.7 生产准备

生产准备是施工项目投产前所要进行的一项重要工作，是衔接基本建设和生产的桥梁，是建设阶段转入生产运营的必要过程，主要内容是：

（1）招收和培训人员。新招收的职工通过多种方式培训，以掌握好生产技术和工艺流程。

（2）生产组织准备。按照生产过程的客观要求和项目建设程序进行生产管理机构设置、管理制度的制定、生产人员配备等方面的准备。

（3）生产技术准备。主要包括国内成果、技术资料的汇总，有关的国外技术资料的查新、翻译等新技术的准备。

（4）生产物资的准备。主要是落实原材料、协作产品、水、电、气等的来源和其他协作配合条件，组织仪器、设备、备件、原材料等的订货。

2.1.1.8 竣工验收

竣工验收是工程建设过程的最后一环。通过竣工验收，一是检验设计和工程质量，保证项目按设计要求的技术经济指标正常生产；二是有关部门和单位可以总结经验教训；三是建设单位对经验收合格的项目可以及时移交，使其由基建系统转入生产系统或投入使用。

建设单位应认真做好竣工验收的准备工作，主要包括整理技术资料、绘制竣工图纸、编制竣工决算。

根据项目规模的大小和复杂程度验收阶段可分为初步验收和竣工验收两个阶段进行。规模较大、较复杂的建设项目（工程）应先进行初步验收，然后进行全部建设项目（工程）的竣工验收。规模较小、较简单的项目（工程），可以一次进行全部项目（工程）的竣工验收。大中型和限额以上项目由国家发展和改革委员会或由国家发展和改革委员会委托项目主管部门、地方政府组织验收。小型和限额以下项目（工程），由项目（工程）主管部门或地方政府部门组织验收。

2.1.1.9 后评价

通过建设项目的后评价以达到肯定成绩、总结经验、研究问题、吸取教训、提出建议、改进工作、不断提高项目决策水平和投资效果的目的。

建设项目的后评价主要包括项目的工程、经济后评价和项目的环境后评价两项内容。工程、经济后评价是对项目立项决策全过程、建设实施全过程以及后评价进行之前项目使用全过程的实际全部工程造价、生产成本、技术经济效益等与可行性研究的预测进行对比，分析实际情况与预测情况的差异以及产生这些差异的原因，作出客观、科学的评价，总结其成功的经验和失误的教训，为以后同类建设项目提供借鉴。环境后评价是在建设项目投入使用后，在一定时间内分析评价已建成使用的项目，对项目所在区域环境质量的实际影响，分析评价建设项目环境影响评价结论的准确性、可靠性和环境保护措施的有效性，提高建设项目环境决策科学化水平。

2.1.2 基本建设程序的特点

2.1.2.1 全面性

基本建设程序既要对建设项目的决策工作、设计与施工工作和竣工验收工作作出统筹安排，又要对项目建成使用后的实际情况进行检验总结；同时对建设项目的决策、建设和使用整个过程的工程技术和经济效果提出要求，还要对整个过程的环境保护提出要求，充分体现出全面性的特点。

2.1.2.2 现实性

基本建设程序既包括对建设程序的预测，也包括建设项目的具体实施过程，还包括项目建成使用后实际情况的分析，突出地强调了建设项目的现实性要求。

2.1.2.3 透明性

从建设项目的可信度来看，要求建设项目的透明度越大越好。广义基本建设程序不但要求项目的决策和实施过程具有良好的透明度，而且对建设项目的建设成果以及其他扩散效应提出透明度的要求。这便于国家、地方、部门、集体和个人对建设项目的全过程情况掌握或了解，借鉴其经验与教训。

2.1.2.4 反馈性

基本建设程序的各个阶段、各个环节和各项工作都为今后的项目管理提供有用的信息，积累有益的经验。这些反馈信息可以作为新项目立项和评估、建设和使用的基础，以及调整建设规划和投资改革的依据。

2.1.2.5 合作性

建设项目需要多方面的有效合作和共同努力才能完成。基本建设程序的各项工作需要决策部门、建设单位、勘察设计单位、施工安装企业、工程监理单位、环境保护部门等多方的参与，为了达到项目的建设目标，各方既要认真履行好自己的职责，也要充分地协调配合。

2.2 选煤厂工程建设项目的可行性研究

可行性研究按其内容范围和深度的不同，通常分为投资机会研究、初步可行性研究和详细可行性研究 3 个主要阶段。投资机会研究，其投资和成本的估算，允许误差约达±30%；初步可行性研究，其投资和成本的估算误差约为±20%；详细可行性研究通常也称最终可行性研究（简称可行性研究），其允许误差约在±10%以内，它是投资决策前的一个关键步骤，其目的是为投资决策提供依据。

2.2.1 可行性研究报告的编制

选煤厂工程建设项目可行性研究报告应充分反映可行性研究工作的成果，内容齐全、数据准确、论证充分、结论明确。应满足项目投融资决策的需求。作为编制项目申请报告、初步设计和环境影响评价报告的依据，可行性研究报告的编制深度应满足下列要求：

（1）符合国家有关法律、法规、规范和规程的要求。

（2）满足项目决策的要求。

（3）原则确定建厂规模、厂址、产品方案、选煤方法、工艺流程、主要机电设备、工艺布置和自动化水平等。重要内容应有两个或两个以上方案的比较。

（4）初步确定基建投资和经济效益，融资方案应能满足银行等金融部门信贷决策的需要。

改扩建厂除应满足上述要求外，还应论述改扩建的必要性、改扩建规模、主要改扩建内容、原有设备和设施利用情况、与原有生产系统的衔接关系等。

选煤厂在与矿井、露天矿合编可行性研究报告时，大型选煤厂应以分册形式编制，统一由矿井或露天矿进行综合经济评价。但当项目委托书中特别要求选煤厂单独进行经济评价时，选煤分册还应按照委托书要求进行单独经济评价。

2.2:2 可行性研究报告的构成

选煤厂工程建设项目可行性研究报告由《可行性研究报告》、《投资估算书》和附图三部分组成。《可行性研究报告》由前引部分、正文部分和附加部分构成。各部分的构成应包括下列内容：

（1）前引部分：包括封面、扉页、证书、人员名单、目录、附图目录。

（2）正文部分：从总论到经济评价，共十五部分内容，见后面详述。

（3）附加部分：由附录和附件两部分构成。其中附加部分的附件为项目招标内容，附录主要包括下列内容：

1）委托书及项目主管部门对有关问题的决议或意见。

2）建设地供电部门的用电许可意向性文件。

3）建设地水资源管理部门的取用水许可意向性文件。

4）铁路专用线接轨和原料煤运入、产品运出的意向性文件。

5）原料煤供煤意向性协议。

6）产品销售意向性协议。

7）建设地土地管理部门的占地及土地利用的意向性许可文件。

8）选煤厂建厂是否影响军事设施、文物保护、自然资源保护等的证明文件。

9）政府或商业贷款相关批件或贷款承诺函。

选煤厂建设项目的可行性研究报告的正文内容共十五部分，按照章、节排序，总论不需排序。各章、节应有章、节标题，位置居中。具体章节内容如下。

2.2.2.1 总论

它由项目背景、编制依据及研究范围、研究成果简述和存在问题与建议等四部分组成。其中，项目背景主要概述选煤厂建设项目的名称、行政隶属关系及所在位置。编制依据及研究范围应包括基本依据和支撑性文件两个层次，说明工程范围与投资范围。研究成果简述应简要介绍煤源、储量、产量、煤质特征及可选性等；简要介绍选煤厂最佳经济规模或可行的正常生产能力和选煤厂类型；简要介绍厂址方案，推荐方案的坐落地点及主要优缺点；简要介绍水、电、交通、运输、通讯、材料供应等条件；简要介绍主要产品的市场需求数量、质量要求、竞争能力等；简要介绍产品方案以及推荐方案的产品平衡表，推荐方案的选煤方法、工艺流程及主要工艺设备选型等；简要介绍选煤厂主要单位工程及与矿井（或用户）的分工；简要介绍选煤厂劳动定员、全员效率，推荐方案的投资估算、生产成本、财务评价指标等，说明拟建项目的可行性及抗风险能力。

2.2.2.2 煤源和煤质

它包括煤源概况、煤质特征与煤的用途和原煤可选性三部分。

（1）煤源概况应说明原料煤矿名称、位置和主要可采煤层特征等。原料煤矿开采境界、开拓方式、开采煤层、采煤方法、提升方式、工作制度、设计能力、最大提升能力和服务年限等。原料煤矿各煤层或各水平的地质储量并给出可采储量表。首采区开采情况宜给出原料煤矿前 10 年或前 20 年逐年产量规划表、开采煤层或配采煤层规划表或采区接续表等。

（2）煤质特征与煤的用途：应给出煤的宏观煤岩类型特征、显微煤岩特征等，并对其进行评述。根据煤田地质报告、邻近煤矿或选煤厂生产情况，评述煤的颜色、光泽、条痕色、密度、硬度、抗碎强度等物理性质。列出煤的工业分析、元素分析、硫分、煤灰成分，有害元素及微量元素含量等指标，并对其进行评述。给出煤的发热量、黏结性和结焦性、低温干馏、煤灰熔融性、可磨性、气化性能等资料，并对其进行评价。煤的分类应根据相应指标划分。工业用途应根据煤的物理、化学性质，工艺性能和煤的分类，给出煤的适宜工业用途。

（3）原煤可选性：应列出所采用的原煤可选性基础资料，并说明资料来源。资料代表性及评述，应对原煤可选性资料的代表性进行评述。如代表性不足或无原料煤矿井的筛分浮沉资料，采用其他资料替代时，需根据实际情况对原料煤矿井原煤灰分、硫分进行预测，对煤质资料进行调整，并说明预测及调整的依据。根据不同来源、不同煤层的入选比例，综合原煤筛分、浮沉资料，并对筛分、浮沉资料进行分析，对不同分选粒级、不同分选密度下原煤的可选性进行评述。分析评述浮选试验、煤泥（粉）浮沉试验、小筛分、泥化、跌落试验及干选、干燥等其他工艺试验结果。给出原煤及入选原煤筛分、浮沉试验表。必要时，还应给出浮选试验结果表及其他工艺试验结果表。根据入选原煤浮沉资料绘制"入选原煤可选性曲线"图。

2.2.2.3 产品市场

它包括市场现状、目标市场分析和市场竞争力及风险分析三部分。

（1）市场现状：本矿区现有或正在规划的煤炭品种、产量、用途、用户及需求量。与项目相关的煤炭供应市场，与拟建项目的产品有关的煤炭品种、供应数量、质量、价格等供应现状。拟建项目煤炭产品相关的品种、数量、质量的需求现状。

（2）目标市场分析：分析煤炭市场潜在的需求特性，结合产品销售意向协议，确定产品目标市场并说明目标市场对煤炭产品的数质量需求。根据原煤性质、可选性及目标市场需求，规划拟建项目的产品方案。预测产品进入国外市场的可行性及出口量。

（3）市场竞争力及风险分析：分析产品主要竞争对手情况。产品市场竞争力优势，包括区位优势、运输优势、煤类优势、煤质优势及营销优势等。论述产品竞争力劣势并分析相应对策。对未来市场某些重大不确定因素发生的可能性及其对拟建项目造成的损失程度进行分析。

2.2.2.4 建设规模与服务年限

（1）建设规模：新建项目应结合原料煤矿建设规模、资源储量、市场需求和相关规程规范等，对选煤厂建设规模进行论证，必要时还应进行建设规模的方案比选。分析并确定拟建选煤厂的最佳经济规模。改、扩建项目应结合现状确定合理的生产能力。

（2）工作制度、设计生产能力及服务年限：说明年工作日和日工作小时数。以建设规模和工作制度为依据，计算出选煤厂日生产能力和小时生产能力。根据原料煤矿的服务年限、煤源储量及选煤厂建设规模确定选煤厂服务年限。

2.2.2.5 建厂条件和厂址选择

它包括自然条件、公用设施、社会经济环境和厂址选择四部分，其中社会经济环境部分为可选部分。

（1）自然条件：说明厂址所在地的行政区位置和交通情况，并附厂址所在地地理位置图或交通位置图、区域位置图、总体规划图插图；厂址所在地区域的地形地貌、厂区自然地面标高等；厂址所在地区域的地质构造、地基承载力、有无严重不良地段，是否处于滑坡区、泥石流区，是否有压覆矿产资源、文物、古墓等情况；厂址所在区域的地表水系，最高洪水位；地下水的类型及特征。采用地下水源时，应说明水文地质条件，地下水资源量及允许开采量等；气象条件应说明厂址所在区域的气温、日照、降水、冻结、蒸发、湿度、风等有关气象要素的特征值；厂址所在地的地震动参数及相应的地震基本烈度应根据《中国地震动参数区划图》（GB 18306）确定。

（2）公用设施：主要介绍水源、电源、交通运输、通信、网络、公用生活设施和公用设施发展规划。即介绍取用水水源类型、水质、可供水量及供水技术条件；供电电源、供电能力及供电技术条件；选煤厂厂址所在地邻近铁路、公路、水路运输概况及其有关技术标准；当地电话、网络等情况；生活、居住区等的利用或拆迁情况；当地水、电、交通运输、通信、公用生活设施等的发展规划。

（3）社会经济环境：介绍当地的社会经济状况、环境状况、区域发展规划及有关政策。还可介绍原材料供应、土地征用、副产品销售、施工、安装及维修条件等情况。

（4）厂址选择：对可选厂址方案进行建厂条件、建设费用及运营费用比较。推荐合理的厂址方案，并应说明推荐理由。

2.2.2.6　工程技术方案

工程技术方案是选煤厂工程建设项目可行性研究报告中非常重要的内容，主要包括以下十部分：

（1）选煤工艺：对煤炭分选的必要性、产品方案、选煤方法和工艺流程进行详细论述。分选的必要性应从保证用户对煤炭质量的要求和节能减排、环保等方面进行充分论述。产品方案应根据煤质、煤的适宜工业用途、产品的目标市场对质量的要求和委托书内容进行产品方案的比选，确定产品方案，并宜附"产品方案比选表"。选煤方法应根据煤质及确定的产品方案，进行分选粒度上、下限及选煤方法的多方案技术经济比选，确定选煤方法。工艺流程应根据确定的产品方案、分选粒级及选煤方法，进行主要工艺环节的方案比选，根据比选结果，推荐原则工艺流程，并应附"最终产品平衡表"和"原则工艺流程图"插图。

（2）主要工艺设备选型：说明设备选型原则、不均衡系数的选取和主要工艺设备选型。各系统或环节的不均衡系数应根据现行国家标准《煤炭洗选工程设计规范》（GB 50359）的相关要求选取。主要工艺设备选型应介绍所选主要工艺设备的规格型号和主要优缺点，必要时应进行主要设备选型方案比选，并应附"推荐方案主要工艺设备选型表"。如需引进国外设备，应说明理由。如属专利技术，应说明获取途径。改、扩建项目除应介绍前述内容外，当需利用或改造原有设备时，还应提出利用或改造方案。

（3）工艺布置：包括地面工艺总布置和车间布置。地面工艺总布置应确定地面工艺总布置原则、进行地面工艺总布置方案比选、说明各方案的优缺点、推荐最优方案。应对推荐方案进行简要说明，并应附"地面工艺总布置方案图"插图。改扩建项目除应说明前述内容外，还应对原有系统及生产情况进行介绍，并说明原有设备与设施的利用情况和拆除情况。车间布置宜对原煤储存、原煤准备、主厂房、浓缩车间、干燥车间、产品储存、产品装车等环节进行工艺布置方案比选，说明各方案的优缺点，并推荐最优方案。

（4）运输：厂区外部交通运输条件应说明铁路建设性质、主要技术条件、可能接轨站性质及规模等；当为规划铁路时，尚需说明铁路实施年度、工期等；必要时还应说明公路、水运或其他外部运输条件等主要技术标准。运量、运向及运输方式应根据原料煤及材料运入量、产品运出数量、运输方向及外部运输条件，进行铁路、公路、水路、管道、带式输送机等运输方式选择，推荐合理的运输方式。铁路运输应包括接轨路网的主要技术条件、接轨方案、车流量计算、车流组织及运营体制。专用线方案比较，其中对大型桥涵应单独进行方案比较，确定主要技术指标。可附"铁路专用线布置图"插图。装车站方案比较，并推荐合理方案，应附"铁路装车站布置图"插图。主要工程量、设备及有关技术经济指标。必要时，可附各方案的"主要技术经济比较表"。采用其他运输方式时，也应进行投资、运营费用等相应方案比较，并应列出主要设备和工程量。

（5）工业场地总平面布置：对工业场地总平面布置方案进行技术经济比较，推荐合理方案，并应附"推荐方案工业场地占地面积及技术经济指标表"和"推荐方案工业场地总平面布置图"插图；竖向设计及场地排水应对工业场地总平面进行竖向布置，确定场地标高、防洪排涝方式及土石方工程量；场内运输及道路应确定场内运输方式，厂内道路形式及技术参数；场区绿化宜叙述厂区绿化的目的和要求。

（6）建筑物与构筑物：应给出气象资料、地震设计参数、工程地质和建筑材料四部分内容；主要建筑物与构筑物的设计原则，建筑物与构筑物设计服务年限，对改扩建项目中继续利用的建筑物与构筑物提出评估、鉴定的要求。说明新结构、新技术、新材料的使用要求；主要工业建筑物与构筑物结构形式的特征描述及技术经济方案比选。工业建筑物与构筑物的工程量及特征，并应附"建筑物与构筑物工程量及特征表"。行政福利建筑、辅助设施及居住区。

（7）电气：包括供配电、控制及自动化、通信及信息管理三部分内容。

（8）给水排水：简要介绍供水范围及供水对象，改扩建项目还应介绍现有系统的给水能力和管网情况。用水量及水压，应估算生产、生活、消防用水量及水压，并应附"用水量估算表"。给水系统应简要介绍生产、生活、消防给水系统和管网的设置，并应附给水系统示意图。消防应确定消防体制，并应说明消防系统设置范围。排水系统应估算生产、生活污水量，并应简要介绍生产、生活污水的处理情况。当选煤厂不设生活污水处理设施时，应说明生活污水去向。热水应简要介绍生活热水供应情况。

（9）供热、采暖及通风除尘：简要介绍供热对象和供热范围，改、扩建项目还应介绍工业现场现有供热情况。介绍厂内建（构）筑物采暖热源情况并进行供热方式的选择。给出采暖计算基础数据、确定采暖系统、进行耗热量计算、说明需设置空调的房间，并应附"建筑物耗热量表"。说明通风、除尘装置的设置地点，通风除尘设备的选择等。

（10）生产辅助工程：说明所用药剂的种类、性质及消耗量。药剂贮量、贮存方式及给药方式。介绍介质预处理方式、贮量及消耗量。压缩空气来源、用风点、风压、风量和设备选型等。机电维修车间的规模。煤样室、化验室设置位置，采样、制样、化验项目。

2.2.2.7 节能、减排

它主要包括项目能耗、节能与节水措施、减排措施和节能、减排指标综合评价四部分。

（1）项目能耗：估算选煤厂生产所消耗能源的种类及年用量，并折算成标煤量。

（2）节能与节水措施：说明在生产系统工艺流程及厂区总平面和车间工艺布置上采取的优化措施及所能够达到的节能效果。机械设备选型上采取的节能措施及所达到的节能效果。供配电系统应从供电电源的选择、供电线路的设计、变压器运行方式及负荷率、无功功率补偿、电气设备选型、照明灯具选型等方面说明所采取的节能措施。建筑节能应说明所采取的建筑节能措施。节水措施应说明在选煤工艺中所采取的节水措施，选煤废水回收利用情况。

（3）减排措施：说明煤矸石、煤泥、其他副产品的综合利用及减排措施，并应说明煤矸石及煤泥的复用率。污、废水应根据选煤厂生产及生活污、废水的处理和再利用情况，分别说明设计所采取的减排措施，并说明其复用率。

（4）节能、减排指标综合评价：估算各能源品种和耗能介质的实物单耗、吨原煤综合能耗，并折算成吨原煤标煤耗（kgce/t）。根据所估算的各能源品种、耗能介质的消耗指标和综合能耗指标，对照国家及项目所在省（直辖市、自治区）的有关规定或邻近矿区类似选煤厂的能耗情况，对节能效果进行综合评价。单项能源品种或综合能耗水平过高时，应分析并说明其原因。综合减排数量应对选煤厂产出的各种固体废物、副产品和污、废水的利用及排放量进行估算。减排指标综合评价应根据估算的各种固体废物、副产品和污、废水利用及排放量，对照有关规定或类似选煤厂排放或利用情况，对减排效果进行综合评价。

2.2.2.8 资源综合利用

主要论述资源种类及资源量和综合利用两个方面。

（1）资源种类及资源量：分析煤的共、伴生矿物种类和数量。选煤厂所排出的固体废弃物种类和数量。选煤厂所产出的低热值副产品的种类和数量。

（2）综合利用：说明从煤炭或煤炭副产品中回收煤系高岭土、硫铁矿等资源的可能性。根据综合利用技术发展状况，结合本项目具体情况，论述洗选矸石、煤泥、中煤适宜的利用途径。

2.2.2.9 环境保护

主要论述厂址周围环境现状、环境影响因素分析、设计依据及设计采用的标准、环境保护措施、环境管理与环保投资和环境影响初步分析。

2.2.2.10 职业安全卫生与消防

简要介绍选煤厂规模、类型、产品方案和选煤工艺和总平面布置等情况。给出所遵循的安全、卫生和消防方面的相关标准、规范。论述选煤厂工程建设项目的不安全因素分析和职业安全防范措施。说明选煤厂生产过程中特有的有害因素，包括噪声、振动、煤尘、有害气体和不良环境等对工作人员的危害，针对工作场所存在的主要危害所采取的劳动保护措施。进行火灾隐患分析并说明建筑工程防火类别及防火等级。说明总平面布置中功能分区的划分、分期建设预留场地情况、防火间距和消防通道等。建（构）筑物防火措施：消防水源、消防水量及水压、消防给水体制、消防给水系统、自动喷水灭火系统、消防炮系统、灭火器配置。火灾自动报警系统，防、排烟系统的设置情况。所采用的电气防火措施。选煤厂特殊部位所采取的其他防火措施。

2.2.2.11 项目实施计划

它主要包括建设工期和项目实施计划安排。

（1）建设工期应结合具体情况综合研究确定，主要包括土建施工、设备采购、机电安装、调试运转、交付使用等阶段。

（2）项目实施计划应根据原料煤矿、资金筹措等情况合理安排。内容包括：勘察设计、土建施工、设备采购、机电安装、调试、投产和竣工验收等阶段，并宜简述其合理性，应附"项目实施进度表"（横线图）。

2.2.2.12 组织结构与人力资源配置

它包括法人组建方案及法人治理结构和人力资源配置两部分。

（1）法人组建方案及法人治理结构：说明项目法人组建方案，管理机构组织方案，并宜附"管理体系图"；改扩建项目，可视具体情况确定是否调整组织结构。

（2）人力资源配置应说明所确定的选煤厂生产作业班次。统计选煤厂劳动定员数量，改扩建项目可视具体情况确定是否增加劳动定员，并应附"劳动定员汇总表"。计算选煤厂劳动生产率。说明对选煤厂劳动工人的技能素质要求，及对人员培训的要求。

2.2.2.13 投资估算与经济评价

它包括投资估算、资金筹措、财务评价、经济费用效益分析、不确定性分析和综合评价六部分，其中经济费用效益分析为可选部分。主要说明选煤厂建设工程项目的投资范围、投资估算的编制依据、估算总资金、建设期利息、流动资金、总投资金和投资分析。同时还包括投资使用计划、资金筹措及筹措方案分析、成本费用、销售收入、财务分析、盈亏平衡分析、敏感性分析等。从投资合理性、财务评价可行性、经济费用效益分析合理性和不确定性分析等各方面，阐述经济评价结论。

2.2.2.14 风险分析

说明项目的主要风险分析、防范与降低风险的对策和风险管理手段。

2.2.2.15 研究结论与建议

从选煤厂建设规模、煤质特征、产品结构、选煤方法、工艺流程、设备选型、总平面布置、车间布置、车间结构形式、能耗指标、环保措施等方面介绍推荐方案的优缺点。并附主要技术经济指标，对下步工作提出具体意见和建议。

在可行性研究报告中应附有必要的附录，如项目建议书、关于某选煤厂设计招标评标事宜的函复、设计招标书及其补充说明等。

可行性研究报告附图有：

（1）工艺总平面布置图（比例1∶500或1∶1000）；

（2）工艺原则流程图（比例不限）；

（3）主要车间工艺布置图（比例1∶100或1∶200）；

（4）供配电原则系统图；

（5）铁路装卸站、专用线布置图（比例1∶2000或1∶1000）；

（6）工业场地总平面布置图（比例1∶1000）；

（7）交通位置图。

2.2.3 可行性研究报告的作用

（1）银行主要依据可行性研究报告进行建设项目评估。只有评估通过后，该项目按照建设需要方可筹措资金和向银行申请贷款。

（2）可行性研究报告可作为与建设项目有关的单位签订合同、协议的依据。

（3）可行性研究报告是进行初步设计的依据。

（4）可行性研究报告所使用的资料，可以作为进一步设计、施工所需要资料全面补充的依据，例如重测、补测地形，补充工程地质资料，补充筛分、浮沉煤质资料等。

（5）国家根据选煤厂可行性研究报告的项目实施计划，纳入国民经济发展计划。有关单位也按项目实施计划做建设前期工作的准备。

（6）可行性研究报告是向环保部门申请建设的依据，在通过环境评价之后，方可开展进一步的设计工作。

2.3 选煤厂厂址选择

厂址选择是可行性研究的一项重要工作。一般由主管部门组织勘探、设计单位和建设所在地政府的有关机构共同进行。在城市管辖区的选点，还需要取得城市规划部门、环保部门同意，并取得协议文件。对选煤厂厂址选择的要求如下：

（1）厂址要符合当前和长远的利益。在技术合理的情况下，要节约用地，不占良田或少占农田，不拆或少拆民房，不妨碍农田水利建设，并结合工程施工造田支援农业。

（2）厂址应靠近原料基地和用户，可缩短原料和产品的运输距离，节约投资和运输费用，也应力求靠近国有铁路专线以缩短专用线长度，除考虑接轨方便外，还应选择有利地形，尽量避免架设桥梁和开隧道。筹建单位要与铁道部门达成关于接轨的具体书面协议。如果采用水运，应考虑建造码头的条件。厂址便于与公路、水路连接。

（3）要充分考虑供水、供电条件。供水、供电是两个重要因素，没有充足的水源、电源供应，选煤厂是不能建设的。在厂址附近要有充足的水源地，要有适应的变电所。不能远离水源地，增加供水费用，由于水质对工业和日常生活有影响，因此，需考虑水质情况。非本企业电厂供电时，在厂址选择过程中，筹建单位应与电力部门达成供电的具体书面协议，保证投产时能供给全部用电量。

（4）厂址应有良好的工程地质条件，避开在流沙层、淤泥层、断层、滑坡、溶洞、采空区、古墓区选址。地基承载力宜在 200kPa 以上。地震是重大的自然灾害，应充分考虑其危害性，根据当地地震烈度考虑防震措施。厂址应考虑不压和少压地下资源。厂址不应受洪水威胁，应建在最高洪水标高以上。厂址也不能选在水库、堤坝附近或下游。为了减少土石方工程量，既要考虑地形平坦，也要考虑结合工艺特点充分利用地形，厂地略有坡度，利于工业场地排水。

（5）注意环境保护。厂址应力求避免位于有害气体和污染性烟尘的下风方向。同时也应避免选煤厂排出的烟尘、污水、废渣对临近企业、农业、居民区及河流的污染。亦要考虑噪声的防治。

（6）厂址应有足够的堆放器材、原材料、施工、运输场地以及发展扩建的余地。

在厂址选择过程中，实际上很难找到全部符合上述条件的理想厂址，因此，只能在方案比较的基础上，按厂址选择条件从中选出几个较好的方案，然后再详细比较它们的优劣，从中选出最优方案。主要比较内容如下：

（1）从原料煤和产品运输、供水、排水、供电、矸石处理，工人住宅及施工条件等方面进行比较。

（2）从建筑施工费用（包括土石方、运输、给排水、住宅及文化福利设施等工程费用）进行比较。

（3）从将来投产后生产销售费用和生产管理方便等条件进行比较。从基建总投资和年经营费用的比较中选出最优厂址方案。

2.4 选煤厂工程建设项目的招标与投标

2.4.1 招标与投标

基本建设项目一般要通过招投标确定项目设计和承建单位。

所谓招标投标，是招标人应用技术经济的评价方法和市场竞争机制的作用，通过有组织地开展择优成交的一种成熟的、规范的和科学的特殊交易方式。招标人是指依法提出招标项目、进行招标的法人或者其他组织。所谓提出招标项目，是指招标人依法提出和确定需招标的项目，办理有关审批手续，落实项目资金来源等。所谓进行招标，是提出招标方案，拟定或决定招标范围、招标方式、招标的组织形式，编制招标文件，发布招标公告，审查投标人资格，组建评标委员会进行评标，主持开标，择优确定中标人，并与中标人订立书面合同等招标的工作过程。根据自身条件，招标人可进行"自行招标"或"委托招标"。

投标人是指响应招标人招标需求并购买招标文件，参加投标竞争活动的法人或其他组织。所谓参加投标竞争活动，是指投标人通过调查研究，按招标文件的规定编写投标文件，包括编制投标报价等一系列招标要求，在规定的时间、地点将投标文件密封送达招标人，按时参加开标，回答评标委员会询问，接受评标过程的审查，凭借投标人的实力、优势、经验、信誉，以及投标水平和投标技巧，在激烈的竞争中争取中标而获得项目（工程、货物或服务）承包任务的过程。

2.4.2 我国法定的招标方式

《中华人民共和国招标投标法》规定的招标方式有以下两种。

2.4.2.1 公开招标

它是指招标人以招标公告的方式，邀请不特定的法人或者其他组织参加投标的一种招标方式。也就是招标人在国家指定的报刊、电子网络或其他媒体上发布招标公告，吸引众多的潜在投标人参加投标竞争，招标人按规定的程序和办法从中择优选择中标人的招标方式。

2.4.2.2 邀请招标

它是指招标人以投标邀请书的方式，邀请特定的法人或者其他组织参加投标的一种招标方式。邀请招标，也称选择性招标，也就是由招标人通过市场调查，根据供应商或承包商的诚信和业绩，选择一定数目的法人或其他组织（不能少于 3 家），向其发出投标邀请书，邀请他们参加投标竞争，招标人按规定的程序和办法从中择优选择中标人的招标方式。

议标是招标人采取直接与一家或几家投标人进行合同谈判确定承包条件和标价的方

式。也就是通过直接谈判达成交易的一种招标方式。设计招标过程中委托设计就是一种议标形式。委托设计就是先通过各种方式选到一个满意的设计单位，再由设计单位完成设计工作，在设计过程中双方不断进行沟通，将设计师的创意和业主的要求完美地结合起来。

2.4.3 工程建设项目招标范围及内容

煤炭行业的工程建设是能源项目，必须严格按照《中华人民共和国招标投标法》进行工程建设项目的实施，具体实施参照《工程建设项目勘察设计招标投标办法》、《工程建设项目施工招标投标办法》以及《煤炭工业建设项目设计招标投标实施办法》等法律法规执行。

选煤厂设计招投标工作，由投资者组织实施，或由投资者委托有资格的咨询单位协助办理，也可全权委托办理。投标者的勘察设计资格等级必须与规定的建设项目规模相吻合，不得越级投标。实行设计招标的建设项目应具备批准立项的有关文件和经过批准的地质报告及工程勘察、交通运输、电源水源等设计基础资料。招标者需向投标者提供设计基础资料和进行调研、踏勘现场的条件并解答存在的问题。选煤厂的投标文件编制内容与深度一般相当于可行性研究报告。

2.4.4 招标工作程序

（1）通过广告或邀请确定投标者。

（2）召开发标会议，与投标者共同商定专业技术内容与深度口径，组织踏勘工程现场，签订招标协议文件。

（3）发标会议后，在统一规定时间内，由招标者及时答复投标者提出的有关问题，并将答复以书面形式正式通报所有投标者。

（4）投标者根据发标书要求和书面答疑文件编制投标书，按统一规定时间报送招标者。投标书应加盖公章、勘察设计专用章及法人代表的印章，密封后寄出。标函一经寄出不得以任何理由更改投标书内容。

（5）招标者在接到投标文件后，邀请投资者、有关上级管理部门领导、专家组成评标领导小组，以主持、协调、认定评标工作。同时，聘请有技术专长、业务水平高、办事公道的人士组成评标委员会，其中高级技术人员不得少于80%，评委会主任由评委推选、领导小组确认，主持评委会工作。

2.4.5 评标、定标工作程序

（1）评委会组成后，组织评委阅读投标书。

（2）投标者分别向评委会介绍各自投标书的内容。

（3）评委会讨论各投标者的投标书。

（4）评委会分别向投标者质疑。

（5）评委会评议各投标书，但不得搞统一观点。

（6）评委会委员根据统一规定的评分权重进行独立的、有记名评分。

（7）评委会根据评分结果，即报请领导小组研究认定中标者。

（8）领导小组向各投标者公布中标者。凡重大项目，领导小组应向主管部委或国家发展和改革委员会等上级主管部门报告确认。

（9）招标者向中标者发出正式中标通知书，双方根据国家规定和招标书、协议等有关条款，签订设计合同。退还未中标者投标书。

（10）招标者和中标者如需要采用未中标者投标书中某项技术，可互相协商技术转让问题。

选煤厂设计评标权重参考值见表 2-1。

表 2-1　选煤厂设计评标权重参考值

三层次	二层次	一　层　次	权　重
技术部分 0.80	选煤厂工艺 0.80	1. 煤质资料评述	0.20
		2. 产品方案选择、用途和用户，落实外运方案对比	0.20
		3. 选煤方法	0.20
		4. 选煤工艺流程及工艺布置	0.20
		5. 总平面布置和地面运输	0.10
		6. 环境保护	0.10
	机电设备 0.20	7. 主要设备选型	0.70
		8. 供电和给水	0.30
经济部分 0.20	投资估算 0.30	9. 基本资料	0.20
		10. 投资估算	0.80
	经济评价 0.40	11. 财务评价	0.50
		12. 国民经济评价	0.50
	指标 0.30	13. 全员工效	0.40
		14. 建筑工程量	0.30
		15. 建设工期	0.30

2.5　选煤厂工程建设项目的设计

选煤厂工程建设项目设计至少包括初步设计和施工图设计两个阶段。选煤厂初步设计的内容和深度应达到指导施工图设计，指导选煤厂合理建设、保证选煤厂建设技术方案顺利实施和合理控制建设投资的要求。选煤厂施工图设计的内容和深度应满足施工需要，并应保证施工、生产安全和工程质量要求，同时应考虑合理节省建设投资。

2.5.1　初步设计

初步设计是设计工作中极其重要的阶段。它的任务是将可行性研究报告（或设计任务书）经审批后的原则、方案加以具体实施的一项设计工作，并确保在施工图设计阶段，无重大方案变化。

2.5.1.1　设计所需的原始资料

设计工作是在具备充足而又可靠的原始资料的基础上进行的。设计前资料收集不充分，则将拖延设计完成的期限；收集的资料不可靠，则可能作出错误的决定，影响设计质量。因此，在开展设计工作之前，设计人员必须深入现场，进行深入的调查研究，以便收集充足而可靠的原始资料，然后，加以审慎地鉴定和选取，作为设计的依据。

选煤厂设计用的原始资料包括以下几个方面。

A　通用资料

通用资料，是指参与设计的几个专业在不同程度上参考使用的资料，也包括一些其他专业专用，但对选煤专业仅供参考而非使用的资料，包括：

（1）经上级机关审批下达的有关文件和协议书。如：可行性研究报告（或设计任务书），企业建设规划，项目建议书，厂址选择报告以及与选煤厂建设有关的水、电、交通、机修、燃料供应、征地、拆迁等外部协作的协议书或意见书，专用铁路的沿线地形图及接轨协议书。

（2）煤田地质勘探报告。

（3）矿井资料：矿井及煤层的地质报告资料（煤层柱状图），矿井的生产能力，可采储量，开采煤层，采煤方法，矿井工作制度，开采次序，主要煤层开采比例及采煤规划。原煤运输提升方式和能力。矿井地面筛选情况及贮煤场（仓）容量。厂址所在地面与井下对照图。该图应包括矿井地面布置、露头线、煤田境界线、已采区、塌陷区、井口、巷道、安全煤柱等。

（4）厂区地形图和建设地区地理图：厂区地形图是设计工艺平面布置图的依据，要确定工业建筑的标高及平场标高，厂区水的流向和土石方量，以 1∶500 比例为佳，等高线的间距为 0.25~1.0m。要求标出井口锁口盘和铁路装车点的精确坐标 x，y 值和角度（对经、纬线的关系）。建厂地区地理图只表示选煤厂的地理位置及交通运输的情况，在说明书厂区概况介绍时使用。

（5）工程地质和地震烈度等级资料：作为厂址选择和土建专业设计的依据资料，由于其关系重大，所以，设计人员要采取认真、科学、慎重的态度，在缺乏资料时绝不可轻易估计。工程地质资料是用布置钻孔的方法，交叉通过建厂地面，将各个钻孔的资料连线推测得出的，也可通过挖探井，采样做土层分析报告后得出。工程地质不好的地方必须用相当大的投资进行地基处理，是不经济的，在方案比选时对此必须慎重考虑。地震烈度是地震时对地面表现出的破坏程度。地震烈度等级以当地历史资料为准。

（6）气象资料：考虑总平面布置和设计厂房建筑时的必要资料，同时也是设计采暖、防止冻结的依据。应了解该区域每年的最高温度、最低温度、平均温度、湿度、气压、风向、主导风向、风速、降雨量、降雪量、严寒期（即 −10℃ 以下）持续日数、冬季土壤冻结深度等历史记载。

（7）水文地质资料及水文资料：水文地质资料包括地下水深度、地下水含水层分布、地下水的流向、水位变化规律；含水层的渗透性及地下水对混凝土的侵蚀性等。水文资料包括河流水位历年记录、最高洪水水位、洪水淹没范围、最低水位、平均水位、各水位的相应流量和河床断面变化。

（8）给水、排水资料：选煤厂生产需要大量的水作为生产用水的补充，所以要了解水源地的水量、水质情况，矿区现有供水系统及设备等，生产、生活污水排放去向，有无处理设备及处理的方式。

（9）电源资料：地区电源网路、电源接入的走向和地点、电压等级、电量、输电线路情况等。此外还有供电协议书。

（10）建材来源及施工能力：当地有几种建材来源，运输条件如何，当地有无施工单位，以及施工技术状况、建筑机械配备、劳动力状况等。

（11）交通运输状况：建厂附近有无铁路、公路、水运的条件。

（12）环境保护资料：主要污染源，现有污染源，现有环境保护资源和条件。此外还有环境评价书。

（13）综合经营、综合利用以及与其他企业可以协作的条件，协作协议书或意向书。

B 煤质资料

煤质资料是选煤专业工艺设计的基础资料，包括煤田储量、地质勘查资料以及煤层煤样、生产煤样（生产大样）、煤的物理性质和煤的工业分析等。在特殊情况下还要求选煤工业性试验或半工业性试验资料，但因其耗费人力、物力过大，如果不是非常必需，尽可能不要这种资料。

煤质资料可从井田地质精查报告中获得。地质勘探部门为了给新建选煤厂提供资料，可以做一些坑探或槽探工程，采集煤样做筛分、浮沉试验。也可以从邻近小煤窑中采取煤样。凡是在与开采井田有一定距离的地方采取的煤样，很容易造成误差，或不具有代表性。在使用这类资料时应慎重。设计不能从地质详查报告中找煤质资料，因为详查的精度不够，只能满足矿区总体设计的需要；更不能用普查的资料，普查资料只能供远景规划使用。

a 煤层煤样资料

煤层煤样分为煤层分层煤样和煤层可采煤样。煤层分层煤样是用来确定每一开采煤层或开拓后的煤层各分层和夹石层煤的性质。煤层可采煤样是用来确定每一层煤的性质，以及采煤过程中采出的夹石层的性质。这些资料提供各入选煤层数量与质量情况，为设计中确定技术措施提供依据。

b 生产煤样资料

生产煤样是生产矿井在地质和生产情况正常的条件下，从各煤层分别采取的煤样。每个煤层采样质量为 6~10t。所采的大样能够代表正在开采或将要开采的煤层煤质特性。该煤样经过筛分、浮沉等一系列试验可获得下列资料：

（1）原煤的物理性质，工业分析和元素分析资料，筛分组成和浮沉组成，大块煤破碎或碎选试验资料，中煤破碎试验资料。

（2）煤泥浮选试验资料。

（3）煤泥沉降和煤泥水澄清试验资料。

（4）矸石泥化性试验资料。

（5）煤岩分析试验资料。

（6）黄铁矿或其他有用伴生、共生矿物回收工艺试验资料。

生产煤样的系列资料是选煤厂工艺设计主要依据的资料。在准备设计时遇到的最大困难是该矿井不仅没有生产，往往也刚开始设计，根本不具备采生产煤样的条件，只能考虑从邻近矿井或小煤窑采取。煤样是否有代表性，可从煤田地质资料各层煤的柱状图资料进行对比和分析。如果这层煤煤质性质变化比较小，则有代表性，否则将有很大变化。邻近矿井生产煤样资料，要参照本矿井的精查地质勘探报告，按具体情况设计。如还有困难，则应设法补充设计资料，用探坑、探槽取样，或用大口径钻机取样，重做或补充做试验。

c 由环保部门提供的选煤厂建设前的环境背景和建设后的环境评价和要求报告

例如，对选煤厂排出的尾矿、污水、粉尘、有害气体、噪声和放射性物质等，要达到排放标准的要求。

d 规范资料和专业之间的周转资料

（1）规范资料，是指国家制定的法令、规定和规则，如选煤厂工艺设计规范、设备和产品的国家标准，建筑设计的防震、防火规定，水质的卫生规定和要求，国家或地方环境保护的标准和规定以及安全技术方面的规定；设备价格和安装价格的计算标准、建筑物和构筑物的概算（预算）指标，原料、精煤等产品、燃料及材料的价格、运输费用及运杂费的定额、折旧计算规定和工资等级的规定等。

（2）专业之间的周转资料，是指设计过程中相关专业，必须互相提交给对方的设计条件（参阅《选矿设计手册》等有关资料）。

e 改、扩建选煤厂

除应具备上述新建选煤厂资料外，还应收集的资料有：

（1）原企业的原煤供应情况、性质及主要产品数、质量等。

（2）原企业工艺流程及近期各项平均生产指标、生产消耗、劳动定员及生产组织和工作制度。

（3）原企业主要设备名称、规格、台数、作业率、处理量及操作条件等。

（4）原企业辅助设施，如机修、实验室、化验室、药剂制备、尾矿设施、仓库等的装备和使用情况。

（5）原企业"三废"处理及环境保护情况。

（6）原企业图纸，如选煤厂厂房设备配置实测图、交通位置图、厂区总体布置图以及隐蔽工程竣工图。

（7）原企业经济资料，如固定资产总额、设计投资总额、施工决算、年经营费、原煤及精煤成本和成本分析、企业经济效益盈亏情况等。

（8）原企业技术革新及生产技术总结资料。

（9）原企业的经验总结以及对改、扩建选煤厂的意见。

2.5.1.4 初步设计的内容

初步设计是在工程总负责人（亦称工程项目总设计师）的组织下，各专业分别编写专业说明书、绘制设计图纸、提出设备清单，概算专业编制概算书，技术经济专业作出技术经济论证。然后由工程总负责人汇总编制成初步设计文件。

选煤厂初步设计文件包括《说明书》、《主要机电设备与器材清册》、《概算书》和附图四部分。

初步设计阶段应进一步论证各专业设计方案技术的适用性、可靠性和经济上的合理性，将其主要内容写入初步设计《说明书》中。初步设计阶段应对各专业推荐方案所采用的机电设备和器材进行选型，并应汇总成册。对推荐设计方案所采用的设备和器材、建安工程及工程建设其他费用等编制概算，并汇总成册。初步设计阶段，各专业应绘制出相应的设计图纸。

初步设计《说明书》由前引部分、正文部分和附加部分构成。

（1）前引部分：包括封面、扉页、证书、人员名单、目录、附图目录。

（2）正文部分：从总论到概算投资，共十八部分内容，见后面详述。

（3）附加部分：附加部分的附录主要包括下列内容：

1）设计任务书及其审批意见；

2）可行性研究报告上级审批意见；

3）可行性研究报告专家评估意见；

4）主管部门对有关设计问题的决议或批示；

5）与有关单位签订的协议书或有关设计重大原则问题的会议纪要。

初步设计《说明书》正文部分有以下各章节。

A　总论

它由项目背景、工程设计简述、存在的问题和建议三部分构成。主要介绍项目名称、地理交通位置、隶属关系和区域经济地理特点、设计依据及范围、建设条件、设计的基本原则、设计规模、原料煤基地及煤质、选煤工艺及主要的技术经济指标、存在的问题和下一步工作要求、解决问题的意见与建议等。

B　厂区（或矿区）概况及原料煤基地

它由厂区（矿区）概况和原料煤基地两部分构成。主要介绍厂区（矿区）地理位置、气象及地震情况、区域经济情况、原料煤矿井及其储量、原料煤矿井生产能力、服务年限、原料煤矿井煤层特征等。

C　建设规模、厂址及工作制度

主要介绍选煤厂类型、建设规模、厂址选择、选煤厂工作制度、选煤厂生产能力和服务年限。

D　选煤工艺

主要论述煤质特征及其可选性、产品结构方案、选煤工艺流程、选煤工艺流程的计算、工艺设备的选型与计算、工艺布置及工艺系统技术操作说明、生产技术检查、煤的干燥（可选）。

E　给水排水

主要论述选煤厂给水水源、用水量、水质特征、水压、给水系统和排水系统。

F　采暖、通风及供热

论述采暖通风及供热系统的设计资料、采暖系统、通风除尘、供热管网和锅炉房等方面的内容。

G　电气

它包括供配电、选煤厂的照明、防雷及接地、选煤工艺系统设备的控制、选煤作业自动化系统、选煤厂所涉及的检测、监控、计量和保护装置、选煤厂的通信和生产管理系统。

H　生产辅助设施

论述选煤厂空气压缩机房、介质制备及贮存、药剂站、油脂库、机电修理车间及材料库、棚。

I 建筑物与构筑物

论述选煤厂建（构）筑物所采用的设计资料、建筑材料、建筑施工条件、建（构）筑物的建筑与结构设计、建（构）筑物的特征一览表、地基与基础。

J 运输

论述选煤厂位置及区域交通概况、煤炭运输量、流向和运输方式、运输工程沿线地形、地质、水文及农田水利设施和规划情况、运输工程设计的依据。

K 工业场地总平面

它包括区域概况、厂址及总体布置；工业厂地总平面及竖向布置；行政、福利及生活区总平面布置；仓库以及企业内、外部运输等的设计；选煤厂管线综合布置；场内绿化和建设用地。

L 环境保护

主要论述环境现状、选煤厂主要污染源及控制措施、厂区绿化、环境管理及环境监测、环境保护投资等方面的内容。

M 职业安全与工业安全

主要论述选煤厂主要不安全因素、主要防范措施、安全救护措施、选煤厂主要职业危害及防治措施、职业劳动保护、选煤厂安全卫生管理机构、职业安全与工业安全的专项投资等方面内容。

N 消防

介绍选煤厂火灾危险性分析、选煤厂消防基本要求、建（构）筑物的防火设计、消防给排水及灭火设施、选煤厂总平面中的消防功能分区的划分及布置等。

O 节能、减排

说明选煤厂生产所消耗能源的种类、数量，介绍选煤厂主要能耗设备，与选煤有关的节能措施及效果分析，选煤厂用水指标、节水措施及评价，选煤厂减排措施，节能减排指标综合评价。

P 建设工期

说明选煤厂施工准备内容及所需时间，一次建成或分期建成的移交生产方式及移交标准，有关施工的原则要求与建设，预计的建设工期，项目实施计划进度及进度表。

Q 组织机构和人力资源配置

说明项目法人治理机构，选煤厂生产组织机构设置及生产组织机构框图，劳动定员及其汇总表，生产工人效率与全员效率。

R 概算投资

主要说明选煤厂建设工程的投资范围，设计概算编制的依据，编制概算表，投资分析与选煤厂主要技术经济指标。

2.5.1.3 初步设计的深度

编制初步设计，必须遵照国家规定的基本建设程序、批准的可行性研究报告的内容和要求；必须遵守国家和上级主管部门制定的法规和技术政策；必须执行有关的标准、规范、规定以及履行设计合同规定的有关条款。

初步设计的深度是为主管部门或委托单位（人）提供可供选择比较的方案，尤其是要推荐最优方案供建设单位选择；为控制基建投资、开展工程项目投资包干、招标承包以及编制基建计划提供依据；为主要设备订货提供依据；为土地征购和居民搬迁签订协议、指导和编制施工图设计、开展施工组织设计、施工和生产准备提供依据。

技术设计是介于初步设计和施工图设计之间的设计阶段。它是在已批准的初步设计的基础上进行的。它的目的是对工艺流程、设备配置和基建投资进行更详细的审查。

2.5.2 施工图设计

施工图设计也称详细设计。根据建设项目的基本建设程序，选煤厂初步设计完成工艺布置和设备选型以后，就可以开始施工图设计。施工图设计应根据已批准的初步设计进行，主要设备选型、主要单位工程数量、结构形式和建设标准不应与初步设计有原则性变化。对初步设计主要技术方案进行重大修改时，应经原批准部门同意或重新报批。施工图设计文件内容应满足相关专业现行国家标准的要求，施工图的绘制应符合国家现行制图标准。

一些大型设备和有特殊要求的部分，其安装、订货和相应的配置可以在施工图设计之前进行。有时初步设计完成以后，为了给施工图设计提供更详细资料，在初步设计之后、施工图设计之前进行施工预备图设计。施工预备图设计比初步设计更详细一些，但施工预备图不能代替施工图，它只是为施工图设计的进行创造更方便的条件。

施工图设计一般分专业进行。选煤专业负责总体方案设计和各专业间的协调工作，同时初步设计或施工预备图设计完成后，选煤专业还要负责为其他专业提供施工图设计所需要的相关资料；土建专业负责建筑物和构筑物的土建部分；机械专业负责机械设备安装和非标准设备的设计制造部分；电力专业负责全厂的供配电和所有的控制部分；施工图设计完成后由经济专业负责工程的总体预算。

2.5.2.1 施工图设计的目的

施工图设计的目的在于详细解决建筑和安装中的具体问题。其主要内容是绘制详细的施工图纸，确定所有设备、建筑物、构筑物、管路、供配电线路、公路道路、铁路专用线等的确切位置及相关关系尺寸，以及非标准设备（如各种溜槽、漏斗、工作台等）的制造图和材料列表等。也就是说，施工图完成以后，施工单位就可以根据施工图进行建筑物和构筑物施工，机械加工单位可以进行非标准设备的制造，安装单位可以进行设备安装。所以施工图设计是选煤厂建设中必不可少的重要环节。

2.5.2.2 施工图设计的内容

A 选煤厂设计图纸

在正常情况下，施工图设计的设计文件主要是施工图纸。选煤厂设计施工图纸是进行选煤厂建筑物、构筑物、工艺设备和构件（包括管道、溜槽）以及电气等的配置、制作、安装，编制工程预算和施工组织设计的依据。一般包括下列 9 种图纸：

（1）选煤厂数质量流程图。该图反映工艺流程中各作业间的相互联系和作业产品的数量、质量、水量平衡关系。

（2）选煤厂工艺设备流程图。该图按工艺流程的顺序，采用典型的设备形象图，通过物料指示线清晰地表示出全厂各车间工艺部分的相互关系。

（3）土建施工图。包括各种建筑物、构筑物土建施工所需图纸，如梁柱配筋图、基础开挖图、建筑物结构图等。

（4）工艺建筑物、构筑物联系图。该图主要反映选煤厂各工艺建筑物、构筑物之间的相互关系。

（5）设备配置图。该图按工艺要求，正确地按比例绘制出各车间设备的配置关系；确定设备之间和设备与建筑物、构筑物之间的布置关系及定位尺寸。

（6）设备或机组安装图。该图包括各类主要设备、带式输送机、集中润滑系统、两种以上设备组成的机组等，按工艺要求和设备配置图准确地表示设备与构件或零部件安装关系。

（7）金属结构、零部件制造和安装图。该图表示选煤厂内所安装的漏斗、溜槽、闸门、支架、容器、安全罩、楼梯等结构件的结构形状、制作要求及安装关系。

（8）管路图。包括各种矿浆、药剂、抽风、压气等管路的配置、安装等。该图表示输送各种介质的管道与设备及安装部件等的关系和管路的空间位置等。

（9）电气施工图。包括各种电器安装、布置和线路图。

B　施工图设计说明书

施工图设计说明书包括以下内容：

（1）在施工图设计阶段，凡对初步设计中非原则方案问题有所修改或补充的部分。

（2）用图纸尚不能充分表达的设计意图。

（3）某些没有必要采用图纸表达的设计内容等。

上述内容均应通过施工图设计说明书进行说明。

C　施工图设计补充设备和材料订货表

初步设计阶段的设备和材料表，一般只编入主要设备和材料，因此在施工图设计阶段还应编制补充设备和材料订货表。

2.5.2.3　施工图设计的条件

在具备以下施工图设计条件的情况下，设计部门即可组织进行施工图设计：

（1）初步设计经过专家论证和评审，并由主管部门（或建设单位）审查批准。

（2）对于设计中遗留的或专家论证和评审以及主管部门（或建设单位）审查中提出的具体问题已经解决。

（3）主要设备订货已经落实，并索取到设计所需的设备图纸和说明书资料。

（4）外部供电、供水、运输、机修及征地等协议已签订。

（5）施工图设计所必需的地形测量、水文地质、工程地质的详细勘察资料已具备。

（6）对施工单位的技术力量和装备水平已经了解等。

2.5.2.4 施工图设计的要求

施工图设计要满足下列各项要求:
(1) 要满足各种设备的布置、定位和安装的具体要求。
(2) 要满足非标准设备和金属结构件制作的要求。
(3) 要满足各类设备、各种材料订货的要求。
(4) 要满足建筑物和构筑物、车间、修筑道路、敷设管线等施工的要求。
(5) 要满足施工单位编制预算、制订施工计划和进行施工的要求。
(6) 施工图同时也是竣工投产与工程验收时的依据。

2.5.2.5 施工图设计文件编制及深度

施工图设计文件按单位工程分专业编制,各专业施工图单位工程图纸目录应符合相关专业现行国家标准。其内容包括图纸目录、设计图纸和主要机电设备与器材清册等。设计图纸还应包括必要的设计与施工说明。施工图设计文件的深度应满足下列要求:
(1) 据以编制施工图预算。
(2) 据以安排材料、设备订货和非标准设备的制作。
(3) 据以进行施工和安装。
(4) 据以进行单位工程验收。

2.6 选煤厂工程建设项目的环境影响评价

2.6.1 环境影响分类

凡新建或改、扩建工程,根据国家环境保护总局《建设项目环境保护分类管理名录》确定应编制环境影响报告书、环境影响报告表或填报环境影响登记表。
(1) 编写环境影响报告书的项目:是指对环境可能造成重大的不利影响,这些影响可能是敏感的、不可逆的、综合的或以往尚未有过的。这类项目需要做全面的环境影响评价。
(2) 编写环境影响报告表的项目:是指可能对环境产生有限的不利影响,这些影响是较小的或者减缓影响的补救措施是很容易找到的,通过规定控制或补救措施是可以减缓对环境的影响。这类项目可直接编写环境影响报告表,对其中个别环境要素或污染因子需要进一步分析的,可附单项环境影响评价专题报告。
(3) 填报环境影响登记表的项目:是指对环境不产生不利影响或影响极小的建设项目。这类项目不需要开展环境影响评价。
根据分类原则确定评价类别,如需要进行环境影响评价,则由建设单位委托有相应评价资格证书的单位来承担。

2.6.2 评价大纲的审查

编制环境影响报告书的建设项目,应编制评价大纲。评价大纲是环境影响报告书的总体设计,应在开展评价工作之前编制。评价大纲由建设单位向负责审批的环境保护部门申报，并抄送行业主管部门。环境保护部门根据情况确定审评方式，提出审查意见。

评价单位在实施中必须把审查意见列为大纲内容。

2.6.3 环境影响评价的质量管理

环境影响评价项目一经确定，承担单位要根据批准的评价大纲开展工作，同时要编制其监测分析、参数测定、野外实验、室内模拟、模式验证、数据处理、仪器刻度校验等在内的质保大纲。承担单位的质量保证部门要对质保大纲进行审查，对其具体内容与执行情况进行检查，把好各环节和环境影响报告书的质量关。按照环境影响评价管理程序和工作程序而进行有组织、有计划的活动是确保环境评价质量的重要措施。质量保证工作应贯穿于环境影响评价的全过程，在环境影响评价工作中，请有经验的专家咨询，多与其交换意见，是做好环境影响评价工作的重要条件。最后请专家审评报告是质量把关的重要环节。

2.6.4 环境影响评价报告书的审批

审批程序：报告书一律由建设单位负责提出，报主管部门预审，主管部门提出预审批意见后转报负责审批的环境保护部门审批。

另外，建设项目的性质、规模、建设等发生较大改变时，按照规定的审批程序重新报批。

对于环境问题有争议的建设项目其环境影响报告书（表）可提交上一级环境保护部门审批。

各级主管部门和环境保护部门在审批环境报告书时应贯彻下述原则：

（1）审查该项目是否符合国家产业政策。

（2）审查该项目是否符合城市环境功能区划和城市总体发展规划，做到合理布局。

（3）审查该项目的技术与装备政策是否符合清洁生产。

（4）审查该项目是否做到污染物达标排放。

（5）审查该项目是否满足国家和地方规定的污染物总量控制指标。

（6）审查该项目建成后是否能维持地区环境质量，符合功能区要求。

（7）环境影响报告书的审查以技术审查为基础，审查方式是专家评审会还是其他形式可由负责审批的环境保护行政主管部门根据具体情况而定。

2.6.5 环境影响评价的工作程序

环境影响评价工作大体分为三个阶段，其工作程序见图 2-2。

第一阶段：准备阶段。主要工作为研究有关文件，进行初步的工程分析和环境现状调查，筛选重点评价项目，确定各单项环境影响评价的工作等级，编制环境影响评价大纲。

第二阶段：正式工作阶段。主要工作为进一步做工程分析和环境现状调查，并进行环境影响预测和评价环境影响。

第三阶段：报告书编制阶段。主要工作为汇总、分析第二阶段工作所得到的各种资料、数据，得出结论，完成环境影响报告书的编制。如通过环境影响评价对原选厂址给出否定结论时，对新选厂址的评价应重新进行，如需进行多个厂址的优选，则应对各个厂址分别进行预测和评价。

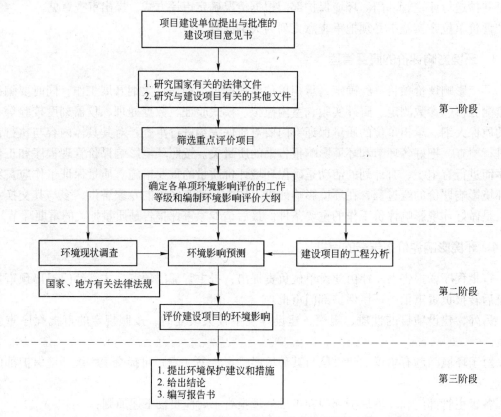

图 2-2　环境影响评价工作程序框图

2.6.6　环境影响评价工作等级的确定

环境影响评价工作的等级是按环境影响评价及各专题的工作深度划分的，各单项环境影响评价划分为三个工作等级：一级评价最详细，二级次之，三级较简略。各单项影响评价工作等级划分的详细规定，可参阅相应导则。

2.6.7　环境影响评价大纲的编写

环境影响评价大纲是环境影响评价报告书的总体设计和行动指南。评价大纲应在开展评价工作之前编制。它是具体指导环境影响评价的技术文件，也是检查报告书内容和质量的主要依据。该文件应在充分研读有关文件、进行初步的工程分析和环境现状调查后完成。

评价大纲一般包括以下内容：

（1）总则（包括评价任务的由来、编制依据、控制污染和保护环境的目标、采用的评价标准、评价项目及其工作等级和重点等）。

（2）建设项目概况。

（3）拟建项目地区环境简况。

（4）建设项目工程分析的内容与方法。

（5）环境现状调查（根据已确定的各评价项目工作等级、环境特点和影响预测的需要，尽量详细地说明调查参数、调查范围及调查的方法、时期、地点、次数等）。

（6）环境影响预测与评价建设项目的环境影响（包括预测方法、内容、范围、时段及有关参数的估值方法，对于环境影响综合评价，应说明采用的评价方法）。

（7）评价工作成果清单，提出的结论和建议的内容。

（8）评价工作组织、计划安排。

（9）经费概算。

2.7 选煤厂工程建设项目的后评价

2.7.1 项目单位自我后评价工作

所有建设项目竣工投产（使用、营运）一段时间以后，都应进行自我后评价。项目单位自我后评价是一项复杂细致的工作。在开展后评价工作之前，一定要做好各项准备工作，包括组织准备、思想准备和资料准备。组织准备是指当项目竣工验收、投入生产（使用、营运）一段时间后，项目单位就应成立项目后评价领导小组，并主动和该项目的设计部门、施工单位取得联系，共同抽调熟悉业务、了解情况、办事公道、有实干精神的经济和技术人员组成项目后评价工作班子，制订出工作计划，安排好工作日程，有条不紊地开展后评价工作。思想准备是指参加项目后评价的人员要认真学习上级有关文件和项目后评价的有关规定，提高对项目后评价的认识，同时要做好宣传工作，向有关人员讲清后评价的目的和意义，使他们消除顾虑，如实反映情况，客观、公正、科学地分析问题，从国家利益出发，扎扎实实地做好这项工作。资料准备是指后评价既然是复杂、细致的工作，又要求如实反映情况，用事实说话，就必须有翔实的资料作后盾。

2.7.1.1 前期工作资料

项目建设的前期工作包括项目建议书、对项目建议书的评估、可行性研究、对可行性研究的评估等。包括：

（1）国家或有关部门批准的项目建议书等，大、中型项目的项目建议书由国家发展和改革委员会或国务院批准，小型项目一般由部门或省（直辖市、自治区）批准，如果项目建议书是经过咨询评估的，还应收集咨询评估的意见。

（2）可行性研究报告。必须是有资格的单位做的可行性研究报告，大、中型项目的可行性研究报告一定要经部门或省（直辖市、自治区）审查批准后上报。

（3）对项目可行性研究评估咨询的资料。

（4）有关单位对可行性研究报告的批准文件。

（5）初步设计及扩大初步设计。

（6）其他关联项目和配套建设项目资料。

（7）投资概算及资金来源资料。

（8）经批准的开工报告。

2.7.1.2 设备、材料采购的实施资料

它包括：

（1）设备采购招标、投标文件，主要有议标、评标、定标的资料。

（2）设备采购合同，主要有总承包合同、分包合同及履约率等。

（3）采购设备的质量、价格、贮运等情况及对施工工程的满足程度。

2.7.1.3 建设实施阶段资料

它包括：

（1）设计文件，主要有设计变更、投资调整和工程预算资料。

（2）工程招标、投标文件以及议标，评标资料。

（3）工程合同文件，主要有总承包合同、分包合同、采购合同、劳务合同、监督管理合同等。

（4）建设准备资料。

（5）工程中间交工（含隐蔽工程）验收报告，中间评估资料。

（6）工程竣工验收报告，财务决算及审计资料，国家验收文件。

（7）材料或成品、半成品出厂合格证明和检测资料。

（8）工程监理资料及质量监督机关检查评审资料。

（9）工程遗留项目及后期续建工程清单。

2.7.1.4 涉外项目还应准备涉外方面的资料

它包括：

（1）询价、报价、招标、投标文件。

（2）谈判协议，议定书及所签订的合同、合同附件。

（3）国外各设计阶段的文件及审查议定书。

（4）国外设备材料检验及设计联络资料。

（5）国外设备贮存、运输、开箱检验记录、商检及索赔方面的资料。

2.7.1.5 项目竣工验收投产（使用、营运）后的效益资料

它包括：

（1）生产的产品产量、质量、价格资料及据此计算的定量分析指标（如销售收入、税率等）。

（2）投产（使用、营运）后的效益资料。

（3）投产（使用、营运）后的社会效益资料，如该项目投产后对促进社会经济、文化、教育、卫生、体育等方面发展的资料。

（4）投产（使用、营运）后的环境效益资料，如项目投产后对自然环境、生态平衡、自然景观影响等方面的资料。

以上这些资料是进行后评价的依据。在做好上述准备工作以后，项目单位的后评价工作班子就应不失时机地开展后评价工作。通过阅读项目建设中的各种资料，召开有关人员座谈会，检查建设质量，计算经济效益，总结经验，找出问题，提出改进意见，实事求是地写出自我后评价报告。项目单位的自我后评价报告是该项目建设过程和生产（使用、营运）成果的真实写照。既要照顾全面，又要突出重点；既要有情况，又要有数字；既要写

成绩，又要写不足，是非要分明，措施要具体，实事求是，简明扼要。对后评价中发现的问题，自己能解决的应马上解决，需要上级帮助解决的应提出建议，及时上报。

2.7.2　行业（或地区）主管部门的后评价工作

行业（或地区）主管部门必须配备专人主管项目后评价工作。在收到所属项目单位报来的自我后评价报告后，首先要进行审查，审查报来的资料是否齐全，自我后评价报告是否实事求是，如实反映情况。同时要根据工作需要从行业的角度选择一些项目进行行业评价。如从行业布局、行业发展、同行业的技术水平、经营成果等方面进行评价。在进行行业评价时，应组织一些专家学者和熟悉情况的人员认真阅读项目单位的自我后评价报告，针对问题，深入现场，调查研究，写出行业部门的后评价报告。报同级和上级主管部门及主要投资方。

2.7.3　各级发展和改革委员会（简称"发改委"）或主要投资方的后评价工作

各级发改委或主要投资方是建设项目后评价工作的组织者、领导者、方法制度的制定者。在收到项目单位和行业（或地区）业务主管部门报来的后评价报告后，应根据工作需要选择一些项目列入年度计划，开展后评价工作。也可委托有资格的咨询公司代为组织实施，如国家发改委把国家重点建设项目后评价复审工作通过年度计划委托给工程咨询公司组织实施。中国国际工程咨询公司接受委托后，根据项目性质、特点，聘请高层次专家、学者组成专家组，通过学习有关文件，阅读项目单位自我后评价报告和行业（或地区）主管部门的后评价报告，编写调研提纲，有目的地深入现场调研，召开座谈会，分析项目建设中的经验教训，站在国家立场上，从宏观和微观的结合上对项目进行客观、公正、科学的评价，写出的后评价报告报国家发改委，同时向行业（或地区）主管部门及项目单位反馈，使各有关单位都能根据评价意见改进工作。

当前，项目后评价工作尚未普遍开展，后评价任务还是自上而下通过计划来组织实施的。如国家重点建设项目后评价就是先由国家发改委选定项目，列入年度计划，下达项目单位和各有关行业（或地区）主管部门执行的。

3 ‖ 选煤工艺设计

选煤工艺设计的特点是数据量大、相关因素多、因果关系交错、内在规律复杂。选煤工艺设计是一项技术性很强的工作，要把握好设计的源头和设计的终端。设计的源头是指原煤的煤质特征，是设计的基础。设计的终端是指产品的结构定位，是市场需求的体现，是工艺设计的前提和最终目标。选煤工艺设计脱离"两头"搞设计就是无的放矢，设计本身就成无源之水，无本之木。抓好"两头"的关键就是突出"透"和"准"两个字。

3.1 煤质资料分析与整理

选煤工艺设计相关的试验内容和试验方法的国家标准有：《煤炭筛分试验方法》（GB/T 477—2008）、《煤炭浮沉试验方法》（GB 478—2008）、《煤粉筛分试验方法》（GB/T 19093—2003）、《煤粉浮沉试验方法》（GB/T 190092—2003）、《煤粉（泥）实验室单元浮选试验方法》（GB/T 4757—2001）、《选煤厂煤伴生矿物泥化程度测定》（GB/T 19833—2005）。实验结果应按国家标准和行业标准进行审查。试验误差应当在国标规定范围之内，否则试验作废。

煤质资料分析与研究的目的，是为了进一步了解煤的内在特性和制定合理的选煤工艺流程。煤质资料分析的内容包括煤的物理性质、化学性质、筛分和浮沉资料、可选性等。

3.1.1 煤样的采、制

选煤工艺设计的关键是采用既适合原煤实际特性，又满足煤炭用户需求的加工方法。原煤煤质资料是制定选煤工艺流程、进行流程计算和设备选型的基本依据。煤质资料的可靠性取决于煤样的来源以及试验的代表性，采样和试验必须严格按照国家标准进行。我国选煤工艺设计的技术依据一般为生产煤样的试验资料，生产煤样的采取方法按标准 MT/T 1034—2006《生产煤样采取方法》执行。为了保证煤样的代表性，采样条件应当符合以下要求：

（1）采样地点地质条件正常（不能处在断层、褶曲构造变动地区、透水区、氧化区和风化作用地区）；

（2）生产条件正常（包括采煤方法、机械运转、运输及工作面管理正常）；

（3）采样方法及其具体操作符合要求。

对于未投产的矿井或煤层尚未开采无法获得生产煤样时，可用同一煤田邻近矿井的生产煤样代替，或用矿井的地质勘探资料作为设计依据，但要考虑因素差别对煤质的影响。

3.1.2 原煤的性质

3.1.2.1 煤的物理性质

煤的物理性质主要指密度、煤和矸石的泥化性、安息角和摩擦角等。

A 煤的密度

煤的密度是煤的主要性质之一，有三种表示方法，以 g/cm^3 或 t/m^3 为单位。

a 真密度

真密度是在20℃时煤的单位体积（不含煤的空隙）的质量，以符号 δ 表示。在设计中，真密度（通常称为密度）可用于体积和质量的换算，也可表征煤炭质量。

b 视密度

视密度是在20℃时煤的单位体积（包括煤的孔隙）的质量。视密度用于煤的埋藏量和破碎、磨碎、燃烧等过程的计算，还用于计算煤的孔隙率，作为煤层气计量基础。在分选过程中，如果煤中存在天然焦时，其真密度数值较大，但因其孔隙多，视密度较小，很容易混入精煤产物中。

c 堆密度

堆密度是指一定体积自由堆积（包括煤块间隙）的煤堆质量，以 t/m^3 为单位，用 γ 表示。用于煤仓设计、煤堆质量的估算、带式输送机运输量和车船装载量以及焦炉、气化炉装煤量的计算。煤的堆密度数值参考表3-1。

表 3-1 煤的堆密度数值

产品名称	原煤	精煤	中煤	矸石	煤泥
堆密度/t·m⁻³	0.85~1.0	0.8~0.9	1.2~1.4	1.6	1.2~1.3

B 脆度

煤的脆度是指煤受外力作用而破碎的性质，即可碎性，表征煤被粉碎的难易程度。煤的脆度与岩相组成和煤化程度有关。丝炭最脆，镜煤、亮煤居中，暗煤最韧，故粉煤中丝炭居多。煤的脆度影响产品粒度、工艺环节的选择，可利用煤与矸石的可碎性进行选择性破碎分选。

C 煤和矸石的泥化性

煤和矸石的泥化是指矸石或煤浸水后碎散成细泥的现象。泥化程度试验按 MT/T 109—1996《煤和矸石的泥化试验方法》进行。了解矸石的泥化特性十分重要。如果矸石泥化程度严重，会造成生产循环水黏度迅速增高，影响分选过程，使煤泥回收、洗水净化和闭路循环变得十分困难。因此，在制定工艺流程时要选择泥化现象较轻的分选工艺，减少煤和矸石与分选介质接触的时间，对煤泥水系统的设计要采用合理的结构。

D 安息角（静止角）

煤自然堆成一个锥体，锥体与底面的夹角就是煤的安息角，以 α 表示。在设计计算带式输送机的运输量，煤仓、贮煤场和矸石堆的有效容积时，安息角是必要的参数，不同产品的安息角见表3-2。

表 3-2 不同产品安息角数值

产品名称	原煤（烟煤）	精煤	中煤	矸石	煤泥（湿）
α/(°)	35~40	40~45	40	40	约15

E 摩擦角

将煤堆放在一块平板（多为钢板）上，使平板逐渐倾斜，直到煤开始向下滑动，这时平板的倾斜角就是煤的摩擦角，以 φ 表示。摩擦角是设计溜槽、带式输送机和煤仓下部锥体角度的重要参数。例如，选煤厂带式输送机的胶带倾斜角必须小于煤的摩擦角。

3.1.2.2 煤的化学性质

A 煤的氧化

煤的氧化分为轻度氧化、深度氧化和燃烧 3 种形式。在自然条件下进行的轻度氧化，通常称为风化。风化煤的煤质变差，影响煤炭的使用效果。

煤的氧化会放出热量，使煤堆温度逐渐升高，氧化更剧烈，产生的热量更多。当煤堆温度上升到着火点时，煤就会燃烧，通常称为煤的自燃。

选煤厂设计时，煤的堆存方式、堆存数量和贮存时间都应充分考虑防止煤的自燃和风化的措施。如：贮煤场、煤仓应尽量减少死角煤；存煤应循环使用；一般煤贮存的安全温度界限为 50~80℃，炼焦煤不超过 50℃；贮煤设施应充分考虑通风散热或换气设施；高硫煤要及时选出黄铁矿；贮煤量适中合理，贮存时间不宜过长。

不同季节、不同煤种允许的贮存期见表 3-3。

表 3-3 煤的贮存期

煤 种	夏季（昼夜）/d	冬季（昼夜）/d
气煤、1/3 焦煤	30	45
肥煤	60	75
焦煤	60	90
瘦煤	60	120

B 煤的氢化

煤的氢化是一种重要的化学反应，分为轻度加氢和重度加氢两种。

C 煤的磺化

煤的磺化是以烟煤为原料经发烟硫酸或浓硫酸磺化处理的过程，所得的产物再经洗涤、中和、干燥和筛分，最终得到磺化煤。

3.1.2.3 煤的工业分析

煤的工业分析是指用指定的方法测定煤炭分析基下的水分、灰分、挥发分和固定碳。按照煤炭分类国家标准，中国煤炭分类用挥发分 V_{daf} 结合黏结性指数 G 值、胶质层最大厚度 Y 值等指标。煤的牌号和用户不同，在选煤厂设计时选择的选煤方法、流程结构、产品结构和用途上都有根本性区别。不同用户对于煤中硫分、灰分、水分和发热量的要求往往有很大的差异，这对设计也有重要的影响。

应用基低位发热量是评价动力煤质量的主要指标，也是动力煤商品计价的依据。

煤中的灰分、硫分是主要的有害杂质，硫分不仅对炼焦工业有害，对其他各种工业和民用以及环境都有很大的危害性，因此，灰分和硫分是评价煤质的重要指标。2009 年实施的国家标准《煤炭质量分级》（GB/T 15224.1—2009）分煤炭资源和商品煤两大类进行评价，分别见表 3-4~表 3-6。

表 3-4　煤中灰分等级划分

煤炭资源评价灰分分级		商品煤灰分分级			
		动力煤		炼焦精煤	
灰分等级	灰分 A_d /%	灰分等级	灰分 A_d /%	灰分等级	灰分 A_d /%
特低灰煤	≤10.00	特低灰煤	≤10.00	特低灰煤	≤6.00
低灰煤	10.01~20.00	低灰煤	10.01~18.00	低灰煤	6.01~8.00
中灰煤	20.01~30.00	中灰煤	18.01~25.00	中灰煤	8.01~10.00
中高灰煤	30.01~40.00	中高灰煤	25.01~35.00	中高灰煤	10.01~12.50
高灰煤	40.01~50.00	高灰煤	>35.00	高灰煤	>12.50

表 3-5　煤中硫分等级划分

煤炭资源评价硫分分级		商品煤硫分分级			
		动力煤		炼焦精煤	
硫分等级	硫分 $S_{t,d}$ /%	硫分等级	硫分 $S_{t,d}$ /%	硫分等级	硫分 $S_{t,d}$ /%
特低硫煤	≤0.5	特低硫煤	≤0.50	特低硫煤	≤0.30
低硫煤	0.51~1.00	低硫煤	0.51~0.90	低硫煤	0.31~0.75
中硫煤	1.01~2.00	中硫煤	0.91~1.50	中硫煤	0.76~1.25
中高硫煤	2.01~3.00	中高硫煤	1.51~3.00	中高硫煤	1.26~1.75
高硫煤	>3.00	高硫煤	>35.00	高硫煤	1.76~2.50

表 3-6　煤炭发热量等级划分

发热量等级	发热量 $Q_{gr,d}$ /MJ·kg^{-1}
特高发热量煤	>30.90
高发热量煤	27.21~30.90
中高发热量煤	24.31~27.20
中发热量煤	21.31~24.30
中低发热量煤	16.71~21.30
低发热量煤	≤16.70

3.1.2.4　煤的元素分析

煤的元素分析是指煤中碳、氢、氧、氮、硫等元素的分析。碳含量是表征煤化程度高低的重要指标，随煤化程度的加深而增高。氢含量和氧含量随煤化程度加深而减小。氮含量较少（1%~2%），其含量和煤化程度关系不明显。硫含量因原始成煤物质和成煤时的沉积条件不同而异。煤中硫通常以硫酸盐硫、硫铁矿硫和有机硫三种形态存在。硫酸盐硫在我国煤炭中的含量一般很少，在多数情况下，煤中的硫主要是黄铁矿。呈结核状、透镜状、团块状等形态存在丁煤中的黄铁矿一般可以通过分选除去，而以极细颗粒浸染在煤的有机质中的硫，则难以用分选的方法除去。煤中有机硫不能用物理分选的方法脱除。煤中有害物质磷、氯、砷等可以通过元素分析来测定。磷是影响钢铁质量的有害元素。煤中氯多以碱金属化合物（主要是氯化钠）的形式存在，含量一般为 0.01%~0.2%，易溶于水，经过湿法分选后，其含量一般会得到降低。个别情况下煤中氯的含量可能高达 1%，在煤中氯含量超过 0.3% 时，对于焦炉或锅炉管道会产生严重腐蚀作用。我国西南部分地区煤中砷的含量较高，如果不加处理或防护，在使用时会对环境造成危害，使人员产生砷中毒。煤中主要的稀有元素有锗、镓、铀、钍、铼等，如果设计资料证实某种稀有元素有利用价值，则在综合利用中应当加以考虑，达到提高社会效益和经济效益、减少环境污染的目的。

3.1.3 生产原煤灰分和粒度组成的调整

煤质资料是选煤工艺设计的基础，也是选后产品结构定位的主要依据之一。当筛分、浮沉资料代表性不足时，应按规定进行调整，使其接近生产实际。应参照邻近煤矿、选煤厂的实际生产情况，同时根据煤田地质报告、采煤方法、运输提升方式等因素进行调整。主要有以下几种：

（1）若使用的煤质资料为同矿区邻近矿井同一煤层的生产煤样，且煤层结构特征、采煤方法都与本矿井相近或相同，则可结合本井田地质报告中钻孔平均灰分对煤质资料进行调灰即可，无须另行预测生产原煤灰分。调灰的办法是用本井田与借用资料井田钻孔平均灰分的差值作为灰分系数，调整（增减）邻近矿井生产煤样的原煤灰分。如果本矿井首采区服务年限较长，如 15~20 年，则可以首采区的钻孔煤芯灰分统计平均值为准，进行调灰处理，同时兼顾一下全井田的煤质变化趋势。

（2）如果本矿井采煤方法为综采，而借用的煤质资料来自邻近的小煤窑或本矿建井期所采的煤层煤样。在这种情况下，可用一种比较简便的近似计算方法直接预测生产原煤灰分，即将调灰与调矸合并为一步来完成。

具体的做法是将矿井综采过程中可能混入毛煤中的顶、底板，夹矸层的灰分与该煤层的钻孔煤芯煤样灰分的加权平均值作为该煤层预测的生产原煤灰分。近似计算公式为：

$$A_d = \frac{h_1 d_1 A_1 + h_2 d_2 A_2 + h_3 d_3 A_3 + h_4 d_4 A_4}{h_1 d_1 + h_2 d_2 + h_3 d_3 + h_4 d_4}$$

式中　　　　　A_d——该煤层预测的生产原煤灰分，%；

　　　　　　　h_1——该煤层平均厚度，m；

　　　　　　　h_2——混入原煤中的顶板厚度，在综采条件下一般顶按全部厚度，直接顶按 50mm 厚度混入考虑；

　　　　　　　h_3——混入原煤中的底板厚度，在综采条件下一般按 50mm 厚度考虑；

　　　　　　　h_4——混入原煤中的夹矸层厚度，一般指厚度超过地质勘查报告钻孔煤芯煤样灰分统计规定的夹矸层厚度之和；

d_1，d_2，d_3，d_4——分别为煤层、顶板、底板、夹矸层的平均视密度，g/cm^3。

A_1，A_2，A_3，A_4——分别为煤层、顶板、底板、夹矸层的平均灰分，%。

（3）如果借用的煤质资料来自邻近的小煤窑或本矿建井期所采的煤层煤样。由于其采煤方法多为炮采，与综采条件下的原煤粒度组成存在较大差异。在这种情况下，必须参照邻近煤矿、选煤厂的实际生产情况对替代原煤筛分资料的粒度组成进行合理调整。需要特别指出的是，鉴于动力煤分选多采用块煤排矸或分粒级分选。所以，对于动力煤分选而言，原煤筛分资料的粒度组成的准确性和代表性尤为重要。

3.1.4 原煤筛分资料的校正

原煤筛分资料的校正采用灰分系数法，灰分校正系数为：

$$k = A_c - A_y$$

式中 k——灰分校正系数，此值可正可负，%；

A_c——预测的生产原煤灰分，%；

A_y——被校正筛分资料的原煤灰分，%。

当预测生产原煤灰分与借用的筛分资料的原煤灰分相差不大时，可以采用灰分系数法校正原煤筛分资料。当预测生产原煤灰分与借用的筛分资料的原煤灰分相差较大时，不宜直接采用灰分系数法校正，必须先对资料进行调矸处理，再根据调矸后的筛分资料，通过加权平均各粒级的灰分，预测出生产原煤灰分。

使用灰分系数法校正原煤灰分时应注意以下两点：

（1）对于原煤筛分资料中大于50mm各粒级块原煤，只能校正小计灰分，组成各粒级的分项（煤、夹矸煤、矸石）的灰分不能改变，只能通过增减相应各分项的产率的方法使各分项加权平均灰分等于校正后的该粒级小计灰分，类似浮沉资料的校正方法。

（2）对于原煤筛分资料中小于50mm各粒级物料，按灰分系数法进行校正。

例3-1：某选煤厂的选煤工艺设计采用地方小煤矿的筛分资料作为设计的原始基础，考虑了综采过程中混入一定数量的顶、底板矸石，预测生产原煤灰分为22.16%。

采用灰分系数法校正后的原煤筛分资料，大于50mm粒级校正如下：

大于100mm粒级小计产率、灰分分别为21.216%、16.03%，矸石的产率、灰分分别为0.650%、75.71%，煤和夹矸煤合计产率、灰分分别为20.566%、14.139%。预测原煤灰分与借用原煤筛分资料的原煤灰分差 $\Delta = 22.16\% - 14.83\% = 7.33\%$，因此，大于100mm粒级小计灰分为23.36%，则矸石产率的调整系数为：

$$x = \frac{21.216\% \times （23.36\% - 16.03\%）}{75.71\% - 14.139\%} = 2.526\%$$

矸石的产率调整为：$0.65\% + 2.526\% = 3.176\%$

煤的产率调整为：$18.936\% - 2.526\% \times \dfrac{18.936\%}{21.216\% - 0.65\%} = 16.610\%$

夹矸煤的产率调整为：$1.630\% - 2.526\% \times \dfrac{1.630\%}{21.216\% - 0.65\%} = 1.430\%$

按同样方法校正100~50mm粒级，小于50mm粒级直接增减灰分即可，校正前后的原煤筛分数据如表3-7所示。

表3-7　原煤筛分资料的校正

粒级/mm	产物名称	校 正 前		校 正 后	
		产率/%	灰分/%	产率/%	灰分/%
>100	煤	18.936	12.80	16.610	12.80
	夹矸煤	1.630	29.69	1.430	29.69
	矸 石	0.650	75.71	3.176	75.71
	小 计	21.216	16.03	21.216	23.36
100~50	煤	13.928	13.08	12.138	13.08
	夹矸煤	0.039	38.88	0.034	38.88
	矸 石	0.585	73.30	2.380	73.30
	小 计	14.552	15.57	14.552	22.99
50~25	煤	10.502	13.72	10.502	21.14
25~13	煤	12.914	15.13	12.914	22.55
13~6	煤	7.802	16.68	7.802	24.10
6~3	煤	6.749	15.92	6.749	23.34
3~0.5	煤	9.924	12.08	9.924	19.50
<0.5	煤	16.341	13.46	16.340	20.78
原煤总计		100.000	14.83	100.000	22.16

3.1.5　煤质资料的综合与校正

煤质资料综合是指将几个矿井或几个煤层的原煤筛分浮沉资料，按照要求的比例、各自的粒度组成和各粒级的浮沉组成，经过计算合并成为一个（或两个）原煤的筛分组成和浮沉组成资料。煤质资料综合的目的是为了掌握综合原煤的特性，绘制粒度特性曲线和可选性曲线，进行工艺流程的计算。因此，煤质资料综合工作是选煤厂设计的基础工作。

煤质资料综合必须在煤质资料分析、分级分组讨论、选煤方法初步讨论的基础上，根据确定的分选方法、入选方式（如分级、分组等）和初步确定的原则工艺流程进行。当分级入选时，将入选块煤和末煤的筛分组成和浮沉组成分别进行综合；而当混合入选时，将大块煤进行破碎，然后将破碎级、自然级的筛分组成和浮沉组成按比例分项进行综合。当不分组入选时，需要进行不同矿井或煤层的煤质资料的综合；当分组入选时，不需要进行不同组间的综合。

原煤可以来自几个矿井或一个矿井的几个煤层，所以煤质资料综合计算的工作量很大。筛分、浮沉资料的综合计算原则、方法相似，就是把几个局部合成一个整体的过程（图3-1）。因此，在综合计算时，应将各级占本级质量分数（以 $\varGamma\%$ 表示）换算成占全样质量分数（以 $\gamma\%$ 表示）。

筛分、浮沉试验的结果必然会产生试验误差，但其误差范围必须符合国标规定。因此，资料综合的结果与原样不一致时，需要校正，以便后面的流程计算不出差错。

A 矿大筛分表

粒度 /mm	产物名称
>100	煤
	夹矸煤
	矸石
	小计
100~50	煤
	夹矸煤
	矸石
	小计
50~25	煤
25~13	煤
13~6	煤
6~3	煤
3~0.5	煤
<0.5	煤
50~0 合计	
毛煤总计	

B 矿大筛分表

粒度 /mm	产物名称
>100	煤
	夹矸煤
	矸石
	小计
100~50	煤
	夹矸煤
	矸石
	小计
50~25	煤
25~13	煤
13~6	煤
6~3	煤
3~0.5	煤
<0.5	煤
50~0 合计	
毛煤总计	

不分组时 →

A、B 矿大筛分综合表

粒度 /mm	产物名称
>100	煤
	夹矸煤
	矸石
	小计
100~50	煤
	夹矸煤
	矸石
	小计
50~25	煤
25~13	煤
13~6	煤
6~3	煤
3~0.5	煤
<0.5	煤
50~0 合计	
毛煤总计	

→ 按筛分前校正

↓ 大块需破碎时 ↓ 大块需破碎时

A 矿破碎级

粒度 /mm	产物名称
50~25	煤
25~13	煤
13~6	煤
6~3	煤
3~0.5	煤
<0.5	煤

B 矿破碎级

粒度 /mm	产物名称
50~25	煤
25~13	煤
13~6	煤
6~3	煤
3~0.5	煤
<0.5	煤

综合
（不分组）→

A、B 矿破碎级综合

粒度 /mm	产物名称
50~25	煤
25~13	煤
13~6	煤
6~3	煤
3~0.5	煤
<0.5	煤

→ 校正

A 矿自然级

粒度 /mm	产物名称
50~25	煤
25~13	煤
13~6	煤
6~3	煤
3~0.5	煤
<0.5	煤

B 矿自然级

粒度 /mm	产物名称
50~25	煤
25~13	煤
13~6	煤
6~3	煤
3~0.5	煤
<0.5	煤

综合
（不分组）→

A、B 矿自然级综合

粒度 /mm	产物名称
50~25	煤
25~13	煤
13~6	煤
6~3	煤
3~0.5	煤
<0.5	煤

↓ 或分矿综合 ↓

A 矿自然级和破碎级综合

粒度 /mm	产物名称
50~25	煤
25~13	煤
13~6	煤
6~3	煤
3~0.5	煤
<0.5	煤

B 矿自然级和破碎级综合

粒度 /mm	产物名称
50~25	煤
25~13	煤
13~6	煤
6~3	煤
3~0.5	煤
<0.5	煤

综合
（不分组）→

A、B 矿自然级和破碎级综合

粒度 /mm	产物名称
50~25	煤
25~13	煤
13~6	煤
6~3	煤
3~0.5	煤
<0.5	煤

→ 校正

图 3-1 煤质资料综合计算过程

3.1.5.1 筛分资料的综合与校正

A 筛分资料综合

生产煤样中有不同的筛分资料。大筛分资料的形式见表3-8和表3-9。

表3-8 一层原煤筛分试验结果

粒级/mm	产物名称		产 率			质 量			$Q_{gr,d}$ /MJ·kg^{-1}
			质量/kg	占全样/%	筛上累计/%	M_{ad}/%	A_d/%	$S_{t,d}$/%	
>100	手选	煤	250.0	4.89		0.77	10.67	0.47	31.42
		夹矸煤	100.0	1.95		0.66	37.14	0.81	21.21
		硫铁矿							
		矸石	244.0	4.77		0.57	85.15	0.13	1.83
		小计	594.0	11.61	11.61	0.67	45.72	0.39	17.55
100~50	手选	煤	225.0	4.40		0.79	9.47	0.53	32.28
		夹矸煤	102.0	1.99		0.68	26.52	0.53	24.85
		硫铁矿							
		矸石	200.0	3.91		0.66	83.75	0.52	3.15
		小计	527.0	10.30	21.91	0.72	40.96	0.53	19.79
>50 合计			1121.0	21.91	21.91	0.69	43.48	0.45	18.60
50~25	煤		805.0	15.73	37.64	0.66	40.49	0.48	19.70
25~13	煤		756.0	14.77	52.41	0.63	34.85	0.51	21.68
13~6	煤		598.0	11.69	64.10	0.64	33.50	0.60	22.23
6~3	煤		901.0	17.61	81.71	0.70	30.77	0.58	23.33
3~0.5	煤		511.0	9.99	91.69	0.73	24.70	0.65	25.76
0.5~0	煤		425.0	8.31	100.00	0.50	21.41	0.69	26.80
50~0 合计			3996.0	78.09		0.65	32.14	0.57	22.80
毛煤总计			5117.0	100.00		0.66	34.62	0.54	21.88
原煤合计（除大于50mm级矸石和硫铁矿外）			4673.0	91.32		0.67	29.88	0.57	23.73

表3-9 二层原煤筛分试验结果

粒级 /mm	产物名称		产 率			质 量			$Q_{gr,d}$ /MJ·kg^{-1}
			质量/kg	占全样/%	筛上累计/%	M_{ad}/%	A_d/%	$S_{t,d}$/%	
>100	手选	煤	350.0	6.73		0.83	17.41	0.43	28.56
		夹矸煤	210.0	4.04		0.72	32.68	0.07	22.54
		硫铁矿							
		矸石	318.0	6.12		1.41	83.66	0.09	4.11
		小计	878.0	16.89	16.89	1.01	45.06	0.22	18.26

粒级 /mm	产物名称		产　率			质　量			$Q_{gr,d}$
			质量/kg	占全样/%	筛上累计/%	M_{ad}/%	A_d/%	$S_{t,d}$/%	/MJ·kg^{-1}
100~50	手选	煤	270.0	5.19		0.99	17.63	0.36	28.13
		夹矸煤	190.0	3.50		0.64	45.26	0.32	16.51
		硫铁矿							
		矸石	220.0	4.23		1.18	82.54	0.09	4.21
		小计	680.0	13.07	29.96	0.95	46.35	0.26	17.14
>50 合计			1558.0	29.96	29.96	0.99	45.62	0.24	17.78
50~25		煤	830.0	15.96	45.93	0.61	42.98	0.25	16.35
25~13		煤	770.0	14.81	60.74	0.77	38.35	0.25	18.48
13~6		煤	608.0	11.69	72.43	0.84	30.50	0.34	23.09
6~3		煤	556.8	10.71	83.14	1.05	26.88	0.37	25.38
3~0.5		煤	588.8	11.33	94.46	0.83	22.07	0.38	27.20
0.5~0		煤	288.0	5.54	100.00	1.08	21.64	0.35	27.44
50~0 合计			3641.6	70.04		0.82	32.39	0.31	21.94
毛煤总计			5199.6	100.00		0.87	36.35	0.29	20.69
原煤合计（除大于 50mm 级矸石和硫铁矿外）			4661.6	89.65		0.82	30.95	0.31	22.60

当已经确定入选原煤粒度上限时，假如确定 50mm 为入选上限，则表 3-8 和表 3-9 中的+50mm 级便被破碎，破碎级筛分资料见表 3-11。当不分组入选时，各种筛分资料的综合步骤如下（对照图 3-1，见表 3-10~表 3-12）：

表 3-10　两层原煤筛分试验结果综合表

粒级/mm	产物名称		一层（K_1=45%）			二层（K_2=55%）			综合（K=100%）	
			占本层/%	占全样/%	A_d/%	占本层/%	占全样/%	A_d/%	占全样/%	A_d/%
(1)	(2)		(3)	(4)	(5)	(6)	(7)	(8)	(9)	(10)
>100	手选	煤	4.89	2.20	10.67	6.73	3.70	17.41	5.90	14.90
		夹矸煤	1.95	0.88	37.14	4.04	2.22	32.68	3.10	33.94
		硫铁矿								
		矸石	4.77	2.15	85.15	6.12	3.36	83.66	5.51	84.24
		小计	11.61	5.22	45.72	16.89	9.29	45.06	14.51	45.30
100~50	手选	煤	4.40	1.98	9.47	5.19	2.86	17.63	4.83	14.29
		夹矸煤	1.99	0.90	26.52	3.65	2.01	45.26	2.91	39.48
		硫铁矿								
		矸石	3.91	1.76	83.75	4.23	2.33	82.54	4.09	83.06
		小计	10.30	4.63	40.96	13.08	7.19	46.35	11.83	44.24
>50 合计			21.91	9.86	43.48	29.96	16.48	45.62	26.34	44.82

续表 3-10

粒级/mm	产物名称	一层（$K_1=45\%$）			二层（$K_2=55\%$）			综合（$K=100\%$）	
		占本层/%	占全样/%	A_d/%	占本层/%	占全样/%	A_d/%	占全样/%	A_d/%
50~25	煤	15.73	7.08	40.49	15.96	8.78	42.98	15.86	41.87
25~13	煤	14.77	6.65	34.85	14.81	8.14	38.35	14.79	36.78
13~6	煤	11.69	5.26	33.50	11.69	6.43	30.50	11.69	31.85
6~3	煤	17.61	7.92	30.77	10.71	5.89	26.88	13.81	29.11
3~0.5	煤	9.99	4.49	24.70	11.32	6.23	22.07	10.72	23.17
0.5~0	煤	8.31	3.74	21.41	5.54	3.05	21.64	6.79	21.49
50~0 合计		78.09	35.14	32.14	70.04	38.52	32.39	73.66	32.27
毛煤总计		100.00	45.00	34.62	100.00	55.00	36.35	100.00	35.58

表 3-11 两层原煤+50mm 破碎级筛分试验结果综合表

粒级/mm	一层破碎级				二层破碎级				破碎级综合			
	占本层/%	占本级/%	占全样/%	A_d/%	占本层/%	占本级/%	占全样/%	A_d/%	占本级/%	占全样/%	A_d/%	校正灰分/%
(1)	(2)	(3)	(4)	(5)	(6)	(7)	(8)	(9)	(10)	(11)	(12)	(13)
50~25	20.89	4.58	2.06	49.20	20.88	6.26	3.44	50.81	20.88	5.50	50.21	51.20
25~13	19.55	4.28	1.93	45.98	20.04	6.00	3.30	48.94	19.86	5.23	47.85	48.84
13~6	17.23	3.77	1.70	44.63	18.18	5.45	3.00	45.09	17.82	4.69	44.92	45.91
6~3	19.38	4.25	1.91	41.90	17.34	5.20	2.86	42.47	18.10	4.77	42.24	43.23
3~0.5	13.13	2.88	1.29	35.83	15.79	4.73	2.60	36.66	14.79	3.90	36.38	37.37
0.5~0	9.82	2.15	0.97	32.54	7.77	2.33	1.28	33.23	8.54	2.25	32.93	33.92
合计	100.00	21.91	9.86	42.98	100.00	29.96	16.48	44.35	100.00	26.34	43.83	44.82

注：破碎前的综合灰分为 44.82%（见表 3-10），破碎后的综合灰分为 43.83%（见本表），差值为 0.99%。

表 3-12 两层原煤破碎级与自然级筛分试验结果综合表

粒级/mm	自然级		破碎级		综合		
	占全样/%	A_d/%	占全样/%	A_d/%	占全样/%	A_d/%	
(1)	(2)	(3)	(4)	(5)	(6)	(7)	(8)
50~25	15.86	41.87	5.50	51.19	21.36	44.27	
25~13	14.79	36.78	5.23	48.83	20.02	39.93	50~0.5mm灰分
13~6	11.69	31.85	4.69	45.91	16.38	35.88	为36.67%，
6~3	13.81	29.11	4.77	43.23	18.58	32.73	产率为90.96%
3~0.5	10.72	23.17	3.90	37.37	14.62	26.96	
0.5~0	6.79	21.49	2.25	33.92	9.04	24.58	
50~0 合计	73.66	32.27	26.34	44.82	100.00	35.57	

（1）确定各层煤在入厂（选）原煤中所占的百分数。

例如：表 3-10 中，$K=K_1+K_2=45\%+55\%=100\%$；表 3-11 中，$K_1$ 和 K_2 分别为一层和

二层煤中+50mm 级占全样比例，$K=K_1+K_2=9.86\%+16.48\%=26.34\%$。

（2）将各层煤为粒级占本层的百分数都分别换算成占入厂（选）原煤的百分数，例如表 3-10 中第（4）栏、第（7）栏，表 3-11 中第（4）栏、第（8）栏。

$$\gamma_\lambda = \frac{\Gamma_\lambda K_\lambda}{100}$$

式中　γ_λ——入选的各层煤中某一粒级换算成占入选原煤的百分数，%；

　　　K_λ——某层煤占入厂（选）原煤的百分数，%；

　　　γ_λ——各层煤某一粒级占本煤层的百分数，%。

（3）将占全样各个数值按等粒级相加，即得入厂（选）原煤各粒级的含量 γ。例如：表 3-10 中，第（10）栏各行的数值等于第（4）栏和第（7）栏相应行相加。

（4）综合后各粒度级的灰分用加权平均法计算，如表 3-10 中，第（11）栏各行为

$$A_{11} = \frac{\gamma_4 A_5 + \gamma_7 A_8}{\gamma_{10}}$$

（5）将破碎级资料用同样方法换算成占入选原煤的百分数进行综合，见表 3-11。

（6）将自然级和破碎级的数量与灰分进行综合。其结果填入表 3-12 中第（8）栏、第（9）栏和第（10）栏。

（7）煤粉的小筛分和小浮沉综合方法相同。

B　筛分资料的校正

筛分资料的校正采用灰分系数法，以筛分试验前煤样的总灰分为基准，来校正筛分后各粒级的灰分。即

$$\Delta = A_0 - A$$

式中　Δ——灰分校正系数，此值可正可负，%；

　　　A_0——筛分前总灰分，%；

　　　A——筛分后各粒级综合灰分，%。

将灰分差值 Δ 与各粒级的灰分相加，即得各粒级校正后的灰分，从而使试验前、后的总灰分在数值上完全一致。例如，表 3-11 中第（12）栏合计为 43.83%，表 3-11 中第（13）栏合计则为 44.82%（来自表 3-10，大于 50mm 合计两层综合灰分），则 $\Delta = A_0 - A = 44.82 - 43.83 = 0.99$，将表 3-11 中第（12）栏每一粒级灰分加上 0.99 即得第（13）栏各粒级灰分。

煤粉小筛分资料的灰分校正方法同上。

3.1.5.2　浮沉资料的综合与校正

A　浮沉资料的综合

浮沉试验资料综合的原则与方法和筛分资料相似，是按等密度级综合的原则进行。在综合时应注意煤泥的含量。

浮沉试验通常按粒级进行，分为自然级和破碎级（按需要），表 3-13、表 3-14、表 3-16 和表 3-17 为与表 3-8~表 3-12 相对应原煤的浮沉资料，表 3-15 和表 3-18 是按煤层综合的浮沉资料。下面以这些资料为例，进行浮沉资料综合说明：

表3-13 一层煤自然筛级分浮沉试验报告表

筛分浮沉 密度级/g·cm⁻³	50~25mm (产率/% 15.73, 灰分/% 40.49)			25~13mm (产率/% 14.77, 灰分/% 34.85)			13~6mm (产率/% 11.69, 灰分/% 33.50)			6~3mm (产率/% 17.61, 灰分/% 30.77)			3~0.5mm (产率/% 9.99, 灰分/% 24.70)			0.5~50mm (产率/% 69.79, 灰分/% 33.42)			
	占本级/%	占本层/%	灰分/%	占本级/%	占本层/%	灰分/%	占本级/%	占本层/%	灰分/%	占本级/%	占本层/%	灰分/%	占本级/%	占本层/%	灰分/%	占本级/%	占本层/%	占全样/%	灰分/%
(1)	(2)	(3)	(4)	(5)	(6)	(7)	(8)	(9)	(10)	(11)	(12)	(13)	(14)	(15)	(16)	(17)	(18)	(19)	(20)
<1.3	18.77	2.93	4.87	21.16	3.10	4.55	26.16	3.04	4.74	32.35	5.49	4.21	36.25	3.42	4.34	26.33	17.97	8.09	4.49
1.3~1.4	26.20	4.09	8.79	30.05	4.40	8.55	25.02	2.91	8.87	22.20	3.77	9.30	24.05	2.27	8.84	25.53	17.43	7.84	8.86
1.4~1.5	5.32	0.83	15.93	4.87	0.71	16.25	4.85	0.56	16.19	5.09	0.86	16.18	5.49	0.52	14.86	5.11	3.49	1.57	15.94
1.5~1.6	4.25	0.66	23.71	4.48	0.66	23.59	4.48	0.52	23.89	4.49	0.76	24.42	5.67	0.53	22.82	4.59	3.14	1.41	23.74
1.6~1.7	1.09	0.17	33.84	2.36	0.35	34.56	2.28	0.26	35.40	3.00	0.51	35.85	3.48	0.33	34.65	2.37	1.62	0.73	35.05
1.7~1.8	0.93	0.15	44.69	1.23	0.18	44.03	1.60	0.19	45.70	1.51	0.26	45.37	2.84	0.27	43.15	1.52	1.04	0.47	44.53
>1.8	43.44	6.79	80.76	35.85	5.25	77.15	35.61	4.14	76.12	31.36	5.32	76.56	22.22	2.09	74.42	34.55	23.59	10.61	77.63
小计（去煤泥）	100.00	15.62	40.94	100.00	14.64	34.40	100.00	11.62	33.96	100.00	16.97	31.12	100.00	9.43	24.78	100.00	68.27	30.72	33.68
煤泥	0.70	0.11	24.23	0.94	0.14	23.58	0.57	0.07	23.84	3.65	0.64	24.76	5.59	0.56	26.48	2.17	1.52	0.68	25.21
总计	100.00	15.73	40.82	100.00	14.77	34.29	100.00	11.69	33.90	100.00	17.61	30.88	100.00	9.99	24.87	100.00	69.79	31.40	33.49

表 3-14 一层煤破碎级筛分浮沉试验报告表

筛分浮沉 密度级/g·cm⁻³	50~25mm 占本级/% (2)	50~25mm 占本层/% (3)	50~25mm 灰分/% (4)	25~13mm 占本级/% (5)	25~13mm 占本层/% (6)	25~13mm 灰分/% (7)	13~6mm 占本级/% (8)	13~6mm 占本层/% (9)	13~6mm 灰分/% (10)	6~3mm 占本级/% (11)	6~3mm 占本层/% (12)	6~3mm 灰分/% (13)	3~0.5mm 占本级/% (14)	3~0.5mm 占本层/% (15)	3~0.5mm 灰分/% (16)	0.5~50mm 占本级/% (17)	0.5~50mm 占本层/% (18)	0.5~50mm 占全样/% (19)	0.5~50mm 灰分/% (20)
产率/%	4.58		灰分/% 49.20	4.28		45.98	3.77		44.63	4.25		41.90	2.88		35.83	19.76			44.11
<1.3	15.77	0.72	11.79	16.46	0.70	11.55	16.16	0.61	11.31	22.35	0.91	11.13	24.25	0.66	9.84	18.58	3.59	1.62	11.14
1.3~1.4	23.20	1.05	16.83	24.15	1.02	16.25	25.55	0.96	16.19	25.20	1.03	16.18	27.05	0.73	15.86	24.83	4.80	2.16	16.29
1.4~1.5	7.32	0.33	23.71	5.07	0.22	23.59	5.87	0.22	23.89	5.09	0.21	24.42	6.49	0.18	22.82	5.96	1.15	0.52	23.71
1.5~1.6	2.25	0.10	33.84	3.48	0.15	34.56	4.28	0.16	35.40	3.49	0.14	35.85	4.67	0.13	34.65	3.52	0.68	0.31	34.94
1.6~1.7	1.09	0.05	44.69	2.36	0.10	44.03	2.36	0.09	45.70	2.00	0.08	45.37	3.48	0.09	43.15	2.14	0.41	0.19	44.53
1.7~1.8	2.93	0.13	54.69	3.73	0.16	53.64	1.23	0.05	55.70	2.51	0.10	55.37	3.84	0.10	53.15	2.81	0.54	0.25	54.30
>1.8	47.44	2.16	80.76	44.75	1.90	77.15	44.55	1.67	76.12	39.36	1.61	76.56	30.22	0.82	74.42	42.16	8.16	3.67	77.50
小计（去煤泥）	100.00	4.54	48.66	100.00	4.24	45.79	100.00	3.75	44.56	100.00	4.09	41.49	100.00	2.72	35.81	100.00	19.35	8.71	43.91
煤泥	0.70	0.03	33.21	0.94	0.04	33.54	0.57	0.02	23.84	3.65	0.15	24.76	5.59	0.16	26.48	7.69	0.41	0.18	26.91
总计	100.00	4.58	48.55	100.00	4.28	45.67	100.00	3.77	44.44	100.00	4.25	40.88	100.00	2.88	35.29	100.00	19.76	8.89	43.56

表 3-15 一层煤自然级与破碎级浮沉试验综合表

密度级/g·cm⁻³	自然级 占本级/%	自然级 占全样/%	自然级 A_d/%	破碎级 占本级/%	破碎级 占全样/%	破碎级 A_d/%	综合 占本级/%	综合 占全样/%	综合 A_d/%
(1)	(2)	(3)	(4)	(5)	(6)	(7)	(8)	(9)	(10)
<1.3	26.33	8.09	4.49	18.58	1.62	11.14	24.62	9.71	5.60
1.3~1.4	25.53	7.84	8.86	24.83	2.16	16.29	25.38	10.01	10.46
1.4~1.5	5.11	1.57	15.94	5.96	0.52	23.71	5.30	2.09	17.87
1.5~1.6	4.59	1.41	23.74	3.52	0.31	34.94	4.36	1.72	25.73
1.6~1.7	2.37	0.73	35.05	2.14	0.19	44.53	2.32	0.91	36.98

续表 3-15

密度级/g·cm⁻³	自然级 占本级/%	自然级 占全样/%	自然级 A_d/%	破碎级 占本级/%	破碎级 占全样/%	破碎级 A_d/%	综合 占本级/%	综合 占全样/%	综合 A_d/%
1.7~1.8	1.52	0.47	44.53	2.81	0.25	54.30	1.80	0.71	47.90
>1.8	34.55	10.61	77.63	42.16	3.67	77.50	36.23	14.28	77.60
小计（去煤泥）	100.00	30.72	33.68	100.00	8.71	43.91	100.00	39.43	35.94
煤泥	2.17	0.68	25.21	7.69	0.18	26.91	2.15	0.87	25.57
总计	100.00	31.40	33.49	100.00	8.89	43.56	100.00	40.29	35.71

表 3-16 二层煤自然级筛分浮沉试验报告表

各粒级产率/灰分：50~25mm 产率/% 15.96，灰分/% 42.98；25~13mm 产率/% 14.81，灰分/% 38.35；13~6mm 产率/% 11.69，灰分/% 30.50；6~3mm 产率/% 10.71，灰分/% 26.88；3~0.5mm 产率/% 11.32，灰分/% 22.07；0.5~50mm 产率/% 64.50，灰分/% 33.31。

筛分浮沉／密度级 /g·cm⁻³	50~25mm 占本级/%	占本层/%	灰分/%	25~13mm 占本级/%	占本层/%	灰分/%	13~6mm 占本级/%	占本层/%	灰分/%	6~3mm 占本级/%	占本层/%	灰分/%	3~0.5mm 占本级/%	占本层/%	灰分/%	0.5~50mm 占本级/%	占本层/%	占全样/%	灰分/%
(1)	(2)	(3)	(4)	(5)	(6)	(7)	(8)	(9)	(10)	(11)	(12)	(13)	(14)	(15)	(16)	(17)	(18)	(19)	(20)
<1.3	4.79	0.76	6.87	8.20	1.21	7.20	17.69	2.06	6.34	22.75	2.41	5.18	31.81	3.55	4.26	15.60	10.00	5.50	5.47
1.3~1.4	25.34	4.04	11.35	28.00	4.13	11.50	28.56	3.33	11.23	26.92	2.85	10.29	24.71	2.76	10.31	26.69	17.11	9.41	11.02
1.4~1.5	8.57	1.37	17.53	10.13	1.49	18.14	9.76	1.14	18.13	12.13	1.29	17.05	10.15	1.13	17.32	10.01	6.42	3.53	17.65
1.5~1.6	7.54	1.20	27.01	5.23	0.77	26.36	6.79	0.79	25.31	6.07	0.64	25.34	5.92	0.66	24.62	6.35	4.07	2.24	25.90
1.6~1.7	8.45	1.35	33.64	7.90	1.17	34.10	7.30	0.85	33.33	6.32	0.67	33.69	6.09	0.68	32.89	7.35	4.71	2.59	33.60
1.7~1.8	3.28	0.52	41.05	3.90	0.58	41.98	3.50	0.41	40.49	3.06	0.32	41.04	2.71	0.30	39.49	3.33	2.13	1.17	40.97
>1.8	42.03	6.70	75.16	36.64	5.40	71.31	26.40	3.08	68.74	22.75	2.41	69.33	18.61	2.08	67.12	30.68	19.67	10.82	71.53
小计（去煤泥）	100.00	15.94	42.52	100.00	14.75	37.49	100.00	11.65	29.81	100.00	10.60	26.71	100.00	11.17	22.68	100.00	64.11	35.26	32.98
煤泥	0.17	0.03	22.09	0.40	0.06	22.02	0.38	0.04	24.24	1.00	0.11	26.96	1.34	0.15	26.67	0.60	0.39	0.21	25.45
总计	100.00	15.96	42.49	100.00	14.81	37.42	100.00	11.69	29.79	100.00	10.71	26.71	100.00	11.32	22.74	100.00	64.50	35.47	32.94

表 3-17 二层煤破碎级分浮沉试验报告表

筛分浮沉 密度级 /g·cm⁻³	50~25mm 产率/% 6.26		灰分/% 50.81	25~13mm 产率/% 6.00		灰分/% 48.94	13~6mm 产率/% 5.45		灰分/% 45.09	6~3mm 产率/% 5.20		灰分/% 42.47	3~0.5mm 产率/% 4.73		灰分/% 36.66	0.5~50mm 产率/% 27.64			灰分/% 45.29
	占本级/%	占本层/%	灰分/%	占本级/%	占本层/%	灰分/%	占本级/%	占本层/%	灰分/%	占本级/%	占本层/%	灰分/%	占本级/%	占本层/%	灰分/%	占本级/%	占本层/%	占全样/%	灰分/%
(1)	(2)	(3)	(4)	(5)	(6)	(7)	(8)	(9)	(10)	(11)	(12)	(13)	(14)	(15)	(16)	(17)	(18)	(19)	(20)
<1.3	4.79	0.30	10.87	7.20	0.43	10.40	10.69	0.58	10.34	12.75	0.66	9.18	17.81	0.83	8.86	10.18	2.80	1.54	9.69
1.3~1.4	21.34	1.33	12.35	21.65	1.29	12.37	23.56	1.28	11.93	24.92	1.28	11.29	24.71	1.15	10.91	23.09	6.34	3.49	11.79
1.4~1.5	8.57	0.54	19.53	8.13	0.49	19.14	7.76	0.42	19.02	7.13	0.37	17.55	10.15	0.47	17.32	8.31	2.28	1.26	18.58
1.5~1.6	3.54	0.22	27.61	3.23	0.19	27.36	3.79	0.21	27.31	3.07	0.16	27.14	3.92	0.18	26.62	3.50	0.96	0.53	27.23
1.6~1.7	5.45	0.34	35.64	5.90	0.35	34.78	5.30	0.29	34.53	5.32	0.27	33.69	4.09	0.19	32.89	5.26	1.45	0.79	34.48
1.7~1.8	7.28	0.45	45.05	7.90	0.47	44.98	8.50	0.46	44.79	7.06	0.36	43.04	6.71	0.31	42.49	7.52	2.06	1.14	44.23
>1.8	49.03	3.06	81.16	45.99	2.75	81.11	40.40	2.19	80.94	39.75	2.04	79.33	32.61	1.52	77.12	42.13	11.57	6.36	80.25
小计(去煤泥)	100.00	6.25	50.82	100.00	5.98	48.77	100.00	5.43	44.76	100.00	5.14	42.43	100.00	4.67	36.42	100.00	27.46	15.11	45.16
煤泥	0.17	0.01	22.09	0.40	0.02	22.02	0.38	0.02	24.24	1.00	0.05	26.96	1.34	0.06	26.67	0.62	0.17	0.09	25.52
总计	100.00	6.26	50.77	100.00	6.00	48.67	100.00	5.45	44.69	100.00	5.20	42.28	100.00	4.73	36.29	100.00	27.64	15.20	45.04

表 3-18 二层煤自然级与破碎级浮沉试验综合表

密度级/g·cm⁻³	自然级 占本级/%	占全样/%	A_d/%	破碎级 占本级/%	占全样/%	A_d/%	综合 占本级/%	占全样/%	A_d/%
(1)	(2)	(3)	(4)	(5)	(6)	(7)	(8)	(9)	(10)
<1.3	15.60	5.50	5.47	10.18	1.54	9.69	13.97	7.04	6.39
1.3~1.4	26.69	9.41	11.02	23.09	3.49	11.79	25.61	12.90	11.23
1.4~1.5	10.01	3.53	17.65	8.31	1.26	18.58	9.50	4.78	17.89
1.5~1.6	6.35	2.24	25.90	3.50	0.53	27.23	5.49	2.77	26.16
1.6~1.7	7.35	2.59	33.60	5.26	0.79	34.48	6.72	3.39	33.80
1.7~1.8	3.33	1.17	40.97	7.52	1.14	44.23	4.58	2.31	42.58
>1.8	30.68	10.82	71.53	42.13	6.36	80.25	34.12	17.18	74.76
小计(去煤泥)	100.00	35.26	32.98	100.00	15.11	45.16	100.00	50.36	36.63
煤泥	0.60	0.21	25.45	0.62	0.09	25.52		0.31	25.47
总计	100.00	35.47	32.94	100.00	15.20	45.04	100.00	50.67	36.57

（1）将自然级、破碎级中各密度级所占本级质量分数换算成占（本层）全样的质量分数（因为一般浮沉资料是独立按层或按矿做出的，首先已经被换算成占本层或本矿全样）。见表 3-13、表 3-14、表 3-16、表 3-17 中第（3）栏、第（6）栏、第（9）栏，等等（此处占全样均为占本层），然后按等密度级相加即得该煤层自然级和破碎级 50~0.5mm 的综合浮沉质量分数，综合的密度级的灰分用加权平均法求出。

$$\gamma_{18} = \gamma_3 + \gamma_6 + \gamma_9 + \gamma_{12} + \gamma_{15}$$

$$A_{20} = \frac{\gamma_3 A_4 + \gamma_6 A_7 + \gamma_9 A_{10} + \gamma_{12} A_{13} + \gamma_{15} A_{16}}{\gamma_{18}}$$

（2）将占本层全样第（18）栏换算成占入选全样第（19）栏，其比例分别从表 3-8、表 3-9、表 3-10 中 50~0.5mm 级占全样得出。

（3）将本层自然级和破碎级进行综合，只要将自然级和破碎级分别综合后的总量进行综合即可，分别见表 3-15 和表 3-18。

（4）将两层煤分别综合后的浮沉资料综合在一起，即得入选原煤 50~0.5mm 浮沉试验资料，见表 3-19。

B 浮沉资料的灰分校正

浮沉资料通常有两种方法进行校正，但校正的基准均以筛分综合表中的相应粒级综合校正灰分值为准。注意煤泥灰分不校正，则

$$\Delta = A_筛 - A_浮$$

式中 Δ——灰分校正系数，此值可正可负，%；

$A_筛$——筛分表中参加浮沉各粒级的综合校正灰分，减去综合浮沉表中浮沉煤泥的灰分，%；

$A_浮$——综合浮沉表中各密度级累计灰分（去泥），%。

（1）第一种方法，$\Delta < 0.2\%$ 时：

对于灰分差值较小，$\Delta < 0.2\%$ 时，与筛分资料的校正基本相同。

将灰分差值 Δ 与综合表中各密度级的灰分相加，即得各密度级的校正灰分。

（2）第二种方法，$\Delta > 0.2\%$ 时：

校正前后的灰分仍为除去浮沉煤泥的灰分，但其方法假定各密度级灰分不变，调整各密度级质量分数。即：

1）+1.8 g/cm³ 密度级质量分数增加 $x\%$，同时相应减少 -1.8g/cm³ 密度级的质量分数 $x\%$。其总的质量分数仍为 100%。增减 $x\%$ 后建立新的平衡关系如下（假设 Δ 为正）：

$$(\Gamma_{+1.8} + x) \times A_{+1.8} + (\Gamma_{-1.8} - x) \times A_{-1.8} = 100 \times A_筛$$

化简后得：

$$x = \frac{100(A_筛 - A_浮)}{A_{+1.8} - A_{-1.8}}$$

式中 x——校正值，%；

$A_浮$——校正前灰分，即浮沉资料综合灰分（去泥），%；

$A_筛$——校正后灰分，即筛分表中参加浮沉各粒级的综合校正灰分，减去综合浮沉表中浮沉煤泥的灰分，%；

$A_{+1.8}$——+1.8g/cm³密度级灰分，%；

$A_{-1.8}$——−1.8g/cm³密度级灰分，%。

2）校正值 x 将大于 1.8g/cm³ 和小于 1.8g/cm³ 密度级的质量分数进行调整。考虑到 x 应按比例分别分配到+1.8g/cm³ 和−1.8g/cm³，各密度级中，则有：

$$\Gamma'_{+1.8} = \Gamma_{+1.8} + x$$

$$\Gamma'^{n}_{-1.8} = \Gamma^{n}_{-1.8} - \frac{\Gamma^{n}_{-1.8}}{100 - \Gamma_{+1.8}} x$$

式中　$\Gamma'_{+1.8}$，$\Gamma_{+1.8}$——分别为+1.8g/cm³ 密度级调整后和调整前的质量分数；

　　$\Gamma'^{n}_{-1.8}$，$\Gamma^{n}_{-1.8}$——分别为−1.8g/cm³ 密度级调整后和调整前的质量分数。

如果+1.8g/cm³ 密度级别中不止一个密度级，也参照−1.8g/cm³ 密度级的算法。

例 3-2： 表 3-19 中，对两层煤综合浮沉资料进行一次校正。参加浮沉的物料为表 3-12 中的+0.5mm 级，合计灰分为 36.67%，产率为 90.96%。则浮沉资料校正灰分为：

$$A_{筛} = \frac{90.96\% \times 36.67\% - 1.17\% \times 25.54\%}{90.96\% - 1.17\%} = 36.82\%$$

$\Delta = 36.82\% - 36.33\% = 0.49\% > 0.2\%$，见表 3-19 第（10）栏小计，灰分则采用第二种校正方法。计算得：

$$x = \frac{100\ (A_{筛} - A_{浮})}{A_{+1.8} - A_{-1.8}} = \frac{100\% \times\ (36.82\% - 36.33\%)}{76.05\% - 14.90\%} = 0.79\%$$

则

$\Gamma'_{+1.8} = \Gamma_{+1.8} + x = 35.04\% + 0.79\% = 35.83\%$，见表 3-19 第（8）栏和第（11）栏+1.8g/cm³ 密度级行。

$\Gamma'^{-1.3}_{-1.8} = \Gamma^{-1.3}_{-1.8} - \dfrac{\Gamma^{-1.3}_{-1.8}}{100 - \Gamma_{+1.8}} x = 18.65\% - 0.79\% \times \dfrac{18.65\%}{100\% - 35.04\%} = 18.42\%$，见表 3-19 第（8）栏和第（11）栏−1.3g/cm³ 密度级行。

$$\Gamma'^{1.3-1.4}_{-1.8} = \Gamma^{1.3-1.4}_{-1.8} - \frac{\Gamma^{1.3-1.4}_{-1.8}}{100 - \Gamma_{+1.8}} x = 25.20\%$$

以下依此类推。

3.1.5.3　资料综合时的注意事项

（1）综合各层煤筛分和浮沉试验资料时，总计一栏由纵向与横向计算总灰分差值不能超过 0.1%，否则应重新校正。

（2）计算中有效位数通常取小数点后两位。

（3）在许多情况下，进行浮沉试验粒度下限为 1mm；但重力选煤过程其分选下限为 0.5mm，其中缺乏 1~0.5mm 试验资料，可认为与 1~3mm 的浮沉组成相似。其粒级含量可从筛分特性曲线中查出并确定。各浮沉部分灰分，采用灰分校正的方法进行调整。

同样，在缺少某粒级浮沉试验资料时，一般可以认为其浮沉组成与其相邻级别的浮沉组成相似，通过分析确定。

（4）在资料综合中，如缺少大于入选上限煤的破碎资料时，可假设破碎后其粒度组成

表 3-19　两层煤 50~0.5mm 级浮沉试验综合表

密度级/ g·cm⁻³	一层 50~0.5mm			二层 50~0.5mm			综合 50~0.5mm			综合 50~0.5mm 校正		
	占本级/%	占全样/%	A_d/%	占本级/%	占全样/%	A_d/%	占本级/%	占全样/%	A_d/%	占本级/%	占全样/%	A_d/%
(1)	(2)	(3)	(4)	(5)	(6)	(7)	(8)	(9)	(10)	(11)	(12)	(13)
<1.3	24.62	9.71	5.60	13.97	7.04	6.39	18.65	16.74	5.93	18.42	16.54	5.93
1.3~1.4	25.38	10.01	10.46	25.61	12.90	11.23	25.51	22.90	10.89	25.20	22.62	10.89
1.4~1.5	5.30	2.09	17.87	9.50	4.78	17.89	7.65	6.87	17.88	7.56	6.79	17.88
1.5~1.6	4.36	1.72	25.73	5.49	2.77	26.16	4.99	4.48	25.99	4.93	4.43	25.99
1.6~1.7	2.32	0.91	36.98	6.72	3.39	33.80	4.79	4.30	34.48	4.73	4.25	34.48
1.7~1.8	1.80	0.71	47.90	4.58	2.31	42.58	3.36	3.02	43.83	3.32	2.98	43.83
>1.8	36.23	14.28	77.60	34.12	17.18	74.76	35.04	31.47	76.05	35.83	32.17	76.05
小计（去煤泥）	100.00	39.43	35.94	100.00	50.36	36.63	100.00	89.79	36.33	100.00	89.79	36.82
煤　泥	2.15	0.87	25.57	0.61	0.31	25.47	1.29	1.17	25.54	1.29	1.17	25.54
总　计	100.00	40.29	35.71	100.00	50.67	36.57	100.00	90.97	36.19	100.00	90.96	36.67

与原煤自然级粒度组成相同。各破碎级别的灰分可以应用筛分资料的灰分校正法进行调整。

3.1.6 煤质资料分析

只有对煤质资料进行准确分析，充分掌握煤质特征，才能因地制宜地进行选煤工艺设计。煤质资料分析主要有以下几个方面。

3.1.6.1 筛分资料分析

煤炭在开采、运输、装卸以及选煤加工过程中，其粒度组成是在不断发生变化的，变化程度随着煤的性质以及工艺设备环节不同而不同。筛分试验的目的是测定煤的粒度组成和各粒级产物的质量特征（灰分、硫分等）。它是合理利用煤炭以及设计选煤厂的基础材料。筛分试验试样来自生产煤样，试验方法按《煤炭筛分试验方法》（GB/T 477—2008）进行，煤样的制备应严格执行《煤样的制备方法》（GB 474—2008）规定。原煤筛分试验表见表3-20。

表3-20 原煤筛分试验表

粒度/mm	产品名称	质量/kg	产率/%	灰分 A_d/%	硫分 $S_{t,d}$/%
>100	煤	17	0.28	18.81	1.03
	夹矸煤	43	0.71	37.07	1.00
	矸石	161	2.66	87.27	0.16
	硫铁矿	—	—	—	—
	小 计	221	3.65	72.24	0.39
100~50	煤	78	1.29	17.93	0.37
	夹矸煤	117	1.93	37.85	0.87
	矸石	276	4.55	84.94	0.24
	硫铁矿	—	—	—	—
	小 计	471	7.77	62.14	0.5
50~25	未分离煤	588	9.68	49.95	0.61
25~13	未分离煤	843	13.87	45.92	0.67
13~6	未分离煤	1909	31.42	41.35	0.86
6~3	未分离煤	762	12.55	36.97	0.89
3~0.5	未分离煤	1109	18.26	34.65	0.9
0.5~0	未分离煤	170	2.80	29.96	1.11
毛煤总计		6073	100.00	43.46	0.77
原煤总计（除去大于50mm级矸石和硫铁矿）		5636	92.97	40.18	0.81

A 大于50mm粒级原煤情况的分析

将大于50mm粒级的煤采用手选的方法分开并进行分析试验，得到煤、夹矸煤、矸石和硫铁矿的含量、灰分和硫分。夹矸煤含量和结构特征并结合破碎筛分资料可以初步判断大粒级原煤解离的可行性，作为选择入选粒度上限的参考因素；根据矸石含量评定原煤的含矸量等级。含矸量标准见表 3-21，矸石含量低、煤质好的动力煤可以考虑手选后直接作为商品煤出售。动力煤含矸量高时，应当考虑机械选矸方法。分选炼焦煤时，对于大于 50mm 粒级，一般设置检查性手选拣矸。当含矸量高时，也应考虑采用机械选矸方法。从表 3-21 看出，原煤含矸 7.21% 属于高矸等级。根据硫铁矿含量可考虑经简单手选，生产黄铁矿副产品的可能性。

表 3-21　入厂原煤含矸量等级（参考值）

含矸量（占全样）/%	<1	1~5	>5
含矸等级	低矸	中矸	高矸

B　各粒级含量分析

如果各粒级的质量分数相近，说明原煤的粒度分布均匀；如果大粒级含量较多，且灰分较低，则说明煤质较硬。对于 13mm 以下末煤含量大的原煤，特别是 3mm 以下粉煤含量大的易碎原煤，在确定分选方法时应当谨慎对待。-0.5mm 的煤粉（原生煤泥）含量的多少是次生煤泥量取值、确定选煤工艺和制定煤泥水流程的依据之一。

C　各粒级质量分析

根据各粒级的灰分变化规律判断煤或矸石的脆度。如果各粒级的灰分与原煤总灰分相近，说明煤质均匀；如果灰分随着粒度减小而减小，包括-0.5mm 粒级灰分也低，表明煤质脆且易碎。表 3-20 中各粒级灰分随粒度减小而减小，说明细粒级中含煤较多，煤质较脆；相反，如果随着粒度减小，灰分增高，说明矸石易碎而煤质较硬。如果-0.5mm 粒级灰分比原煤或相邻近粗粒级灰分均高，说明矸石存在泥化现象。如果部分粒级灰分已符合用户质量要求，可以考虑将这部分粒级直接筛分出来作为商品煤出售，这样可以降低分选负荷，减少煤泥量，提高经济效益。

煤质较好的情况下，动力煤选煤厂小于 13mm 粒级的可以不入选，筛选厂直接使用筛分资料得出各种产品的理论产率和质量指标。

3.1.6.2　浮沉资料分析

浮沉试验是用不同密度的重液，将各个粒度的煤炭分成不同的密度级，测定其产率和质量。浮沉资料是评定煤的可选性和分选作业流程计算的依据，而可选性的难易又是选煤厂设计和生产管理的重要依据。浮沉试验表见表 3-22。

表 3-22　原煤浮沉试验表

密度/g·cm^{-3}	产率/%	灰分 A_d/%	硫分 $S_{t,d}$/%	硫的分布/%
<1.3	27.9	4.37	0.09	2.52
1.3~1.4	47.6	8.62	0.11	5.25
1.4~1.5	12.5	16.8	0.26	3.26
1.5~1.6	4	25.3	1.02	4.09
1.6~1.7	1.1	27.2	1.84	2.03
1.7~1.8	0.4	47.02	4.32	1.71
1.8~2.0	0.6	56.54	4.95	2.98
>2.0	5.9	69.22	13.22	78.14
合　计	100	13.34	1.00	100.00
煤　泥	5.8	11.26		
总　计	100.0	13.22		

A 各密度级的含量和灰分分析

各粒度级都做如表 3-22 所示的浮沉试验，然后再合成综合粒级，如 50～0.5mm 粒级的原煤浮沉试验结果。假定表 3-22 就是浮沉试验综合表，从低密度级的产率以及其灰分高低，可以粗略地判断煤质优劣、精煤指标高低以及是否具有生产低灰精煤的可能。从中间密度级的含量可以估计原煤可选性。从矸石的含量和灰分可以判断选煤时排矸的数量和质量指标，并能够了解有无生产出劣质煤、沸腾炉用矸石及部分矸石抛弃的可能性。

B 浮沉煤泥的分析

根据浮沉煤泥含量的多少及灰分的高低（与原煤灰分相比），进一步判断煤或矸石在分选加工过程中遇水后的易泥化程度和可能产生次生煤泥的数量。

C 各密度级含硫量分析

在原煤含硫量低时，不必进行硫分测定和硫的分布分析。表 3-22 给出了这方面的资料，可以判断分选的脱硫效果、尾矿的含硫指标及其利用价值。

对煤中各密度级进行含硫量分析，可以为制订脱硫方案提供资料。由表 3-22 可以知道，$+1.8g/cm^3$ 以上密度级含硫量占原煤含硫量的 80% 以上，通过机械分选的方法可以达到 80% 以上的脱硫率。如果低密度级中有较高的含硫量，这部分硫就很难采用机械分选的方法脱除，需要进一步分析其赋存状态，研究其脱硫措施。经分选脱除出来的硫同样会对环境造成危害，但是如果能将其提取出来就是宝贵的化工原料，因此应当制订进一步从矸石中回收硫的方案，否则，应当制订出矸石的存贮方案。

D 绘制可选性曲线

根据浮沉资料可以绘制可选性曲线，利用可选性曲线可以求出理论分选指标。初步判断该原煤经过分选后，满足用户对产品质量要求的可行性和合理性。

3.1.6.3 其他煤质资料分析

煤质的其他资料是指煤泥筛分试验、煤泥浮沉试验以及煤泥浮选试验等。

煤泥筛分试验的深度以及是否做这些试验，取决于选煤工艺要求。

目前，部分重选设备分选下限可以在 0.5mm 以下，利用煤泥浮沉试验资料可以判断 -0.5mm 粒级的重选效果，但是可能与实际生产有较大的出入。

煤泥浮选试验是全面了解煤的可浮性以及与其有关的物理化学性质的标准试验方法。可以采用《选煤实验室分步释放浮选试验》（MT/T 144—1997）或模拟工业生产最佳条件的浮选试验。同时，煤泥可浮性可用《煤炭可浮性评定方法》（MT 259—91）进行评价。考虑到煤泥浮沉特性与可浮性难易相关，所以在判断煤泥浮选试验结果的同时仍需参照煤泥浮沉试验资料，以便核对、修正其指标。

3.1.6.4 煤质资料分析小结

原煤特性是选煤工艺设计的基础。选煤产品定位由市场需求和煤炭本身性质特性决定，是工艺设计的前提和最终目标。原煤特性千差万别，不同用户对产品质量有不同要求。因此，几乎没有一个选煤厂的设计是完全相同的。煤质资料分析时，应当将煤质资料的数据规律和分析内容与选煤方法的选择、工艺环节的设置、流程的制定、设备选型乃至与产品的定位有机联系起来进行分析，奠定下一步工艺设计基础。

3.1.7 选煤产品理论平衡表的编制

应用筛分与浮沉资料综合的结果，可以很方便地获得选煤产品理论平衡表（如表3-23所示）。根据浮沉资料综合结果绘制原煤可选性曲线，通过可选性曲线查到在精煤灰分要求下的理论分选密度，得出各产品的理论数量和质量指标。

表 3-23　选煤产品理论平衡表

项目	理论分选密度 1.4g/cm³		理论分选密度 1.5g/cm³	
	产率 /%	灰分/ %	产率 /%	灰分/ %
精煤	43.68	8.79	51.26	10.14
中煤	20.56	27.85	12.98	33.68
矸石	35.76	76.06	35.76	76.06
合计	100	36.77	100	36.77

3.1.8 煤的可选性分析

煤的可选性是指按要求的质量指标从原煤中分选出精煤产品的难易程度。在选煤方法一定的情况下，影响煤的可选性难易程度的主要因素是密度组成和对产品的质量要求。由浮沉试验结果来判断煤可选性难易。

对精煤产品的质量要求反映了对煤炭加工的要求。同一原煤，要求的精煤灰分越低，对应的分选密度越低，可选性越差，反之，可选性较好。

煤的可选性评定参照《煤炭可选性评定方法》（GB/T 16417—2011），可选性等级用 $\delta \pm 0.1$ 含量法进行评定。$\delta \pm 0.1$ 含量按理论分选密度计算，理论分选密度在可选性曲线上按指定精煤灰分确定（精确到小数点后两位）。理论分选密度小于 $1.70g/cm^3$ 时，扣除沉矸（大于 $2.00g/cm^3$）为100%计算 $\delta \pm 0.1$ 含量；理论分选密度等于或大于 $1.70g/cm^3$ 时，扣除低密度物（小于 $1.50g/cm^3$）为100%计算 $\delta \pm 0.1$ 含量。$\delta \pm 0.1$ 含量以百分数表示，计算结果修约至小数点后一位。可选性等级划分标准见表3-24。

表 3-24　分选密度 $\delta \pm 0.1$ 含量评定可选性方法

$\delta \pm 0.1$ 含量/%	可选性等级
≤10.0	易选
10.1~20.0	中等可选
20.1~30.0	较难选
30.1~40.0	难选
>40	极难选

近年来为了便于与国际交往和技术交流，我国国家标准正在逐渐与国际通用标准接轨，表3-25所示为国际通用的伯德法评定可选性等级标准。

表 3-25　伯德 $\delta \pm 0.1$ 含量法评定可选性等级的划分标准

$\delta \pm 0.1$ 含量/%	可选性等级	原煤处理方法
<7	易选	任何选煤方法，高处理量

δ±0.1 含量/%	可选性等级	原煤处理方法
7~10	中等可选	高效率的分选方法，高处理量
10~15	较难选	高效率的分选方法，中等处理量，较好的管理水平
15~20	难选	高效率的分选方法，低处理量，熟练的管理水平
20~25	很难选	很高效率的分选方法，低处理量，熟练的管理水平
>25	极难选	限于少数效率特别高的分选方法，低处理量，熟练的管理水平

3.1.9 煤的可浮性分析

研究-0.5mm 煤泥的密度组成，可以了解采用重选方法回收部分粗煤泥的可能性和应用价值。煤泥密度组成特性在很大程度上反映了可浮性的难易程度，有助于了解煤泥的可浮性。煤泥可浮性既受煤炭本身浮游特性的影响，也受浮选过程中多种工艺条件的影响，至今还没有一个国际通用标准。我国采用灰分符合要求条件下的浮选精煤可燃体回收率作为评定煤炭可浮性的指标，制定了《煤炭可浮性评定方法》（MT 259—1991），浮选精煤可燃体回收率按以下公式计算：

$$E_c = \frac{\gamma_c(100-A_{d,c})}{100-A_{d,f}}$$

式中　E_c——浮选精煤可燃体回收率，%；

　　　γ_c——浮选精煤产率（按 MT/T 144—1997 中浮选速度试验结果所绘制的精煤产率-灰分曲线确定），%；

　　　$A_{d,c}$——浮选精煤灰分，%；

　　　$A_{d,f}$——浮选入料灰分，%。

可浮性等级划分见表 3-26。

表 3-26　可燃体回收率评定可浮性等级划分指标

可浮性等级	极易选	易选	中等可选	难选	极难选
E_c/%	≥90.1	80.1~90	60.1~80	40.1~60	≤40

3.1.10 煤和矸石泥化特性分析

泥化是指煤或矸石浸水后碎散成泥的现象，通常用泥化程度来表示矸石遇水后被泥化的难易程度。按 GB/T 19833 进行泥化试验，计算泥化比 B：

$$B = \frac{W_{10}}{W_{500}} \times 100\%$$

式中　W_{10}——试样中细泥（粒度小于 10μm）的质量分数，%；

　　　W_{500}——500μm 试验筛筛下物的质量分数，%。

首先用 W_{500} 进行泥化程度划分，当 $W_{500} \leqslant 1.0\%$ 时，为低泥化程度；当 $W_{500} > 1.0\%$ 时，根据泥化比划分为四个等级，见表 3-27。

表 3-27 泥化等级

泥化等级	低泥化程度	中泥化程度	中高泥化程度	高泥化程度
泥化比	≤1.0	1.1~10.0	10.1~20.0	>20.0

3.1.11 煤泥水沉降特性分析

煤泥水沉降特性直接影响到选煤厂煤泥水处理工艺,我国根据原生硬度将煤泥水沉降特性分为三个等级,见表 3-28。

表 3-28 煤泥水沉降性能等级

等 级	易沉降	中等可沉降	难沉降
原生硬度/mgCaCO$_3$·L^{-1}	≤1.0	1.1~10.0	10.1~20.0

3.2 选煤工艺流程

3.2.1 选煤方法

选煤方法是制定选煤工艺流程的核心问题。选煤方法的确定主要取决于煤的可选性和产品质量要求,但是也要考虑煤的牌号、粒度、地区水资源条件、能够获取的设备技术水平以及技术经济上的合理性等其他因素。

3.2.1.1 跳汰选煤

跳汰选煤适应性强,分选粒级宽,分选上限可达 50~100mm,分选下限为 0.3~0.5mm,既可以分级入选,也可以不分级入选。跳汰选煤工艺流程简单,生产能力大,维护管理方便,生产成本低。分选极易选煤和易选煤可以获得较高的数量效率,一般在 90%以上,不完善度 I 值为 0.14~0.18。分选中等可选煤时,也能达到较好的工艺指标。

跳汰选煤的分选效率受给料性质影响较大,在细粒物料多、可选性差的条件下,分选效率会显著下降。跳汰机对于易选煤的分选精度与重介质选煤相当,但是在要求出低灰精煤产品时,如果分选密度低于 1.40g/cm^3 时,可能由于可选性变难,会造成跳汰机难以操作,无法保证正常分选效果。分选难选煤和极难选煤时,跳汰选煤的分选效率明显低于重介质选煤,特别是当原煤中小于 2~3mm 细粒粉煤含量多时,跳汰选煤的分选精度会显著下降,精煤损失较大。跳汰选煤所需循环水量较大,约为重介质选煤两倍,因此,洗水系统负荷较大,相应增加了投资。

动筛跳汰机可有效处理大于 50(35)mm 以上的块煤排矸,具有工艺简单、单位处理量大、分选精度高(不完善度 I 值在 0.10 以下)、入料粒度上限可达 350~400mm、生产成本低、循环水用量小等优点。跳汰机排矸不受分选密度高的限制,在原煤中块矸含量很多,特别是矸石易于泥化条件下,采用动筛跳汰机排矸可以将泥岩矸石尽早从系统中排出,对后续主选工艺非常有利。

3.2.1.2 重介质选煤

重介质选煤适宜分选难选和极难选煤,具有以下特点:

（1）分选效率高。块煤重介质分选机和重介质旋流器的分选效率在各种重力选煤方法中最高，可能偏差 E 值可达 $0.02\sim0.07\ g/cm^3$。

（2）分选粒度范围宽。斜轮重介质分选机允许的入料粒度范围是 $450\sim6mm$；浅槽重介质分选机允许的入料粒度范围是 $200\sim6mm$；大直径重介质旋流器允许的入料粒度上限可达 $80mm$；小直径重介质旋流器有效分选粒度下限可达 $0.15mm$，甚至更小。

（3）分选密度调节范围宽、控制精度高。重介质选煤的分选密度一般为 $1.3\sim2.0g/cm^3$，且容易调节。

（4）重介质选煤的工艺参数（悬浮液的密度、黏度、磁性物含量、液位）和操作参数（入料量、入料压力）都能实现有效的自动控制，生产过程易于实现自动化。

（5）重介质选煤的循环水耗量比跳汰选煤小得多，煤泥水系统负荷也小，可相应减少投资和运营成本。

重介质分选机的分选密度大于 $1.8g/cm^3$ 时，重介质悬浮液难以配制，这时可以考虑采用单段跳汰机。

当要求出块煤产品时，采用有压入料重介质旋流器不利于保护块煤产品，但有效分选下限较低。三产品无压入料重介质旋流器相对有压入料重介质旋流器能够减少矸石泥化，节省了一套高密度重介质悬浮液的制备、循环、回收系统，简化了流程，降低了成本。

重介质选煤流程较为复杂，设备、管道、阀门容易磨损，维修养护工作量较大。在操作、调节方面的要求更严格，保证设备正常运行对生产控制自动化要求更高。当原煤中矸石易于泥化，细泥含量很大时，工作悬浮液的密度、黏度等特性参数会发生很大变化，分选效果变坏，给脱介和介质系统带来许多问题。此时，选择重介质选煤设备，特别是有压入料重介质旋流器时，应当十分谨慎。

3.2.1.3　煤泥浮选

浮选既是一种煤泥的分选方法，也是选煤厂洗水净化的有效方法之一。随着采煤机械化程度的不断提高，煤矿开采深度的加大，原煤中 $-0.5mm$ 的粉煤量也越来越多，一般可达 20%以上，回收这部分精煤更加重要，浮选作为煤泥分选的唯一有效方法也就得到更为广泛的应用。近年来，浮选技术发展迅速，浮选设备朝着大型、高效方向发展。浮选成本虽然较高，但是对于炼焦煤选煤厂来说，回收大量浮选精煤仍然可以获得可观的经济效益。

3.2.1.4　摇床选煤

摇床能够处理 13mm 以下的易选末煤和粗煤泥，它的优点是结构简单、易操作、分选效果好、生产成本低、分选下限可达 0.074mm。由于摇床对细粒煤分选效果好，对于硫铁矿含量高的高硫煤脱硫具有较好的脱硫效果，因此，在我国煤炭含硫量较高的西南地区选煤厂中得到一些应用。从高硫煤中回收硫铁矿，既可以减少使用高硫煤对环境带来的污染，也可以向化工、化肥等行业提供工业原料，因此得到更多的重视和应用。

摇床选煤的主要缺点是单层摇床单位面积处理能力低，占地面积大。多层悬挂式摇床在很大程度上弥补了普通摇床的缺点，而双头离心摇床则有效地降低了分选下限，提高了对煤中硫铁矿的脱除能力。近年来摇床也作为从洗矸中脱硫的主要设备。

3.2.1.5 螺旋分选机选煤

螺旋分选机适于处理 13mm 以下的易选末煤和粗煤泥。在实际应用中主要用于粗煤泥的分选，最佳分选粒度为 1~0.075mm 或 2~0.10mm，有效分选粒度为 6~0.075mm，介于跳汰选与浮选之间。螺旋分选机本身没有运动部件，占地面积小。其缺点是高度大，设备参数不易确定和调整，分选精度不高（不完善度 I 值仅为 0.20~0.25），分选密度难以控制在 1.7（或 1.65）g/cm^3 以下，不宜用在低密度条件下分选低灰精煤产品。螺旋分选机较适合用于细粒动力煤和粗煤泥排除高灰泥质与硫化铁。螺旋分选机和浮选机组成联合流程，分别处理粗煤泥和细煤泥，可以有效地降低生产成本。

3.2.1.6 干扰床

干扰床是利用上升水流在槽体内产生紊流的干扰沉降分选设备，用于粗煤泥的分选。干扰床本身无运动部件，用水量为 10~20m^3/(m^2·h)，能实现低密度（1.4g/cm^3）分选，可能偏差 E 值可达 0.12g/cm^3。有效分选粒度为 4~0.1mm，最佳分选粒度为 1~0.25mm，要求入料粒度上、下限之比为 4∶1，入料浓度为 40%~50%，给水压力为 0.07~0.1MPa。

3.2.1.7 螺旋滚筒分选机

螺旋滚筒分选机用于处理 6mm 以上的物料。它以入选原煤中小于 0.3mm 的粉煤作为介质与水混合形成较稳定的悬浮液，故又称自生介质滚筒分选机。螺旋滚筒分选机流程简单，并具有拆装方便的特点，可以作为简易选煤设备，用于动力煤、炼焦煤（易选、中等可选）、脏杂煤及煤矸石的分选。

我国已定型生产的 LZT、TX 等系列自生介质螺旋滚筒分选机，用于烟煤、无烟煤分选时，其分选粒度范围为 100~6（3）mm，产品灰分最低达到 8%，效率在 97% 以上，可处理易选及中等可选的煤炭，单机处理量可达 80~120t/h。

3.2.1.8 水介质旋流器

水介质旋流器的突出优点是去掉了介质回收与净化工艺过程，与其他高效分选设备配合使用，可以减少主要分选设备的入选量，可用来处理易选末煤或粗煤泥。与其他末煤或粗煤泥的分选设备相比，它的处理能力大，但是它只能保证一种产物的质量合格。因此，水介质旋流器的使用应当考虑两段选及联合流程，一般将水介质旋流器用作初选设备。水介质旋流器本身没有运动部件，系统简单，生产成本低，但其分选效率不高，国内外资料表明，其可能偏差 E 值为 0.09~0.21g/cm^3。

3.2.1.9 槽选法

溜槽选煤法由于分选效率低、循环水用量大、难以实现自动化等问题，在选煤设计中已不采用。而斜槽分选机由于结构简单、操作和维修方便、生产能力大，而且对洗水浓度要求不严格，因此作为一种处理劣质煤和机械化排矸的简易选煤设备，往往被中小型选煤厂采用。

3.2.1.10 干法选煤

传统的干法风力分选、风力跳汰和风力摇床分选效率低，要求入料分级比小，水分低，世界各国已很少采用。我国自行开发的复合式干法分选机的分选效率比传统的风选有明显提高，在高密度（不小于 $1.8g/cm^3$）排矸分选条件下，在 80~6mm 有效分选粒级范围内，其分选数量效率不小于 90%，不完善度 I 值可达 0.1，所需风量只有传统风选的 1/3。但是复合干法分选机对 6~0mm 粉煤的分选效果不理想。此外，生产实践表明，复合式干选机单独分选块煤时，对块煤的外在水分没有严格的要求。因此，在干旱缺水地区，对低水分易分选煤及遇水易泥化的褐煤，干法分选仍是首选的分选方法之一，也是选前排矸作业可供选用的设备。目前，复合式干选机最大机型 FGX-48 处理能力达 480t/h，是世界上最大的风选设备。

我国从 1984 年开始研究空气重介质流化床干法选煤工艺，为干法选煤开拓了良好的发展前景。空气重介质选煤厂主要包括入选原煤准备系统、选煤系统、重介质的脱介和回收系统、供风和除尘系统以及产品运输系统。

3.2.2 选煤方法的选择

选煤方法的选择是设计过程中极为重要的环节，应遵循以下原则：

（1）分选效率高，工艺技术先进、可靠。

（2）易于实现自动控制，节能。

（3）能分选出质量符合要求的产品，综合效益好。

选煤方法的选择与多种因素相关。国家标准《煤炭洗选工程设计规范》GB 50359—2005 规定：选煤方法应根据原煤性质（如粒度组成、密度组成、可选性、可浮性、硫分构成及赋存特性、矸石岩性）、产品要求、分选效率、销售收入、生产成本、基建投资等相关因素，经过技术经济综合比较后确定。

3.2.3 选煤工艺流程的确定

选择选煤工艺流程应以原料煤性质、用户对产品的要求、最大产率和最大经济效益等因素为依据，正确确定一个简单、较高效率、合理可行并且能够满足技术经济要求的工艺流程。

选择选煤工艺流程应遵循以下基本原则：

（1）根据原料煤性质采用相适应的具有先进技术和生产可靠的分选方法；

（2）根据用户的要求能分选出不同质量规格的产品；

（3）在满足产品质量要求的前提下获得最大精煤产率，同时力求最大的经济效益和社会效益；

（4）作业环节设置合理，避免作业环节功能重复；

（5）煤、水、介质流程简单且高效，避免出现不良闭环。

3.2.3.1 入选工艺原则及入选方式的确定

在确定选煤工艺流程时，首先必须确定入选工艺原则及入选方式。主要是入选粒度上、下限的确定。

煤炭入选粒度上限由三方面因素相互制约确定，即用户要求、入选原料煤的性质和分选设备本身能够允许的入料粒度上限。

（1）用户要求。入选原料上、下限应尽可能与产品的要求一致，以控制入选量和免去选煤产品不必要的破碎筛分作业。

对炼焦煤、高炉喷吹用煤和水煤浆用煤的入选下限没有要求，用户均自备有破碎机，炼焦煤一般需将焦炉炉料粉碎到-3mm级占85%左右，而高炉喷吹和水煤浆用煤则对细粒含量要求很大。因此，在选煤工艺设计中，炼焦煤、高炉喷吹用煤和水煤浆用煤的入选粒度上限只要求不影响装卸和运输，并小于用户破碎机的入料上限即可。入选粒度下限一般为0，尽可能增加精煤产量。

移动床、合成氨气化用煤的粒度上限最大为100mm，下限多为不小于13mm。所以，选煤工艺设计入选粒度上限不大于100mm，下限不小于13mm为宜。煤化工和煤间接液化多采用流化床气化炉，该气化工艺要求入炉原料煤全部磨成粉，所以对供粒度无明确要求，设计时确定入选粒度上、下限的灵活性较大。

发电煤粉锅炉对供煤的粒度上限为50mm，对粒度下限无特殊要求。因此，选煤工艺设计时应根据用户对产品质量（灰分、发热量等）的不同要求，合理选择入选粒度的上、下限。如果用户对产品的发热量要求高，则可以把入选粒度下限定得低一些，增加入选加工量，以提高综合产品热值；如果用户对产品的发热量要求比较低，则可以把下限定得高一些，以减少入选加工量，降低加工费用，有利于提高选煤厂经济效益。

（2）入选原料煤的性质。入选粒度上限要根据块原煤中夹矸煤的含量和破碎后单体解离情况确定。

当块原煤中的夹矸煤含量较高时，为了能够获得较高的精煤产率，应当根据夹矸煤条带的厚度和可能解离的程度，通过破碎试验和相应的浮沉资料分析，选择适宜的入选粒度上限。不能片面以此为依据任意提高或降低入选粒度上限，因为入选粒度上限提高过多，由于粒级加宽会导致分选机（主要为跳汰机）操作困难，分选机的生产故障也会随着粒度上限提高而增加。入选粒度上限过低，由于原煤经过度破碎将会产生相当数量细粒级煤和煤泥，使分选效果降低，同时增加煤泥水系统负荷。此外，煤泥数量增大，往往其灰分也高，不仅使煤泥水系统复杂，而且会污染精煤。因此要综合考虑各种相关因素，确定合理的入料上限。

在确定入选粒度下限时，应当全面考虑各粒级的灰分（有时还需考虑硫分）和可选性。如果某粒级（特别是粉煤、末煤）的灰分或最终产品加权平均灰分未超过要求值，而筛分又不困难时，可以考虑该粒级不入选，以减少入选加工量，减少煤泥水系统负荷，降低加工费用。有些粒级物料的可选性很差，即使入选，其产品产率极低，对这些粒级如筛分不困难时，也可以考虑不入选。

（3）分选设备适宜处理的粒级。分选设备适宜处理的粒级除与分选设备类型有关外，还与其规格有关。大型设备的处理粒度会大些。比较典型的如旋流器的入料上限与其直径有关。按我国目前的分选设备发展现状，各分选设备的入料上限及有效分选下限可参考表3-29所列。

跳汰机入选粒度上限可达100mm或更大些，但是由于考虑到我国煤质情况和50~0mm

表3-29　分选设备的入料上限及有效分选下限

分选设备名称	入料上限/mm	有效分选下限/mm
块煤跳汰机	80（200）	6（13、25）
末煤跳汰机	6（13、25）	0.5（0.3）
混合跳汰机	50（80）	0.5（0.3）
动筛跳汰机	350（400）	35（30）
重介质斜（立）轮分选机	300	13（6）
重介质浅槽分选机	150（200）	13（6）
重介质旋流器	50（80）	0.5（0.2）
煤泥重介质旋流器	2	0.1
干扰床	2（3）	0.15（0.125）
螺旋分选机	3	0.075
水介质旋流器	13	0.2
摇床	13	0.06
斜槽分选机	200	1（0.5）
复合式干法分选机	80	6
浮选机	0.5	0

不分级入选习惯，跳汰入选上限多为50mm。少数厂家采用分级入选时，块煤跳汰上限取100（80）mm。

　　块煤重介质分选机入选粒度上限由设备本身性能来决定，一般为150~600mm，设备型号大，可取大的粒度上限。对于露天矿原煤选矸，提高选矸粒度上限，可以减少很多不必要的破碎工作。

　　重介质旋流器由于直径加大而提高了入选粒度上限，现在直径1300mm的重介质旋流器入选粒度上限达80mm，理论上可以实现80~0（0.5）mm的全粒级入选，从而简化了工艺流程。

3.2.3.2　混合与分组入选方式的确定

　　原煤来自几个矿井或几个煤层时，由于煤的牌号不同或可选性相差悬殊，或是其低密度成分中的硫分相差较大时，就需要考虑混合入选或分组入选的问题。《煤炭洗选工程设计规范》（GB 50359—2005）规定：当各煤层在分选密度相同的条件下，其可选性、基元灰分相差较大，净煤硫分相差较大或煤种不同时宜分别入选。设计时应考虑采用双系统（或多系统）入选，对中、小型选煤厂可实行单系统轮换入选制度。牌号相同的几个煤层，井下采取分采、分运，地面分贮、分别入选的方式最为合理，但是实现分采分运困难很大，管理复杂，耗资多。一般矿井不具备这种条件，可以考虑在地面设置原煤均质化混煤场，保证入选原煤性质均匀，也不必另外设置原煤贮煤仓。国外大部分选煤厂都采用这种方法，国内已有部分选煤厂采用。

　　所谓系统（或组数）是指原煤从进入选煤厂开始，直到产品处理完毕的主要煤流线，包括受煤、筛分、破碎、入选、产品脱水直到装仓等作业环节。双系统即两个完整而独立的系统。两个以上的独立系统称为多系统。如果煤的牌号不同，则煤泥水处理系统还要分开。因此，分组入选作业系统复杂，基建和生产费用高，生产管理困难。我国绝大多数选煤厂采用的是混合入选、单或双系统选煤流程。选择分组入选必须经过技术经济比较，确有必要时，在流程设计和设备布置上要充分考虑系统之间的互换性和灵活性。

各煤层（或各矿的原煤）能否混合入选，主要取决于以下因素：

（1）煤种是否相同或相近。

（2）它们的可选性差别大小。

（3）与分选密度相邻的密度级的基元灰分是否接近。

在实际设计中能同时满足以上三点的理想情况很少，只要条件基本允许，则优先考虑混合入选方式。但是，如果各煤层之间在上述三个方面差别太大，则不宜采用混合入选，只能分组入选或轮流单独分选。

如果采用混合入选，则要确定各煤层混合入选的比例。主要考虑以下两个因素：

（1）井下应根据各煤层储量和煤层厚度按比例合理配采。

（2）根据各煤层精煤的不同产率，计算高低硫原煤混合配选的比例。

3.2.3.3 分级与不分级入选方式的确定

从我国选煤实践的角度看，由于采煤机械化程度提高，原煤中块煤量较少，粉末煤量很多，大多采用不分级跳汰分选或不分级重介质旋流器分选。其优点是流程系统简化、管理操作方便、工艺布置简洁、厂房体积较小。

从理论上讲，分级入选的效率要高于不分级入选。大型或特大型选煤厂，小时处理量大，采用分级入选会给设备选型和工艺布置带来不少方便。设计中常见的分级入选的工艺有以下三种。

A　块煤跳汰分选+末煤重介质旋流器分选

大于 25mm（或大于 13mm）块煤采用跳汰机分选，小于 25mm（或小于 13mm）末煤采用重介质旋流器分选，如图 3-2 所示。

该流程的优点是两种选煤方法扬长避短，优势互补，充分发挥跳汰机分选块煤效率较高、加工费相对较低的优势，同时也发挥重介质分选末煤时分选精度高的优势。

该流程的缺点是两种选煤方法并存，工艺流程复杂，洗水循环量较大，煤泥水负荷量较大。

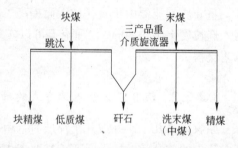

图 3-2　块煤跳汰分选+
末煤重介质旋流器分选

B　块煤浅槽重介质分选+末煤重介质旋流器分选

大于 25mm（或大于 13mm）块煤采用浅槽重介质分选主选、再选，小于 25mm（或小于 13mm）末煤采用重介质旋流器分选，生产精煤、中煤、矸石三种产品，如图 3-3 所示，我国的特大型选煤厂多采用此流程。

该流程的优点是两种重介质选煤法优势互补，充分发挥浅槽重介质分选机分选块煤处理量大、加工费相对较低的优势，同时也充分发挥重介质分选末煤时分选精度高的优势。

该流程的缺点是四种性质、密度不同的介质系统并存，介质流程相对复杂。

C　小于50mm混原煤分级入选

50~2（或1）mm采用重介质旋流器或跳汰机分选，脱除的小于2（或1）mm细粒煤（含粗煤泥）用螺旋分选机或小直径重介质旋流器、水介质旋流器、干扰床、摇床等分选，如图3-4所示。

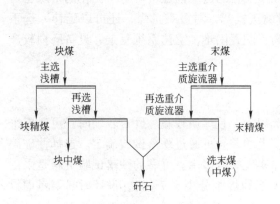

图3-3　块煤浅槽重介质分选+
末煤重介质旋流器分选

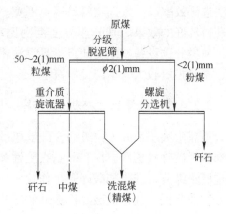

图3-4　重介质旋流器+螺旋分选机分选

该流程的优点是有利于提高重介质旋流器（或跳汰机）的分选效率，减少去浮选的煤泥量。

该流程的缺点是不同的粗煤泥分选设备都有各自不同的分选条件和适用范围，将细粒煤（含粗煤泥）分出单独分选，必须注意分选方法的选择，若选择不当会影响原煤整体综合分选效率。

3.2.4　选矸方法

现代化大型矿井目前采用放顶煤开采方法，原煤灰分可以在40%以上，块煤矸石量也非常大，一般选煤设备难以直接分选出合格的精煤。对含矸量高的毛煤或原煤，应该进行选矸。当采用人工拣矸（矸石量大时，应尽量用机械代替）时，拣矸粒度为+50mm。拣矸与检查性手选不同，经过拣矸的原煤或毛煤，可能成为商品，也可能成为原料煤再进一步加工。选矸是以选出矸石为目的的作业，选矸与选煤作业时顺便排矸是有区别的，选煤过程通过排矸来保证达到精煤的质量要求，而选矸仅是辅助性的。

选煤工艺流程是否设置选矸，与入厂原煤含矸量有关，同时考虑到用户的要求。对炼焦煤选煤工艺，入厂原煤含矸量通常不高，可不设选矸作业，大都设置检查性手选，拣出铁器、木杂物、少量大块矸石等，依靠跳汰排矸即可满足精煤质量要求。机械选矸主要有动筛跳汰选矸、重介质分选机选矸、选择性破碎机选矸等。

3.2.4.1　动筛跳汰机选矸法

动筛跳汰机选矸具有工艺系统简单、辅助设备少、操作容易、处理量大、耗水量小、煤泥水处理系统简单、占地面积小，生产成本低等优点。在排除大块矸石的条件下，相对重介质块煤分选机具有一定的优势，在很多情况下可以取代重介质选排矸。动筛跳汰机选矸法的主要缺点是分选下限只达30mm，因此在使用范围上受到一定的限制。

3.2.4.2 重介质分选机选矸法

重介质分选机选矸也是有效的机械排矸方法，对于露天矿选煤厂应优先考虑采用。该方法选矸效率高，入选物料粒度范围宽，对煤质变化的适应性强，对易于泥化的褐煤也可以获得较好的效果。其分选粒度范围比动筛跳汰机宽，对极难选煤，还可以延伸入选下限，兼做分选设备。主要缺点是悬浮液密度高，配置困难，工艺系统复杂，设备磨损较严重，基建投资较大，生产成本高。

3.2.4.3 选择性破碎机选矸法

原煤中大于50mm粒级的含矸量超过30%以上，且煤质较脆、矸石较硬时，可考虑采用选择性破碎机选矸。煤和矸石在脆性和硬度上的差异可通过跌落试验确定。选择性破碎机选矸集筛分、选矸和破碎三个作业于一体，实现一机多用。可靠的跌落试验资料是采用该方法的前提。选择性破碎机振动和噪声大，当原煤水分小于7%时，设计时需要考虑设置除尘装置。目前此方法使用较少。

3.2.4.4 其他选矸方法

斜槽分选机选矸适用于中、小型选煤厂和煤矿。人工手选只有在矸石泥化现象特别严重，且煤中含有个别密度低而灰分高的煤以及需要拣出天然焦和大块黄铁矿时可以考虑。

3.2.5 煤泥水处理问题

煤泥水处理就是用浮选或脱水回收的方法使煤泥成为产品，采用浓缩、过滤、澄清等方法得到用于生产的循环水。煤泥水处理环节既是回收煤泥产品的分选作业，又是满足环境保护要求的必要措施。

选煤厂设计应根据煤泥的性质、数量、产品的利用途径及环保要求，配备和完善煤泥水处理设施。保证实现煤泥厂内回收，洗水闭路循环。要解决以下四个方面的问题：

（1）合理确定煤泥水准备作业流程，避免细泥循环积聚，保证洗水经常稳定在低浓度范围内。设置浮选车间的选煤厂，浮选不仅是精选煤泥，而且是一种有效的净化洗水的工艺过程。分选产品脱水后的煤泥水如何送入浮选是煤泥水作业流程的关键问题。

（2）满足合适的浮选工艺指标，浮选尾煤要选择合适的回收方法，保证浮选尾煤全部在厂内进行机械回收，尽可能达到技术经济合理。

（3）选煤厂洗水平衡是实现洗水闭路循环的关键因素之一。在选煤厂设计过程中，工艺流程的水量平衡计算只是理论上的，生产过程中很多实际发生的清水耗量并没有考虑在内。如各种风机、泵类的冷却水、水封用水；筛网、滤布的冲洗水；浮沉室的冲洗水；地板清扫水及其他不可预见的清水消耗等都未参与系统水量平衡的设计计算，而且选煤生产过程本身是不平衡的。因此，生产过程中洗水总是处于不平衡状态，平衡只是短暂的、相对的。洗水不平衡就会造成多余的洗水外排，洗水闭路循环被破坏，也就造成对环境污染。现在广泛采取的措施是通过集中水池将一定时间增多的水贮存起来，待系统缺水时再返回使用。由于这些水量仍然存在于洗水系统中，并不能解决洗水平衡的根本问题。

近年来，设计中采用了一种洗水净化再生系统，系统如图3-5所示。系统的核心部分是设置一个洗水净化浓缩池，并将浓缩池的中流管与循环水池连通，构成一个连通器，从而使之具有自动调节洗水平衡及进一步净化多余洗水的多种功能。

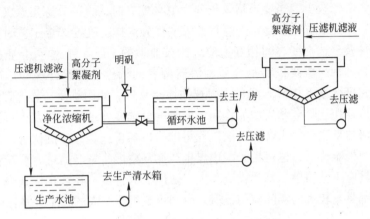

图 3-5　多功能洗水净化再生工艺原理图

（4）煤泥水处理设备能力要适当，并留有余地，但也不能过于富余。首先应与所设计的厂型及生产能力相匹配。将来投产后如发现能力不足时，可以用改、扩建的办法加以解决。

动力煤选煤厂一般不设浮选。煤泥的灰分、粒度组成与动力煤煤质特性、工艺流程、生产技术管理等多方面因素有关。进入煤泥水系统的煤泥数量与分选下限、矸石泥化特性以及原煤分级筛筛分效率有关。特别是只选+13mm的动力煤选煤厂，在保证分级效率的前提下，进入煤泥水系统的煤泥数量较少。因此，可以采用一次浓缩、底流全部用压滤机（或其他煤泥回收设备）回收的简单流程。

3.2.6　选煤流程与资源的关系

原煤的煤质特性是产品定位的基础。选煤方法的确定应当与原煤性质和用户对产品质量要求等相适应。重介质选煤分选精度高，只需一次分选就能达到良好的效果，流程较为简单。跳汰选要同时保证精煤和矸石质量时，其中间产物往往会夹杂相当数量的精煤和矸石，需要考虑进一步处理，以提高总的数量效率。有两种情况可以不考虑中煤再选：一是非炼焦用煤选矸后就作为最终产品，不出中间产物；或出中间产物循环回选，有时也出少量中煤。二是对煤种储量多的配焦煤，只选出一部分高质量的低灰精煤，少量排矸，大量出洗混煤或等级煤销售，既满足了用户需要，又提高了经济效益。

3.2.6.1　炼焦煤选煤流程选择

炼焦煤选煤厂要求生产高质量的精煤，除排出原煤中矸石外，常生产中间灰分的副产品。为尽可能减少炼焦煤资源损失，要求工艺有高的分选效率。-0.5mm级的煤泥需设置浮选环节。对炼焦煤和稀缺煤种应本着充分利用和回收的原则来选择选煤流程，如果采用跳汰流程，一般应当考虑设置跳汰的主选和再选，但也要对由于增设再选所获得的收益与由此而额外增加的投资费用和生产费用进行对比分析来决定。跳汰选的中煤是否破碎，要根据破碎后精煤解离程度进行技术经济比较。如果破碎后精煤解离量占再选入料量的 10%~20%，且煤质较硬，不易过粉碎或产生大量煤泥时，可考虑设中煤破碎。对于中、小型选煤厂，一般不必设置中煤破碎。

我国炼焦煤资源较少，当要求精煤灰分为 10% 左右时，大部分炼焦原煤的可选性已变为难选，因此，重介质选往往是精选炼焦原煤的优先选择。确定选煤工艺时应当使选煤方法、原煤可选性及分选密度之间相互适应。比较典型的是跳汰粗选-重介质旋流器精选流程，其优点是合理利用跳汰机和重介质旋流器两者的特点，虽然处理的是难选或极难选煤，但是在高密度分选（排矸）条件下，煤往往是易选，故用跳汰选是适宜的。跳汰作业先于重介质旋流器作业具有预先脱泥作用。低密度分选段处理的往往是极难选煤，选用高效的重介质旋流器精选则较为合理。该流程可以发挥各自选煤方法的优势，适用于混合入选时的难选煤、极难选煤，也可用于配焦煤生产低灰精煤。三产品重介质旋流器流程用于炼焦煤分选，具有工艺简单、基建投资和生产费用低的特点。在炼焦煤选煤厂设计中，以上这两种流程都具有较大的实际应用价值，应当重点进行全面的技术经济比较。

3.2.6.2　动力煤选煤流程选择

动力煤分选不仅要排除煤中矸石，还要为用户选出品种对路、质量稳定的产品。动力煤选煤一般以排出矸石为主，生产优质动力煤时可将选后产品筛分成若干级别，实现品种多样化。原煤常按 13（6）mm 分级，筛上块煤经选分级销售或与筛下末（粉）煤混合后作为混煤销售。不同的动力煤用户对煤质有不同的要求，在制定动力煤选煤工艺流程时应当参考各煤种的加工原则，依据煤质特点确定工艺流程。下面介绍各种牌号动力煤工艺流程的特点。

A　长焰煤

我国东北地区长焰煤储量多，且主要是露天开采，大块量多且含矸量高，如果水分低，适合于干筛，末煤可不入选，块煤采用重介质选；如果水分高，筛分困难，而末煤灰分又高，则可考虑采用混合跳汰选工艺流程或块煤重介质-末煤跳汰流程。

B　气煤

我国气煤既作炼焦配煤用也作动力煤用。作为动力煤，当末煤灰分不太高（如小于 25%）且质量稳定，能够满足用户要求时，一般不必分选，经预先分级，筛出末原煤外销。这样就显著地简化了工艺流程，特别是简化了煤泥水处理系统，既可以降低选煤厂的基建投资和加工费用，又能够提高分选效率，有利于环境保护。气煤的分选下限一般为 13mm 或 25mm，当原煤水分低于 7% 时，分级粒度可确定为 13mm 或 6mm，否则可提高到 25mm，分级后的块原煤用重介质选或跳汰选处理。当原煤灰分较高或用户要求出部分低灰配焦精煤时，则应考虑全部入选，所选工艺要与产品方案相结合。混合入选时可采用跳汰法。对大型选煤厂，块煤量大时可考虑块煤重介质-末煤跳汰联合流程。

C　无烟煤

无烟煤大块量较多，热值高，还可用于高炉喷吹或作为炭素厂原料等。不同用途对产品质量要求差异较大，所选流程应与之相适应。当原煤水分大于7%，末煤灰分高于25%，原煤不符合用户要求时，宜全部入选；当原煤水分小于7%，末煤灰分低于25%时，可以采用干法筛分，大于13（25）mm的块煤用重介质选或跳汰选，根据用户要求，可以考虑筛出的末煤不入选，直接供给用户。若用户要求低灰精煤产品（如$A_d < 10\%$），则分选密度较低，可选性偏差，此时可以考虑采用重介质选或跳汰主选、再选，也可以考虑重介质选与跳汰选联合流程。根据煤质特性考虑是否出低灰精煤，块煤分选可采用重介质选，但当分选密度太高，要求分选密度大于$1.9 g/cm^3$、$2.0 g/cm^3$或$2.1 g/cm^3$时，悬浮液密度不易稳定，黏度也大，此时选择跳汰选较为适宜；在高密度分选条件下，煤的可选性一般是易选，跳汰选效率与重介选效率相接近，可以考虑高密度分选（排矸）用跳汰选，低密度分选用重介选。无烟煤入选除排矸外，也可以出中间产品，精煤产品一般需要分级。

D 褐煤

褐煤内在水分较高，发热量低，在空气中易风化、碎裂和自燃。由于矸石大部分为泥岩或泥质胶结的粉砂岩，遇水后易于软化和泥化，工艺流程应尽量简化。一般+25mm或+50mm级块原煤采用重介质选矸；如果必须将入选下限降至13mm时，可考虑用跳汰选处理80（50）~13mm粒级物料。但由于物料在跳汰机中停留的时间长，而且物料受到的擦洗力较强，加重了矸石泥化程度。采用干法分选易泥化煤是一条有效的途径，复合式干法分选装置在褐煤分选的工业生产中有较好的分选效率。如果矸石和煤的性质适宜，也可考虑采用滚筒碎选机排矸。

E 贫（瘦）煤

贫（瘦）煤变质程度接近无烟煤，碳含量较高，易粉碎，大部分粒度在25~13mm以下。除作为动力煤外，贫（瘦）煤也开始用作高炉喷吹煤、少量的炼焦配煤等。因此，贫（瘦）煤的分选应认真对待。考虑到粒度细，应选择合适的分选方法和设备，如直径较小的重介质旋流器、末煤跳汰机等。

F 其他煤种

其他煤种出于某些原因（如高硫、高灰、可选性极难、产率特别低等）只能按动力煤处理，在这种情况下，可以参照相近煤种，依据该煤质特点确定其工艺流程。

3.2.7 生产多品种和工艺流程的灵活性问题

近年来，原煤分选朝着高质量、多品种、产品供应结构合理化的方向发展。由于原煤煤质千差万别，煤炭用户对煤质的要求多种多样，要做到产销对路，同时获得较大的效益，在确定分选工艺流程和选择设计指标时必须考虑周全。我国焦煤资源较少，多属于难选煤、极难选煤。为最大限度回收资源，炼焦用的焦煤、肥煤、瘦煤的精煤产品灰分往往高于其他煤类，且分选下限接近于0mm。此外，气煤、1/3焦煤如果用于炼焦配焦煤，它的精煤灰分应当尽量降低。为了获得较好的经济效益，在生产高质量精煤的同时，可以考虑生产中等质量的产品，如洗混煤、洗末煤、洗粉煤等。因此，在工艺设计之前，应当对产品结构进行多方案比较、论证，找到分选加工可能达到的最佳结果，预先锁定选后产品结构，同时还要考虑工艺流程的灵活性，以便随时改变产品结构，以适应市场及用户的要求。

对于动力煤，由于其用途不同或用户炉型等技术条件上的差异，往往对其灰分或发热量的要求变化幅度较大。如出口动力煤、高炉喷吹用煤、水煤浆原料煤、国内优质动力煤和普通动力发电用煤等，其灰分要求的差别为 10%~20%，这就要求所设计的工艺系统具有足够的灵活性，以保证产品灰分能在大范围内实现随意调控（称为"无级调灰"），生产不同质量要求的动力煤。

工艺流程不能考虑得过于复杂，也不能要求实现过多的"可能性"，否则可能造成部分设备长期闲置，会降低投资效益。在设计中留有一定的余地，考虑改变工艺流程的可能性，预留改扩建的余地，即可认为已达到工艺流程灵活性的初步要求。

3.3 选煤工艺方案的技术经济比较

3.3.1 技术经济比较方法概述

技术经济比较是选择合理选煤方法、分选作业原则流程以及化工和动力煤入选下限的必要环节。

在具体选择选煤方法、原则流程或化工和动力煤入选下限时，必须估算各种不同选煤方法和原则流程方案或不同入选下限的技术指标，并进行技术经济比较，然后选定流程方案。在满足用户要求的质量指标下，分别计算不同工艺流程的产品产率、产值和年利润，同时用统计资料计算基建投资、加工费用等综合指标，进行测算和分析比较，然后选择最大产率和最高经济效益的最佳方案。

技术经济比较一般分为技术比较和经济比较两部分。

3.3.1.1 技术比较

技术比较是根据原煤性质、产品要求和分选效率等，在不同选煤方法、原则流程、化工和动力煤入选下限情况下，将可能达到的技术指标进行比较，选出可行选煤方法。步骤如下：

（1）列出可能选用的选煤方法和可能的入选下限。画出分选作业原则流程。

（2）选择合理的分选密度和 I（或 E）值，对可能的方法和分选作业原则流程进行产品预测。重力分选产品预测时，在有条件的情况下可采用实际分配率计算，不具备条件时采用正态分布近似公式计算。浮选精煤产品指标按实验室单元浮选试验，或实验室分步释放试验或实际生产浮选资料选取。

（3）根据预测结果，计算数量效率，分析产品质量、结构和达到产品质量要求时所用分选指标的合理性。

（4）选择技术上合理的方案。

技术比较指标如表 3-30 所示。

表 3-30 技术比较指标

选煤方法	精煤要求灰分	分选指标	精煤产率	精煤灰分	副产品产率	副产品灰分	数量效率
方案一	灰分 1						
	灰分 2						

选煤方法	精煤要求灰分	分选指标	精煤产率	精煤灰分	副产品产率	副产品灰分	数量效率
方案二	灰分1						
	灰分2						
⋮							

3.3.1.2 经济比较

主要是对技术上合理的方案从综合经济效益上进行比较，需要考虑的因素有销售收入、生产成本、基建投资等相关因素。经济比较指标如表 3-31 所示。

表 3-31 经济比较指标

方案	精煤数、质量	精煤售价	副产品数、质量	副产品售价	总销售收入	加工费	基建投资	利润
方案1	灰分1							
	灰分2							
方案2	灰分1							
	灰分2							
⋮								

3.3.2 技术经济方案比较实例

例 3-3：跳汰粗选–重介质旋流器精选改造方案比较

跳汰机粗选，粗精煤入重介质旋流器再选流程，兼具跳汰和重介两种选煤方法的优点，其工艺效果显著，数量效率、精煤产率均与全重介流程相近，最早在山东兴隆庄矿选煤厂中采用。但是该流程的一个主要问题是原煤全部通过跳汰机粗选，粗精煤又进入重介质旋流器精选，致使原煤中的大部分物料重复分选。已有的计算数据表明，其重复加工量在 52% 以上。此外，由于重复加工分选，次生煤泥量也将增加 50%，入浮煤泥量显著增加。针对跳汰粗选–重介质旋流器精选工艺流程的缺点和不足之处，国内提出了其改进流程：原煤破碎至小于 30mm，入选前采用湿法分级脱泥，将大于 3mm 级的末煤单独入跳汰机粗选。3~0.5mm 级末原煤与跳汰粗精煤一起入重介质旋流器精选。小于 0.5mm 原生煤泥直接浮选。将流程中的辅助作业删减合并成一种简化的原则流程，改进前、后的简化原则流程分别如图 3-6 和图 3-7 所示。

下面以古交矿区某年产 4.0Mt 选煤厂的入选原煤资料为依据，采用统一的工艺指标，分别计算出改进前、后流程的数量、质量，流程改进前、后的技术经济指标列于表 3-32，两种流程中有差别的工艺设备购置明细表列于表 3-33。

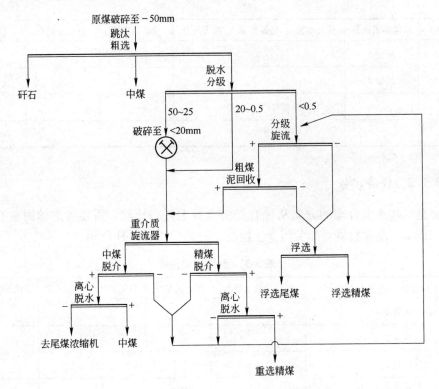

图 3-6 "原则流程" 的简化工艺流程图

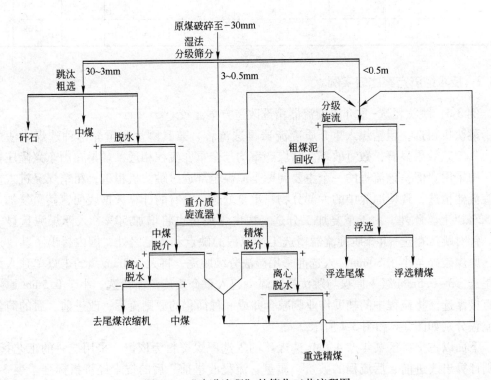

图 3-7 "改进流程" 的简化工艺流程图

表 3-32 改进前、后工艺流程的技术经济指标

项 目		工艺流程方案	
		原则流程	改进流程
产率/%	重选精煤	44.42	46.2
	浮选精煤	19.84	19.07
	精煤合计	64.26	65.27
	中煤	26.68	26.91
	入浮煤泥	26.45	25.43
产量/万吨·年$^{-1}$	重选精煤	177.68	184.80
	浮选精煤	79.36	76.28
	精煤合计	257.04	261.08
	中煤	106.72	107.64
	入浮煤泥	105.80	101.72
产值/万元	精煤	110527.2	112264.4
	中煤	17075.2	17222.4
	总计	127602.4	129486.8
生产费用（浮选）/万元	浮选药剂	846.40	813.76
	电耗	132.25	127.15
	合 计	978.65	940.91
节约设备投入/万元	总价	837.00	737.00
年利润/万元		126623.8	128545.89
（比值）		1.000	1.015

注：浮选药剂耗量为 2kg/t，药剂价格为 0.4 万元/t；浮选电耗为 2.5kW·h/t，电价为 0.5 元/(kW·h)；精煤价格为 430 元/t，中煤价格为 160 元/t。

表 3-33 两种流程中有差别的工艺设备购置明细表

设备名称	规 格	原则流程		改进流程	
		台数	总价/万元	台数	总价/万元
鲍姆跳汰机	面积 $F=27m^2$	3	256.200	2	170.80
脱水斗式提升机	宽度 $B=100mm$，长度 $L=25m$	6	44.844		
脱水斗式提升机	宽度 $B=100mm$，长度 $L=13m$			4	20.00
给煤机	链条式	3	24.00	2	16.00
鼓风机	D60×63-160/0.35 型	4	5.600	3	4.20
直线振动筛	面积 $F=27m^2$	10	200.000	12	240.00
直线振动筛	面积 $F=14m^2$	5	36.230	7	50.72
离心脱水机	VC-56 型	6	86.976	5	72.48
浮选机	XJX-T12 型	9	166.500	8	148.00
矿浆预处理器	XY-3.0 型	9	16.6500	8	14.80
合 计			837.00		737.00

根据表 3-32 和表 3-33 的计算数据，将两流程对比如下：

（1）由表 3-32 可知，"改进流程"每年进入浮选的煤泥量少 105.80−101.72 = 4.08（万吨），由此节省药剂费用 $4.08×10^4×2×10^{-3}×0.4 = 32.64$（万元），节省电费 $4.08×2.5×0.5 = 5.1$（万元）。"改进流程"的浮选生产费用比"原则流程"少支付 $32.64+5.1 = 37.74$（万元）。

（2）"改进流程"的精煤总产率为 65.27%，"原则流程"的精煤产率（64.26%）高 1.01%，每年多产精煤 4.04 万吨，每年多产中煤 0.92 万吨，按精煤价格 430 元/t、中煤价格 160 元/t 计算，"改进流程"比"原则流程"每年销售产品将多收 $4.04×430+0.92×160 = 1884.4$（万元）。

（3）由于两种流程工艺环节上的差异，主要工艺设备的数量略有差别，见表 3-33，"改进流程"的设备购置费比"原则流程"少 100 万元。

（4）"改进流程"相对于"原则流程"每年提高经济效益 $1884.4+37.74 = 1922.14$（万元），无论是在技术上还是经济上都显示出更多的优越性。

例 3-4： 浮选精煤降灰流程方案比较

淮南矿业集团望峰岗选煤厂生产炼焦煤，采用重介质、浮选联合工艺流程。采用入料预先不脱泥大直径三产品重介质旋流器分选，三产品重介质旋流器精煤脱介筛的稀介质磁选后的磁选尾矿进入浮选系统，采用直接浮选工艺。主要产品为精煤、洗混煤和煤泥，最终精煤灰分为 9.75%。由于煤泥可选性的问题及所用浮选设备等因素，采用通常的浮选工艺流程难以降低浮选精煤灰分，浮选精煤灰分通常只能维持在 12% 左右，高于最终要求的精煤灰分 2~3 个百分点，为了保证最终精煤的质量，实际生产中只有降低重介质选的精煤灰分，以牺牲重介质选精煤产率来保证最终精煤产品的质量，导致总精煤产率降低。效益也相应受到损失。为了改变上述状况，探讨降低浮选精煤灰分、提高总精煤产率和效益的途径，望峰岗选煤厂进行了"充气式浮选机"流程和"二次浮选"流程的工业性试验，并将试验结果与原流程加以比较，相应各流程见图 3-8。

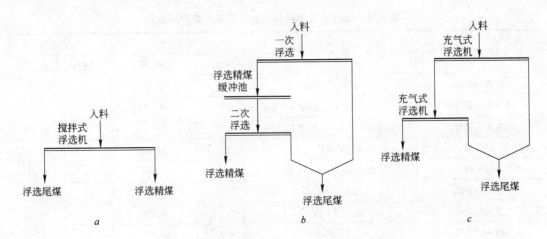

图 3-8 望峰岗选煤厂浮选工艺流程改造方案

a—原则流程；*b*—二次浮选流程；*c*—充气式浮选机流程

根据流程方案和工业试验结果，分别计算其产品产率、产值和年利润及年生产电费，

表 3-34 中所列为三种流程的技术经济指标比较。

表 3-34 浮选工艺流程技术经济指标比较

项 目		原流程	充气式浮选机	二次浮选
产率/%	重介精煤	41	45.25	43.9
	浮选精煤	10	8	9
	精煤合计	51	53.25	52.9
	洗混煤	30.7	26.45	27.8
	煤泥	5.1	7.1	6.1
产量/万吨·年$^{-1}$	重介精煤	59.45	65.6125	63.655
	浮选精煤	14.5	11.6	13.05
	精煤合计	73.95	77.2125	76.705
	洗混煤	44.515	38.3525	40.31
	煤泥	7.395	10.295	8.845
产值/万元·年$^{-1}$	精煤	24403.5	25480.125	25312.65
	洗混煤	7567.55	6519.925	6852.7
	煤泥	887.4	1235.4	1061.4
	合计	32858.45	33235.45	33226.75
（比值）		0.9886	1	0.9997
电费/万元·年$^{-1}$		118.32	92.8	182.84
（比值）		1.275	1	1.8625
利润/万元·年$^{-1}$		32740.13	33142.65	33053.91
（比值）		0.988	1	0.997

其中：

最终精煤灰分 $A=9.75\%$；

原流程：重介质精煤灰分 $A=9.20\%$，浮选精煤灰分 $A=12.0\%$；

充气式浮选机流程：重介质精煤灰分 $A=9.62\%$，浮选精煤灰分 $A=10.5\%$；

二次浮选流程：重介质精煤灰分 $A=9.49\%$，浮选精煤灰分 $A=11.0\%$；

原煤处理：$Q=145$ 万吨/年；

小时处理量：$W=250t/h$；

电价：0.5 元/kW·h；

煤炭产品价格按集团内部结算价：精煤 330 元/t，洗混煤 170 元/t，煤泥 120 元/t。

不同工艺流程生产电耗比较见表 3-35。

根据表 3-35 及以上数据可以计算得到各流程电费：

原流程：408/250×145×0.5＝118.32 万元/年；

充气式浮选机流程：320/250×145×0.5＝92.8 万元/年；

二次浮选流程：596/250×145×0.5＝172.84 万元/t。

显然，充气式浮选机生产电费最低，而二次浮选流程由于较原流程增加了分选设备，生产电费最高。

表 3-35 不同工艺流程生产电耗比较

设备名称	规格	原流程		充气式浮选机		二次浮选	
		台数	功率/kW	台数	功率/kW	台数	功率/kW·h^{-1}
浮选机	XJX-T12	2	296			2	296
	XJM-4					2	132
充气式浮选机	$\phi 4m$	1	90	2	320		
入料泵		2	22			1	90
预处理器						2	22
精矿泵						1	45
搅拌器						1	11
合　计			408		320		596

根据表 3-34 和表 3-35,充气式浮选机流程的总产值最高,电耗最低,具有最佳的技术经济指标,全年可增加效益:33142.45-32740.13＝402.32 万元/年。

3.4　选煤工艺流程结构设计

选煤工艺流程结构设计是指作业环节的设置及煤、煤泥水、介质、水等料、液流向的确定。

选煤厂的工艺流程可以归纳为由图 3-9 所示的几个大作业,各大作业中又可以分为若干个分作业,这些分作业有两种单元作业形式:一种是分选或分级的作业,见图 3-10a,如跳汰选、重介选、浮选、分级和脱水作业均属于此类型;另一种是物料经该作业后不发生分离(分选或分级),见图 3-10b,如破碎、矿浆准备等作业。这些单元作业以不同的组合构成了选煤工艺流程。根据各大作业的工艺性质,可以分为以下几大作业:选前准备作业;分选作业;选后产品脱水作业;煤泥水处理作业;悬浮液循环、净化、回收作业。

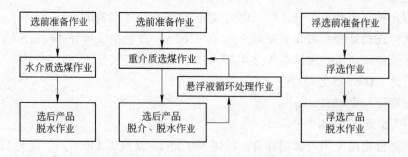

图 3-9　选煤厂作业示意图

3.4.1　选前准备作业流程结构

选前准备作业的主要任务是确保入选粒度的上、下限,含泥量能满足分选作业的要求,并去除原煤中的杂物。筛分、手选、破碎是常见的准备作业流程结构。

检查性手选流程如图 3-11a 所示，是常见的准备作业流程，适用于不分级混合入选，由筛分、手选和破碎三个作业构成。筛分作业的目的是预先筛除符合入选粒度上限要求的部分产品，既减小了破碎机的负荷，也减少了物料的过粉碎和提高了手选作业的效率。这种筛分作业常称为预先筛分。预先筛分筛孔尺寸视选煤作业入选上限要求而定。手

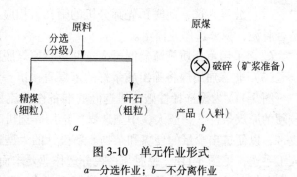

图 3-10 单元作业形式

a—分选作业；b—不分离作业

选作业可分为常规性手选（拣出矸石和硫铁矿物等）和检查性手选（拣出铁器、木块等杂物）两种，现代新设计的大型选煤厂不再设常规手选，一般采用机械选矸或检查性手选。破碎作业对跳汰选采用开路破碎流程，破碎后产物和预先筛分的筛下物合并进入分选作业。该流程厂房布置简单，但粒度上限控制不严。对于重介质旋流器混合选，如果旋流器对入料粒度上限的控制要求严格，应当采用闭路破碎流程，破碎后的产物再返回预先筛分机进行检查性筛分。也可单设检查筛分。这种流程的厂房布置较为复杂。检查性手选流程图中虚线表示的部分可以适用于以下三种情况：

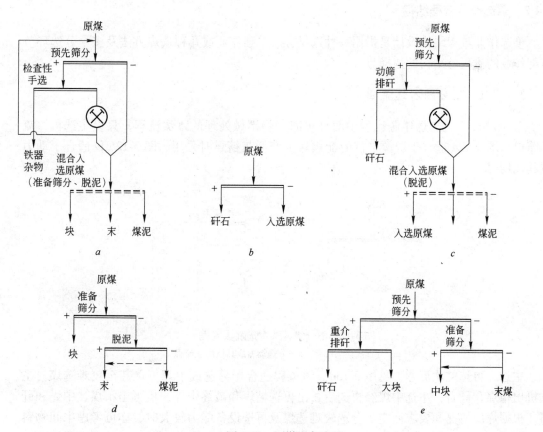

图 3-11 原煤准备流程

a—检查性手选流程；b—选择性破碎流程；c—动筛跳汰流程；d—准备、筛分流程；e—露天矿选煤厂准备流程

（1）分级入选，此时预先筛分机的筛孔可相应加大，视块煤入选下限要求而定，末煤是否脱泥，视分选作业而定。

（2）采用重介质旋流器混合入选并进行原煤脱泥，此时也可考虑采用单层筛。

（3）非炼焦用煤将筛出质量好的末煤直接出售。

图 3-11b 为设选择性破碎机选矸的准备作业流程，适用于含矸量大、煤质较脆、矸石较硬的原煤条件。一般大、中型选煤厂选用碎选机时应设预先筛分，碎选后还设置反手选皮带，以便拣出少量的硬煤和杂物。新设计的大型选煤厂多采用动筛或块煤重介排矸替代人工手选，见图 3-11c，脱泥与否视分选作业要求而定。

分级入选准备作业的典型流程见图 3-11d，筛出的块煤可作为块煤重介、重介选矸或动筛排矸的入料，末煤脱泥与否视分选作业要求而定，非炼焦用煤可将筛出质量好的末煤直接出售。

露天矿一般为动力煤，其中大于 50mm 的煤量大，且矸石多，传统上多采用重介质分选机选矸，见图 3-11e。根据煤质情况，可以筛出筛余煤，也可和中块一起进行跳汰选。对于矿井动力煤选煤厂，在块煤量较大的条件下，单独采用重介质分选机选矸的准备作业流程基本上与图 3-11c 流程相同，近年来，采用动筛跳汰机选矸也是常见的设计。

浮选前的准备流程，将在煤泥水处理流程中介绍。

3.4.2　重选作业流程结构

重选作业流程结构设计是指用一种选煤方法单独作业或几种选煤方法及多个分选环节搭配作业的流程的结构的选择。

3.4.2.1　不分级入选流程

图 3-12a、b 是选煤作业流程中两种中间产物不做处理的跳汰流程，只设主选机，流程简单。图 3-12a 适合于资源丰富的配焦煤生产低灰精煤时采用，图 3-12b 仅适合于动力或其他用煤。

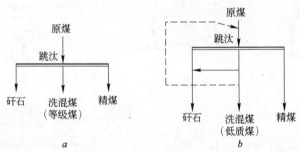

图 3-12　不分级入选主选跳汰流程

a—分选配焦煤流程；b—分选动力或其他用煤流程

主选、再选跳汰流程，见图 3-13a。该流程适合于易选或中等可选甚至较难选煤。主选机出精煤和矸石，主选中煤经再选后，出再选精煤和最终中煤，也可出精煤、中煤和矸石，根据煤质情况和要求而定。分选较难选煤及再选设备能力较大时，亦可考虑中间物料循环回选。再选精煤与主选精煤最后混合作为最终精煤。我国许多炼焦煤选煤厂采用此种流程。

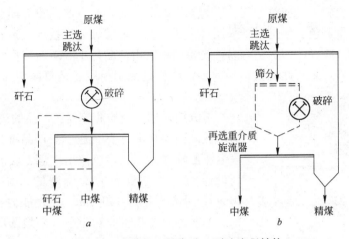

图 3-13　不分级入选主选、再选流程结构

a—主选、再选跳汰流程；*b*—主选跳汰、再选重介质旋流器流程

主选跳汰、再选重介质旋流器流程，如图 3-13*b* 所示。如果分选较难选煤，中间密度物含量很多，主选机中煤变得更为难选，可以考虑采用该流程。主选、再选流程中，主选中煤是否需要破碎（或筛分、破碎），需要考虑中煤中的夹矸煤数量及重介质旋流器的入选上限。对于矸石极易产生泥化的物料，应当尽量避免对中间物进行破碎处理。根据煤质情况，上述两种主选、再选流程都可以考虑主选、再选机并行生产不同质量的产品，即主选机出低灰精煤，再选机出高灰精煤。该流程的优点是结构简单（后者相对于全重介），适应性大，调节灵活。其缺点是对中等可选性煤和较难选煤的总效率不算最高。

跳汰粗选-重介质旋流器精选流程，见图 3-14。该流程适用于难选、极难选煤和要求低灰精煤的低密度分选。原料煤先经过一次跳汰粗选，获得矸石、中煤和粗精煤，然后将粗精煤分级脱泥，分级后的末粗选精煤再进入一个低密度悬浮液的重介质旋流器进行精选，旋流器溢流出低灰精煤，底流为洗末煤或中煤，块粗精煤作为高灰精煤。块粗精煤也可以经破碎和末粗选精煤混合进入重介质旋流器精选。该流程发挥了跳汰和重介质旋流器两种选煤方法的优势。试验资料表明，随着分选密度的降低，重介质旋流器的分选精度反而略有提高。把重介质旋流器用在低密度段的精选较为合理，而原煤在高密

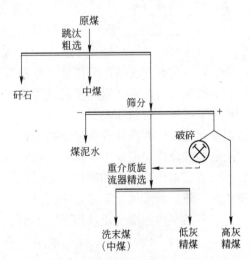

图 3-14　跳汰粗选-重介旋流器精选流程

度段通常呈现出较好的可选性，以加工费用低的跳汰作粗选。该流程实现了跳汰高密度分选（1.5~1.6g/cm³），重介质旋流器低密度分选（1.35~1.38g/cm³），从而能够获得较高的数量效率。一方面当原煤质量波动较大时，能保证生产出高灰的废弃矸石和低灰的优质精煤，生产上易于控制；另一方面本流程对多品种生产的灵活性极为有利，例如，块粗精煤可作为动力用煤。本流程的系统配置较为复杂，原煤中大部分物料受到重复分选，产生

次生煤泥的机会也较大。相对于现在广为采用的不分级入选三产品重介质旋流器流程，其技术经济效果有所逊色。但是对于采用跳汰法分选的炼焦煤老厂技术改造，只需增设精选用重介质旋流器系统，改、扩建容易，设备简单，占地面积小。对新建厂应作全面技术经济方案比较。在确定采用此流程结构时，跳汰机是采用单段还是双段，要根据具体情况，全面进行考虑。

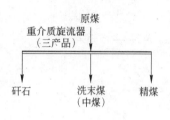

图 3-15　不分级入选
重介质旋流器三产品流程

不分级入选重介质旋流器三产品的流程，见图3-15，适用性同图 3-14 所示的流程。三产品重介质旋流器第一段溢流出精煤，第二段溢流出中煤，底流出矸石。现在新设计的三产品重介质旋流器的入料粒度上限已达80mm，最大直径达 1400mm，处理能力为 500～550t/h，采用不脱泥分选技术。对于中、小型选煤厂，一台三产品重介质旋流器就可以满足生产需要。

相对分级全重介流程，由于只设一个低密度悬浮液系统，工艺流程简单，设备布置方便，基建和生产费用较低，管理简便，分选精度高，效率高，具有较低的分选粒度下限。该流程的主要缺点：一是难以实现第二段旋流器介质密度的自动控制（但是在煤质比较稳定的情况下，在调好第二段旋流器有关参数以后，分选密度一般不会有大的变动，可以满足对中煤和矸石的分选要求）；二是由于结构方面的原因，三产品重介质旋流器对第一段圆筒旋流器底流产物（中煤+矸石）的最大排出量有限制，在某种情况下可能会影响到旋流器的处理能力，在轻产物较少（小于1/3）的情况下对旋流器的设计选型要慎重选择；三是介耗较大（特别是煤泥量较大的情况下），多品种生产的灵活性较差。

重介质旋流器粗选-重介质旋流器精选流程，见图3-16。该流程特点是：第一段重介质旋流器先在高密度条件下排矸（粗选），粗精煤溢流脱介后再进入重介质旋流器在低密度条件下进一步分选出精煤、中煤，适合密度组成存在轻、重产物严重倒置的原煤分选。一般的重介质旋流器由于本身结构的原因，不能适应重产物过多的原煤，其处理能力将大幅下降。如选用处理能力更大（直径更大）或台数更多的重介质旋流器，必然出现"大马拉小车"的现象，技术经济上不合理。

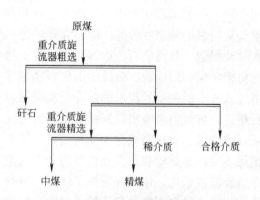

图 3-16　重介质旋流器粗选-
重介质旋流器精选流程

3.4.2.2　分级入选流程

块煤、末煤分级入选跳汰流程见图 3-17a。主选出两种合格产品，块煤、末煤主选机的中煤可以分别进入块煤、末煤再选跳汰机，也可以合并进入再选跳汰机。块中煤是否破碎，视煤质情况和上述原则而定。

块煤重介-末煤跳汰流程结构见图 3-17b，适用于块煤量大、含矸量多、块煤偏难选、末煤中等可选的煤。分级粒度可为 25mm、13mm、8mm 或 6mm，视煤质和块煤量等情况而定。跳汰选的中煤可考虑采用重介质旋流器再选。本流程采用重介分选块煤，当块煤重介上限为 300mm 或以上时，可以代替大块煤手选作业，其优点是分选效率高，便于管理。末煤采用跳汰选，重介质旋流器分选跳汰末中煤，能够提高末精煤的回收率。该流程适应原煤中块煤、末煤各自有不同的可选性的条件，产品质量稳定，效率较高。其缺点是分级入选带来系统复杂、生产环节多、管理困难等问题。对于这种分级入选流程的选用，应当作多方面的技术经济比较。

块煤重介-末煤重介质旋流器选煤工艺流程结构见图 3-17c，适用于难选煤和极难选煤。分级粒度与块煤重介-末煤跳汰流程做同样考虑，块煤用斜轮或立轮重介质分选机，末煤用重介质旋流器分选。该流程的优点是分选精度高，效率高。其缺点是重介系统采用四种密度，介质系统复杂，设备维修量大，基建投资、生产费用高，管理困难。

块煤跳汰-末煤重介质旋流器流程结构见图 3-17d。在某些矿区，块煤中低密度物含量较少，灰分高，但较容易分选，可以采用跳汰生产动力煤。而末煤的性质与块煤性质有较大差异，末煤较为难选，可以考虑采用三产品重介质旋流器。这样，在合适的煤质条件下，采用该流程可以相对节省投资和生产费用。在块煤较为容易分选、产品质量要求不高的情况下，也可以考虑用动筛取代跳汰机分选块煤，块精煤灰分满足产品要求时，可以单

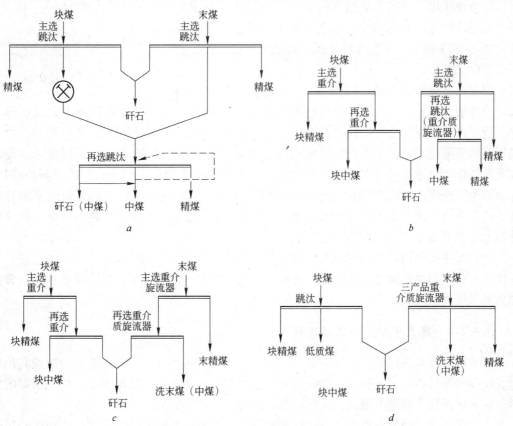

图 3-17　分级入选流程

a—分级跳汰流程；b—块煤重介-末煤跳汰流程；
c—块煤重介-末煤重介质旋流器流程；d—块煤跳汰-末煤重介质旋流器流程

独出售，当不出块煤产品时可破碎至−50mm 掺入末精煤产品中。该流程具有工艺简单、生产成本低、生产效率高的特点。末煤采用重介质旋流器分选，在矸石容易泥化的条件下，为避免产生严重的泥化现象，可以考虑采用无压入料重介质旋流器分选。

对于分级入选，块煤和末煤流程都可以有不同的选择和组合，需要结合煤质特点和产品质量要求，本着投资省、工艺简单、生产效率高、生产成本低和管理简便的原则进行优化。在进行主选、再选配置上，也需要根据原煤性质加以选择。例如，对于重介选，通常流程多是采用先在低密度悬浮液中选出精煤，然后在高密度重悬浮液中将中煤和矸石分开。按这种顺序分选可以减少高密度重悬浮液的用量，不仅可以降低成本，而且便于生产管理。但是当矸石含量大或矸石在重悬浮液中产生泥化时，应先选出矸石。现在不分级入选的三产品重介质旋流器的入料粒度上限可达 80mm，如果上述流程的粒度上限在 80mm 之内，则完全可以被不分级入选三产品重介质旋流器流程所取代。

3.4.2.3 块煤入选流程

无烟煤块煤筛分成不同粒级，可供各种炭素材料及合成氨、发生炉煤气等使用。无烟煤末煤除一般用途外，优质的可作为高炉喷吹用煤，以煤代焦。当粉煤质量较好时，可以仅分选块煤，将筛出质量好的末煤作为筛余煤直接出售。根据块煤量、矸石量及产品质量要求选择块煤分选方法，如图 3-18 所示。当粉煤灰分高，超过用户要求时，应当进行分选加工。

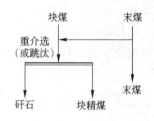

图 3-18　块煤入选流程

褐煤具有煤化程度低，发热量低、水分高、在空气中易风化碎裂、堆放时易自燃、矸石在水中易泥化碎散的特点，主要用作发电和民用燃料等。近年来，褐煤综合利用日益发展，如用于气化、液化、炼焦和提取化工产品等。由于褐煤的矸石泥化严重，通常末煤筛出直接出售，块煤采用图 3-18 所示的流程分选。复合式干法选煤机分选技术及空气重介质流化床干法分选技术为褐煤的分选开辟了新的途径。复合式干法选煤机对入选原煤的煤质条件较为宽松，具有较好的适应性，但效率相对较低。空气重介质流化床干法分选效率较高，但对入选原煤的水分要求严格，通常入料原煤外在水分需要低于 2%，管理难度较大。

动力煤或其他用的选煤流程，粉煤质量较好时，可以采用图 3-18 所示的流程，末煤作为筛余煤与块精煤混合后销售。调整块煤入选下限，能够实现精煤产品在一定灰分范围内的无级调灰。

3.4.2.4 露天矿动力煤选煤流程

露天矿煤具有块煤量大、矸石多、末煤质量不稳定的特点，一般作为动力煤或其他用途。块煤是蒸汽机车、船舶和工业锅炉的优良燃料，也是造气、低温干馏、化工用煤的原料。露天矿煤通常粒度上限大，入料粒度范围大，一般需要分级入选。

大块煤通常采用块煤重介质分选机或其他入料上限大的块煤分选设备，中块煤采用跳汰选，末煤质量差时，与中块煤一起进行跳汰选；末煤质量好时，可直接筛出并作为末煤出售，要求流程具有良好的灵活性，见图 3-19。一般入选前要求原煤和杂煤分开贮存，否则原料煤粒度会经常发生变化。重选流程选出的产品，除炼焦精煤外，其他产品可以根据产品质量和用户需要进行筛分加工。实现多品种对路供应，满足用户需要。

3.4.2.5 重介质旋流器分选作业的分选工艺条件选择

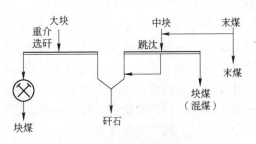

图 3-19 露天矿动力煤入选流程

设置重介质旋流器分选作业流程结构时，必须首先确定分选工艺条件。即：有压入料与无压入料方式的选择；两产品重介质旋流器与三产品重介质旋流器的选择；大直径重介质旋流器与小直径旋流器组的选择；选前脱泥与不脱泥的选择。

A 有压入料与无压入料方式的选择

有压入料方式：被选物料与重介质悬浮液混合后，用泵有压切向给入旋流器。

无压入料方式：被选物料从旋流器顶部中心口靠自重落入（高差约为 2.5m），悬浮液 80%~90% 从旋流器底部有压切向给入，其余 10%~20% 从顶部中心随物料一起进入旋流器中。

有压入料条件下，矿料与悬浮液一同进入旋流器，同时具有很高的相同切向速度，最大限度地利用物料在旋流器内的分选时间和分选空间。无压入料圆筒形重介质旋流器在入料初始阶段（也就是在筒体上部节段），因物料颗粒与悬浮液之间存在切向速度差，导致出现实际分选密度升高和重产物错配的问题。只有适当增加旋流器筒体长度（相当于增加分选时间和分选空间），才能纠正初始阶段分选物料的错配问题。所以无压入料圆筒形重介质旋流器筒体都比较长。

无压入料圆筒形重介质旋流器比有压入料圆锥形旋流器内形成的密度场的介质密度分布要均匀得多，密度变化梯度要小得多，对物料按密度精确分选是很有利的。

无压入料条件下，只存在重矿粒穿越"分离界面"，奔向外螺旋流的单向运动，避免了有压入料重介质旋流器内轻、重矿粒交错穿越"分离界面"，相互干扰的弊端，提高了分选效率和分选精度。

当有压入料方式、产生次生煤泥量大，特别是原煤中含有大量泥岩矸石时，将导致旋流器内工作介质的高灰非磁性物含量大大增加，引起重介质悬浮液密度、黏度等特性参数的改变，对分选效果产生不利影响。无压入料重介质旋流器是泥化程度最轻，产生次生煤泥量约为 3%。

泵送物料有压入料方式使煤粒在入料泵高速旋转叶轮的撞击下易产生过粉碎，不适合需生产块煤产品的动力煤分选。无压入料重介质旋流器不存在这一弊端。

B 两产品重介质旋流器与三产品重介质旋流器的选择

a 用两产品重介质旋流器排矸

两产品重介质旋流器比较适合只需将矸石排掉便能满足市场对产品煤的质量要求的排矸分选。但是，如果排矸所需的在分选密度较高（如大于 $1.9g/cm^3$）时，存在以下弊端：

（1）分选密度越高，旋流器分选的可能偏差值越大。两产品旋流器分选的可能偏差与分选密度的经验公式为 $E = 0.03\delta_P - 0.015$。

（2）密度大于 1.8g/cm^3 的悬浮液制备较难，而且为保证高密度悬浮液中非磁性物含量不超限，一般选前必须脱泥，否则分流量太大，介质消耗将成倍增加。

（3）循环介质密度过大，对设备、管道磨损大。而且在同样布置高差和同样入料压头要求下，介质泵的电耗也相应增加。

实践表明，两产品重介质旋流器的锥比一旦被固定，旋流器底、溢流量的含量比例关系也就确定了。简单地改变有压入料两产品重介质旋流器分选密度的办法来实现对产品灰分的大幅度调节，在技术上是不可取的。

b　用三产品重介质旋流器来代替两产品重介质旋流器排矸

在分选密度很高的情况下，如果用三产品重介质旋流器来代替两产品重介质旋流器排矸，是一种可考虑的替代办法。

（1）可以实现用低密度循环介质完成高密度排矸的任务，避免高密度循环介质的上述种种弊端。

（2）出不出中煤可灵活掌握，通过对两段旋流器分选密度的搭配调节，可大大增加灰分的调节幅度，提高对市场多元化需求的适应能力。

（3）采用三产品重介质旋流器代替两产品重介质旋流器排矸，循环悬浮液可降至 1.5g/cm^3 以下，所允许煤泥含量可高达 50% 以上，一般不必设选前脱泥环节，可简化介质流程。

（4）三产品重介质旋流器比同直径两产品重介质旋流器处理能力低，介质循环量大得多（增加近 1 倍），泵的能耗也相应有所增大。

如果用三产品重介质旋流器来代替两产品重介质旋流器排矸，应作综合技术经济比较后决定取舍。

c　两产品或三产品重介质旋流器分选炼焦煤

分选炼焦煤时，精煤灰分一般要求较低，多数情况下必须出精煤、中煤、矸石三种产品，才能保证精煤和矸石的灰分同时满足要求。可选择以下两个方案：

（1）采用两段两产品重介质旋流器来生产三种产品。其优点是两段介质密度可以分别测控，控制精度高。其缺点是高、低两种密度的介质系统并存，工艺流程和工艺布置复杂，第二段重介质旋流器系统设备管道磨损大，介质泵电耗大。

（2）采用三产品重介质旋流器一次完成三种产品的分选任务。其优点是用一套低密度介质系统就可以实现必须用高、低两密度介质才能完成的三种产品的任务，可简化介质流程和工艺环节，工艺布置紧凑，也减少对设备管道的磨损。其缺点是三产品重介质旋流器第二段所需的高密度介质是靠第一段旋流器自然浓缩形成的，一般可将悬浮液密度提高 $0.3 \sim 0.6\text{g/cm}^3$，但很难实现对第二段介质密度的精确控制。如果对中煤的灰分要求不太严格，则三产品重介质旋流器的优点比较明显。

C　大直径重介质旋流器与小直径重介质旋流器组的选择

旋流器直径的大小除与处理能力有关外，还与入料粒度上限、有效分选下限及分选效果有关。

对于大型选煤厂而言，因小时处理量大，若采用小直径重介质旋流器，台数太多，出于工艺布置上的考虑，设计往往选用大直径重介质旋流器居多。

采用大直径重介质旋流器有很多优点：可减少生产系统数量，或实现单系统生产。加上目前重介质选煤其他配套工艺设备大型化均已过关，这就为实现工艺环节单机化、减少设备台数、便于自动化控制、简化工艺布置、减少厂房体积提供了便利和可能。

对于大型选煤厂而言，如果不用大直径重介质旋流器分选，可用多台直径较小的旋流器组成一组，代替一台大直径重介质旋流器进行分选。可以避免大直径重介质旋流器对细粒物料分选欠佳的弊端。但这种方案存在一个问题：旋流器组存在进料、悬浮液流量、压头等分配不均，影响总体分选效果。

对于一定粒度的矿粒而言，旋流器直径越大，在同样压头条件下，对矿粒产生的离心力越小，所以大直径重介质旋流器的有效分选下限必然变大，可采用以下方法来降低分选下限：

（1）尽量提高入料压头。但是，旋流器的压头受诸多因素影响，不能任意无限制加大。

（2）采用预选脱泥重介质旋流器分选时，可用螺旋分选机、水介质旋流器、干扰床等粗煤泥分选设备。将预先脱除的小于 0.5mm（或小于 1.0mm）煤泥，经旋流器组浓缩后，入粗煤泥分选设备再选，其分选下限均可达 0.15mm。但是，由于螺旋分选机分选密度偏高（一般大于 $1.7g/cm^3$），故只宜用来脱除高灰泥质和细粒高铁矿。

（3）采用不脱泥重介质旋流器分选时，可用煤泥重介质旋流器进一步分选存在于合格介质中的小于 0.5mm 煤泥，其有效分选下限可达 0.045mm。

3.4.2.6 预先脱泥与不脱泥的选择

A 选前脱泥工艺

它的优点是分选精度高，效率高。由于入料非磁性物（煤泥）含量少，产品脱介效果好，介质消耗也低。而且在介质系统中可以不必专设分流环节，或者只需少量分流，因而悬浮液密度的调节变得十分简捷，无须调节分流量，只需控制补加清水量一个因素，使悬浮液性质相对比较稳定。

它的缺点是工艺环节增多，工艺布置相对复杂。选前将小于 0.5mm（或小于 1.5mm）的煤泥全部脱除，进不了旋流器，没有了粗煤泥作为分选对象，有压入料重介质旋流器的分选下限低的优势就不存在了。

B 选前不脱泥工艺

它的优点是简化工工艺环节，工艺布置紧凑。

它的缺点是对分选精度，尤其是细粒级物料的分选精度产生一定的影响。原生煤泥量大，且易泥化的原煤的影响尤甚。

C 选前是否脱泥的依据

选前是否需要脱泥主要取决于分选悬浮液中非磁性物含量是否超过允许的限度。为了满足悬浮液流变特性和稳定性双重要求，重介质悬浮液的固体体积分数应为 15%~35%。

一般情况下，当煤粒的粒度为加重质粒度的数十倍以上时，悬浮液可以被看成是密度为两相平均密度的均相的液体，煤粒在其中运动的阻力和真溶液一样。当煤粒粒度接近加重质粒度时，应被看作是在干扰沉降条件下的运动。因此，在离心力场中因受干扰沉降等沉比的限制，能被有效分选的粒度下限约为加重质最大粒度的 5 倍以上。经计算不同密度悬浮液中煤泥含量最大允许值见表 3-36。

表 3-36　悬浮液中固相的煤泥含量最大允许值

悬浮液密度/ g·cm⁻³	煤泥含量/ %	悬浮液密度/ g·cm⁻³	煤泥含量/ %
1.4	60	1.8	20
1.5	50	1.9	<10
1.6	40	2.0	<5
1.7	30		

由此可见，在低密度条件下分选，悬浮液中允许的煤泥含量比较高，一般可不必进行选前脱泥。炼焦煤因要求的精煤灰分较低，分选密度一般比较低，使选前不脱泥成为可能。

3.4.3　浮选作业流程结构

煤泥浮选流程通常比较简单，常见的流程如图 3-20 所示。

图 3-20a 所示为最为常见的单段浮选流程，适用于可浮性好、矸石不易泥化的煤泥。该流程简单，操作方便，处理量大，我国大多数选煤厂采用单段浮选流程。

图 3-20b 所示为带有中煤返回的扫选流程，其目的是为了提高精煤产率和尾煤灰分。中煤返回地点主要取决于中煤和返回地点入料的灰分，两者的灰分应当相近。该流程适用于较易于浮选的煤泥，也是一种较为常用的浮选流程。

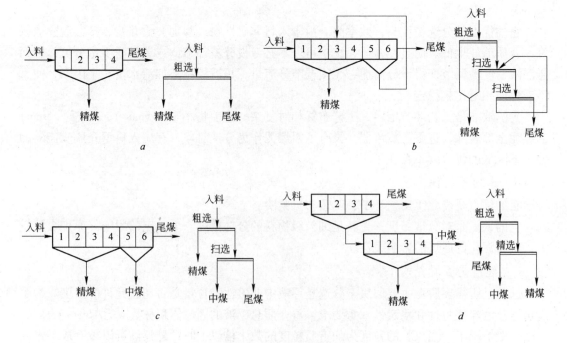

图 3-20　浮选流程结构

a—单段浮选流程；b—带有中煤返回的扫选流程；c—带有扫选作业的三产品浮选流程；d—带有精煤再选的浮选流程

图 3-20*c* 所示为带有扫选作业的三产品的浮选流程。为了得到低灰精煤和高灰尾煤，对于可浮性较差的煤泥可以考虑采用该流程。但是增加了一套中煤过滤脱水设备和运输系统，使得设备布置和管理上都增加许多困难，往往并不能增加效益。实际上浮选尾煤灰分过高，造成产品无法销售和处理，也会给生产管理带来困难。因此常见的煤泥浮选流程还是出两产品，尾煤灰分控制在一定范围，进行厂内回收、利用或外销。

图 3-20*d* 所示为带有浮选精煤二段再选的浮选流程。对于一些炼焦煤选煤厂，分选可浮性较差的煤泥时，单段浮选精煤质量难以达到要求，为了避免重选精煤灰分过低，造成总精煤产率下降，可以考虑设置浮选精煤再选或部分浮选精煤再选，浮选精煤再选的尾煤可作为单独的浮选中煤或与一段浮选尾煤合并为总的浮选尾煤。是否设置浮选精煤再选，应当结合重选进行全面的技术经济比较后决定。

此外，浮选还可以采用分段加药的流程、分级浮选的流程、尾煤分级再浮选的流程。对于一般传统的机械搅拌式浮选机，浓缩浮选通常采用一段六室的浮选机，而直接浮选由于入料的浓度低，一般采用一段四室的浮选机。浮选柱已广泛应用于煤泥浮选，在煤泥粒度较细的条件下采用浮选柱分选具有较大的技术优势。对于粒度较粗的煤泥采用微泡浮选机或喷射吸气式浮选机分选则具有较好的分选效果。应当根据煤泥性质及产品质量要求对浮选工艺流程及浮选设备加以选择。

3.4.4 选后产品脱水作业流程结构

3.4.4.1 重选产品脱水流程结构

重介质分选的产品脱水、悬浮液净化、回收同时完成。将在后续内容中介绍，这里所说的重选产品脱水主要指跳汰选的产品脱水。

A 跳汰选中煤、矸石脱水

跳汰选中煤一般经斗式提升机脱水后，进入仓中进一步脱水，或经脱水筛脱水后再进仓。在北方严寒地区或用户对产品水分有要求时，可以先将末中煤筛出，筛出的末中煤在离心脱水机中脱水，然后与块中煤一起进入仓内。矸石一般经斗式提升机预先脱水，然后进入矸石仓进一步脱水。

B 跳汰选块精煤脱水流程

块精煤脱水较为容易，一般多采用一次脱水，即跳汰溢流产品进入脱水筛之前，先经固定条缝筛泄出大量的煤泥水，然后再进入振动脱水筛，最终在脱水仓中进一步脱水。图 3-21 所示为跳汰块煤分选的块精煤脱水流程。

C 跳汰选末精煤脱水流程

末精煤一般采用二次脱水。一次脱水采用筛子脱水或斗子捞坑脱水，但使用斗子捞坑会造成煤泥对末精煤污染加重，二次脱水前应当进行脱泥处理。二次脱水采用离心脱水机进行脱水。图 3-22*a* 所示为采用筛子进行一次脱水。图 3-22*b* 所示为采用斗子捞坑进行一次脱水。两种流程中经

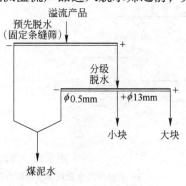

图 3-21 块精煤脱水流程

一次脱水后的末精煤均再进入离心脱水机进行二次脱水，以降低精煤的产品水分。其中图 3-22c 所示流程中的脱泥筛是为防止末精煤受煤泥污染而设，加喷水脱泥可以降低末精煤灰分。当细煤泥灰分较高，细煤泥的污染严重时，采用图 3-22a 所示流程有利于粗煤泥分选和减少细煤泥污染；反之可以采用图 3-22b 所示流程。我国选煤厂采用较多的脱水流程为图 3-22b 所示流程。

在图 3-22b 所示流程中，也可将溢流产品直接送入斗子捞坑，末精煤捞起后再进入双层筛分级脱水。这样的流程有利之处是系统和设备较为简单，可以有效地清除木屑；其不利之处是脱泥效果较差，需要较大的捞坑体积，相应的斗子提升机的规格也要加大。如果煤泥灰分不高或精煤质量要求不是十分严格，可以考虑在图 3-22b 所示流程中取消煤泥筛。

粗煤泥回收与末精煤脱水流程相关，在图 3-22b 所示流程中，只要捞坑体积及斗子提升机规格符合要求，就能保证捞坑溢流粒度，使粗煤泥回收与末精煤采用斗子捞坑脱水一并完成。因此该流程具有运转可靠、管理方便的优点。但其缺点是精煤受煤泥污染较多，厂房布置与土建结构较为复杂，基建投资也较高。在图 3-22a 所示流程中，粗煤泥是单独进行回收的。该流程的优点是有利于改善 0.5mm 的分级效果，减少煤泥对精煤的污染。

旋流器设备体积小，占用厂房空间少，土建费用低，选煤厂多用其作为分级设备。但是因为设备台数较多，必须加强维护和管理，否则也会存在溢流跑粗问题。选煤厂设计时，将脱泥筛的筛下水和离心液单独回收粗煤泥，避免直接进入捞坑形成小循环，同时减少细煤泥的污染（图 3-22c）。

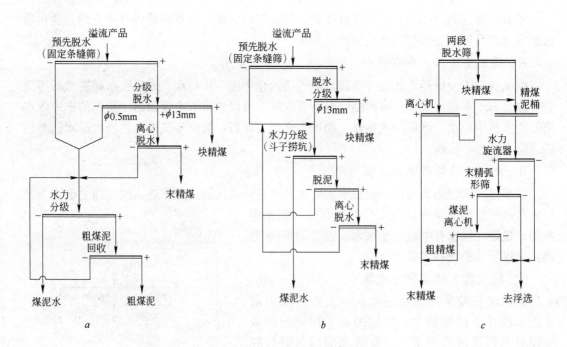

图 3-22 块精煤、末精煤脱水和粗煤泥回收流程

a—末精煤脱水和粗煤泥回收分开进行流程；b—末精煤脱水和粗煤泥回收一并进行流程；
c—旋流器组与弧形筛配套的粗精煤回收流程

3.4.4.2 浮选产品脱水流程结构

A 浮选精煤脱水

过去浮选精煤一般采用真空过滤机脱水，见图 3-23 和图 3-24。现在，加压过滤机、隔膜快开压滤机等高效脱水设备越来越多地用于浮选精煤的脱水。特别是现在炼焦煤选煤厂工艺对煤泥采用分级分选，浮选入料多是小于 0.25mm 的细煤泥，在这种情况下采用隔膜快开压滤机则更为实用。在严寒地区，为了防止精煤在运输中冻结，或是用户对精煤水分有严格要求时，浮选精煤可经过火力干燥。

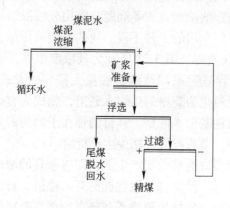

图 3-23 低浓度浓缩浮选流程

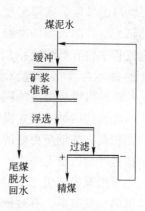

图 3-24 直接浮选流程

B 浮选尾煤脱水

浮选尾煤回收与脱水主要采用压滤机，其脱水流程见图 3-25。浮选尾煤中粒度较粗的部分可用高频振动筛或粗煤泥离心脱水机单独回收，细粒部分采用压滤机回收和脱水，流程见图 3-26。

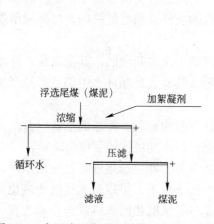

图 3-25 全压滤回收浮选尾煤（煤泥）流程

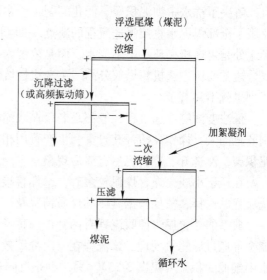

图 3-26 沉降过滤离心脱水机和压滤机
联合回浮选尾煤（煤泥）流程

3.4.5 煤泥水处理作业流程结构

很多动力煤选煤厂不设浮选作业，在没有浮选作业的情况下，煤泥水全部浓缩后经压滤回收，其流程就相当于图 3-25 所示流程。有些工艺对煤泥水进行分级处理，粗煤泥单独回收后掺入洗混煤或洗末煤中以提高经济效益。需要考虑的是有些情况下，脱除粗煤泥后的细煤泥特别难以进行回收处理，如果采用压滤以外的方法往往难以达到预期的效果。

浮选作业既是一种分选作业，也是煤泥水处理的一种手段。煤泥水处理流程中设有浮选作业时，由浮选前准备、浮选、浮选后产品脱水三大部分组成。浮选前的准备，主要解决控制入浮物料的粒度、入浮浓度、入浮量、浮选药剂添加方式等问题。采用分级浓缩旋流器和弧形筛配合控制入浮浓度和入浮粒度是选煤厂常用的工艺手段。我国当前采用最多的煤泥浮选流程主要有低浓度浓缩浮选和直接浮选流程。图 3-23 所示为低浓度浓缩浮选流程。图 3-24 所示为直接浮选流程。低浓度浓缩浮选是采用浓缩机底流大排放的方式，当大排放达到浓缩机没有溢流的程度，浓缩机也就转化为简单的煤泥水通道，就成为直接浮选流程。因此，这两种流程并没有原则性和实质性的根本区别，其目的都在于如何避免循环水中细泥积聚，并创造更好的浮选和过滤条件，节省投资并减少生产费用。

直接浮选是针对历史上一度占主导地位的浓缩浮选的缺点而产生的，即将原有的浓缩机改为浮选尾煤浓缩机，生产中的煤泥水都经过浮选，使浮选与跳汰同时开、停机，再加上尾煤浓缩机内加絮凝剂，有效地降低了循环水浓度，较好地解决了灰分高的细泥对精煤污染的难题。入浮浓度较低是普遍存在于直接浮选流程的主要问题。在许多选煤厂，尽管跳汰严格控制工作用水，入浮浓度也只能提高至 80g/L 左右，结果浮选精煤水分过高，严重时过滤机不能正常作业。此外，采用直接浮选流程会导致选用设备多、设备利用率低，造成投资和生产费用都较高。半直接浮选是解决这种矛盾的一种方法。图 3-27 所示为半直接浮选流程。该流程既保持了全部煤泥水直接浮选流程的主要优点（即取消了煤泥浓缩机，解决了洗水中细泥积聚、泥化问题，洗水质量好（近似清水）等），又在一定程度上克服了全部煤泥水直接浮选流程的缺点（即浮选入料浓度低、浮选机台数多等）。唯一不足之处是再选机循环水不是清水，而是浓度为 80g/L 的主选机捞坑溢流水，但再选机精煤灰分通常要比主选机精煤灰分高，主选机捞坑溢流水的灰分也相对低一些，对高灰精煤的污染也就不显著了。

低浓度浓缩浮选流程一般都是老厂在浓缩浮选基础上改造而成的，其优点是入浮浓度调节范围大，操作灵活，其投资和生产费用相对较低。其缺点是循环水中仍然容易产生细泥积聚，浮选开、停机仍然有滞后现象。

在厂型小或原煤含煤泥较多时，选择直接浮选流程较为有利。浮选前准备以及全部浮选流程的选择，需要根据具体的煤质情况及厂型，经过技术经济比较后作出决定。

典型的浮选尾煤回收流程有两种：一种是全压滤流程，即浮选尾煤经过一次浓缩，底流全部通过压滤机处理，该流程在一次浓缩效果较好的条件下，可以最大程度地避免循环水中细泥的积聚（见图 3-25）。另一种是沉降过滤离心脱水机和压滤机联合作业流程，即浮选尾煤经过浓缩，较粗的底流用沉降过滤离心脱水机回收，溢流与离心脱水机滤液经第二次浓缩，其底流再用压滤机回收（见图 3-26）。该流程的好处在于能够回收尾煤中的粗

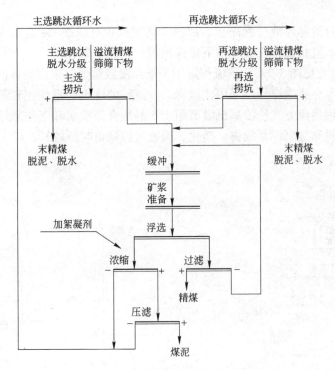

图 3-27　半直接浮选流程示例

颗粒,将其掺入洗混煤或洗末煤。脱除粗粒后的浮选尾煤除压滤作业外,用其他回收手段很难进行有效回收。由于沉降过滤离心脱水机价格高,用于回收尾煤时离心脱水机的筛篮容易磨损,维修的技术水平要求高,因此,第二种方法的投资和生产成本均较高。

高频振动筛可以用于煤泥和浮选尾煤中粗煤泥的回收。该设备结构简单,投资和生产费用均较低,使用及维护也较容易,现在许多选煤厂用它取代上述第二种流程中的沉降过滤离心脱水机。

3.4.6　悬浮液循环、净化、回收作业流程结构

悬浮液循环、净化、回收作业包括:以筛分方式从产品中直接脱除合格悬浮液循环再用,在筛面加喷水脱出产品上黏附的残余悬浮液成为稀悬浮液,稀悬浮液与从合格悬浮液中分流出的部分悬浮液一起经磁选回收、净化、脱除泥质物后成为磁铁矿粉,与新制备的磁铁矿粉共同作为补加的加重质,供调节工作悬浮液密度之用。

图 3-28 所示为重介质选产品脱介的典型流程。第一次脱介也称预先脱介,块煤用固定条缝筛,末煤或混煤用弧形筛。第二次脱介用振动筛,振动筛分为两段:第一段长度占筛长的 1/3,其筛下物作为合格悬浮液;第二段长度为剩余筛长,先经两次循环水喷淋,再经一次清水喷淋,其筛下物为稀悬

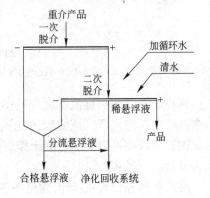

图 3-28　重介质选产品脱介、分流流程

浮液。

稀悬浮液与分流悬浮液一起净化、回收。典型流程有浓缩-磁选流程、两段磁选之间加旋流器的流程、直接磁选流程和筛下磁选流程，见图3-29。

浓缩-磁选流程见图3-29a，该流程适用于悬浮液数量大、浓度较低的稀悬浮液。我国早期建设的许多重介质选煤厂均采用此流程。该流程的优点是系统比较简单、设备少，且在设计上可以利用自流方式使浓缩机溢流用于产品脱介筛喷水和工作悬浮液的调节；其缺点是细粒磁铁矿粉和细煤泥易损失，净化、回收过程滞留时间较长。

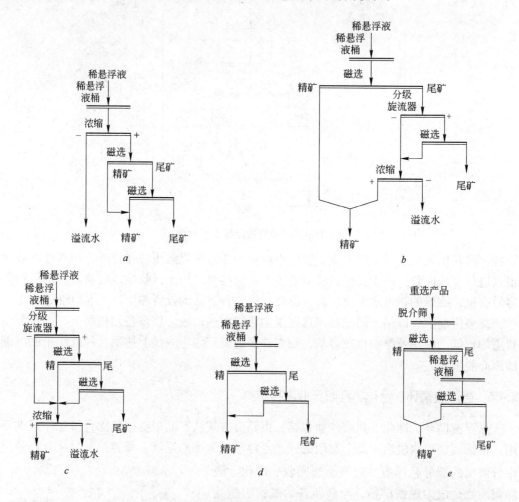

图 3-29　稀悬浮液净化、回收流程

a—浓缩-磁选流程；b—磁选-浓缩-磁选流程；c—旋流器预先分级-磁选流程；d—直接磁选流程；e—筛下磁选流程

两段磁选之间加旋流器流程见图3-29b。该流程常用于重介质旋流器选末煤系统，如山东兴隆庄矿选煤厂。该流程的优点是采用旋流器可以减少细煤泥在磁选机尾矿中的损失，磁选后浓缩可以利用磁凝聚作用使细粒磁铁矿粉和细煤泥留在系统中；其缺点是流程较为复杂，设备多。

旋流器预先分级-磁选流程见图3-29c。该流程与两段磁选之间加旋流器流程类似，同样具有较好的回收细粒磁铁矿和细煤泥的效果，相对来说设备布置较为容易。

直接磁选流程见图 3-29d。该流程的优点是取消了浓缩设备，设备种类少，缩短了循环介质的路程，流程简单、尾矿中磁铁矿损失小，净化、回收过程滞留时间较短。其缺点是磁选环节负荷大，所需磁选机台数多，稀悬浮液泵磨损较大。采用这种流程需要具备两个条件：一是稀悬浮液量少，二是磁选机处理能力大。

筛下磁选流程见图 3-29e，该流程与直接磁选流程基本相同，不同点在于进一步缩短了悬浮液在回收过程中的滞留时间。有利于悬浮液密度的稳定，稀介质桶设在两段磁选之间，有利于减轻介质泵的磨损。

选前不脱泥无压入料三产品重介质旋流器流程是我国目前广泛采用的选煤工艺，轻、重产物系统稀悬浮液分开磁选，并由精煤系统合格介质分流一部分，用小直径煤泥重介质旋流器组进行分选处理。在合格介质泵入料管上加入清水，根据密度计在线检测值自动微调添加水量，密度调整快捷。将合格介质分流与精煤泥回收结合在一起，可以从轻产物磁选尾矿中回收已经有效分选的粗煤泥，减少浮选入料量。同时也不需要增加更多的设备和环节，有利于提高经济效益，其原则流程见图 3-30。

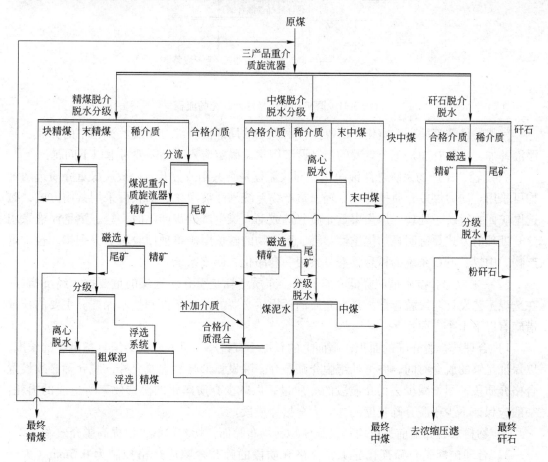

图 3-30　无压三产品重介质旋流器典型原则流程

新制备的磁铁矿粉先制成浓悬浮液，然后和磁选精矿一起供调节工作悬浮液用，见图 3-31。这种流程要求球磨机具有较大的处理能力，否则难以满足生产需要。如果对磁铁矿粉先进行分级，使合格的细矿粉不进入球磨机，这样可以大大减小球磨机的负荷。澳大利亚模块选煤厂将每个生产班所需补加的介质量一次加足，使合格介质桶内的悬浮液密度在整个生产过程中始终保持高于所需密度值，因此不必再设浓介质添加系统，只需通过调节添加水量一个因素就能达到调节介质密度的目的。新制备的磁铁矿粉加入稀介质系统。经磁选机净化处理后，进入合格介质桶，这样能够保证补加介质密度比较稳定。而且还能去除磁铁矿粉中绝大部分高灰岩粉，提高了补加介质的质量。有些选煤厂所用的磁铁矿粉有专门的厂家按所要求的粒度供应，可省去介质制备磨矿系统的设置。

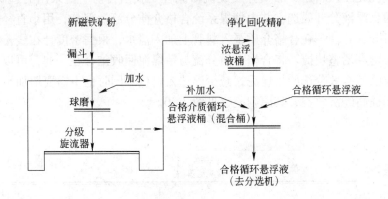

图 3-31　磨矿和循环悬浮液补充的流程

　　完整的悬浮液循环、净化、回收流程由以上的局部流程综合而成。流程中的分流、悬浮液补加、水的补加是三个重要的控制调节因素。确定流程时还需要考虑以下问题：

　　（1）轻、重产物系统悬浮液净化、回收流程是否共用或分开。一般块煤重介质选两种均可采用。动力煤重介质排矸时，轻、重产物系统悬浮液净化、回收可采用共用方式，磁选尾矿回收后统一处理。炼焦煤重介质分选或动力煤生产低灰产品时，轻、重悬浮液采用分开处理的方式具有明显的优越性。轻、重产物的磁选尾矿单独回收后可分别掺入轻、重产物。中煤、矸石系统的稀悬浮液可共用一套净化、回收系统。

　　（2）采取综合技术措施降低介质消耗。介质消耗是重介质选煤的重要技术经济指标，在选煤工艺设计阶段就应该为降低介质消耗提供必要的基础条件和技术保证。主要的技术措施有以下十个方面：

　　1）合理选择脱介筛的面积，筛面上的料层不宜过厚，且脱介筛必须具备足够的长度，以保证足够的脱介时间，并可杜绝脱介筛跑介。除设弧形筛预先脱介外，脱介筛必须设置合格介质段，尽量减少去稀介质段的介质量，以减少介质净化的磁选效率所造成的损耗，一般应保证不少于脱介筛长度的 2/5 为合格介质段。

　　2）物料入脱介筛前加设均料设施使物料均布筛面，切勿偏载，以提高脱介效率。

　　3）合理选择脱介筛筛孔缝隙，合格介质段的筛孔缝隙应严格控制为 0.5mm（大于 0.5mm 的粗煤泥难以起到稳定悬浮液的作用）；稀介段的筛孔可适当增至 0.75～1.0mm（若筛下物料是直接去浮选，则不能大于 0.5mm）；预先脱介的弧形筛的筛孔缝隙可增至 0.75～1.0mm。

　　4）提高脱介筛喷水的压头并保证足够的喷水量，推荐使用小水量、高压头的喷水制度。一般宜设三道喷水。喷嘴喷出的喷水扇面必须覆盖筛子横断面不留间隙，喷水的压头最好能使物料在筛上翻滚，尽量减少筛上物料带走的介质量。

5）尽量避免采用双层脱介筛。这是由于喷水透过上层筛面至下层筛已无压头，脱介效果差。如果在下层筛再加喷水，则会导致磁选机的入料浓度偏低，影响磁选效率，增加介质消耗。

6）选用高效率的磁选机，总的磁选效率不低于 99.8%。

7）合理选择磁选机的入料量、入料浓度和磁性物含量等工况条件，以提高磁选效率。

8）介质分流量不宜超过合格介质量的 25%~30%，分流量越大，介质消耗就越高。

9）末煤或不分级混煤重介质分选，在适宜时，产品脱水的离心液可考虑进入介质净化系统或补加介质制备系统利用，以减少介质消耗。

10）合理选择补加介质方式。补加新介质宜在介质库调成悬浮液，用泵输送至厂房，可有效避免抛撒损失。新介质最好先通过磁选机净化，去除外购新介质中所含的高灰岩粉。为了保证及时补加介质，中矸磁选机的处理能力应留有一定的富余或专设一台磁选机作为净化不补加新介质用。流程中有高、低两种分选介质密度时，通常是采用高密度的合格悬浮液向低悬浮液中补加。

3.5 共伴生矿物的回收

煤系伴生矿物主要有黄铁矿、高岭土（石）等，而石煤也是一种动力资源，并且能够从中提取钒。

3.5.1 黄铁矿

我国炼焦煤资源储量中，高硫煤约占 1/5，非炼焦煤中高硫煤的比例也比较大。我国高硫煤中硫的赋存形态有硫化铁硫、硫酸盐硫和有机硫，而硫酸盐硫所占比例很小，主要为硫化铁硫和有机硫。不同煤层的煤中硫的结构有很大的差异，但黄铁矿占较大的比例（占 5% 以上）。原煤经重选后，硫化铁硫主要集中在洗矸中，如果不进行回收处理，矸石山会发生风化自燃，产生大量二氧化硫而污染大气。因此，选出硫精矿，既保护了环境，也增加了经济效益。

黄铁矿的分选方法与矿石赋存状态、嵌布特征、含硫品位等有关。在很多情况下，黄铁矿在煤中往往以很细的状态嵌布。为了使黄铁矿与煤的基体解离，往往需要进行充分的破碎，所以需采用适合细粒分选的工艺和设备，如摇床、水介质旋流器、重介质旋流器、螺旋溜槽、跳汰等。我国已有较多分选高硫煤的选煤厂建成了选硫车间，大都采用隔膜跳汰机、摇床或隔膜跳汰机、摇床及螺旋分选机联合流程选 50~0mm 矸石中的硫。按矸石中含硫品位的高低分为三种流程，见图 3-32。图 3-32a 中入选矸石含硫品位在 11% 以上；图 3-32b 中入选矸石含硫品位为 6%~9%；图 3-32c 中入选矸石含硫品位为 4%~5%。这些流程中，入选含硫品位越高，相应的流程越完善、全面，但是硫铁矿回收工艺流程需要注意以下几点：

（1）磨矿系统应当采用闭路；

（2）某些作业应设分级和浓缩；

（3）中矿再选，尾矿再磨视具体情况而定。

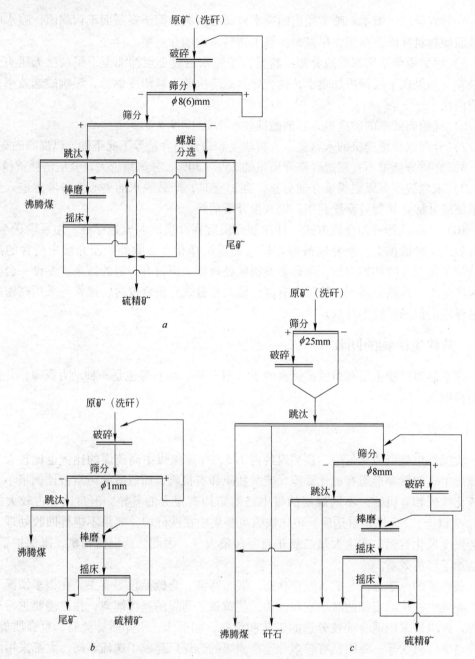

图 3-32　黄铁矿回收工艺流程

a—高硫品位洗矸流程；b—中硫品位洗矸流程；c—低硫品位洗矸流程

3.5.2　高岭土（石）

在我国煤系地层中煤层共伴生高岭岩（目前统称为"煤系高岭土"）。已探明储量约 16Gt，超过了非煤系高岭岩储量。在煤系中。大多是与煤伴生较厚的优质高岭岩，可以单独开采，其中高岭石占 95% 以上。也有些煤矿的高岭岩在煤层中是以夹层形式出现，多与煤同时开采出来。对于和煤同时开采出来的高岭石，主要采用人工手选，经破碎、磨细后

成为再加工的原料。高岭石回收的工艺流程见图
3-33。对于不易手选的小粒高岭石，尚无回收的
好方法。高岭土是以高岭石亚族矿物为主要成分
的软质黏土，主要由高岭石矿物组成。高岭岩
（土）是一种重要的非金属矿产，广泛应用于造
纸、陶瓷、航天、橡胶、化工、耐火材料、油漆
等行业。随着优质资源的日渐减少和高科技应用
领域对高岭岩（土）要求的提高，选矿提纯在高
岭岩（土）及其他非金属矿的深加工中显得越来
越重要。

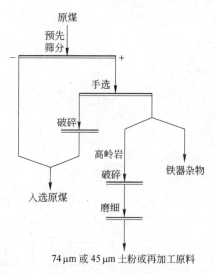

图 3-33　高岭土回收工艺流程

　　高岭岩（土）原矿中不同程度地存在石英、
长石和云母及铝的氢氧化物、铁矿物（褐铁矿、
白铁矿、磁铁矿、赤铁矿和菱铁矿）、铁的氧化
物（钛铁矿、金红石等）及有机物（植物纤维、
有机泥炭及煤）等杂质。而许多应用领域对高岭
土的白度和纯度都有较高的要求，对高岭土深加工的过程往往和高岭土的选矿提纯是同步
进行的。

　　高岭土的选矿方法依原矿中拟除去杂质的种类、赋存状态、嵌布粒度及所要求的产品
质量指标而定。一般来说，可以考虑采用以下处理方法：

　　（1）对于原矿杂质含量较少、白度较高、含铁、铁杂质少、主要杂质为砂质（石英、
长石等）的高岭土采用简单粉碎后风选分级的方法除去（干法工艺）。

　　（2）对于杂质含量较多、白度较低、砂质矿物及铁质矿物含量较高的高岭土，一般要
综合采用重选（除去砂）、强磁选或高梯度磁选（除去铁、钛矿物）、化学漂白（除去铁
质矿物并将三价铁还原为二价铁）、浮选（与含铝矿物如明矾石分离或除去铝铁矿）等
（湿法工艺）方法。

　　（3）对于有机质含量较高的高岭土，除了上述方法之外，还要采用捣浆后筛分（除
去植物纤维）和煅烧（除去有机泥炭及煤）等方法。煤层共伴生高岭岩含有一定量的煤
泥或炭质，这些炭质或煤泥严重影响高岭土的白度，通过煅烧不仅可以有效除去炭质，显
著提高煤系高岭土的白度，同时可以脱除高岭土中高达14%左右的结晶或结构水，变成一
种新的功能粉体材料——煅烧高岭土。

　　因此，高岭土的选矿工艺视原矿类型而定，取决于原矿的质量和产品的最终用途。干
法工艺是一种简单、经济的加工工艺，采出的原矿经过破碎机破碎至25mm左右后，给入
笼式破碎机中，破碎至6mm左右，吹入笼式破碎机内的热空气将高岭土的水分由采出时
的20%降至10%左右。碎后的矿石经配有离心分离机和旋风除尘器的吹气式雷蒙磨进一步
磨细，该工艺可将大部分砂石除去。

　　湿法工艺包括矿石准备、矿石分选和产品处理三个阶段。其原则流程如图3-34所示。

　　准备阶段包括配料、破碎和捣浆等作业。捣浆是将高岭土与水、分散剂混合在捣浆机
内制浆，捣浆的目的是使高岭土原矿碎散，为矿石分选作业制备成适当细度的高岭土矿浆
做准备，同时去掉大粒的砂石。

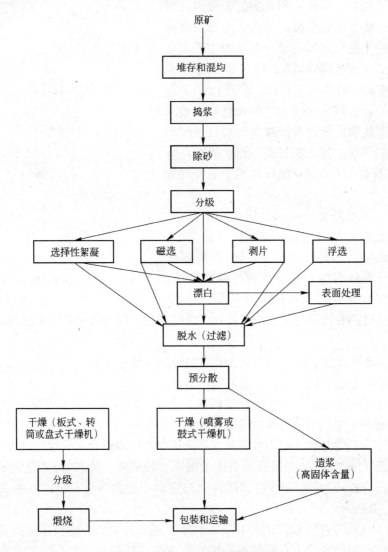

图 3-34　高岭土湿法加工原则流程

　　矿石分选阶段包括水力分级、浮选、选择性絮凝、磁选、化学处理（漂白）等作业，以除去不同的杂质。准备好的矿浆先经耙式分级机、浮槽分级机或水力旋流器除砂，然后再用连续式离心机、水力旋流器、水力分选器或振动细筛（325 网目）将其分为粗、细两个粒级。如果此种产品已能满足某种工业的要求，可加入絮凝剂（如明矾）使高岭土凝沉以便脱水。如需得到高质量的高岭土（如白度大于 85% 的高岭土），在绝大多数情况下还需要进行脱杂提纯作业。可采用磁选、漂白、浮选或选择性絮凝等手段。

3.5.3　石煤

　　我国部分地区如浙江、湖南、湖北、陕西、江苏、安徽、贵州等省份，石煤资源丰富，储量总计达数百亿吨至上千亿吨。石煤含碳最少、发热量低，高硫、高灰，直接作为燃料使用受到很大限制，但对于有些地区如浙江、湖北等严重缺煤的省份，开发利用石煤就很有意义。

为提高石煤的使用价值，促进石煤综合利用，就必须将石煤进行分选加工，提高石煤含碳量。由于石煤价格低廉，必须采用简易的工艺流程，以降低加工费用。一般石煤入选粒度为 6~0mm，主选设备为摇床，工艺流程见图 3-35。中煤再选系统设置与否视煤质情况而定，检查筛分大于 6mm 粒级灰分高时，可以作为矸石处理。摇床分选石煤的结果见表 3-37，从中可以看出，选后石煤精煤灰分降低 6%，硫分也有明显降低，精煤灰渣中五氧化二钒品位较原煤提高 0.5%，为提取钒提供了优质原料。

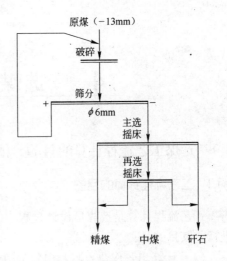

图 3-35　石煤分选工艺流程

表 3-37　摇床分选 6~0mm 石煤的结果

产品名称	产率/%	灰分 A_d/%	硫分 $S_{t,d}$/%	灰渣中 V_2O_5 含量/%
精　煤	36.2	64.81	2.81	2.01
中　煤	53.73	73.92	2.97	1.29
矸　石	10.07	76.62	10.78	0.91
合　计	100	70.89	3.7	1.51

4 ‖ 选煤工艺流程的计算

4.1 选煤工艺流程计算的目的、依据和原则

4.1.1 工艺流程计算的目的

工艺流程计算是选煤厂设计过程中的一个重要环节，在工艺流程和工作制度确定以后进行，其目的是：

（1）计算出各作业入料和出料的数量和质量；

（2）使整个工艺流程中的煤、水、介质数量和质量平衡，为绘制数量、质量工艺流程图提供依据；

（3）为计算所需各工艺设备的数量提供资料和依据；

（4）为投资概算和技术经济比较提供分析的依据；

（5）为投产后的生产技术管理和生产指标分析、对比提供参考依据。

4.1.2 工艺流程计算的依据

为保证工艺流程计算结果的准确性和提供数据的可靠性，在工艺流程计算时必须依据：

（1）所选择的科学合理的工艺流程；

（2）已经整理合格的入厂（入选）原料煤的筛分、浮沉及其他试验资料；

（3）按设计规范规定选择符合实际的各种技术参数；

（4）根据设计委托书中所规定的选煤厂年生产能力和工作制度计算出的小时处理量：

$$Q = \frac{Q_0}{T \cdot t} \tag{4-1}$$

式中　Q——选煤厂小时处理量，t/h；

Q_0——选煤厂年生产能力，t/a；

T——选煤厂年工作日数，d/a；

t——选煤厂日工作小时数，h/d。

1）非用户型选煤厂的年工作日数为 330d，每日两班生产，日工作时间按 16h 计，即 $T = 330\text{d/a}$，$t = 16\text{h/d}$；

2）用户型选煤厂的年工作制度可与所服务的用户一致。

4.1.3 工艺流程计算的原则和注意事项

（1）工艺流程计算时必须遵守数量、质量平衡的原则。所谓平衡，是指进入某一作业各种物料数量、质量总和应等于该作业排出的各种物料数量、质量总和。

（2）工艺流程计算的注意事项：

1）对于灰分、硫分等指标必须用加权平均的方法进行计算。

2）水分指标采用水量平衡原理进行计算。

3）百分数必须是同一基础量时才可以运算，计量单位必须相同时才可以运算。如：计算各作业的数量百分数，必须以入厂（或入选）原煤100%为基数；又如：水量必须以 t/h 或 m^3/h 同一计量单位才可进行运算。

4）计算固体物料数量平衡时，应采用干燥基。但从矿井开采出来的煤都不是绝对干燥的，经常带有一定的水分，因此需将湿量换算成干基煤量，其计算公式如下：

$$Q_d = Q_{sh} \times \frac{100 - M_t}{100} \tag{4-2}$$

式中　　Q_d——干基煤量，t/h；

　　　　Q_{sh}——含有一定水分煤的数量，t/h；

　　　　M_t——湿煤的水分指标，%。

5）进行工艺流程计算时，必须按照作业顺序进行。

4.1.4 选煤工艺流程计算的内容

选煤厂工艺流程数量、质量平衡计算中包含三种平衡：一是煤的数量、质量平衡；二是水量平衡；三是重介选煤时，还有介质的数量、质量平衡（即介质量的平衡）。应分别进行计算。

4.1.4.1 煤的数量、质量平衡指标

（1）煤的绝对数量，符号为 Q，单位为 t/h，在数量、质量计算时，不考虑水的问题，按绝对干重计算；

（2）煤的相对数量，用质量百分数表示，符号为 γ；

（3）煤的灰分，用百分数表示，符号为 A_d，常简计为 A；

（4）煤的硫分，用百分数表示，符号为 $S_{t,d}$，代表干基全硫。

4.1.4.2 水的平衡指标

（1）水量用符号 W 表示，单位为 m^3/h 或 t/h，计算水量时，不考虑其中的悬浮物；

（2）水分指标，即含水百分数，用 M_t 表示；

（3）水量与水分指标常用的换算公式为：

$$M_t = \frac{W}{Q + W} \times 100\% \tag{4-3}$$

$$W = \frac{Q \cdot M_t}{100 - M_t} \tag{4-4}$$

（4）矿浆体积的计算

$$V_m = W + \frac{Q}{\delta_c} = Q \cdot \left(R + \frac{1}{\delta_c} \right) \tag{4-5}$$

式中　　V_m——矿浆（即煤泥水）体积，m^3/h；

R——液固比（$R = W/Q$）；

δ_c——煤泥的真密度，t/m³。

（5）矿浆浓度的计算

$$P = \frac{Q}{Q + W} \times 100\% \tag{4-6}$$

$$q = \frac{1000}{R + 1/\delta_c} \tag{4-7}$$

$$R = \frac{1000}{q} - \frac{1}{\delta_c} \tag{4-8}$$

式中　P——固体质量分数，%；

　　　q——煤泥水的体积浓度，g/L 或 kg/m³。

4.1.4.3　介质平衡计算的指标

介质平衡计算的指标包括：工作悬浮液中固体物（由磁性物与非磁性物构成）重量 G 及水的重量 W，单位为 t/h；单位体积工作悬浮液中的固体物质量 g 及水的质量 W，单位为 t/m³，有关介质平衡的计算将在介质流程计算中详述，此处只介绍以下两个概念：

A　工作悬浮液的密度

$$\Delta = \lambda\delta + (1 - \lambda) \tag{4-9}$$

式中　Δ——工作悬浮液的密度，t/m³；

　　　λ——工作悬浮液的固体体积浓度或称固体容积浓度（无因次，用小数表示），m³/m³；

　　　δ——工作悬浮液中固体混合物的平均真密度，t/m³。

B　工作悬浮液的体积

$$V = \frac{G}{g} = \frac{G}{\lambda\delta}$$

式中　V——工作悬浮液的体积，t/m³；

　　　G——工作悬浮液中的固体物质量，t/h；

　　　g——单位体积工作悬浮液中的固体物质量，t/m³；

　　　δ——工作悬浮液中固体混合物的平均真密度，t/m³。

4.2　煤的数量、质量计算

4.2.1　原煤准备作业的计算

选前准备作业包括筛分、选矸、破碎、脱泥和除尘等。除了筛选厂是将原煤加工成产品外，炼焦煤选煤厂的准备作业是为了满足分选作业对入选原煤的工艺要求而设置的，一般为筛分、破碎和选矸，仅在有特殊要求时才设置脱泥、除尘等作业。准备作业主要是依据原煤性质和分选作业的工艺要求进行几种作业的组合，但已基本上趋于标准化、典型化，常见的原煤准备工艺流程如图 4-1 所示。

4.2.1.1 筛分作业的计算

筛分作业的数量、质量计算，从入料开始，再计算筛下和筛上物料。

A 入料的数量、质量计算

（1）根据式（4-1）和确定的厂型、工作制度计算每小时的原煤处理量 $Q(t/h)$；

（2）从原煤筛分试验表中查出入料的灰分 $A(\%)$；

（3）原煤入厂的第一个作业，产率 $\gamma=100\%$。

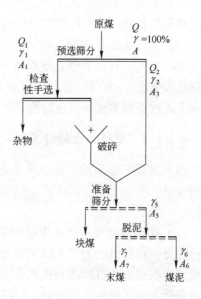

图 4-1 原煤准备工艺流程

关于原煤水分和水量问题，有的工艺流程计算，如混合入选跳汰流程计算水量从跳汰作业开始，原煤含水忽略不计。但考虑到井下采煤时喷洒水降尘或原煤入选时水分较高，则要从资料中查出原煤水分 M_t，先计算出小时处理干基煤量 Q_d，再用式（4-4）计算出原煤所带的水量 $W(t/h)$。原煤含水是否计入流程，可视具体情况而定。

B 筛下物数量、质量计算

（1）筛孔尺寸 d 的选择是由工艺流程确定的，但要用筛分试验资料核对，并从资料中查出理论筛下物产率 $\gamma_{-d}\%$ 和灰分 $A_{-d}\%$。

（2）筛分效率 η 受筛孔尺寸大小、入料所含水分及难筛颗粒多少、筛分设备的型号及负荷高低的影响。设计时，为简便起见，假定选型适当，筛分效率仅根据作业的方式和方法进行选择。

筛孔尺寸 $d\geqslant50$mm 时，预先筛分取 $\eta=100\%\sim85\%$；

筛孔尺寸 $d<50$mm 时，预先筛分取 $\eta=100\%\sim60\%$，详见《煤炭洗选工程设计规范》的相关规定。

（3）筛下物数量、质量计算，由图4-1可知：

$$\gamma_2=\eta\gamma_{-d} \quad (\%)$$
$$Q_2=\gamma_2Q \quad (t/h)$$

筛下物灰分 $A_2=A_{-d}$，从筛分试验资料中查出。

C 筛上物数量、质量计算

$$Q_1=Q-Q_2 \quad (t/h)$$
$$\gamma_1=100-\gamma_2 \quad (\%)$$
$$A_1=(100A-\gamma_2A_2)/(100-\gamma_2) \quad (\%)$$

4.2.1.2 选矸作业的计算

（1）若检查性手选只拣出木块、铁器和少量过大块矸石，则数量相对较少，可以忽略不计，因此，约定经过检查性手选的物料，其数量和质量指标不变。

（2）重介选矸代替人工手选时，采用重介分选作业的方法计算选矸；采用选择性破碎机或其他设备选矸时，可使用相应的资料和指标进行计算。

（3）采用人工手选时，可从原煤筛分试验资料中查出+50mm 矸石的数量（$\gamma\%$）和灰分（$A\%$），为了计算方便，拣出可见矸石的效率取 $\eta = 100\%$，拣矸粒度为+50mm 时，每工每班按拣出 3~5t 计；拣矸粒度为+100mm 时，每工每班按拣出 6~7t 计。由此计算确定手选工人数目和手选矸石仓的容量，以及设计手选带式输送机等。

4.2.1.3 破碎作业的计算

（1）选煤厂多采用开路破碎作业。经破碎后，认为物料只有粒度的变化，而破碎前、后的数量、质量不变。破碎产品的筛分试验结果（即破碎级筛分试验结果），代表其粒度特性。

（2）闭路破碎流程在选煤厂应用很少，仅在对入选上限要求特别严格时采用。设置检查性筛分，将筛出的大于入选上限的物料再送回破碎机以实现闭路循环，返回破碎机的循环量，应根据破碎机性能和效率求出。在预先筛分与检查筛分共用同一设备时，要考虑循环量负荷。为了避免出现闭路破碎流程复杂的情况，可以考虑使用四齿辊破碎机（相当于两段开路破碎）来代替。

4.2.1.4 脱泥作业的计算

（1）若工艺流程要求脱泥时（见图 4-1），从流程计算已知 γ_5，γ_5 作为脱泥作业的入料。

（2）从原煤筛分试验资料已知脱泥作业入料中 0.5~0mm 的数量 $\gamma_{-0.5}$，可计算出理论筛下煤泥产率 $\beta = \gamma_{-0.5}/\gamma_5$。

（3）脱泥效率 η 的选择与原煤的粒度特性、脱泥筛的性能以及选定的筛上喷水量有关。脱泥效率与喷水量的关系见表 4-1。

表 4-1　脱泥效率与喷水量的关系

喷水量 /$m^3 \cdot t^{-1}$煤	1.0	1.5	2.0	2.5
原煤脱泥效率 /%	80	84	87	90

（4）脱泥的筛下物 γ_6（%）与筛上物 γ_7（%）的计算。

$$\gamma_6 = \gamma_{-0.5}\eta$$
$$\gamma_7 = \gamma_5 - \gamma_6$$

式中　η——从表 4-1 中选取。

筛下煤泥的灰分 A_6，取筛分试验表中 0.5~0mm 物料的灰分 $A_{-0.5}$。A_5 在计算流程时已知，则

$$A_7 = (\gamma_5 A_5 - \gamma_6 A_6)/\gamma_7$$

4.2.2　分选作业的计算

重选作业产品的计算，在有条件的情况下，可以采用实际分配率计算。不具备条件时，采用正态分布近似公式方法计算。

4.2.2.1 两产品平衡法

两产品平衡法多用于简单的两产品作业的计算，根据产率、灰分量平衡的原则列出以下公式：

$$\begin{cases} \gamma_1 + \gamma_2 = \gamma_f \\ \gamma_1 A_1 + \gamma_2 A_2 = \gamma_f A_f \end{cases}$$

解得：

$$\gamma_1 = \frac{A_2 - A_f}{A_2 - A_1} \cdot \gamma_f \tag{4-10}$$

$$\gamma_2 = \gamma_f - \gamma_1 \quad \text{或} \quad \gamma_2 = \frac{A_f - A_1}{A_2 - A_1} \cdot \gamma_f \tag{4-11}$$

式中　γ_f，γ_1，γ_2——分别为入料、精煤、尾煤的产率，%；

　　　A_f，A_1，A_2——分别为入料、精煤、尾煤的灰分，%。

4.2.2.2 分配曲线法

分配曲线法应用于设计的前提是：必须有实际生产的精煤、中煤和洗矸石的浮沉试验资料，用最小二乘法（格氏法）计算实际的精煤、中煤和洗矸石的产率，再用产品的实际产率与浮沉资料计算出分配率，并绘制分配曲线，确定实际的分选密度和可能偏差 E。设计时，依据这些资料，或用改变分选密度、平移分配曲线的方法，确定分配率并计算出设计指标。

分配曲线法使用的局限性在于资料的来源。如果是老厂改、扩建，有充足的生产资料可供设计使用，或者设计新选煤厂时有工业性试验或半工业性试验资料供设计使用时可采用该方法。

这种方法是从分配曲线查出 δ_p，并据 δ_p 计算出可能偏差 E 和不完善度 I，可能不符合设计要求，如改变 I 值，存在着重新选取 E 和改变 δ_p 的问题，因此不仅是平移分配曲线，而且存在改变分配曲线形状的问题。用已知的 I 值和分配率计算出的精煤灰分指标如不符合设计要求，则要多次改变分选密度重新计算，直到符合要求为止。该方法工作量较大，因此，不如采用近似公式方法。

4.2.2.3 正态分布近似法

采用正态分布近似法计算选煤产品的数量、质量，是目前设计部门应用较为普遍的一种方法。利用正态分布累积曲线的数据，可计算出各密度物在选后产品中的分配率，然后用原煤浮沉试验的资料和各段分配率，计算出产品的数量、质量指标。

A　湿法跳汰选（或槽选）的近似公式

湿法跳汰（或槽选）选煤过程的可能偏差 $E = \dfrac{\delta_{75} - \delta_{25}}{2}$，随着分选密度 δ_p 的改变而变化。如果用不完善度 $I = \dfrac{E}{\delta_{p-1}}$ 表示跳汰分选的精确程度，则得到不随 δ_p 的变化而改变的稳

定值。计算跳汰分选（或槽选）t 值的近似公式为

$$t = \frac{1.553}{I} \lg \frac{\delta - 1}{\delta_p - 1} \qquad (4-12)$$

选定 I 和 δ_p 的值，取每个密度级的平均值 δ 代入式（4-12）计算出 t 值，从 t 值表中查出每个密度级物料在重产物中的分配率。

B 重介选、干扰床分选的近似公式

由于重介选的分配曲线比较接近于正态分布积分曲线，所以仍采用密度 δ 为横坐标，E 值与分选密度的改变无关。t 值的近似公式为

$$t = \frac{0.675}{E} (\delta - \delta_p) \qquad (4-13)$$

选定了 E 和 δ_p，取每个密度级的平均值 δ，代入式（4-13），即可计算出每个密度级的 t 值，查 t 值表，即可求得每个密度级物料在重介分选的重产物中的分配率。

C 风选的近似公式

风选法的分配曲线也是不对称的，其横坐标的转换方法与跳汰选类似，只是风选法的介质是空气，故横坐标改为 $\lg\delta$。t 值的近似公式为

$$t \approx \frac{0.675}{E'} \lg \frac{\delta}{\delta_p} = \frac{1.553}{I} \lg \frac{\delta}{\delta_p} \qquad (4-14)$$

D 指标的选取

选煤工艺的产品计算应符合下列规定：

（1）空气脉动跳汰机、动筛跳汰机的不完善度 I 值，参照表4-2选取，或采用厂家提供的保证值。

表 4-2 空气脉动跳汰机、动筛跳汰机的不完善度 I 值

分选粒级/mm	作业条件		不完善度 I 值
50（100）~0.5	跳汰主选	矸石段	0.14~0.16
		中煤段	0.16~0.18
	跳汰再选		0.18~0.20
50（200）~13	跳汰主选	矸石段	0.11~0.13
		中煤段	0.14~0.16
13~0.5	跳汰主选	矸石段	0.18~0.20
		中煤段	0.20~0.22
	跳汰再选		0.22~0.25
300~50	动筛跳汰	排矸	0.09~0.11
300~25			0.11~0.13

（2）重介质分选设备及风力分选机的可能偏差 E 值，参照表4-3选取，或采用厂家提供的保证值。

（3）摇床、螺旋分选机的不完善度 I 值，参照表4-4选取，或采用厂家提供的保证值。

表 4-3　重介质分选设备、风力分选机和干扰床的可能偏差 E 值

设备名称	作业条件	可能偏差 E 值/g·cm^{-3}
斜轮、立轮、刮板重介分选机	分选粒级大于 13mm	0.02~0.04
两产品重介旋流器	分选粒级大于 0.5mm	0.03~0.05
三产品重介旋流器	一段（主选）、分选粒级大于 0.5mm	0.03~0.05
	二段（再选）、分选粒级大于 0.5mm	0.05~0.07
煤泥产品重介旋流器	分选粒级 1.5~0.5mm	0.08~0.12
干扰床	分选粒级 2~0.1mm	0.10~0.20
风力分选机	分选粒级 80~6mm	0.23~0.28

表 4-4　摇床、螺旋分选机的不完善度 I 值

设备名称	分选粒级/mm	不完善度 I 值
摇床	6~0	0.20~0.22
螺旋分选机	3~0	0.20~0.25

（4）浮选精煤产率按《煤粉（泥）实验室单元浮选试验方法》（GB/T4757—2001）或《选煤实验室分步释放浮选试验方法》（MT/T144—1997）试验结果选取，或参考相似煤质的实际生产指标选取。

（5）次生煤泥占入选原煤的百分率根据煤与矸石的泥化试验确定，也可参考邻近选煤厂的实际生产资料选取，或按表 4-5 选取。次生煤泥的灰分取重选入料级（不含浮沉煤泥）的灰分。

表 4-5　次生煤泥百分率

选煤方法	煤类（入料方式）	原煤中小于 0.5mm 级含量/%			
		>20	20~15	15~10	<10
不分级跳汰选	肥、焦、瘦煤	10~12	9~10	7~8	5~7
	其他煤	7~8	6~7	5~6	3~4
块煤重介选		2~4			
末煤重介选	无压入料	4~8			
	有压入料	5~10			

注：工艺系统比较复杂时取值；原生煤泥量大时取大值。

浮沉资料中，头尾两密度级的平均密度 δ 值的确定，小于 1.3g/cm^3 密度级的 δ 值取 1.2g/cm^3；大于 1.8g/cm^3 密度级的 δ 值，在计算尾煤时取 1.95~2.05g/cm^3，计算中煤时取 1.9~2.0g/cm^3。

根据原煤浮沉试验综合表可绘制出可选性曲线，按设计要求的精煤灰分确定理论分选密度，并评定原煤的可选性。依据我国的统计资料及经验，实际分选密度 δ_p 与理论分选密度 $\delta_{p,0}$ 有一定差异，其差值见表 4-6。表中的差值，中煤段为负值，矸石段为正值，并且使用时应再乘以 2。由此可将理论分选密度转化为实际分选密度。

需要说明的是，表 4-6 中的差值是概略的，如果发现所确定的指标不合适，可以重新

选择 δ_p、I 值及 E 值等，直至计算出的指标达到要求为止。

表 4-6 实际与理论分选密度差值

$\delta \pm 0.1$ 含量 /%	≤10.0	10.1~20.0	20.1~30.0	30.1~40.0	>40.0
可选性等级	易选	中等可选	稍难选	难选	极难选
密度差值/g·cm^{-3}	0~0.04	0~0.05	0~0.06	0.02~0.08	0.04~0.10

E 分配率 ε 的计算

选定分选密度以及分选指标 I 值或 E 值后，由式 (4-12)、式 (4-13) 或式 (4-14) 计算出相应的 t 值，然后根据 t 值查表可得某一密度对应的分配率 ε，也可利用 Excel 软件中正态累计分布函数 (Normsdist) 求出，即 $\varepsilon = \text{Normsdist}(t) \times 100\%$。

F 跳汰分选指标计算实例

应用表 3-19 的 50~0.5mm 浮沉试验综合表校正后的资料，绘出可选性曲线。假定：精煤灰分要求为 10.01%~10.50%。首先，根据表 3-19 中沉物累计灰分，初步确定矸石段的理论分选密度 $\delta_{p1,0} = 1.7\text{g/cm}^3$，然后，再确定中煤段的理论分选密度 $\delta_{p2,0}$，为确保精煤灰分合格，以精煤灰分为 10.00% 来进行计算。根据可选性曲线，初步确定中煤段的理论分选密度 $\delta_{p2,0} = 1.5\text{g/cm}^3$，可选性评定结果为中等可选。用表 4-5 确定实际分选密度：

$$\delta_{p1} = \delta_{p1,0} + 2 \times 0.03 = 1.7 + 0.06 = 1.76\text{g/cm}^3$$

$$\delta_{p2} = \delta_{p2,0} - 0.03 = 1.5 - 0.03 = 1.47\text{g/cm}^3$$

从表 4-2 选取不分级跳汰选煤的 I 值，取矸石段 $I_1 = 0.15$，中煤段 $I_2 = 0.17$，然后对各密度级取平均密度值 δ，最后用跳汰选近似公式计算 t 值，并查附表，得到各密度级物料在重产物中的分配率 $\varepsilon\%$。

矸石段：$\delta_{p1} = 1.76\text{g/cm}^3$，$I_1 = 0.15$，

取 -1.3g/cm^3 密度级的平均密度值 δ 为 1.2g/cm^3，代入式 (4-12)，得：

$$t = \frac{1.553}{0.15} \lg \frac{1.2-1}{1.76-1} \approx -6.003$$

查表得 $\varepsilon = 0\%$；

利用正态累积分布函数计算，$\varepsilon = \text{Normsdist}(-6.003) \times 100\% = 0\%$。

取 $1.3~1.4\text{g/cm}^3$ 密度级的平均密度值 δ 为 1.35g/cm^3，代入式 (4-12)，得：

$$t = \frac{1.553}{0.15} \lg \frac{1.35-1}{1.76-1} \approx -3.486$$

查表得 $\varepsilon = 0.02\%$。

利用正态累积分布函数计算，$\varepsilon = \text{Normsdist}(-3.486) \times 100\% = 0.0245\%$。

查表方法如下：以 $t = -3.486$ 为例。先不考虑负号，在 $t = 3.486$ 时，$\varepsilon = 99.98\%$，t 的小数第三位为 6，对应 $t = 3.4$ 同行的数为 0，即 $\varepsilon = 99.98 + 0.00 = 99.98\%$。

由于 t 为负值，因此，最终 $\varepsilon = 1 - 99.98\% = 0.02\%$。

按照同样的方法，可计算出其他各密度级的分配率。

中煤段的 $\delta_{p2} = 1.47\text{g/cm}^3$，$I_2 = 0.17$。

按上述同样的方法，可计算出中煤段各密度级的分配率。

用分配率在表 4-7 中计算出设计指标。如果计算出的指标不符合要求，应重新选择理论分选密度 $\delta_{p,0}$、I 值等，直至计算出的指标符合要求为止。设计指标与理论指标对比见表 4-8。

表 4-7　50~0.5mm 粒级原煤跳汰产品设计指标计算表

密度级	矸石段入料		分配率/%	矸　石		中煤段入料		分配率/%	中　煤		精　煤	
	产率/%	灰分/%		产率/%	灰分/%	产率/%	灰分/%		产率/%	灰分/%	产率/%	灰分/%
(1)	(2)	(3)	(4)	$(5)=$ $(2)\times(4)$	(6)	$(7)=(2)$ $-(5)$	(8)	(9)	$(10)=$ $(7)\times(9)$	(11)	$(12)=$ $(7)-(10)$	(13)
<1.3	18.42	5.93	0.00	0.00	5.93	18.42	5.93	0.04	0.01	5.93	18.41	5.93
1.3~1.4	25.20	10.89	0.02	0.01	10.89	25.19	10.89	12.10	3.05	10.89	22.14	10.89
1.4~1.5	7.56	17.88	0.92	0.07	17.88	7.49	17.88	43.13	3.23	17.88	4.26	17.88
1.5~1.6	4.93	25.99	7.29	0.36	25.99	4.57	25.99	73.37	3.36	25.99	1.22	25.99
1.6~1.7	4.73	34.48	24.11	1.14	34.48	3.59	34.48	90.09	3.24	34.48	0.36	34.48
1.7~1.8	3.32	43.83	47.61	1.58	43.83	1.74	43.83	96.81	1.68	43.83	0.06	43.83
>1.8	35.83	76.05	89.15	31.95	76.05	3.89	76.05	99.74	3.88	76.05	0.01	76.05
小计	100.00	36.82	—	35.10	72.61	64.90	17.45	—	18.44	35.71	46.46	10.20

表 4-8　50~0.5mm 粒级原煤理论产品指标与设计产品指标对照表

产品名称	理论分选密度下的理论指标		实际分选密度下的设计指标	
	产率/%	灰分/%	产率/%	灰分/%
精　煤	51.18	10.14	46.46	10.20
中　煤	9.66	30.13	18.44	35.71
矸　石	39.16	73.32	35.10	72.61
小　计	100.00	36.81	100.00	36.81

G　两产品重介旋流器分选指标计算实例

仍用表 3-19 的 50~0.5mm 浮沉试验综合表校正后的资料，绘出可选性曲线。假定：精煤灰分要求为 9.01%~9.50%。为确保精煤灰分合格，以精煤灰分为 9.00% 来进行计算。根据可选性曲线，初步确定理论分选密度 $\delta_{p,0}=1.42\text{g/cm}^3$，可选性评定结果为极难选。用表 4-6 确定实际分选密度：

$$\delta_p=\delta_{p,0}-0.05=1.37\text{g/cm}^3$$

从表 4-3 选取可能偏差 $E=0.04\text{g/cm}^3$，并对各密度级取平均密度值 δ，用重介选近似公式计算 t 值，并查附表，得到各密度级物料在重产物中的分配率 $\varepsilon\%$。

取 -1.3g/cm^3 密度级的平均密度值 δ 为 1.2g/cm^3，代入式（4-12），得：

$$t=\frac{0.675}{E}(\delta-\delta_p)=\frac{0.675}{E}(1.2-1.37)\approx-2.869$$

查表得 $\varepsilon=0.21\%$；

利用正态累积分布函数计算，$\varepsilon=\text{Normsdist}(-2.869)\times100\%=0.2059\%$。

取 $1.3~1.4\text{g/cm}^3$ 密度级的平均密度值 δ 为 1.35g/cm^3，代入式（4-12），得：

$$t = \frac{0.675}{E}(\delta - \delta_p) = \frac{0.675}{E}(1.35 - 1.37) \approx -0.338$$

查表得 $\varepsilon = 36.77\%$。

利用正态累积分布函数计算，$\varepsilon = \text{Normsdist}(-0.338) \times 100\% = 36.7682\%$。

按照同样的方法，可计算出其他各密度级的分配率。

然后用分配率计算出设计指标。如果计算出的指标不符合要求，应重新选择理论分选密度 $\delta_{p,0}$、E 值等，直至计算出的指标符合要求为止。

4.2.2.4 选煤产品设计平衡表的编制

现以表4-7及第3章相关表中数据为基础说明选煤产品设计平衡表的编制。在表4-7中所计算的指标是以50~0.5mm粒级（且不包括浮沉煤泥）为100%，而表3-19中的浮沉煤泥产率为1.29%，灰分为25.54%，是从50~0.5mm粒级产生的，仍应加入到原粒级中。在50~0.5mm粒级以外，有原生煤泥（-0.5mm），从表3-12中查出其产率为9.04%，灰分为24.58%（其中已包括了破碎+50mm粒级时产生的煤泥）；此外，还有在生产过程中产生的次生煤泥，次生煤泥量从表4-8中选取。次生煤泥与选煤方法及煤的易碎程度有关。

本例的原煤牌号为主焦煤，采用不分级跳汰选，次生煤泥量选择7.00%，灰分取表4-8中小计的灰分36.81%。由表4-9中可知浮沉煤泥占全样产率为1.17%，灰分为25.54%。计算出的结果见表4-9。

表4-9 选煤产品设计平衡表

产品名称	产率/%		灰分/%
	占本级	占全样	
精　煤	46.46	38.46	10.20
中　煤	18.44	15.27	35.71
矸　石	35.10	29.06	72.61
小　计	100.00	82.79	36.81
浮沉煤泥	1.40	1.17	25.54
合　计	100.00	83.96	36.65
原生煤泥		9.04	24.58
次生煤泥		7.00	36.81
总　计		100.00	35.57

4.2.3 产品和煤泥水处理作业的计算

选后产品处理主要是指跳汰等分选方工艺的产品脱水和分级（对动力煤）。煤泥水处理主要是指粉煤分选、粗煤泥和细煤泥回收、脱水以及洗水澄清回收等，产品脱水和煤泥水处理作业见图4-2。

4.2.3.1 煤泥在重力分选作业计算中的分配

从产品平衡表（表4-9）可知，全部的煤泥是原生煤泥、次生煤泥和浮沉煤泥之和。

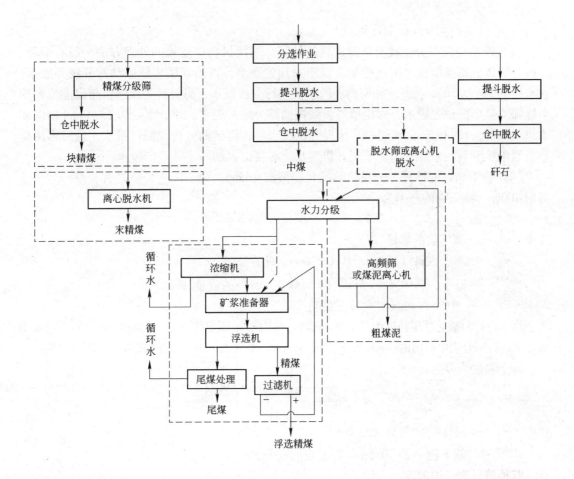

图 4-2 产品脱水和煤泥水处理作业

煤泥分配有两种处理方法:

第一种处理方法:为了计算方便,假定 0.5~0mm 的煤泥全部进入精煤溢流;

第二种处理方法:认为少量煤泥被中煤、矸石带走,而大部分煤泥进入精煤溢流。如果没有实际资料,可按下列经验数据进行煤泥分配,即全部煤泥的 85% 分配到精煤中,10% 分配到中煤中,5% 分配到矸石中,这种分配方法适用于煤泥含量较大,且灰分较高的情况。中煤中煤泥的灰分与中煤相同,矸石中煤泥的灰分应比矸石灰分低,通过加权平均推算精煤中的煤泥灰分一定比原生煤泥灰分低。如果能收集到原煤性质相近的月综合的生产试验报告,则可供参考或作为煤泥分配的依据。

煤泥分配计算后,利用产品设计平衡表便可计算出分级筛入料的数量、质量。

4.2.3.2 产品脱水分级作业

产品脱水可采用脱水筛,脱水筛可设弧形筛或固定筛预先脱水。粒煤产品的脱水分级设备有斗子提升机、脱水筛、离心脱水机、脱水仓等。末精煤脱泥可采用脱泥筛,脱泥筛上宜设喷水装置。

A　分级筛脱水作业

a　单层筛脱水分级作业计算

（1）产品中煤泥分配及分级筛入料的计算。跳汰机精煤溢流的处理方法一般有两种：一种是跳汰机精煤溢流先用条缝筛或弧形筛预先脱水，再用双层直线振动筛分级并脱水，脱水后的 13~0.5mm 末煤，再用离心脱水机进行二次脱水；另一种是跳汰机精煤溢流先用条缝筛或弧形筛预先脱水，再用单层直线振动筛分级并脱水，使分级后的 13~0mm 精煤和水进入捞坑，13~0.5mm 精煤经斗子提升机脱水后，再经筛分机脱泥、脱水，最后再用离心机脱水。矸石和中煤常用斗子提升机脱水，必要时再加筛子进一步脱水。

（2）筛下物料的计算。分级筛的筛孔一般取 13mm，为了简化计算过程，筛分效率 η 可取 100%，筛下物的产率为：

$$\gamma_{下} = \gamma_{入} \cdot \beta^{d~0.5} \cdot \eta + \gamma^{-0.5}$$

式中　$\gamma_{下}$——筛下物的数量，%；

$\quad\quad\gamma_{入}$——筛子入料（精煤）中 +0.5mm 粒级的数量，%；

$\quad\quad\beta^{d~0.5}$——筛子入料中 d~0.5mm（d 可取 13mm）的数量，%；

$\quad\quad\gamma^{-0.5}$——-0.5mm 粒级煤泥分配到精煤溢流中的数量，%。

由于设计时缺乏精煤粒度组成的筛分资料，故 β^{-d} 用原煤筛分试验的资料来代替，或者用从浮沉试验综合表中查出的 -$d$mm 粒级中-1.4g/cm³ 或-1.5g/cm³ 的低密度物的产率来代替。

筛下物的灰分为：

$$A_{下} = \frac{\gamma_{入}\beta^{d~0.5}\eta A^{d~0.5} + \gamma^{-0.5}A^{-0.5}}{\gamma_{下}}$$

式中　$A_{下}$——筛下物的灰分，%；

$\quad\quad A^{d~0.5}$——筛下物中 d~0.5mm 粒度级的灰分，%；

其他符号意义同前。

筛下物中 d~0.5mm 粒级的灰分，可以从入选原煤分粒级浮沉试验综合表中查出的 -$d$mm 各粒级的-1.4g/cm³ 或-1.5g/cm³ 的密度级物料的灰分，将其加权平均后得到。

（3）筛上物料的计算。

$\gamma_{上} = \gamma_{入} - \gamma_{下}$，$A_{上}$ 也用加权平均方法计算求得。

b　双层筛脱水分级作业的计算

第一层筛面块煤脱水分级的计算方法与单层筛脱水分级计算方法相同。

第二层为末精煤脱水，筛孔多取 0.5mm，用图 4-3 的流程说明第二层筛数量、质量的计算。第二层筛入料中的煤泥应为第二层筛筛下和第二层筛筛上产物中的煤泥之和，即 $\gamma_3\beta_3^{-0.5} = \gamma_5\beta_5^{-0.5} + (\gamma_3 - \gamma_5)\beta_4^{-0.5}$，解之

$$\gamma_5 = \gamma_3 \times \frac{\beta_3^{-0.5} - \beta_4^{-0.5}}{\beta_5^{-0.5} - \beta_4^{-0.5}} \quad\quad (4-15)$$

式中　$\beta_3^{-0.5}$——第二层筛入料中-0.5mm 的含量，%；

$\quad\quad\beta_4^{-0.5}$——第二层筛筛上物中-0.5mm 的含量（可取 4%~6%），%；

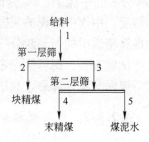

图 4-3　双层筛脱水分级流程

$\beta_5^{-0.5}$——第二层筛筛下物中$-0.5mm$的含量（可取$80\% \sim 85\%$），%；

γ_3，γ_4，γ_5——分别为第二层筛的入料、筛上、筛下物料产率，%。

$$\gamma_4 = \gamma_3 - \gamma_5$$

第二层筛筛下物灰分用加权平均方法求得，其灰分量平衡式为

$$A_5 = \beta_5^{-0.5} A^{-0.5} + (1 - \beta_5^{-0.5}) A^{+0.5}$$

筛上物灰分为：

$$A_4 = \frac{\gamma_3 A_3 - \gamma_5 A_5}{\gamma_4}$$

B 斗子捞坑、离心脱水作业

$-13mm$ 粒级末精煤采用斗子捞坑、煤泥筛和离心脱水机脱水、脱泥的流程，见图4-4。煤泥筛和离心机都同时兼有脱水和脱泥的作用。由于煤泥筛筛面和离心机筛篮磨损等原因，除了脱除$-0.5mm$的煤泥外，还脱除了一些稍大于$0.5mm$的粗煤泥。从图4-4可知含有粗、细煤泥的筛下水和离心液全部返回捞坑，形成脱水脱泥闭路。

为了叙述方便，开始计算时，暂不考虑循环负荷，而且认为$13 \sim 0.5mm$粒级全部被捞出，成为提升物，$-0.5mm$的煤泥中，有$30\% \sim 50\%$进入提升物中，有$50\% \sim 70\%$进入捞坑的溢流中，也就是捞坑的分级效率约为$50\% \sim 70\%$。

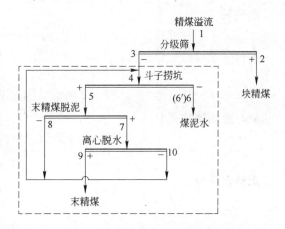

图4-4 末精煤脱水、脱泥闭路流程
6'—不包括循环负荷；6—包括循环负荷

提升物：

$$\gamma_5 = \gamma_3^{13 \sim 0.5} + \gamma_3^{-0.5}(30\% \sim 50\%)$$

$$A_5 = \frac{\gamma_3 A_3 - \gamma_{6'} A_{6'}}{\gamma_5}$$

溢流：

$$\gamma_{6'} = \gamma_3 - \gamma_5$$

$$A_{6'} = A^{-0.5}$$

式中，$\gamma_{6'}$和$A_{6'}$是没有考虑循环物料时的捞坑溢流。

末精煤脱泥筛的孔径取$0.5mm$，其脱泥效率$\eta = 60\% \sim 70\%$。在煤泥含量大，且煤泥灰分较高时，为了保证达到设计的脱泥效率，应加喷水脱泥。每吨末精煤喷水量为$0.3m^3$。

筛下物：

$$\gamma_8 = \gamma_5^{-0.5}(60\% \sim 70\%) = \gamma_3^{-0.5}(30\% \sim 50\%)(60\% \sim 70\%)$$

$$A_8 = A^{-0.5}$$

筛上物：

$$\gamma_7 = \gamma_5 - \gamma_8$$

$$A_7 = \frac{\gamma_5 A_5 - \gamma_8 A_8}{\gamma_7}$$

离心机的脱水效果及离心液中所含固体量与所使用的离心机型号有关。如果没有可依据的资料，可按以下方法计算。

离心液中的固体由 -0.5mm 煤泥及少量 $+0.5\text{mm}$ 粗煤泥组成，一般取入料量的 5% ~ 10%，即

$$\gamma_{10} = \gamma_7 (5\% \sim 10\%)$$

末精煤

$$\gamma_9 = \gamma_7 - \gamma_{10}$$

末精煤经过离心脱水后，产品中只带有入料煤泥中的 50%，即：

$$\gamma_9^{-0.5} = \gamma_7^{-0.5} \times 50\% = \gamma_5^{-0.5} \times (30\% \sim 40\%) \times 50\%$$
$$= \gamma_3^{-0.5} \times (30\% \sim 50\%) \times (30\% \sim 40\%) \times 50\%$$

离心液固体物灰分

$$A_{10} = \frac{\gamma_{10}^{+0.5} A^{+0.5} + \gamma_{10}^{-0.5} A^{-0.5}}{\gamma_{10}}$$

末精煤灰分：

$$A_9 = \frac{\gamma_7 A_7 - \gamma_{10} A_{10}}{\gamma_9}$$

离心液中 $+0.5\text{mm}$ 的粗煤泥灰分 $A^{+0.5}$，计算时可取 $A^{13 \sim 0.5} + (2 \sim 2.5)$，%。

为了计算简便，仅考虑一次返回捞坑的循环量，即假定 $\gamma_8 + \gamma_{10}$，返回捞坑后，全部被捞坑的溢流带走，则：

$$\gamma_4 = \gamma_3 + \gamma_8 + \gamma_{10}$$

有循环量的溢流：

$$\gamma_6 = \gamma_4 - \gamma_5 = \gamma_3 + \gamma_8 + \gamma_{10} - \gamma_5$$

$$A_6 = \frac{\gamma_3 A_3 + \gamma_8 A_8 + \gamma_{10} A_{10} - \gamma_5 A_5}{\gamma_6}$$

考虑一次循环量，显然是近似计算，只有在具体的条件下才接近实际。按以上给的参数，且将离心液中的粗煤泥忽略不计，则循环量为

$$\gamma_8^{-0.5} + \gamma_{10}^{-0.5} = (0.18 \sim 0.35)\gamma_3^{-0.5} + (0.045 \sim 0.1)\gamma_3^{-0.5} = (0.225 \sim 0.45)\gamma_3^{-0.5}$$

上式系数是前面式中百分数的乘积。

把粗煤泥量加入后，$\gamma_3 \gg \chi\gamma_3$（$\chi$ 是相当小的小数），循环量是一个收敛的幂级数。

$$\gamma_4 = \gamma_3 \times (1 + \chi + \chi^2 + \chi^3 + \cdots + \chi^n)$$

因为 χ 值越小，则上式收敛越快。假定 $\gamma_3^{-0.5} = 0.1\gamma_3$，在这种条件下 χ 最多为 0.045，经验算可知，一次循环量约占达到平衡时的全部循环量的 95%。根据以上原理，循环量占入料的比例很小时，仅考虑一次循环量已足够精确，否则将产生很大的误差。

4.2.3.3 煤泥水处理作业

煤泥水处理包括煤泥的分级、粗煤泥回收、煤泥水的浓缩、分选、煤泥产品脱水及选

煤工艺用水回收以及循环复用等。

A 粗煤泥回收、脱水作业

图 4-5 和图 4-6 所示为粗煤泥回收脱水的两个基本流程。分级浓缩设备可以采用角锥沉淀池、旋流器、倾斜板沉淀槽等，回收粗煤泥首选的设备是高频振动脱水筛。这两个流程的区别在于煤泥筛筛下水是循环返回分级浓缩设备，还是直接去浓缩机作进一步处理。

图 4-5 所示的流程采用角锥沉淀池作为分级浓缩设备，开始计算时，不包括循环负荷，分级作业的计算应根据入料粒度组成及角锥沉淀池单位面积处理量进行估算，通常假设入料中 +0.5mm 粒级全部进入底流，且底流中 -0.5mm 粒级数量占底流中固体物料的 35%~45%，则有：

$$\gamma_3 = \gamma_3^{+0.5} + \gamma_3^{-0.5}, \quad \gamma_1^{+0.5} = \gamma_3^{+0.5}$$

$$\gamma_3^{+0.5} = (0.55 \sim 0.65)\gamma_3$$

底流

$$\gamma_3 = \frac{\gamma_3^{+0.5}}{0.55 \sim 0.65} = \frac{\gamma_1^{+0.5}}{0.55 \sim 0.65}$$

$$A_3 = \frac{\gamma_1 A_1 - \gamma_{4'} A_{4'}}{\gamma_3}$$

不带循环量的溢流

$$\gamma_{4'} = \gamma_1 - \gamma_3$$

$$A_{4'} = A^{-0.5}$$

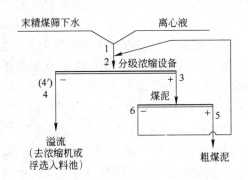

图 4-5 粗煤泥回收流程之一

4'—不包括循环负荷；4—包括循环负荷

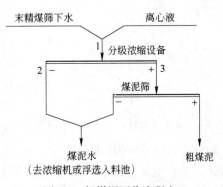

图 4-6 粗煤泥回收流程之二

若缺乏入料粒度组成时，底流量也可按入料量的 30%~50% 考虑。由于实际生产中溢流含有 +0.5mm 粗煤泥，因此，底流量应选取偏小一些的指标。

当采用直线振动筛回收粗煤泥时，条缝筛的缝隙可选择 0.3mm 或 0.5mm，筛孔大一些，脱水脱泥效果好一些，回收粗煤泥的量相对少一些。+0.5mm 的粗煤泥全部回收，-0.5mm 的煤泥回收率为 30%~40%。

筛下物

$$\gamma_6 = \gamma_3^{-0.5} \ (60\% \sim 70\%)$$

$$A_6 = A^{-0.5}$$

筛上物

$$\gamma_5 = \gamma_3 - \gamma_6$$

$$A_5 = \frac{\gamma_3 A_3 - \gamma_6 A_6}{\gamma_5}$$

由于透筛的固体物多（入料中-0.5mm 煤泥的 60%~70%），所以采用筛下物返回角锥池的流程，假定经一次循环后全部从溢流带走。

带循环物料后的入料

$$\gamma_2 = \gamma_1 + \gamma_6$$

带循环物料后的溢流

$$\gamma_4 = \gamma_2 - \gamma_3 = \gamma_1 + \gamma_6 - \gamma_3$$

$$A_4 = \frac{\gamma_1 A_1 + \gamma_6 A_6 - \gamma_3 A_3}{\gamma_4} = A^{-0.5}$$

经验证明，采用高频振动脱水筛回收粗煤泥，不仅透筛物减少，而且脱水效果也有所改善。为了提高筛子的入料浓度，分级浓缩宜采用旋流器进行，旋流器溢流与筛下水都去浓缩机，如图 4-6 所示的工艺流程。

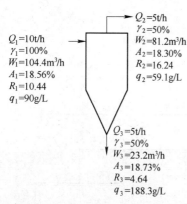

图 4-7　旋流器数量、质量计算示意图

采用旋流器（组）分级浓缩时，数量、质量的计算如图 4-7 所示。底流 γ_3 可取 33%~66%，视底流水量 W_3 的大小而定，W_3 为大值，则 γ_3 也取大值，反之取小值。溢流水量 W_2 与底流水量 W_3 的取值，要视溢流口与底流口面积比值而定。由于结构参数不同，该比值为 1.5~8。本例为 $\phi350mm$ 的浓缩旋流器，溢流口与底流口面积比值为 5，考虑到重力、阻力的影响，乘以系数 0.7~0.8 修正按面积分配的流量，本例取 0.7，则

$$W_3 = W_1/(1 + 5 \times 0.7) = 104.4/4.5 = 23.2 m^3/h$$

$$W_2 = W_1 - W_3 = 104.4 - 23.2 = 81.2 m^3/h$$

旋流器的溢流中为 100% 的 -0.5mm 的粒级，因此，$A_2 = A_1^{-0.5}$。本例的底流灰分大于溢流灰分，说明粗煤泥灰分高于 -0.5mm 粒级的灰分，与本例情况相反的情况也常见，此时说明旋流器在浓缩时也有分级脱泥的作用。

$$A_3 = \frac{100A_1 - \gamma_2 A_2}{100 - \gamma_2}$$

本例中的浓度 q 和液固比 R 的计算公式，见本章 4.1 节。

B　细煤泥回收、脱水作业

（1）浓缩机、沉淀塔（现很少使用）等是依靠重力自然沉降分级浓缩的设备，取其溢流速度等于截留粒度（即分级粒度）的煤泥在煤泥水中的实际沉降速度。溢流中的固体量，应按截留粒度（取 0.05mm 或 0.1mm）计算，只有使用足够的凝聚剂时，溢流中的固体量才取零，否则应按实际情况选取溢流的浓度。截留粒度（即设计时采用的分级粒度）的沉降速度可按下式计算。

$$v_{ST} = 1368(\delta - 1)d^2\left(1 - \frac{1}{R \cdot \delta + 1}\right)^n \tag{4-16}$$

式中　v_{ST}——煤粒的干扰沉降速度，m/h；

　　　δ——煤的真密度，g/cm^3；

　　　d——煤的粒度，mm；

　　　R——给料煤泥水的液固比；

　　　n——实验指数（一般 $n = 5\sim6$）。

截留粒度的沉降速度值，就是单位面积的煤泥水处理能力，见表5-39。尽管其单位不同（用 m/h 和 $m^3/(m^2 \cdot h)$ 表示），但是等值的。

浓缩机的沉淀面积用式（5-29）计算。在已知入料的液固比，并且按工艺要求选定底流的液固比时，用平衡法可推算出溢流的浓度和小时固体量，但要与煤泥筛分试验等资料进行对照，使选定的指标合理。

设计时，如能得到煤泥水的沉降试验资料，特别是在加凝聚剂后的沉降试验资料，则应根据沉降试验资料确定沉降速度值，而不使用式（4-16）计算。

新型耙式浓缩设备，要根据其规格和性能，以及设备样本给出的指标进行计算。

沉淀塔的计算方法与浓缩机的相同，当无试验资料时，单位面积的处理能力 q 值，可根据经验数据选取，分级粒度为 $0.09\sim0.12$mm 时，可取 $q = 5\sim8m^3/(m^2 \cdot h)$。

（2）深锥浓缩机处理各种煤泥水（特别是浮选尾煤）时，因为池高比直径大得多，利用自然压力，得到较好的浓缩效果。在不加凝聚剂的条件下，深锥浓缩机浓缩浮选尾煤的结果见表4-10。

表 4-10　深锥浓缩机浓缩浮选尾煤结果

单位处理量/$m^3 \cdot (m^2 \cdot h)^{-1}$	溢流水固体含量/$g \cdot L^{-1}$	单位处理量/$m^3 \cdot (m^2 \cdot h)^{-1}$	溢流水固体含量/$g \cdot L^{-1}$
$0.2\sim0.25$		0.6	$3\sim4$
0.4	$0.5\sim0.8$	$0.8\sim1.0$	$15\sim18$

从表4-10中数据可以看出，单位处理量不超过 $0.5m^3/(m^2 \cdot h)$，即使不加凝聚剂也可得到较干净的循环水。否则应加凝聚剂，防止溢流中的泥质对循环水的污染。

（3）煤泥浮选的主要指标，如浮选精煤灰分和浮选精煤产率等，在方案比较时已与重选有关的指标统一考虑，这里可以根据煤泥浮选试验资料进一步确定。通常浮选为两产品，可先确定浮选精煤灰分和尾煤的灰分，再按上述两产品数量、质量平衡式计算精煤和尾煤的产率。

（4）浮选精煤进行过滤时，滤液返回矿浆准备器，为了简化计算，设滤液中固体含量为零。尾煤采用压滤脱水时，也是假定压滤机滤液中固体含量为零。

（5）干燥作业的计算不考虑烟道气带走的尘量，也不考虑某些干燥机对精煤干燥后灰分的增加，认为入料与排料的数量、质量相同，通过干燥只降低产品的水分。

在全厂各作业数量、质量流程计算结束后，需要经过校核，以检查数量、质量是否平衡。确认无误后，根据入厂原煤的小时处理量，按各产品、各作业的产率，用公式 $Q_n = \gamma_n \cdot Q_1$ 算出每小时的数量。下一步应进行水量流程的计算，然后编制选煤最终产品平衡表。

4.3 水量流程的计算

采煤时为了降尘往往会喷洒水，因此，入厂原煤是带有水分的，水量流程计算时应考虑原煤的含水量。选煤厂的年处理原煤量，是不含水的原煤量。用原煤水分 $M_t(\%)$ 代入式（4-3），可计算出原煤小时带水吨数。

产品脱水可以采用脱水筛、离心机、脱水斗子提升机等设备，煤泥产品可以采用真空过滤机、加压过滤机、沉降过滤式离心脱水机、煤泥离心脱水机、隔膜压滤机、板框压滤机、带式压滤机、高频振动筛等设备脱水。对于严寒或寒冷地区，需要采用干燥机对产品进行干燥。各种脱水设备的产品水分指标参照表 4-11 选取或采用厂家提供的保证值。

有关水量流程计算的基本公式，见式（4-2）～式（4-7），在这些公式的基础上，可推导出所需要的公式。如果已知 Q 和 P、q、R 等数值，都可计算出水量 W。

水量流程计算选用的指标（见表 4-11～表 4-13）是通过生产实践或经验积累得到的，有的指标来自选煤厂设计规范。

表 4-11 产品水分参考指标

产品名称	脱水方式	水分/%	备　注
块精煤（大于 13mm）	脱水筛	8~10	
末精煤（13~0.5mm）	脱水筛	13~18	粗煤泥多时取大值
	捞坑斗式提升机	28~30	
	立式刮刀卸料离心脱水机	5~7	
	卧式振动卸料离心脱水机	6~8	
粗粒煤泥脱水	0.50mm 分级脱水筛	18~23	
	0.35mm 分级脱水筛	23~28	
	煤泥离心脱水机	15~22	
中煤	脱水斗式提升机	22~27	参考值
	脱水筛	14~16	
	立式刮刀卸料离心脱水机	5~7	
	卧式振动卸料离心脱水机	6~8	
矸石	脱水斗式提升机	22~27	
	脱水仓	12~14	
浮选精煤	沉降过滤式离心脱水机	15~24	
	真空过滤机	22~26	
	加压过滤机	16~18	
	快开式隔膜压滤机	20~24	
煤泥（小于 1mm）	真空过滤机	24~28	
	沉降过滤式离心脱水机	15~24	
	加压过滤机	18~22	
	快开式隔膜压滤机	20~24	
	箱式压滤机	20~24	
浮选尾煤	箱式压滤机	22~26	
末精煤（含浮选精煤）	火力干燥机	8~12	内在水分大时取大值

计算水量时，可以先行确定产品水分指标，计算产品带走的水量，从而确定使用的总清水量。如果作业所需清水量大于产品带走的水量，个别作业的补加清水应改用澄清水。

表 4-12　煤浆浓度参考指标

名　　称	液固比 R	备　注	名　　称	液固比 R	备　注
浮选泡沫精煤	1.5~3.0	直接浮选取大值	浮选入料	5.0~8.0	直接浮选取 60~70g/L
煤泥浓缩机底流	2.5~3.5	低浓度浓缩取 4.5~7.5	过滤作业入料	1.0~2.5	
尾煤浓缩机底流	1.0~1.5	加凝聚剂或絮凝剂	精煤脱水筛入料	3.0 左右	
角锥沉淀池底流	1.0~2.0				

表 4-13　每吨煤入料用水参考指标

作 业 名 称		用水量/$m^3 \cdot t^{-1}$	备　注
跳汰选煤循环水量	不分级煤跳汰	2.5~3.0	物料粒度大或密度大、物料含量多时取大值，反之，取小值
	块煤跳汰	3.0~3.5	
	末煤跳汰	2.0~2.5	
	再选跳汰	3.0~3.5	
	动筛跳汰排矸	10~20[$m^3/(m^2 \cdot h)$]	
斜槽分选机	循环水	5.0~8.0	
补充清水量	分选深度为 0mm	0.7	设计时控制的参数指标
	分选深度为 0.5mm	0.5	
	分选深度为 6mm	0.4	
	分选深度为 13mm	0.3	
脱水筛喷水量	块精煤	0~0.25	块精煤可考虑不加喷水
	末精煤	0.3	
	煤泥	0.8~1.0	
浮选精煤用清水		0.5	可不加或减少
压滤机用水量	冲洗滤布	3.0	
脱介筛喷水量	块精煤	0.5~1.0	包括循环水及清水，喷水压力 0.15~0.3MPa
	块中煤		
	块矸石		
	末精煤	1.0~2.0	
	末中煤及末矸石		

水量流程计算步骤：

（1）根据选定的水分指标（或液固比、或浓度等），计算进入作业的水量和本作业各产品带走的水量。

（2）根据水量平衡原理，找出各作业多余的水量，或应补加的水量。

（3）根据作业的特点，除计算水量 W 外，有时需计算出有关水的其他指标，以便从不同侧面表示物料的水分，如 M_t、P、q、R 等。指标的选择与作业特点及表示水分的方法和习惯有关。

（4）水量平衡的验算：

1）进入某作业的水量应与该作业排出的水量相等。

2）实现洗水闭路循环时，加入系统的总清水量应等于产品带走的总水量。

3）各作业所用的循环水量之和应与产生循环水的各设备返回的水量之和相等。

根据水量流程计算结果和水量平衡关系，编制如表4-14所示的水量平衡表。表中反映了洗水完全闭路的水量平衡关系。

表 4-14　水量平衡表

选煤过程中用水项目		水量 /m³·h⁻¹	选煤过程中排水项目		水量 /m³·h⁻¹
循环水	主选机用水量	1200	产品带水量	精煤产品带水量	49.7
	再选机用水量	435.6		中煤产品带水量	20.0
	小　计	1635.6		矸石产品带水量	14.2
清水	主选精煤脱水筛喷水	42.9		浮选产品带水量	4.6
	再选精煤脱水筛喷水	13.6	小　计		88.5
	煤泥筛上喷水	21.5	澄清返回水	浓缩机溢流水量	1226.8
	浮选精煤槽消泡水	10.5		事故放水池返回水量	408.8
	小　计	88.5	小　计		1635.6
全部用水量		1724.1	排出总水量		1724.1

4.4　介质流程的计算

重介质选煤，只有在工作悬浮液的分选密度和黏度符合要求，并处于稳定的状态下，才能获得良好的分选效果。因此，介质流程计算的目的是为了确保生产过程处于正常的分选状态，并为设备选型、介质制备和补充提供依据。根据选定的指标和效率，确定有关悬浮液的数量和质量指标，如悬浮液的体积 V、悬浮液中的固体量 G、悬浮液中的磁性物含量 G_f、非磁性物含量 G_c 和水量 W，并利用数量、质量平衡或体积平衡原理计算浓介质的补加量 V_x、补加水量 V_w 及分流量 V_p。

4.4.1　介质流程的计算

以图4-8为例，图中重介质分选设备的产品2与产品3的脱介、介质分流、稀介质磁选等作业完全相同。

4.4.1.1　分选作业的计算

A　工作悬浮液的计算

重介质分选作业的工作悬浮液数量等于入选原煤所带入的煤泥水和循环悬浮液量之和，即：

$$V = V_0 + V_1$$

式中　V——工作悬浮液的体积，m³/h；

V_0——入选原煤带入的煤泥水的体积，m³/h；

V_1——循环悬浮液的体积，m³/h。

工作悬浮液的密度取决于分选密度。对于块煤重介分选机，如果不存在强烈的上升或

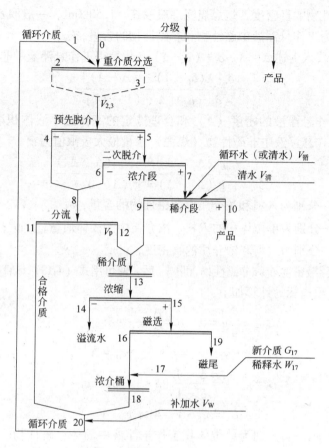

图 4-8 介质循环、净化回收系统

下降液流的影响，可以认为工作悬浮液的密度等于分选密度；对于重介旋流器，工作悬浮液的密度低于分选密度，其近似关系见图 4-9。

工作悬浮液密度按式（4-9）进行计算，其中 λ 的合理范围为 $20\% \sim 30\%$，允许的极限值可适当放宽至 $\lambda_{上限} \leqslant 35\%$，$\lambda_{下限} \geqslant 15\%$。

固体混合物的真密度是用比容的平衡式求出的。单位质量所占的体积称为比容，即比容为密度的倒数。在已知磁性物与非磁性物含量之和等于 1，即 $\gamma_f + \gamma_c = 1$ 时，有

$$\frac{\gamma_f}{\delta_f} + \frac{\gamma_c}{\delta_c} = \frac{1}{\delta}$$

则

$$\delta = \frac{\delta_f \cdot \delta_c}{\delta_f \cdot \gamma_c + \delta_c \cdot \gamma_f} \qquad (4-17)$$

式中 δ_f——磁性物的真密度，磁铁矿 $\delta_f = 4.4 \sim 5.2 t/m^3$；

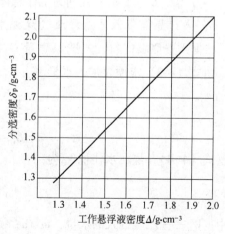

图 4-9 重介旋流器的分选密度与工作悬浮液密度的近似关系

δ_c——非磁性物的真密度，烟煤煤泥一般取 $\delta_c = 1.50t/m^3$，一般取 $\delta_c = 1.70t/m^3$；

γ_f，γ_c——分别为工作悬浮液中磁性物和非磁性物的含量，%。

将式（4-17）代入上述 $\Delta = \lambda \cdot \delta + (1 - \lambda)$，化简得工作悬浮液中非磁性物含量：

$$\gamma_c = \frac{\delta_c[\lambda(\delta_f - 1) - (\Delta - 1)]}{(\delta_f - \delta_c)[\Delta - (1 - \lambda)]} \tag{4-18}$$

根据确定的工作悬浮液的密度（Δ）和合理选定的工作悬浮液体积浓度积浓度（λ）下，便可以求出工作悬浮液中非磁性物（煤泥）含量最大极限值为：

$$\gamma_{cmax} = \frac{\gamma_{co}g_0(\Delta_x - \Delta) + \gamma_{cx}g_x(\Delta - \Delta_0)}{g_0(\Delta_x - \Delta) + g_x(\Delta - \Delta_0)} \tag{4-19}$$

式中　γ_{co}，γ_{cx}——分别为入料和浓介质中非磁性物的含量，%；

　　　g_0，g_x——分别为单位体积的入料、浓介质中的固体质量，t/m^3；

　　　Δ_0，Δ_x——分别为入料和浓介质的真密度，t/m^3。

在确定工作悬浮液密度 Δ 和非磁性物含量 γ_c 后，便可用式（4-18）计算其体积浓度 λ。

工作悬浮液各项指标的计算如下：

$$g = \lambda \cdot \delta = \frac{\Delta - 1}{\delta - 1} \cdot \delta$$

$$g_f = g \cdot \gamma_f \quad g_c = g \cdot \gamma_c \quad w_0 = \Delta - g_0$$

$$G = g \cdot V = \frac{\Delta - 1}{\delta - 1} \cdot \delta \cdot V \quad G_f = g_f \cdot V$$

$$G_c = g_c \cdot V \quad W = w_0 \cdot V$$

式中　g，g_f，g_c，w_0——分别为单位体积工作悬浮液中固体、磁性物、非磁性物、水的质量，t/m^3；

　　　G，G_f，G_c，W——分别为工作悬浮液中固体、磁性物、非磁性物、水的质量，t/h。

B　入选原煤带入的悬浮液（煤泥水）的计算

根据入选原煤资料、入选原煤量 Q_0、入选原煤中的煤泥含量 $\beta^{-0.5}$ 和入选原煤水分 M_t，由式（4-3）求原煤带入水量 W_0：

$$W_0 = \frac{Q_0 M_t}{100 - M_t}$$

因

$$G_0 = \beta^{-0.5} \cdot Q_0$$

则按式（4-4），煤泥水体积 V_0 为：

$$V_0 = W_0 + \frac{G_0}{\delta_c}$$

式中　W_0——原煤带入的水量，m^3/h；

　　　G_0——煤泥水中的干煤泥量，t/h；

　　　V_0——煤泥水的体积，m^3/h；

　　　Q_0——入选原煤量，t/h；

　　　M_t——入选原煤的水分，%；

　　　$\beta^{-0.5}$——入选原煤的煤泥含量，%；

δ_c——非磁性物煤泥的真密度。

C 循环悬浮液的计算

循环悬浮液必须保持有足够的数量，才能维持正常工作，根据表4-15所列经验数值选定。当块煤采用斜轮或立轮重介质分选机分选时，也可按每米槽宽80~100m³/h估算悬浮液用量。对于重介旋流器分选，在标准给料压力下，循环悬浮液用量也可按表4-16选取。新型大直径重介旋流器的循环悬浮液用量可据设备说明书确定。

循环悬浮液的其他指标仍按质量平衡原则计算：

$$G_1 = G - G_0; \quad G_{f1} = G_f$$
$$G_{c1} = G_c - G_0; \quad W_1 = W - W_0$$

式中 G_1，G_{f1}，G_{c1}，W_1——分别为循环悬浮液中固体、磁性物、非磁性物、水的质量，t/h。

表4-15 循环悬浮液数量指标

分选设备	吨入料循环悬浮液用量 /m³
斜轮、立轮重介质分选机	0.8~1.0
D.S.M 重介质旋流器	2.5~3.0
D.W.P 重介质旋流器	3.5~4.0
三产品重介质旋流器	3.5~4.0

表4-16 重介质旋流器悬浮液用量

直径/mm	循环悬浮液用量 /m³·(h·台)$^{-1}$
700	273
600	191
500	125
350	60

D 工作悬浮液在产品中的分配

循环悬浮液进入块煤重介分选机后，有80%~90%的悬浮液随浮物排出，10%~20%的悬浮液随沉物排出。当沉物多且粒度较小时，随沉物排出的悬浮液也多，应取大值。

随着重介旋流器直径的加大，-50（80）mm的煤可进入重介旋流器分选，底流与溢流悬浮液的分配一般按经验数字选取，从底流排出的悬浮液量占15%~20%，当底流排料多时，应取大值。正常情况下，底流悬浮液的密度比工作悬浮液的密度高0.4~0.7g/cm³，而溢流悬浮液的密度要比工作悬浮液的密度低0.07~0.17g/cm³，这是由于离心力场造成的悬浮液密度差值。根据图4-10列出的悬浮液重量的平衡式，可计算出悬浮液在底流和溢流中体积的分配。

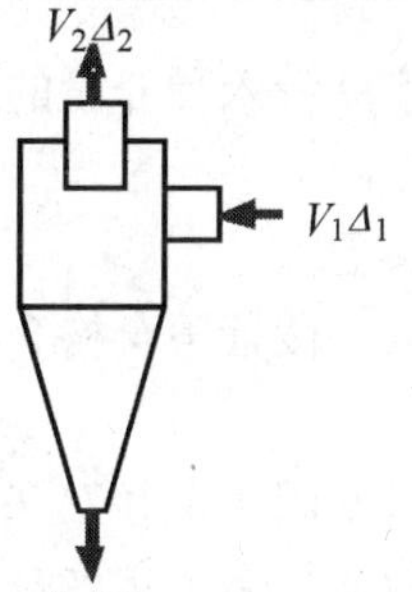

图4-10 重介旋流器示意图

已知 $V_1 = V_2 + V_3$，或 $V_2 = V_1 - V_3$

因为 $V_1 \cdot \Delta_1 = V_2 \cdot \Delta_2 + V_3 \cdot \Delta_3$

所以

$$V_3 = \frac{\Delta_1 - \Delta_2}{\Delta_3 - \Delta_2} \cdot V_1 \tag{4-20}$$

式中 Δ_1，Δ_2，Δ_3——分别为重介旋流器的入料、溢流、底流中悬浮液的密度，t/m³；

V_1，V_2，V_3——分别为重介旋流器的入料、溢流、底流中悬浮液的体积，m³/h。

设底流悬浮液的磁性物含量比工作悬浮液（入料悬浮液）高5%~15%，当加重质粒度较粗时取大值，在已知重介旋流器入料、底流、溢流的悬浮液体积、密度变化数值后，相应的其他指标如G_2、G_3、G_{f2}、G_{f3}、G_{C2}、G_{C3}、W_1、W_3 等都可以算出。

关于块煤重介分选机分配到产品中的悬浮液的磁性物含量，假设其与工作悬浮液相同。

4.4.1.2 脱介作业的计算

脱介作业（见图 4-8），一般分两次脱介。

第一次脱介，块煤产品脱介采用条缝筛，脱介量为条缝筛的入料悬浮液量的 80%~90%，而重介旋流器的产品预先脱介多采用弧形筛，其精煤脱介量为弧形筛入料悬浮液量的 70%~80%，中煤为 60%~70%。用通式表示为：$V_4 = (0.6 \sim 0.9) \cdot V_{2,3}$，$V_5 = V_{2,3} - V_4$。

第二次脱介多采用脱介振动筛。前 1/3 段脱出浓介质（这里的浓介质是相对于后面加喷水脱出的稀介质而言），后 2/3 段脱介时加喷水脱出稀介质，一般为两道喷水，第一道用循环水，第二道用清水（或澄清水）两者用水量为 2∶1，喷水量见表 4-13。脱除介质量的计算方法有两种：经验指标法和经验公式法。由于经验公式法的一些参数难以确定，并需要产品的筛分浮沉资料，计算比较复杂，所以多采用经验指标法。

随着重介分选工艺流程的简化发展，在第二次脱介中，有的已取消了浓介段，脱介振动筛脱出的介质全为稀介质，而且对精煤稀介质进行单独净化处理，回收粗煤泥，脱水后的产品作为精煤。其介质计算原则不变。

按经验指标计算法，物料由脱介筛浓介段进入喷水的稀介段时，该物料表面所带走磁性物数量 N 的经验指标见表 4-17。

表 4-17　脱介筛产品进入稀介段所带磁性物的数量指标

品　种	粒度/mm	磁性物数量 $N/\mathrm{kg \cdot t^{-1}}$
大块煤	>50	10
中块煤	13(25)~50	20
末煤	≤13(25)	50

产品带入稀介段的悬浮液体积为：

$$V_7 = \frac{N}{1000 \cdot g_{2,3} \cdot \gamma_{f(2,3)}} \cdot Q_{2,3}$$

第一段筛下合格介质悬浮液体积为：

$$V_6 = V_5 - V_7$$

已知图 4-8 中 7、6、5、4 各环节均为合格悬浮液，且与作业 2、3 悬浮液的性质相同，如果以 n 代表上述各环节编号，则 G_n、G_{fn}、G_{cn}、W_n 可计算求得。

经稀介段脱介后，产品所带走的磁性物数量 M，可按表 4-18 中的经验数据选取。

表 4-18　产品带走磁性物的数量指标

品　种	粒度/mm	磁性物数量 $M/\mathrm{kg \cdot t^{-1}}$
大块煤	>50	0.2~0.3
中块煤	13(25)~50	0.3~0.4
末煤	≤13(25)	0.5~0.7

产品带走悬浮液各项指标的计算：

$$G_{f10} = \frac{M}{1000} \cdot Q_{2,3}$$

$$G_{10} = \frac{G_{f10}}{\gamma_{f(2, 3)}}$$

$$G_{c10} = G_{10} - G_{f10}$$

根据已知产品水分 M_{t10}，可求出带走的水量：

$$W_{10} = \frac{M_{t10}}{100 - M_{t10}} \cdot Q_{2, 3}$$

$$V_{10} = W_{10} + \frac{G_{f10}}{\delta_{f10}} + \frac{G_{c10}}{\delta_{c10}}$$

第二段筛下稀介质悬浮液体积为：

$$V_9 = V_7 + V_{循} + V_{清} - V_{10}$$

其他各项指标计算为：

$$G_9 = G_7 - G_{10}$$

$$G_{f9} = G_{f7} - G_{f10}$$

$$G_{c9} = G_{c7} - G_{c10}$$

$$W_9 = W_7 + W_{循} + W_{清} - W_{10}$$

4.4.1.3　浓介质补加量 V_x、补加水量 V_w 和分流量 V_p 的确定

介质流程必须考虑分流，因为入料中不断带来煤泥，使介质系统的非磁性物逐渐增多；有时入料还会带来过多的水分；还有的是因为介质回收流程的缺点，使细的加重质逐渐流失，造成工作悬浮液的性质发生变化。为了保持稳定的分选密度，必须严格控制补加浓介质量和补加水量，合理调整分流量，以保持工作悬浮液处于稳定的平衡状态。按图4-11所示流程和重介悬浮液体积及质量平衡原则，列出下列平衡式。

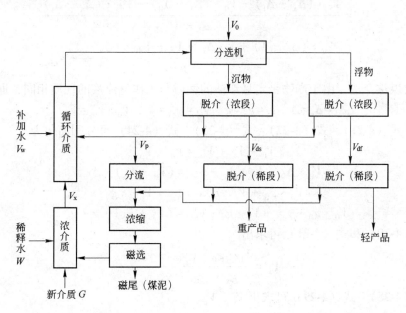

图 4-11　介质流程示意图

悬浮液体积的平衡式：

$$V_0 + V_x + V_w = V_{df} + V_{ds} + V_p \tag{4-21}$$

悬浮液重量的平衡式：

$$V_0 \cdot \Delta_0 + V_x \cdot \Delta_x + V_w = (V_{df} + V_p) \cdot \Delta_f + V_{ds} \cdot \Delta_s \tag{4-22}$$

悬浮液中固体质量平衡式：

$$V_0 \cdot g_0 + V_x \cdot g_x = (V_{df} + V_p) \cdot g_f + V_{ds} \cdot g_s \tag{4-23}$$

悬浮液中非磁性物含量平衡式：

$$V_0 \cdot g_0 \cdot \gamma_{c0} + V_x \cdot g_x \cdot \gamma_{cx} = (V_{df} + V_p) \cdot g_f \cdot \gamma_{cf} + V_{ds} \cdot g_s \cdot \gamma_{cs} \tag{4-24}$$

式中　V_0，V_x，V_w，V_p——分别为原煤带入的悬浮液、浓介质悬浮液、补加水和分流悬浮
液的体积，m^3/h；

V_{df}，V_{ds}——分别为浮物和沉物产品进入稀介段的悬浮液体积，m^3/h；

Δ_0，Δ_x，Δ_f，Δ_s——分别为原煤带入的悬浮液、浓介质悬浮液、浮物及沉物进入稀
介段悬浮液的密度，t/m^3；

g_0，g_x，g_f，g_s——分别为原煤带入的悬浮液、浓介质悬浮液、浮物及沉物进入稀
介段悬浮液的单位体积固体质量，t/m^3；

γ_{c0}，γ_{cx}，γ_{cf}，γ_{cs}——分别为原煤带入悬浮液、浓介质悬浮液、浮物及沉物进入稀介
段的悬浮液中非磁性物含量（以小数表示）。

当过程达到平衡时，V_x、V_w、V_p的计算如下：

由式（4-23）和式（4-24）求 V_x

$$V_x = \frac{V_0 \cdot g_0(\gamma_{c0} - \gamma_{cf}) + V_{ds} \cdot g_s \cdot (\gamma_{cf} - \gamma_{cs})}{g_x \cdot (\gamma_{cf} - \gamma_{cx})} \tag{4-25}$$

由式（4-21）、式（4-22）求出 V_w 和 V_p

$$V_w = \frac{V_x \cdot (\Delta_x - \Delta_f) - V_0 \cdot (\Delta_f - \Delta_0) - V_{ds} \cdot (\Delta_s - \Delta_f)}{\Delta_f - 1} \tag{4-26}$$

$$V_p = \frac{V_0 \cdot (\Delta_0 - 1) + V_x(\Delta_x - 1) - V_{ds} \cdot (\Delta_s - 1)}{\Delta_f - 1} - V_{df} \tag{4-27}$$

对于块煤重介选，由于产物带走悬浮液的性质与工作悬浮液的性质相同，即

$$\Delta_f = \Delta_s = \Delta, \quad g_f = g_s = g, \quad \gamma_{cf} = \gamma_{cs} = \gamma_c, \quad V_{df} + V_{ds} = V_d$$

因此，式（4-21）、式（4-22）、式（4-23）、式（4-24）可分别简化为

$$V_0 + V_x + V_w = V_d + V_p \tag{4-28}$$

$$V_0 \cdot \Delta_0 + V_x \cdot \Delta_x + V_w = (V_d + V_p) \cdot \Delta \tag{4-29}$$

$$V_0 \cdot g_0 + V_x \cdot g_x = (V_d + V_p) \cdot g \tag{4-30}$$

$$V_0 \cdot g_0 \cdot \gamma_{c0} + V_x \cdot g_x \cdot \gamma_{cx} = (V_d + V_p) \cdot g \cdot \gamma_c \tag{4-31}$$

由式（4-30）和式（4-31）可求出

$$V_x = \frac{V_0 \cdot g_0 \cdot (\gamma_{c0} - \gamma_c)}{g_x \cdot (\gamma_c - \gamma_{cx})} \tag{4-32}$$

由式（4-28）、式（4-29）可求出 V_w、V_p

$$V_w = \frac{V_x \cdot (\Delta_x - \Delta) - V_0 \cdot (\Delta - \Delta_0)}{\Delta - 1} \tag{4-33}$$

$$V_p = \frac{V_0 \cdot (\Delta_0 - 1) + V_x \cdot (\Delta_x - 1)}{\Delta - 1} - V_d \quad (4\text{-}34)$$

利用以上各式计算时,有关浓介质悬浮液的性质和数值在设计中可预先确定,一般取 $\Delta_x = 2.0\text{t/m}^3$ 及 $\gamma_{fx} = 95\%$ ($\gamma_{cx} = 5\%$)。

图 4-8 中, $V_p = V_{12}$, $V_x = V_{18}$, $V_8 = V_4 + V_6$, $V_{11} = V_8 - V_{12}$, 流程中 12、11、8 各环节为合格悬浮液,并且与 2、3 环节悬浮液性质相同,所以各项指标即可算出。至于浓介质悬浮液 18 的各项指标可按已确定性质求出,但因采用平衡关系计算误差较大,因此,可直接由下列质量平衡关系求出:

$$G_{18} = G_x = G_{df} + G_{ds} + G_p - G_0$$
$$G_{f18} = G_{fx} = G_{fdf} + G_{fds} + G_{fp} - G_{f0}$$
$$G_{c18} = G_{cx} = G_{cdf} + G_{cds} + G_{cp} - G_{c0}$$
$$W_{18} = W_x = W_{df} + W_{ds} + W_p - W_0 - W_w$$

4.4.1.4 浓缩作业的计算

重介浓缩作业的入料,是各产品脱介后的稀介质及部分合格介质(即分流量),见图 4-8。

$V_{13} = V_9 + V_{12}$, $G_{13} = G_9 + G_{12}$, $G_{f13} = G_{f9} + G_{f12}$, $G_{c13} = G_{c9} + G_{c12}$, $W_{13} = W_9 + W_{12}$

浓缩作业的计算可以简化为全部固体物料沉降进入底流,其底流是磁选作业入料。因此,根据磁选作业要求,可控制其底流排放浓度,通常底流质量浓度 P 为 $20\% \sim 25\%$,浓缩机底流水量 W_{15} 可按下式计算:

$$R = \frac{1 - P}{P} \quad \text{则} \quad W_{15} = \frac{1 - P_{15}}{P_{15}} \cdot G_{15}$$

浓缩机溢流的体积 $\qquad V_{14} = W_{14} = W_{13} - W_{15}$

浓缩机底流的体积 $\qquad V_{15} = V_{13} - V_{14}$

且 $\qquad G_{15} = G_{13}$, $G_{f15} = G_{f13}$, $G_{c15} = G_{c13}$

4.4.1.5 磁选作业的计算

设置磁选作业的目的是使循环悬浮液中非磁性物(即煤泥)的含量稳定,将入料带入的煤泥量,按相同的速度连续不断地清除,达到净化悬浮液的目的。一般净化悬浮液量占工作悬浮量的比例不大于 $10\% \sim 20\%$。

在正常的工作状态下,磁选效率(磁性物回收率) η 一般可达 99.8%,故磁选精矿中的磁性物质量 $G_{f16} = G_{f15} \cdot \eta$。

通常,磁选精矿中磁性物的含量 γ_f 和磁选精矿悬浮液的密度 Δ,在设计中已预先确定,一般取 $\Delta_{16} = 2.0\text{g/cm}^3$, $\gamma_{f16} = 95\%$。

$$G_{16} = \frac{G_{f16}}{\gamma_{f16}}, \; G_{c16} = G_{16} - G_{f16}, \; g_{16} = \frac{\Delta_{16} - 1}{\delta - 1} \cdot \delta, \; V_{16} = \frac{G_{16}}{g_{16}}, \; W_{16} = w_{16} \cdot V_{16}$$

式中 $\quad g$ ——单位体积悬浮液中的固体量,t/m^3;

$\quad \delta$ ——悬浮液中的固体物料的平均真密度,g/cm^3;

λ——悬浮液的固体体积浓度，以无因次的小数表示；

w——单位体积悬浮液中的水量，t/m^3。

根据质量平衡原理得：

$$V_{19} = V_{15} - V_{16}, \quad G_{19} = G_{15} - G_{16}, \quad G_{f19} = G_{f15} - G_{f16}, \quad G_{c19} = G_{c15} - G_{c16}, \quad W_{19} = W_{15} - W_{16}$$

4.4.1.6 新介质 G_{17}，添加稀释水 W_{17}

重介选煤过程中，产品经喷水脱介后，仍有部分介质随产品带走而损失，因此，需定期不断地补加新介质（见图 4-8）。

$$G_{f17} = G_{f18} - G_{f16}, \quad W_{17} = W_{18} - W_{16}, \quad G_{17} = \frac{G_{f17}}{\gamma_{f17}}$$

式中 γ_{f17}——新介质的磁性物含量，%。

4.4.2 介质流程平衡表

在上述计算的基础上，可编制出介质系统平衡表（见表 4-19）、循环介质系统平衡表（见表 4-20）、重介系统水耗与介耗表（见表 4-21）。通过这些表格可检查、核对计算结果。吨煤介耗应符合国家标准：块煤小于 0.8kg；混煤、末煤小于 2.0kg。

表 4-19 介质系统平衡表

项　目		各 项 指 标			
		$G/t \cdot h^{-1}$	$G_c/t \cdot h^{-1}$	$G_f/t \cdot h^{-1}$	$W/m^3 \cdot h^{-1}$
进入	原煤带入煤泥水 脱介用循环水 脱介用清水 稀释用水 补充水 补加新介质 合　计				
排出	精煤产品带走 中煤产品带走 浓缩机溢流 磁选尾煤 合　计				
差　额					

表 4-20 循环介质系统平衡表

项　目		各 项 指 标				
		$V/m^3 \cdot h^{-1}$	$G/t \cdot h^{-1}$	$G_c/t \cdot h^{-1}$	$G_f/t \cdot h^{-1}$	$W/m^3 \cdot h^{-1}$
进入循环介质桶	精煤脱介返回合格介质					
	中煤脱介返回合格介质					
	补加浓介质					
	补加清水					
	合　计					
排出循环介质						
差　额						

表 4-21 重介系统水耗及介耗

项　目		总耗量/t·h⁻¹	吨原煤消耗量/kg
水量消耗	循环水		
	清　水		
	合　计		
介质消耗	精煤带走量		
	中煤带走量		
	矸石带走量		
	小　计		
	磁选尾矿损失		
	合　计		

4.5 选煤最终产品平衡表

4.5.1 选煤产品最终产品平衡表的编制

流程计算完成以后，应将各产品的产率、产量、灰分、水分分别填入最终产品平衡表（见表 4-22）。该表一般绘制在选煤工艺流程图的右上角。该表还要编入初步设计说明书中。

表 4-22 选煤产品平衡表

产品名称	数　量				灰分 A_d/%	水分 M_t/%
	产率 γ/%	小时产量/t	日产量/t	年产量/Mt		
水洗精煤						
浮选精煤						
合计精煤						
中煤						
尾煤						
矸石						
总　计	100.0					

4.5.2 选煤工艺流程图的绘制

选煤工艺流程全部计算结束并且进行设备选型计算（见第 5 章）后，应绘制出选煤工艺流程图，每个作业应标明作业名称、主要设备型号、台数、产品名称及有关数量、质量指标等。如有重介质分选部分，同时也应绘制出重介质选煤工艺流程图，除标出数量、质量指标外，还要把 V、G、G_f、G_c、W 等指标也要标出，绘制该图时，应参考实际设计的图纸资料。

5 选煤工艺设备的选型与计算

设备选型与计算是选煤厂设计的重要环节。选煤工艺的合理性和先进性最终还是要依靠设备的正常运行才能体现出来。事实上，选煤厂建成投产以后出现的问题大多是由设备选型失误或设备工艺技术参数选择不当造成的，在工艺流程方面出问题的并不多。由于选煤设备的品种、规格繁多，国产的、引进的、仿制的，应有尽有，因此，选煤设备选择范围宽、难度大，这就要求设计人员了解各种设备的性能及适用条件，正确选型与计算。

5.1 选煤工艺设备选型与计算的一般原则

5.1.1 设备选型的任务和原则

设备选型与计算的任务是根据已经确定的工艺流程和各作业的数量、质量，并考虑原煤特性和对产品的需求，选择出适合于工艺要求的设备型号与台数，从而使选煤厂投产后达到设计要求的各项生产技术指标。工艺设备的选择，要充分考虑当前选煤发展动态和国内的技术政策，做到在技术上可能、经济上合理的情况下尽量采用先进设备，以保证获得较好的生产效果。近年来采煤机械化程度不断提高，优质煤储量减少，国内外积极研制并使用大型、高效的选煤设备和布置紧凑的单机组合系统。这样可以获得较好的经济效益，并使其工艺流程简化，生产管理方便，建厂投资和生产费用降低。设备选型时应遵守以下几项原则：

（1）所选设备的型号与台数，应与所设计的厂型相匹配，尽量采用大型设备，减少每个工艺环节的设备台数和并行的生产系统数量。由于设备性能可靠性不断提高，除特殊需要外，一般工艺环节的设备不考虑备用，以使设备与厂房布置紧凑，减少分配环节，便于生产操作、管理和自动化控制。

（2）所选设备的类型应适应原煤特性和产品质量要求。

（3）应优先选用高效率、低消耗、成熟可靠的新产品，力求技术先进、性能可靠。

（4）注重经济实用，综合考虑节能、使用寿命和备品备件等因素，尽可能选用同类型、同系列的设备产品，便于检修和备件的更换。优先选用具有"兼容性"的系列设备，便于新型设备对老型设备的更换，也便于设备更新和改扩建。

（5）在设备选用的过程中，要贯彻国家当前的技术经济政策，考虑长远规划。设备招标应考虑性能价格比，但切忌一味追求低价格，在可能的情况下，尽量采用国内产品。

（6）设备运行时的噪声应小于 85dB。

（7）设备选型要考虑不均衡系数，不均衡系数的选择参照《煤炭洗选工程设计规范》选取。

5.1.2 设备生产能力与台数的确定原则

在选择设备的型号、规格和台数之前，需要先确定设备的生产能力。

5.1.2.1 设备生产能力的确定原则

在设计中常用的确定设备生产能力的方法有单位负荷定额计算、采用产品目录指标保证值、理论公式或经验公式计算。

A 单位负荷定额计算

单位负荷定额是根据现场相似设备在较长时期使用过程中，取得的经验统计数据。它比较接近实际，多数情况下较为可靠。在计算设备生产能力时，常用单位容积、单位面积、单位长度或单位时间等单位负荷定额指标进行计算。有些设备（如旋流器等）不便使用上述几种单位负荷定额计算，可采用单台设备的处理量指标进行计算。有些设备在生产条件不同时，可使用不同的单位负荷定额进行生产能力的计算，如浮选机的选择，对于浓缩浮选工艺，一般采用单位容积处理干煤泥量（t/(h·m³)）来计算；而对于直接浮选工艺，常以单台的矿浆通过量 m³/(h·台)来计算。由于选煤工艺和设备都在不断发展，选型计算也应与时俱进。

B 采用产品目录指标保证值

产品目录上的设备生产能力保证值是设备生产厂家根据设备研制报告提供的。由于设备在研制过程中用的被处理原料的性质和操作条件与实际情况不尽相同，所以产品目录提供的设备生产能力一般偏高，使用时应充分考虑原料性质和实际生产条件，参考现场实际生产资料，最终确定选择范围。

C 理论公式或经验公式计算

理论公式或经验公式都是使用已有的公式计算设备生产能力。理论公式往往考虑的条件比较理想，所以其计算结果与实际生产能力偏离较大，需采用修正系数核算，因而应用较少。经验公式是根据实际资料总结出来的，其中常包括一些与原料性质、操作特点等有关的经验系数。这些系数在未投产的情况下难以确定，因而在使用上有局限性。

综上所述，由于单位负荷定额比较接近生产实际，一般在设计中，都优先选用单位负荷定额计算设备生产能力。另外，由于设备的生产能力与原料性质和生产条件关系密切，故应收集现场的实际资料，了解各种原料和生产条件下设备的生产能力，尽量采用接近实际情况的数据。

5.1.2.2 设备型号、规格和台数的确定原则

设备型号、规格和台数的选择，应注意生产的不均衡性和灵活性，尤其是一些咽喉性输送设备的选择，更应考虑到当主要设备生产能力提高后的适应性。在设备选择中还应考虑设备的备用问题，备用设备的数量应根据厂型大小、工作性质、设备出现故障的可能性大小和检修工作量大小等因素来确定。一般情况下，选煤厂中高速运转和易磨损设备需要备用，如离心脱水机和砂泵等。其他设备一般不备用。具体规定参阅《煤炭洗选工程设计规范》（GB 50359—2005）。

设备台数的确定还应与车间布置统筹考虑，兼顾到布置的整齐、不同工艺环节设备台数的匹配以及物料输送的需要等。

5.1.3　不均衡系数的确定原则

在选煤厂的生产中，原煤的数量和质量存在不均衡性，随时都可能产生波动。为了保证选煤厂能均衡生产，在确定设备的型号和台数时，要将数量、质量流程所计算的各作业环节的处理量乘以相应的不均衡系数，作为选择设备的依据。不均衡系数的选取应符合《煤炭洗选工程设计规范》的规定：

（1）由矿井直接来煤时，从井口或受煤仓到配（原）煤仓的设备处理能力应与矿井最大提升能力一致。

（2）由标准轨距车辆来煤时，从受煤坑至配（原）煤仓的设备处理能力的不均衡系数不应大于 1.50；当采用翻车机卸煤时，配（原）煤仓前设备的处理能力应与翻车机能力相适应。

（3）在配（原）煤仓以后，设备处理能力的不均衡系数，在额定小时能力的基础上，煤流系统取 1.15，矸石系统取 1.50，煤泥水系统和重介悬浮液系统取 1.25。

在实际生产中，煤泥水系统的设备处理能力对全厂生产的影响比较大。因此，应尽量将煤泥水系统的设备处理能力放大，可按分选环节的最大能力作为选型基数。

5.1.4　设备选型时需考虑的其他相关因素

影响设备选型计算的相关因素很多，应注意以下几个方面的问题。

5.1.4.1　设备本身的性能及其处理能力

设备本身的性能好坏对设备处理能力和工艺效果的影响很大。同一类设备，不同厂家或不同结构参数，设备的处理能力是不同的。如香蕉筛与水平直线振动筛同属振动筛，但单位面积的处理能力是不同的。各种类型的卧式离心机，因结构和参振原理不同，其处理能力和脱水效果大不一样。

5.1.4.2　进入设备处理的物料量或流量

有的设备选型主要与干物料量多少有关，如干法筛分机和跳汰机等；有的设备选型与干物料量和流量都有关，选型计算时要兼顾两种量的需求台数，如浮选机和磁选机等。

5.1.4.3　设备使用的相关工艺条件

主要的相关工艺条件是入料粒度上、下限，入料压力，入料浓度，设备安装角度，筛板材质，筛孔尺寸和开孔率等。不同的设备对使用工艺条件的要求内容也不同。例如：筛分机的处理能力与设备的安装角度、筛孔尺寸等条件有关；脱水筛、脱介筛的处理能力及脱水、脱介效果与筛板材质、筛孔尺寸和开孔率等条件有关；磁选机的磁选效率与入料浓度、入料中磁性物含量等条件有关；过滤机、压滤机、浓缩机的处理能力及工艺效果与入料浓度及入料粒度上、下限等条件有关；各类旋流器的处理能力和工艺效果与入料浓度、入料压力等条件有关。

5.1.4.4 入料的相关煤质特性

设备选型计算时要考虑入料的煤质特性，例如跳汰机、动筛跳汰机、浅槽重介质分选机、重介质旋流器等工艺分选设备的处理能力和分选效果均在不同程度上与入料的粒度组成、密度组成有关；干法筛分设备的处理能力则与物料的外在水分有关；脱水筛、脱介筛的处理能力及脱水、脱介效果与入料中的煤泥含量有关。

5.1.4.5 工艺布置方面的要求

设备选型的规格、台数与工艺布置的要求有密切关系，两者必须统筹考虑。例如厂房布置成单系统或多系统，就直接影响到设备选型的规格和台数。厂房拟布置工艺的多少，又主要取决于主分选设备的选型，其他各作业环节的设备选型必须与之相适应。一般各工艺系统多采用独立布置方式，各作业环节的设备一一对应布置。有时，某个作业环节又因布置的需要，各工艺系统可共用一台设备。

5.2 筛分设备的选型与计算

5.2.1 筛分设备的类型及其适用范围

筛分设备是选煤厂使用最多的工艺设备之一，分为振动筛、固定筛、滚轴筛和摇动筛四大类。筛分机型号可参阅《煤炭工业设备手册》、《选煤用产品联合目录》以及各厂家提供的选型资料等。国外进口筛分机的使用也较多。由于筛分机种类繁多，选择时一定要充分了解其适用范围、各种工艺和机械参数，选择可靠、先进、适用的产品。

5.2.1.1 固定筛

固定筛分为格筛、棒条筛、条缝筛、弧形筛和旋流筛等。

（1）格筛：多用于受煤坑、受煤槽（漏斗）的上部，以限制原煤中的过大块。一般安装呈水平或略有倾角。筛孔一般为 200～300mm，多为矩形。

（2）棒条筛：多用于预先筛分，安装倾角为 35°～40°。筛孔一般不小于 50mm。

（3）条缝筛：一般用在振动脱水（脱介）筛前，用作预先泄水（脱水）、脱介。筛孔一般为 0.5～1mm。

（4）弧形筛：在选煤厂主要用于末煤和煤泥的预先脱水、脱泥及脱介。近年来与分级旋流器一起用作浮选前分级和粗煤泥回收设备。为了延长弧形筛的寿命，发明了可翻转弧形筛，在生产中，每隔一定时间，将弧形筛掉转方向，以便均衡磨损。为了提高弧形筛的效率，又发明了振动弧形筛。目前生产的主要型号有 FH、DZH、XM、R 等系列。

（5）旋流筛：仿制波兰奥索（OSO）筛。其结构简单，无运动部件，并兼有弧形筛和离心脱水机的优点。用于末煤初步脱水、末煤脱泥及粗煤泥回收。

5.2.1.2 振动筛

振动筛种类很多，应用最为广泛。由于不同种类振动筛的工作原理、结构等各不相同，故适用范围也不尽相同，选型时应首先充分了解各种振动筛的特点。

A 圆振动筛

它多用于原煤预先分级，一般常用50mm及以上的筛孔，处理量较大。新研制的振动棒条筛，具有结构简单、处理量大、筛孔不易堵塞，适用于潮湿物料的中、细粒级干法筛分。

B 直线振动筛

它多用于预先筛分、准备筛分、最终筛分、脱水、脱泥和脱介等各种作业，是选煤厂使用最广泛的筛分设备。可根据要求选择不同的筛孔，因而不同用途的处理能力有较大差别。

C 等厚筛（香蕉筛）

它常用作分级入选前的准备筛分或预先筛分。等厚筛的筛面可分为几段，各段采用不同倾角，因其外形像香蕉，又名香蕉筛。筛分时，各段筛面上物料量与流速比值稳定，料层厚度基本保持不变，堵孔现象较少，故筛分效率高，比相同有效筛面振动筛的处理量高1~2倍。等厚筛主要用于筛孔在50mm以下的筛分，目前生产的主要型号有ZDS、ZQD、SL、CBV等系列。

D 概率筛

使用较小的筛面面积可获得较高的精度和较大的生产能力，当处理高水分（7%~10%）细粒级煤时，筛孔不易堵塞。可用于13（6）mm粒级煤的筛分。概率筛的主要型号有GS、ZBG、ZDG、GDS等系列。

旋转概率筛是以概率筛分理论为基础的一种新型筛分设备，适用于一般筛分设备难以处理的水分高、黏性大、粒度细的原煤。对提高分选设备的分选效率、减少次生煤泥量的产生有一定作用。目前生产的主要型号有XGS系列。

E 高频振动筛

它是一种以高频率、高振动强度为特征的振动筛，适用于煤泥回收和分级。当用作煤泥分级时，高频振动筛应是高频、小振幅，入料浓度不能过低。当用作煤泥回收时，高频振动筛的振动频率不宜过高。目前生产的主要型号有ZGD、GPS等系列。

F 琴弦筛

琴弦筛采用单轴块偏心激振，应属于圆振动筛类。上层采用矩形不锈钢焊接筛网，下层采用琴弦式筛网，筛丝随着筛子振动而产生颤动，所以筛孔不易堵塞。琴弦筛适用于高水分及细粒级含量多的煤炭或其他物料的筛分分级。目前生产的主要型号有SQDZ、GXS等系列。

G 共振筛

它可用于分级、脱水、脱泥及脱介。目前生产的主要型号有GLM等系列。

H 振网筛

它适用于粗煤泥回收和分级。

5.2.1.3 摇动筛

摇动筛适用于中小型选煤厂。由于其缺点较多，目前大型厂很少选用。

5.2.1.4 滚轴筛和螺旋筛

滚轴筛结构坚固，老式的滚轴筛适用于露天矿原煤的预先筛分、电厂分级筛分等，有的老厂的重介选矸车间用它脱介。由于设备耗钢材量大，生产能力低，新设计选煤厂大多不采用。新式正弦滚轴筛用于原煤分级，其筛面由交错排列的正弦波纹的滚轴组成。SL列螺旋筛可用于潮湿和黏性原煤 60~6mm 筛孔的筛分，其筛面采用表面有粗大螺纹的钢棒制成，避免堵塞。

5.2.2 筛分设备的选型计算

5.2.2.1 已知单位面积负荷定额

A 确定所需筛面面积 F

$$F = \frac{k \cdot Q}{q} \tag{5-1}$$

式中 F——所需筛面面积，m^2；

       Q——入料量，t/h；

       k——不均衡系数（按 5.1 节规定选取）；

       q——单位负荷定额（从表 5-1~表 5-3 中选取），$t/(m^2 \cdot h)$。

B 确定所需台数

根据式（5-1）算出的面积 F，选择适用的型号后，用下式计算台数：

$$n = \frac{F}{F'} \tag{5-2}$$

式中 n——筛分机台数，台；

       F'——选用筛分机的有效面积，m^2。

表 5-1 所示为筛分作业的单位负荷定额。表 5-2 所示为筛分机用于脱水作业的单位负荷定额。表 5-3 所示为筛分机用于脱介作业时的单位负荷定额，并分别附有相应的工作条件。表 5-4 所示为固定条缝筛和弧形筛的单位面积泄水量指标。

表 5-1 常用筛分设备处理能力

设备名称	筛分方法	筛分效率/%	单位负荷定额 $q/t \cdot m^{-2} \cdot h^{-1}$								
			筛孔尺寸/mm								
			100	80	50	25	13	6	1.5	1	0.5
圆振动筛	干法	>85	100~120	80~90	40~50						
倾斜式直线振动筛	干法	>85			40~50	30~40	15~25	7~10			
		>60				40~50	20~30	10~15			
	湿法	>85						14~20	12~18	10~15	7~10
水平式直线振动筛	干法	>85			30~40	15~20	7~10	4~6			
		>60				20~30	10~15	7~10			
	湿法	>85						12~16	10~14	9~12	6~8

注：1. 干法筛分的处理能力，当物料水分小于 7% 时取偏大值，当物料水分不小于 7% 时取偏小值；

    2. 筛分效率与处理能力成反比，筛分效率高，处理能力低。

表 5-2 脱水筛、脱泥筛处理能力以及筛上物水分

筛孔尺寸 /mm	参 数	指 标		
		精煤脱水、分级	末精煤脱水、脱泥	粗粒煤泥脱水
13	处理能力 $q/\text{t} \cdot \text{m}^{-2} \cdot \text{h}^{-1}$	14~20	—	—
	筛上物水分 $M_t/\%$	8~10	—	—
1.0	处理能力 $q/\text{t} \cdot \text{m}^{-2} \cdot \text{h}^{-1}$	—	9~15	—
	筛上物水分 $M_t/\%$	—	12~15	—
0.5	处理能力 $q/\text{t} \cdot \text{m}^{-2} \cdot \text{h}^{-1}$	—	6~10	3~5
	筛上物水分 $M_t/\%$	—	13~18	18~23
0.35	处理能力 $q/\text{t} \cdot \text{m}^{-2} \cdot \text{h}^{-1}$	—	—	1.5~2.5
	筛上物水分 $M_t/\%$	—	—	23~28

注：脱泥筛上宜设喷水装置，脱水筛前可设弧形筛或固定筛预脱水。

表 5-3 脱介筛处理能力

物料名称	筛孔尺寸 /mm	单位面积处理量 $q/\text{t} \cdot \text{m}^{-2} \cdot \text{h}^{-1}$				喷水量		喷水压力 p /MPa
		已脱泥	末脱泥	已脱泥	末脱泥	$W/\text{m}^3 \cdot \text{t}^{-1}$	$W/\text{m}^3 \cdot \text{t}^{-1}$	
块煤	0.5（1.5）	10~18		60~90		0.5~1.0	23~33	
混煤、末煤	0.5	5~9	5~7	30~45	25~36			0.15~0.3
	1.0	8~14	6~11	45~55	36~48	1.0~2.0	35~50	
	1.5	9~16	7~13	50~65	42~55			

注：脱介筛可用单位宽度处理量进行选型计算，$n = kQ(q \cdot B)$，B 为选定筛宽。

表 5-4 固定条缝筛、弧形筛单位面积泄水量（参考值）

设备名称	作业类型	不同筛孔尺寸的单位泄水量/$\text{m}^3 \cdot \text{m}^{-2} \cdot \text{h}^{-1}$			
		2（mm）	1（mm）	0.75（mm）	0.5（mm）
固定条缝筛	精煤脱水，块精煤、中煤、矸石脱介	80~100	50~70	40~60	30~40
弧形筛	末精煤脱水	—	120~140	70~90	50~60
弧形筛	粗煤泥脱水	—	100~120	60~80	40~50
弧形筛	末精、中煤、矸石脱介	—	80~100	50~70	入料悬浮液的 60%~80%

注：当用作预先脱水脱介时，弧形筛宽应比脱水筛宽小 150~200mm。

固定条缝筛面积由式（5-1）确定后，需进一步确定其长度 L 和宽度 B。一般情况下，两者关系为 $L = 2B$，同时宽度还应与入料溜槽相同。最后，筛宽还要以入料中最大块尺寸 $d_{最大}$ 进行验算。

大块含量不小于 20% 时，筛宽 $B \geqslant 3d_{最大}$；大块含量小于 20% 时，$B \geqslant 2d_{最大} + 100\text{mm}$。

5.2.2.2 单位面积负荷未知情况下的选型与计算

当单位负面积荷定额查不到，或不便用其计算时，可按现场收集的或由产品目录查出的单台处理量计算所需设备台数。

$$n = \frac{k \cdot Q}{Q_e} \tag{5-3}$$

式中　Q_e——筛分设备单台处理量，$t/(h \cdot 台)$。

其他符号意义同前。

5.3　破碎设备的选型与计算

在选煤厂中，破碎设备一般用于以下作业：

（1）入选原煤的准备作业。为了满足入选粒度上限的要求，在准备作业中，要破碎大于入选粒度上限的原煤，同时，解离大块夹矸煤。

（2）中煤（中间产物）的破碎，以解离出更多的精煤。

（3）将煤炭破碎成各粒度的产品，以满足用户的要求。

破碎设备的选择应根据原煤性质和对产品的粒度要求而定。选煤厂一般采用一段破碎作业，若原煤中+300mm 超过 10%（露天矿来煤），且入选上限为 25（13）mm 时，可采用两段破碎。

5.3.1　破碎设备的类型

目前国内各选煤厂使用的破碎机种类众多，主要有齿辊式破碎机、分级破碎机、反击式破碎机、选择性破碎机、颚式破碎机、链板式破碎机及锤式破碎机等。

5.3.1.1　齿辊式破碎机

齿辊式破碎机在选煤厂应用广泛。常用的有四齿辊、双齿辊和单齿辊破碎机。目前生产的主要型号有 PG、PC、PGC、GCQ 等系列。

齿辊式破碎机具有结构简单、工作可靠、生产能力大、破碎过程粉尘量少等优点。其主要缺点是机齿磨损严重。应选用中碳合金钢制造的齿圈或齿面，以便可以使用硬质合金钢堆焊，恢复其磨损部位。

破碎粒度较大、硬度较高的煤时，一般采用单齿辊破碎机。对块煤进行粗碎或要求破碎粒度较小时，可采用双齿辊破碎机或四齿辊破碎机。四齿辊破碎机破碎比可达 6∶1。

5.3.1.2　分级破碎机

分级破碎机是在齿辊式破碎机的基础上改造而成的。主要是增大了齿辊之间的间隙，这样可以使尺寸小于间隙的物料直接落下，避免了过粉碎。MMD 型分级破碎机还能避免产生过大粒。目前生产的分级破碎机主要型号有 FP、PLF、SSC、2PGC、MMD 等系列。

新型分级破碎机充分利用煤炭等物料的"抗压强度>抗剪强度>抗拉强度"这一特性，利用剪力和张力的共同作用对物料进行破碎，同时由于物料与辊齿各个接触点的线速度不同，因而破碎作业带有一定的冲击性，有利于物料的破碎。FP、2PGC 等分级破碎机的齿辊结构及工作原理见图 5-1。

MMD 型分级破碎机的工作原理见图 5-2，两根水平安装的轮齿轴相向运动，轮齿按螺旋方式布置在两根轴上，按照符合剪切作用原理而设计的特殊齿型的轮齿直接作用在物料上，使轮齿沿着物料的薄弱易碎部位产生巨大剪切力、拉伸力，使物料破碎，破碎后的物料在两齿之间，以及侧壁梳形板之间排出。物料在破碎后受此间隙控制，粒度均匀，不会出现过大粒。另外，给料中已含有的合格物料在破碎机中很快就被排出，不受剪切力作用，因此，该破碎机的筛分和粒度控制效果好。

图 5-1　分级破碎机的齿辊
结构及工作原理

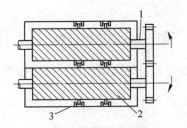

图 5-2　分级破碎机的齿辊结构及工作原理
1—轮齿轴；2—轮齿；3—侧壁梳形板

5.3.1.3　颚式破碎机

颚式破碎机结构简单，且高度低、工作可靠。但与齿辊式破碎机相比，过粉碎现象较严重，破碎扁平块物料易出现过大块，当颚式破碎机排矿口减小（降低排料粒度上限）时，生产能力迅速下降。

颚式破碎机通常用于较硬矿石的粗碎和中碎。在选煤厂，当原煤中矸石含量大且硬，以及煤中含有粒度较大的黄铁矿结核时，可使用颚式破碎机。目前生产的主要型号有 PE、PJ 等系列。

5.3.1.4　锤式破碎机

中煤破碎大都使用锤式破碎机（简称锤碎机）。锤碎机具有结构简单、工作可靠、生产能力和破碎比大的优点。但锤碎机破碎煤时，过粉碎现象较严重；当原煤水分高时，其效率降低，且算条易堵塞；此外，锤头磨损较快。在选煤厂中通常仅用于中煤的破碎作业和沸腾炉燃料破碎。目前生产的主要有 PC、JPC、CP 等系列，此外还有 TPC 等单段锤式系列和 HS、KRC、PCH 等环锤式系列。

5.3.1.5　反击式破碎机

反击式破碎机能顺着煤与矸石解理面进行破碎，故过粉碎现象少，破碎产物的粒度均匀。具有破碎比大、生产率高、动力消耗小等优点。该机适用于中碎或细碎。目前生产的适用于破碎煤的主要型号有 MF、PFD、PF 等系列。

5.3.1.6　选择性破碎机

选择性破碎机用于原煤准备作业，将筛分、选矸、破碎合并在一个作业中完成。选用选择性破碎机时，应考虑下列条件：

（1）用户对块煤粒度没有要求；

（2）煤和矸石在硬度上差别较大（经跌落试验测得）；

（3）大于 50mm 级矸石含量（从筛分试验表可知）较高，一般占本级 30% 以上；

（4）块煤不采用重介选。

选择性破碎机操作简单、运转可靠。在原煤及矸石特性适宜的情况下，效果明显，否则效率较低，需设反手选或二次破碎。其缺点是噪声大、粉尘大、振动大、磨损严重。

5.3.2 破碎设备的选型计算

破碎设备的选型计算，一般按单台设备处理能力进行：

$$n = \frac{k \cdot Q}{Q_e} \tag{5-4}$$

式中　n——所需破碎机台数，台；

　　　Q——入料量，t/h；

　　　k——不均衡系数；

　　　Q_e——破碎机单台处理量（可由表 5-5～表 5-7 查出），t/(h·台)。

破碎机入料前必须设置除铁器，以保护破碎机不被铁器损伤。

表 5-5　破碎机处理能力

设备类型	齿辊直径 /mm	入料最大粒度 /mm	排料粒度 /mm	单位辊长处理能力 /t·m⁻¹·h⁻¹
分级破碎机	500	<300	50~150	50~100
	650	<300	50~150	60~120
	800	<300	50~150	80~150
	1000	<350	50~150	100~200
双齿辊破碎机	450	<200	50~150	40~80
	600	<300	50~150	50~100
	900	<300	50~150	70~140
环锤式破碎机	650	<200	20	40~80
	800	<250	20	60~120
	1100	<250	30	100~200

注：破碎机处理能力与入料性质（硬度、粒度、粒度组成等）、破碎比、破碎机齿型等因素有关，选型时应加以考虑。

表 5-6　几种破碎机的技术性能

设备 名称	型　号	进料 粒度 /mm	出料 粒度 /mm	产量 /t·h⁻¹	电动机			外形尺寸			质量 /t
					型　号	转速 /r·min⁻¹	功率 /kW	长 /m	宽 /m	高 /m	
单齿辊 破碎机	PGC-1100×1860		<150	140	JO₂-81-8	730	22	5.8	2.2	1.4	16
双齿辊 破碎机	2PGC-450×500	200	0~100	55	JB22-8		11	2.26	2.206	0.766	3.765
	2PGC-600×750	600	0~100	60~125	Y225M-8		22	3.97	3.585	1.145	6.95
	2PGC-900×900	300	0~50	100	Y280S-8		37	3.97	3.585	1.145	13

续表 5-6

设备名称	型号	进料粒度/mm	出料粒度/mm	产量/t·h⁻¹	电动机 型号	电动机 转速/r·min⁻¹	电动机 功率/kW	外形尺寸 长/m	外形尺寸 宽/m	外形尺寸 高/m	质量/t
四齿辊破碎机	4PGC-310/280×800	50~300 0~300	40~80 可调	120~200 250~350	Y250M-4		55	2.68	2.66	1.3	6.8
	4PGC-380/350×1000	50~300 0~300	50	200~300 400~500	Y280S-4		75	3.172	2.98	1.4	8.5
锤式破碎机	PC-Φ600×600	≤100	≤15	15~25	Y180L-4	1470	22	1.498	1.156	0.867	1.7
	PC-Φ600×1200	≤300	≤25	30	JQO_2-82-4	1470	40	3.0	1.70	1.18	3.44
	PC-Φ1000×1000	≤200	≤15	60~80	JR-117-6	1000	130	3.445	1.695	1.331	6.1
	PC-Φ1300×1600	<300	≤10	150~200	JS-147-10	740	200	4.8	2.4	1.9	18
反击式破碎机	PFD-Φ750×700	<200	≤25	40~60			37	2.513	1.690	1.540	3.35
	PFD-Φ1100×850	<200	≤25	90~110			80	3.165	2.330	2.100	6.3
	PFD-Φ1100×1200	<200	≤25	180~220			155	3.615	2.330	2.100	8.753
分级破碎机	FP5012G	≤300	≤40 ≤50 ≤80	60~110 100~180 100~180			75	2910	2606	1060	12.8

注: 1. 四齿辊 4PGC-310/280×800 指上辊直径 310mm,下辊直径 280mm,辊长 800mm;

2. 四齿辊允许入料个别粒度为 500mm;

3. 齿辊破碎机的生产能力指破碎含矸不大于 30%的原煤;

4. 此表仅列出个别型号,详细可查产品目录。

表 5-7 颚式破碎机技术性能

型号	给矿口 长/mm	给矿口 宽/mm	推荐最大给矿尺寸/mm	产量/t·(h·台)⁻¹	主电机 功率/kW	主电机 转速/r·min⁻¹	主电机 电压/V	外形尺寸 长/m	外形尺寸 宽/m	外形尺寸 高/m	质量/t
PE-250	400	250	200、210	5~20	17	970	380	1.100	1.090	1.100	2.0~3.4
PE-400	600	400	350	25~64	30	975	380	1.700	1.742	1.530	5.8
PE-500	750	500	425	28.5~62.5	55	1000		1.890	1.915	1.870	9.9
PEX-150×750	750	150	120	5~22	15	970		1.380	1.658	1.025	3.5
PEX-250×750	750	250	210	15~35	30	980		1.480	1.900	1.500	6.3
PEX-250×1000	1000	250	210	15~50	37	740		1.530	1.992	1.380	6.4
PEX-250×1050	1050	250	210	32	45	980		1.400	2.300	7.700	6.9
PEX-250×1200	1200	250	210	8~60	45	750		1.530	2.192	1.380	8.0

5.4 分选设备的选型与计算

分选设备是选煤厂的心脏,主要有跳汰机、重介分选机、摇床、选煤槽和浮选机等。此外,还有干法分选机、螺旋分选机、自生介质螺旋滚筒分选机、浮选柱、浮选床、动筛跳汰机等。

5.4.1 跳汰分选设备

5.4.1.1 跳汰分选设备的类型及适用范围

根据工作原理和结构的不同，跳汰分选设备分为空气脉动跳汰机和动筛跳汰机两大类。

A 空气脉动跳汰机

据统计，我国已经使用和生产的跳汰机有多种型号和规格，见表 5-8。大型选煤厂均采用无活塞跳汰机，简易小厂可选用活塞式跳汰机。

表 5-8 我国使用和生产的跳汰机型号与规格

型　号	已使用（生产）规格/m²	形　式	备　注
X 系列	8、11、14、16、19、22、25、27、30	筛下气室式	20 世纪 80 年代后生产
SKT 系列	8、10、12、14、16、18、20、24	筛下气室式	
YT 系列	8、10、12、14、16	混合式	2000 年以后生产
LTX 系列	6、8、10、12、14、16、35	筛下气室式	
巴达克	14、30、35	筛下气室式	从国外引进
LTG 系列	3、4、6、8、15	侧鼓式	
BOM 系列	8、10、12、16	侧鼓式	
LTGV 系列	4、6、8、10、14、18、22、27、32、37		永田式，引进技术制造
LTW 系列	2、6、8、12.6、15、16		
台吉式	4.2、6、8.2、8.7		
CT 系列	1.5、2.5、3.4、4.5、6	侧鼓式	

无活塞跳汰机分为侧鼓式和筛下气室式跳汰机。两种形式均适用于混合入选和分级块煤入选。末煤入选可采用人工床层末煤跳汰机。

表 5-8 所列跳汰机中，SKT 系列和 X 系列跳汰机是 20 世纪 80 年代以后研制的，目前在许多大型选煤厂使用较为普遍。CT 系列跳汰机是小型跳汰机系列产品，适用于小型选煤厂。从国外引进的巴达克跳汰机，现场使用情况较好。

块煤跳汰机的有效分选粒度上限为 150（200）mm，混煤跳汰机的有效分选粒度上限为 50（80）mm，下限为 0.5mm。

B 动筛跳汰机

动筛跳汰机主要用于 +50mm 块煤的排矸，有效分选上限为 350（400）mm，下限为 35（30）mm。该设备具有结构紧凑、占地面积小、基建投资少、用水量少、工艺简单、辅助设备少、运行费用低、可以代替手选等优点，是较为可靠的排矸设备。

动筛跳汰机的结构分为液压式和机械式两种，液压式应用较多。

5.4.1.2 跳汰分选设备的选型计算

A 空气脉动跳汰机

跳汰机台数的确定采用单位面积负荷定额计算法和单位槽宽负荷定额法。

使用单位面积负荷定额计算时，所需跳汰机台数按下述步骤计算：

a 计算所需跳汰面积

$$F = \frac{k \cdot Q}{q} \tag{5-5}$$

式中 F——所需跳汰面积，m^2；

k——物料不均衡系数；

Q——入料量，t/h；

q——单位面积负荷定额（由表 5-9 选取），$t/(m^2 \cdot h)$。

表 5-9 跳汰机处理能力

作业条件		单位宽度处理能力/$t \cdot m^{-1} \cdot h^{-1}$	单位面积处理能力/$t \cdot m^{-2} \cdot h^{-1}$
空气脉动跳汰机	不分级入选	80~100	13~18
	块煤分选	90~110	14~20
	末煤分选	50~70	10~14
	再选	50~70	10~14
动筛跳汰机排矸		80~110	40~70

注：1. 采用单段跳汰机排矸时，处理能力可按单位宽度指标计算；

2. 跳汰机单位宽度（面积）处理能力，易选煤取偏大值，难选煤取偏小值。

b 计算所需跳汰机台数

$$n = \frac{F}{F'} \tag{5-6}$$

式中 n——所需跳汰机台数，台；

F——所需跳汰面积，m^2；

F'——所选跳汰机的有效面积，m^2。

使用单位槽宽负荷定额计算时，跳汰机台数按下式计算：

$$n = \frac{kQ}{Bq} \tag{5-7}$$

式中 n——所需跳汰机台数，台；

Q——入料量，t/h；

k——物料不均衡系数；

B——分选机槽宽，m；

q——单位槽宽负荷定额（由表 5-9 选取），$t/(m \cdot h)$。

B 动筛跳汰机

（1）按单位面积负荷定额或单位槽宽负荷定额时计算时，其处理能力可参照表 5-9 中的数据，或参照式（5-5）~式（5-7）计算。

（2）按单台处理能力计算所需台数时，按 $n = \dfrac{kQ}{Q_e}$ 计算。

式中 n——所需动筛跳汰机台数，台；

Q——入料量，t/h；

k——不均衡系数；

Q_e——动筛跳汰机单台处理量，$t/(h·台)$。可参见表 5-10 选取或厂家提供的保证值。

表 5-10 动筛跳汰机的处理能力（参考值）

液压式					
型 号	DT1.0/2.0	DT1.2/2.4	DT1.4/2.8	DT1.6/3.2	DT1.8/3.6
处理能力/$t·h^{-1}$	80~120	110~150	140~170	160~225	200~275
吨干煤用循环水/m^3	0.08~0.2				
不完善度 I	0.07~0.12				

机 械 式					
型 号	KJDT1.0/2.0	KJDT1.2/2.4	KJDT1.4/2.8	KJDT1.6/3.2	KJDT1.8/3.6
处理能力/$t·h^{-1}$	60~90	70~100	100~120	120~150	150~180
吨干煤用循环水/m^3	0.08~0.2				
不完善度 I	0.09~0.12				
单位宽度处理能力/$t·m^{-1}·h^{-1}$					80~110
单位面积处理能力/$t·m^{-2}·h^{-1}$					40~70

5.4.2 重介质分选机

根据工作原理的不同，重介质分选机可分为在重力场中分选的重介质分选机（浅槽重介质分选机、斜轮重介质分选机和立轮重介质分选机等）和离心场中分选的重介质旋流器。

5.4.2.1 块煤重介质分选机

块煤重介质分选机主要用于大于 13（6）mm 块煤的分选（块煤排矸或精选）。我国使用的块煤重介质分选机有立轮、斜轮和浅槽刮板式三种，前两种居多（见表 5-11）。

表 5-11 部分厂矿使用的块煤重介质分选机

类 型	规格型号	产地	类 型	规格型号	产地
斜轮重介质分选机	LZX-1.2	中国	立轮重介质分选机	迪萨 1.4	波兰
	LZX-1.6			迪萨 2.1	波兰
	LZX-2			迪萨 3/2 三产品	波兰
	LZX-2.6			泰司卡 4.5m	德国
	LZX-3.2			TL 型 2.5m	中国
	LZX-4			JTL 型 1.6m	
浅槽刮板式重介质分选机	T-22054	美国			
	T-12054	美国			

A 斜轮重介质分选机

斜轮重介质分选机适用于处理粒度 300~13(6)mm 的难选、极难选或含矸率高的块煤。当用作选矸设备时，处理粒度上限可达 500mm，甚至更大（视槽宽而定）。其缺点是占地面积较大、小颗粒分选效果不够好（受介质流动特性影响）、设备检修工作量大。

斜轮分选机的入料方式分一端入料、两端入料两种。前一种常用两端入料斜轮分选机视工艺布置需要选用，例如，两台主选机对一台再选机，再选机可用两端入料的斜轮分选机。

B 立轮重介质分选机

立轮重介质分选机种类较多。目前我国使用的主要有三种。

a 泰司卡立轮重介质分选机

这种分选机运转可靠，采用下降流，有利于小颗粒的分选，分选效率较高。其缺点是结构复杂，制造困难。

b JLT 型立轮重介质分选机

这种分选机是在吸收泰司卡立轮重介质分选机优点的基础上，由我国自行设计的，设计中对泰司卡立轮重介质分选机的一些不足进行了改进。

c 迪萨型和 JL 型立轮重介质分选机

它产自波兰。该分选机占地面积小。不足之处是提升轮易摆动，易使较大的物料漏到轮下，从而卡住提升轮。JL 型是迪萨型的改进型，克服了迪萨型的一些缺点，但轮体下半部浸没在悬浮液中磨损严重。

C 浅槽重介质分选机

浅槽重介质分选机主要用于分选+13mm 的块煤。该分选机的机体为窄槽形，槽中由链板刮出沉物。其优点是结构简单，没有大型运动部件。其缺点是入选上限低（相对于立轮和斜轮重介质分选机而言），磨损严重，要求介质粒度尽量细以减少磨损。

5.4.2.2 块煤重介质分选机的选型计算

A 斜（立）轮重介质分选机

斜轮和立轮重介质分选机的生产能力都可采用单位负荷定额计算，或由产品目录查取。由于原煤的密度组成变化很大，浮物或沉物过多也影响分选机的处理量，故选定设备台数后，还需用经验公式或经验数据校核设备允许通过的浮物量或沉物量，必要时要调整选定的设备台数。

采用单位负荷定额计算时，所需斜轮或立轮重介质分选机的台数可按下式计算：

$$n = \frac{kQ}{Bq} \tag{5-8}$$

式中　n——所需分选机台数，台；

　　　Q——入料量，t/h；

　　　B——分选机槽宽，m；

　　　q——单位槽宽负荷定额（由表 5-12 查取或由厂家提供的保证值），$t/(m \cdot h)$；

　　　k——物料不均衡系数。

表 5-12 斜轮、立轮、浅槽型刮板式重介质分选机的处理能力

分 选 机	单位槽宽处理能力 $q/t \cdot m^{-1} \cdot h^{-1}$	单位槽宽悬浮液循环量 $/m^3 \cdot m^{-1} \cdot h^{-1}$
斜（立）轮重介质分选机	70~100	80~100
浅槽型刮板式重介质分选机	70~100	175~200

允许的最大浮煤量由下式计算：

$$q_1 = 100B \tag{5-9}$$

式中　q_1——允许最大浮煤量，t/h；

　　B——分选机槽宽，m；

　　100——分选机 1m 槽宽的最大浮物量，$t/(m \cdot h)$。

沉煤量与入料中的最大矸石粒度及排矸轮转速有关。斜轮最大沉煤量可达 600t/h。立轮设计沉煤量与斜轮相同。表 5-13 所示为斜（立）轮重介质分选机单台设备处理量的参考值。

表 5-13 斜（立）轮重介质分选机的处理能力（参考值）

分选机槽宽/mm	处理能力 $q/t \cdot h^{-1}$	入料粒度/mm	最大浮煤量/ $t \cdot h^{-1}$	最大沉煤量/ $t \cdot h^{-1}$
1200	65~95	13~200	45	100
1600	100~150	13~300	88	147
2000	150~200	13~300	110	202
2600	200~300	12~300	143	196
3200	250~350	12~400	232	277

B　浅槽重介质分选机

浅槽重介质分选机的生产能力按单位负荷定额可用式 5-8 计算。需要注意的是：浅槽重介质分选机无须校核允许通过的浮物量，允许通过的沉物量与槽体内刮板的宽度、高度两个因素有关，可参见产品目录额定的参考值。

5.4.2.3　重介旋流器的种类及选型计算

A　重介旋流器的种类及特点

重介旋流器主要用于分选极难选煤、难选煤、较难选煤甚至中等可选煤。入料粒度一般为 50~0.5mm，有的入料粒度上限可达 80mm。旋流器直径越小，入料粒度上限也越小。

生产两产品时，采用两产品旋流器。生产三产品时，可采用一台三产品旋流器或两段两产品旋流器（即两台两产品旋流器串联使用）。三产品旋流器可在一套旋流器中同时实现高密度和低密度两段分选，分选出精煤、中煤和矸石三种产品，简化了选煤工艺。无压给料的圆筒旋流器有两产品和三产品两种。无压给料方式既克服了定压给料厂房较高的缺点，也克服了泵给料会使煤过粉碎的缺点。

目前国内生产的重介旋流器品种较多，主要有 NZX、NWX、GDMC、DMC 等系列。

B　重介质旋流器的选型计算

采用单台处理能力来计算重介质旋流器的台数。

$$n = \frac{kQ}{Q_e} \tag{5-10}$$

式中　n——所需旋流器台数，台；

　　　k——物料不均衡系数；

　　　Q——入料量，t/h；

　　　Q_e——单台设备处理量（由表 5-14～表 5-16 查取），t/(h·台)。若用表 5-17 中的参数 q（单位时间、单位筒体横截面面积的处理量），则 $Q_e = q \cdot \dfrac{\pi D^2}{4}$，$D$ 为旋流器直径，m。

表 5-14　两产品重介质旋流器性能参数（参考值）

旋流器直径/mm	700	600	500	350	395	500
锥度/(°)	20	20	20	20	圆筒	圆筒
给料标准压力/MPa	0.064	0.055	0.045	0.032		
入料粒度/mm	50~0.5	40~0.5	25~0.5	6~0.5	25~0.5	25~0.5
最大处理能力（干量）/t·h⁻¹	104	68	45	25	40	60
标准给料压力下悬浮液循环量/m³·h⁻¹	273	191	125	60		
底流最大排放量（干量）/t·h⁻¹	54	36	27	13		

表 5-15　3NZX 系列三产品重介质旋流器性能参数（参考值）

参数 ＼ 型号	3NZX1200/850	3NZX1000/700	3NZX850/600	3NZX700/500	3NZX500/350
一段内径/mm	1200	1000	850	700	500
二段内径/mm	850	700	600	500	350
循环量/m³·h⁻¹	800~1200	600~800	450~600	300~450	210~300
工作压力/MPa	0.18~0.30	0.15~0.22	0.12~0.17	0.1~0.15	0.06~0.1
入料粒度/mm	0~80	0~60	0~50	0~40	0~25
处理量/t·h⁻¹	250~350	170~280	100~180	70~120	25~60
安装角度/(°)	10	10	10	10	10

表 5-16　3GDMC 系列三产品重介质旋流器性能参数（参考值）

参数 ＼ 型号	3GDMC1400/1000	3GDMC1300/930	3GDMC1200/850	3GDMC1000/700
一段内径/mm	1400	1300	1200	1000
二段内径/mm	1000	930	850	700
循环量/m³·h⁻¹	1500~1800	1200~1500	800~1200	500~700
工作压力/MPa	0.21~0.38	0.19~0.33	0.17~0.29	0.12~0.19
入料粒度/mm	0~80	0~80	0~50	0~50
处理量/t·h⁻¹	450~550	350~450	300~400	160~230
安装角度/(°)	15	15	15	15

表 5-17　重介质旋流器性能参数

参　数	条　件	指　标	备　注
给料压力 /m 矿浆柱	原煤重介质旋流器	$9 \sim 15D$	D 为旋流器圆筒段直径（m）
	煤泥重介质旋流器	$30 \sim 45D$	
干煤处理能力 $q / t \cdot m^{-2} \cdot h^{-1}$	原煤重介质旋流器	$200 \sim 320$	指旋流器单位时间单位筒体横截面面积（m^2）的处理量
矿浆处理能力 $q / m^3 \cdot m^{-2} \cdot h^{-1}$	煤泥重介质旋流器	$1000 \sim 1500$	
吨煤循环介质体积/m^3	原煤重介质旋流器	$2.5 \sim 4.5$	三产品重介质旋流器取偏大值

注：1. 无压旋流器的入料压力取偏大值，有压旋流器的入料压力取偏小值；
　　2. 重产物含量多时，旋流器处理能力取偏小值；
　　3. 生产低灰产品时，介质循环量取偏大值。

5.4.3　浮选分选设备

5.4.3.1　浮选分选设备的类型及使用状况

我国选煤厂使用的浮选机品种繁多，大致分为机械搅拌式和无机械搅拌式两类。

机械搅拌式浮选机有叶轮吸气式、压气搅拌式和混合三种，选煤用的机械搅拌浮选机的单槽容积有 $12m^3$、$14m^3$、$16m^3$、$28m^3$ 等。

无机械搅拌式浮选机有吸气式（XPM 型和 FJC 型喷射式浮选机）、充气式和气体析出式（浮选柱、浮选床）三种。FJC 型浮选机是在 XPM 型浮选机的基础上发展起来的，已形成单槽容积为 $4m^3$、$8m^3$、$12m^3$、$16m^3$、$20m^3$ 等的系列产品。

5.4.3.2　机械搅拌式浮选机的选型计算

A　用单位容积负荷定额或单台处理能力计算浮选机的台数

（1）当浮选流程为浓缩浮选，或直接浮选的入浮矿浆浓度高于 80g/L 时，应采用单位容积所能处理的干煤泥量 q（见表 5-18）进行计算：

$$n = \frac{kQ}{k_V V q} \tag{5-11}$$

式中　n——所需浮选机台数，台；

　　　k——物料不均衡系数；

　　　Q——浮选机入料量（干煤泥），t/h；

　　　k_V——有效容积利用系数（一般取 $k_V = 0.85$）；

　　　V——单台浮选机的总容积，m^3；

　　　q——单位容积的干煤泥处理量，$t / (m^3 \cdot h)$。

（2）当浮选流程为直接浮选，或浓缩浮选的入浮矿浆浓度低于 80g/L 时（如浮选入料浓缩机实行底流大排放），应采用单台浮选机通过的矿浆量来计算设备台数。

$$n = \frac{k_1 W + \dfrac{k_2 Q}{\delta}}{q V k_V} \tag{5-12}$$

式中 n——所需浮选机台数，台；

k_1——水量的不均衡系数；

k_2——干煤泥量的不均衡系数；

W——水量，m^3/h；

Q——干煤泥量，t/h；

δ——煤泥真密度，t/m^3；

q——单位容积所能通过的矿浆量（由表 5-18 查得），$m^3/(m^3 \cdot h)$；

V——单台浮选机的总容积，m^3；

k_V——有效容积利用系数（一般取 $k_V = 0.85$）。

表 5-18 浮选设备的处理能力

设备类型	按干煤泥计 /$t \cdot m^{-3} \cdot h^{-1}$	按矿浆通过量计 /$m^3 \cdot m^{-3} \cdot h^{-1}$	按干煤泥计 /$t \cdot m^{-2} \cdot h^{-1}$	按矿浆通过量计 /$m^3 \cdot m^{-2} \cdot h^{-1}$
浮选机	0.5~0.9	7~12		
浮选柱			1.5~2.5	20~30

注：1. 浮选机处理能力 $[t/(m^3 \cdot h)]$、$[m^3/(m^3 \cdot h)]$ 是按浮选机总容积计算的单位容积的能力；

2. 浮选柱处理能力 $[t/(m^2 \cdot h)]$、$[(m^3/(m^2 \cdot h)]$ 是按圆柱断面面积计算，矩形柱（浮选床）按其内切圆的断面面积计算；

3. 入浮浓度 80g/L 以下时，宜以矿浆处理能力为选型指标，以干煤泥处理能力为选型校核指标；

4. 易浮煤取偏大值，低入料浓度取偏大值。

B 用煤泥浮选的试验资料计算浮选机台数

（1）根据需要处理的干煤泥量，计算相应的矿浆通过量 W_1：

$$W_1 = \frac{k_1 \cdot Q \cdot (100 - p)}{p} + \frac{k_2 \cdot Q}{\delta} \tag{5-13}$$

式中 W_1——相应的矿浆通过量，m^3/h；

k_1——水量的不均衡系数；

k_2——干煤泥量的不均衡系数；

p——入料的质量分数，%；

Q——该作业所要处理的干煤泥量，t/h；

δ——煤泥的真密度，t/m^3。

（2）计算所需浮选机的总室数 n_1：

$$n_1 = \frac{t \cdot W_1}{60 \cdot V \cdot k_V} \tag{5-14}$$

式中 n_1——浮选机的总室数，室；

t——矿浆在浮选机中的停留时间（按试验所得时间的 2.5 倍计），min；

W_1——由式（5-13）计算出的矿浆通过量，m^3/h；

V——浮选机单室容积，m^3；

k_V——浮选机的有效容积利用系数（一般取 $k_V = 0.75 \sim 0.85$）。

（3）计算所需浮选机台数 n：

$$n = \frac{n_1}{n_1'} \tag{5-15}$$

式中　n_1——由式（5-14）算出的浮选机的总室数，室；

　　　n_1'——选定的单台浮选机室数，室。

单台浮选机室数应根据入料浓度、浮选速度、可浮性以及对产品质量的要求选定。一般直接浮选采用四室浮选机。

5.4.3.3　浮选柱（床）的选型计算

浮选柱（床）的处理能力可按表 5-18 选择，浓缩浮选可比照式（5-11）、直接浮选可比照式（5-12）计算所需台数，式中的容积改成面积，有效容积利用系数即为有效面积利用系数。浮选柱（床）的处理能力也可按表 5-19 选择，此时，台数可根据干煤泥量或矿浆量分别按下式计算：

$$n = \frac{k \cdot Q}{Q_e} \quad \text{或} \quad n = \frac{k_1 \cdot W + k_2 \cdot Q / \delta}{Q_e} \tag{5-16}$$

式中　Q_e——由表 5-19 查取的单台干煤泥处理量，t/h，或单台矿浆通过量，m^3/h；

　　　其他符号意义同前。

表 5-19　浮选柱（床）的技术特征（参考值）

尺寸	处 理 能 力		备　注
	干煤泥量/ $t \cdot h^{-1}$	矿浆量/ $m^3 \cdot h^{-1}$	
6m×6m	50~70	600~800	配泵 130kW，2 台
3m×6m	25~35	400~450	
φ3m	15~20	200~300	尾煤灰分不大于 45%时，尾煤灰分越高，处理量越小
φ1.5m			

5.4.4　干法分选机

5.4.4.1　空气重介流化床干法分选机

空气重介流化床分选以气-固两相流作为分选介质，省去了复杂的煤泥水系统，为我国缺水地区、高寒地区的选煤和煤或矸石遇水易泥化的煤炭分选开辟了一条新的途径。该分选机的特点是工艺简单、投资少、生产成本低。

目前定型生产的空气重介流化床干法分选机的性能见表 5-20。所需台数可按式（5-10）计算。

5.4.4.2　复合式干法分选机

复合式干法分选机适用于易选煤的分选、动力煤排矸、褐煤等易泥化煤的分选、劣质煤的分选及煤系硫铁矿回收等情况，尤其适用于干旱缺水地区和高寒地区的煤炭加工。

目前定型生产的复合式干法分选机有 FGX、FX、ZZFX 等系列，部分复合式干法分选机的性能指标见表 5-21, 其他参数见表 5-23。所需台数可按式 (5-10) 计算。

表 5-20 空气重介质流化床干法分选机技术性能

项目型号	处理量/t·h⁻¹	入料粒度/mm	入料水分/%	分选密度/g·cm⁻³	电机型号	减速器型号	质量/kg	外形尺寸		
								长/mm	宽/mm	高/mm
50	50	50~6	<5	1.3~2.0	YC1250—4B	NBZD280—56—Ⅱ	15850	8253	2544	2707
25	25	50~6	<5	1.3~2.0	YC1220—4A	ND210—33—Ⅲ	11200	7890	1200	2030

表 5-21 部分 FGX 和 FX 系列复合式干法分选机的性能

型号参数	FGX—9	FGX—12	FGX—18A	FGX—24	FX—6
入料粒度/mm	80~0	80~0	80~0	80~0	80~0
入料外在水分/%	<9	<9	<9	<9	<7
处理能力/t·h⁻¹	75~90	90~120	150~180	180~240	40~70
分选数量效率/%	>90	>90	>90	>90	>90
系统总功率/kW	248.27	323.07	448.47	635	
系统外形尺寸/m×m×m	16.4×11.5×9.6	16×13.5×10	20.3×13.5×9.2	18×13×9.5	

5.4.5 螺旋滚筒分选机

螺旋滚筒分选机用于烟煤、无烟煤的分选, 其分选粒度范围为 100~6 (3) mm, 产品灰分最低达到 8%, 效率可达 97% 以上, 可处理易选及中等可选性煤, 单机处理量可达 80~120t/h。与滚筒分选机配套的旋流器可使分选下限达到 0.5mm。国内已定型生产的有 LZT、TX 型系列螺旋滚筒分选机, LZT18/90 螺旋滚筒分选机的性能指标见表 5-22。所需台数可按式 (5-10) 计算。

表 5-22 自生介质螺旋滚筒分选机性能指标

项目	入料粒度/mm	处理能力/t·h⁻¹	滚筒直径/mm	滚筒长度/mm	安装倾角/(°)
数值	6~100	80~120	1800	9000	8~10
项目	滚筒转速/r·min⁻¹	电机型号	电机功率/kW	外形尺寸/mm×mm×mm	总质量/t
数值	8~20	Y160L—4	15	9000×2530×2730	43.628

表 5-23 其他分选设备处理能力

项目	入料粒度/mm	入料浓度/g·L⁻¹	液固比 R (参考值)	单位负荷定额/t·m⁻²·h⁻¹
摇床	0~6	350~450	2~1.5	0.5~1.0
	0~1	200~250	4~3	0.25~0.4
螺旋分选机	0~3	300~400		2~4
复合式干法分选机	0~50 (70)	入料水分小于7%		8~10

注: 摇床的处理能力为单层单位面积的处理能力; 螺旋分选机的处理能力为公称直径下单头单位投影面积的处理能力。

5.4.6　其他分选设备

除上述分选机外，还有一些各具特点的分选设备在一些特定条件下也有不错的分选效果。

5.4.6.1　摇床

摇床适于处理细粒煤，对含硫铁矿较高的煤脱硫降灰效果显著，摇床分选下限低，且具有结构简单、质量轻、电耗低等优点。其缺点是单位面积处理量低、占地面积大，因此应优先选用悬挂式多层摇床。

摇床台数按下式计算：

$$n = \frac{kQ}{qF'} \tag{5-17}$$

式中　n——所需摇床台数，台；

　　　k——物料不均衡系数；

　　　Q——入料量，t/h；

　　　F'——选定摇床的面积，m²；

　　　q——单位面积负荷（由表5-23选取），t/（h·m²）。

部分摇床的技术特征，见表5-24。

表 5-24　部分摇床的技术特征

形式 项目	座式单层摇床	座式双层摇床	QYC 悬挂式 三层摇床	XLY 悬挂式 四层摇床	SXLY 悬挂式 双联四层摇床
频率/min⁻¹	270~300	260~300	270~340	250~330	250~330
冲程/mm	12~30	10~22	6~24	10~22	12~24
床头总面积/m²	9.2	8.7×2	5.95×3	6.8×4	54.4
入料粒度/mm	1~0（煤泥） 12~0（末煤）	13~0（末煤） 1~0（煤泥）	13~0（末煤） 1~0（煤泥）	3~0（黄铁矿） 1~0（煤泥）	13~0（末煤） 1~0（粗煤泥） 3~0（黄铁矿）
处理能力 / t·h⁻¹·台⁻¹	8~15（末煤） 1.5~2.5（煤泥）	16（末煤） 6~8（粗煤泥）	4~7（粗煤泥）	6~10 （洗矸中回收硫） 10~15（粗煤泥）	30~40（末煤） 15~20（粗煤泥） 10~16（矸中回收硫）
外形尺寸 （长×宽×高） /mm×mm×mm	4318×2134×1324	5640×2353×1035	5725×2020×2950	5300×3078×3180	9804×3200×2790

5.4.6.2　螺旋分选机

螺旋分选机适用于分选 3~0.074mm 的原煤，目前定型产品有 MLX、NXL 等系列。

螺旋分选机的选型按下式计算：

$$n = \frac{kQ}{iqF'} \tag{5-18}$$

式中　n——所需设备台数，台；

　　　k——物料不均衡系数；

　　　Q——入料量，t/h；

　　　i——选定的螺旋分选机头数，头；

　　　q——每头单位投影面积的处理能力，t/(h·m²)；

　　　F'——选定的螺旋分选机的单头投影面积，m²。

5.4.6.3　干扰床

干扰床适合分选 4~0.1mm 的粗煤泥，最佳分选粒度为 1~0.25mm，用水量为 10~20m³/(m²·h)。入料浓度为 40%~60%，底流为 40%，其余进入溢流。所需台数按下式计算：

$$n = \frac{kQ}{Q_e} \tag{5-19}$$

式中　n——所需设备台数，台；

　　　k——物料不均衡系数；

　　　Q——入料量，t/h；

　　　Q_e——单台设备的处理量，t/(h·台)。

5.4.6.4　水介质旋流器

水介质旋流器可作为重介系统或摇床的初选设备，预先分选出一部分精煤，以减少后续分选作业的负担，从而减少加工费和设备台数，也可以用来处理粗煤泥或用于脱硫。虽然水介质旋流器的分选不很精确，但其结构简单、占空间小、没有介质回收系统，故投资和运行成本低，如与有效的精选设备联合使用时，仍是一种有吸引力的初选设备。

分选用的水介质旋流器分单锥型和多锥型，其锥角很大。我国研制的 WOC 型水介质旋流器技术规格和处理能力见表 5-25，所需台数按下式计算：

$$n = \frac{kQ}{Q_e} \tag{5-20}$$

式中　n——所需设备台数，台；

　　　k——物料不均衡系数；

　　　Q——入料量，t/h；

　　　Q_e——单台设备的处理量，t/(h·台)。

表 5-25　WOC 型水介质旋流器技术规格

旋流器直径 /mm	锥体角度 /(°)	入料粒度 /mm	体积流量 /m³·h⁻¹·台⁻¹	处理量 /t·h⁻¹·台⁻¹	入料压力/Pa
200	75.9	0.5~0	30~35	5~8	$9.8 \times 10^4 \sim 14.7 \times 10^4$
300	75.9	13~0	80~120	10~15	$9.8 \times 10^4 \sim 14.7 \times 10^4$
500	75.9	25~0	150~250	30~40	$9.8 \times 10^4 \sim 14.7 \times 10^4$

5.4.6.5 斜槽分选机

斜槽分选机是采用逆流分选的粗选设备。主要用于分选动力煤、脏杂煤和毛煤排矸。该设备应用在许多煤矿。目前生产的斜槽分选机主要有 XF 系列。其技术特征见表 5-26。

表 5-26 斜槽分选机的技术特征

型号 项目	XF-4	XF-6	XF-8	XF-10	XSF-500×600
槽宽/mm	400	600	800	1000	500
处理能力/t·h⁻¹	20~40	40~60	60~80	80~120	30~100
最大入料粒度/mm	150	200	200	200	150
吨煤用水量/m³	5~7	5~7	5~7	5~7	8
进水口压力/MPa	0.04~0.05	0.04~0.05	0.05~0.06	0.05~0.06	0.05~0.06
进水口管径/mm	150	150	150	150	150
安装倾角/(°)	46~54	46~54	46~54	46~54	45

5.5 介质系统设备的选型与计算

5.5.1 磁选机

在重介质选煤流程中，磁性介质的回收宜采用强磁性永磁滚筒式磁选机。磁选机的效率应不低于 99.80%。我国生产的磁选机主要有 CTX、CT 系列单、双滚筒磁选机，按其槽体可分为顺流式、逆流式和半逆流式。目前我国选煤厂多用逆流式和半逆流式。此外，美国艺利公司（ERIEZ）生产的磁选机在我国用得也较多。磁选机台数可按式（5-19）计算，其中 Q_e 从表 5-27 选取。

表 5-27 部分磁选机技术规格

型 号	槽体形式	处理能力		圆筒转速 /r·min⁻¹	电机功率 /kW	圆筒尺寸 /mm	设备总质量 /kg
		干矿量 /t·h⁻¹·台⁻¹	矿浆量 /m³·h⁻¹·台⁻¹				
2CTN-924	逆流	40~60	110	28	4.0	900×2400	7000
2CTN-1024	逆流	60~80	160	22	5.5	1050×2400	7500
2CTN-1224	逆流	80~100	192	19	7.5	1200×2400	9000
CYT750×1800	半逆流、逆流	40~60	150	48	2.6	750×1800	
CYT600×1800	半逆流、逆流	30~50		40	2.0	600×1800	
XCTN1050×2100	逆流	60~120	200~280	20	4.0	1050×2100	
XCTB-1050×2100	半逆流	60~120	200~280	20	4.0	1050×2100	
CTX1015	半逆流、逆流		135~165				

但是，磁选机的选型计算与很多因素相关，仅按式（5-19）计算选型，则选型结果不够完善，磁选效率不一定达到最佳值。如艺利磁选机选型时需兼顾考虑四种因素：

（1）滚筒单位长度允许通过的矿浆最大流量 $Q_1 = 100m^3/(h \cdot m)$。

（2）滚筒单位长度能够回收的磁性物最大量 $Q_2 = 18.5t/(h \cdot m)$。

（3）允许进入磁选机的最大入料粒度 $d = 6mm$。

（4）磁选机入料浓度的大小与磁选机密切相关，最佳入料浓度为20%，此时磁选效率最高，大于99.9%。浓度大于或小于20%，磁选效率开始下降。允许的最大入料浓度（固体质量分数）为25%（其中，13%为磁性物最低含量，12%为非磁性物最高含量）；允许入料浓度波动范围为15%~25%，超过该范围则磁选效率会大幅度下降。入料矿浆（稀介质）浓度不仅取决于脱介筛喷水量的大小，还与选前是否脱泥有直接关系。因此，工艺流程的制定与计算应与磁选机选型结合起来考虑。

5.5.2 脱介筛

脱介筛的脱介效果与筛子本身的性能、筛板材质、层数、面积，筛孔尺寸与开孔率，以及选前是否脱泥等因素和条件密切相关。在不同工作条件下对脱介筛的选型与计算，除按一般筛分设备选型所考虑的要求外，还要考虑以下问题：

（1）筛板材质。聚氨酯筛板耐磨、使用寿命长，但筛板开孔率偏低。当筛孔为0.5mm时，筛板开孔率为14%，当筛孔为1.0m时，筛板开孔率为16%~18%；不锈钢筛板耐磨性差、使用寿命短。在相同筛孔尺寸下，开孔率比聚氨酯筛板提高20%~25%。普通不锈钢仍有一定磁性，不利于脱介，推荐采用铬镍钛合金材料制作筛板，磁性小，有利于脱介。

（2）选前不脱泥的工艺。脱介采用水平直线振动筛，筛孔为0.5mm，单位面积处理能力为2~4t/(h·m²)。因配套的弧形筛筛板为曲面，筛孔尺寸可加大至0.75~1.0mm。脱介采用香蕉筛，单位面积处理能力为5~6t/(h·m²)，入料煤泥量大时取小值，反之取大值。为提高筛子整体处理能力，香蕉筛合格段筛孔尺寸加大至0.75mm，稀介段筛孔尺寸加大至0.75~1.0mm。

（3）选前预先脱泥的工艺。脱介采用水平直线振动筛，筛孔为1.0~1.5mm，单位面积处理能力为6~8t/(h·m²)。脱介采用香蕉筛，筛孔为1.0~1.5mm，单位面积处理能力为10~14t/(h·m²)。

（4）混煤或末煤脱介筛选型。小于50mm混煤或末煤脱介，宜采用香蕉筛，其单位面积处理能力比水平直线振动筛大。采用香蕉筛脱介时，为保证必要的脱介时间，提高脱介效率，应尽量采用筛面倾角为五段变坡的筛板，且第一段筛面倾角不宜大于25°。由于三段变坡的筛板第一段筛面倾角多为35°，物料运动速度过快，脱介时间过短，不利于提高脱介效率，因此，三段变坡的香蕉筛不能用于脱介。

（5）块煤脱介不宜选用香蕉筛，应采用水平直线振动筛。

（6）脱介不宜选用双层脱介筛。如果将脱介与分级两个作业在一个筛子内完成，可在出料端增加一段长度为600~1000mm的筛面，筛孔为分级粒度直径。

5.5.3 介质浓缩设备

尽管在一些新设计的选煤厂中，脱介筛的稀介质直接进入磁选机磁选，磁选所得精矿又直接进入合格介质桶。但在一些介质回收流程中，稀介质在进入磁选机前，先经浓缩设备浓缩,以提高磁选机的工作效率。而在另一些流程中,稀介质先用旋流器分级,旋流器溢流和磁选精矿进入浓缩设备,以减少细粒磁铁矿的损失。

介质浓缩设备有耙式浓缩机、磁力脱水槽和旋流器等。耙式浓缩机适用于浓缩细粒磁性和非磁性稀介质。磁力脱水槽适合于浓缩粗粒度的磁性稀悬浮液。由于磁力作用,磁力脱水槽对磁性介质浓缩时其单位负荷较高。但由于结构原因,磁力脱水槽不能制造得过大,其直径不超过 $2\sim3m$,故单台处理能力低于耙式浓缩机,需用台数较多,故大、中型厂一般不采用。旋流器既有分级作用,又有浓缩作用,只要选型、结构参数及操作适当,可得到浓度较高的浓缩产物,所以适用于稀介质浓缩回收系统。

介质浓缩设备的生产能力均按单位负荷定额计算。耙式浓缩机单位负荷取 $q = 1.2\sim2.0t/(m^2 \cdot h)$;磁力脱水槽取 $q = 35\sim40m^3/(m^2 \cdot h)$ 。所需设备台数参考式(5-17)计算。旋流器的单台生产能力可直接查有关产品目录,所需设备台数参考式(5-19)计算。

5.5.4 介质桶

在重介质选煤厂中,需要使用介质桶容纳循环介质、稀介质和新介质。介质桶除具有转送、配制介质作用外,还具有介质的缓冲作用,并具有搅拌功能,故介质桶应有足够的容积。

介质桶有机械搅拌和压缩空气搅拌两种。采用压缩空气搅拌时,压缩空气的压力为 $0.6\sim0.7MPa$ 。

在正常运转条件下,介质桶中的液位处在最高液位和最低液位之间。当停止生产或发生事故时,重介分选机及管路系统中的工作悬浮液应全部回到循环介质桶中,而不致溢满,因此,最高液位到溢流口的容积应不小于重介分选机和管路系统中工作悬浮液的体积。

介质桶的有效容积,可参照图 5-3,并根据下列公式计算:

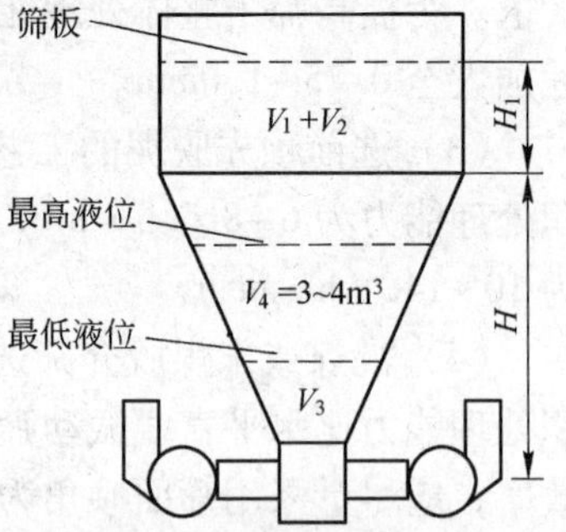

(1)块煤合格介质桶总容积 V_{kh}

$$V_{kh} = V_1 + V_2 + V_3 + V_4 \tag{5-21}$$

(2)末煤合格介质桶总容积 V_{mh}

$$V_{mh} = \left(\frac{1}{20} \sim \frac{1}{15}\right) Q + V_2 + V_3 \tag{5-22}$$

(3)块煤稀介质桶总容积 V_{kx}

$$V_{kx} = \left(\frac{1}{20} \sim \frac{1}{15}\right) Q + V_3 \tag{5-23}$$

图 5-3 介质桶示意图

(4)末煤稀介质桶总容积 V_{mx}

$$V_{mx} = \left(\frac{1}{20} \sim \frac{1}{15}\right) Q + V_3 \quad \text{或} \quad V_{mx} = \left(\frac{1}{30} \sim \frac{1}{20}\right) Q + V_3 \tag{5-24}$$

式中　　Q——悬浮液循环量,m^3/h;

V_1——分选机槽体总容积,m^3;

V_2——管道及砂泵系统内合格悬浮液总容积,m^3;

V_3——介质桶的最低液位容积(一般取介质桶锥体高度 $1.5\sim2m$ 时的容积),m^3;

V_4——介质桶储备容积（即最高液位到最低液位之间的容积，一般为 $3 \sim 4 m^3$），m^3。

介质桶的有效容积的计算方法并无统一规定，《选煤厂设计手册》中无此项，不同的资料和书籍所给出的公式也不尽相同。

常见的几种介质桶结构尺寸见表5-28。

表 5-28　常见的几种介质桶结构尺寸

直径 D/mm	锥体高 H/mm	柱体高 H_1/mm	锥角/(°)	容积/m^3
4000	3147	1480	60	28
4000	3147	2120	60	36
3600	2851	1600	60	23
2700	2700	900	60	12

5.5.5　混合桶

许多重介旋流器采用泵直接给料，即将煤和介质一起送进混合桶，经泵给入旋流器。这种给料方式工艺简单、布置紧凑，关键是混合桶和泵的选择要匹配。混合桶的结构见图5-4。混合桶是由锥形外桶和中心给料管两部分组成。来自弧形筛、脱介筛的合格介质以及介质回收系统的介质，通过溜槽或管路分成两部分进入混合桶，一部分介质与煤一起进入中心给料管，要求有一定的速度，使煤和介质混合，同时防止煤中轻密度物料停留在中心管液面上；另一部分介质送到中心管外。中心管内的煤和介质的混合物与中心管外的介质一起由泵打入旋流器。

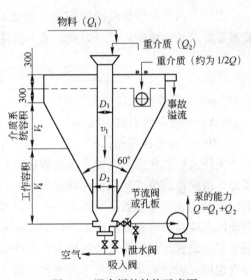

图 5-4　混合桶的结构示意图

混合桶的计算按下述步骤进行（符号意义见图5-4）：

5.5.5.1　确定直径

$$D_1 = 30\sqrt{Q} \tag{5-25}$$

$$D_2 = \sqrt{2} D_1 = 42\sqrt{Q} \tag{5-26}$$

式中　D_1——中心管直径，mm；

D_2——混合桶出口处圆柱段的直径，mm；

Q——泵的扬量（根据图5-4确定），m^3/h。

5.5.5.2　决定总容积和高度

求得 D_1、D_2 后，按锥角等于60°，由已知的工作容积（储备容积）V_4 和介质系统容积 V_2（见图5-3）可得到混合桶的高度及上部直径。在锥体上部300mm处设一层筛网，其上再富余300mm的高度。于是，混合桶的总容积和高度就确定了。由此可见，确定泵的扬量与确定混合桶的容积是交错进行的，先根据总处理量确定扬量或容积，然后再计算另一数值。

如果用一个混合桶容积太大，可分用两个或两个桶以上。选择个数时应先考虑与旋流器配套布置的问题。

5.5.6 合格介质泵

合格介质泵是重介质旋流器工作件的重要组成部分，提供必需的循环介质量和工作压力。

5.5.6.1 无压入料重介质旋流器的合格介质泵选型

无压入料重介质旋流器所需悬浮液循环量大，介煤比一般为5：1，有的高达6：1。旋流器要求悬浮液的入口压力高，动力消耗大，入口压力可由下面的经验公式计算。

$$p = \frac{(9 \sim 12) \cdot \Delta \cdot D}{10^5} \tag{5-27}$$

式中　p——悬浮液入口压力，MPa；

　　　Δ——悬浮液密度，kg/m³；

　　　D——旋流器直径，m。

无压入料重介质旋流器合格介质选取时，先根据式（5-27）计算出旋流器需要的工作压力，由设计规范或厂家标称确定所需的循环悬浮液量。如果介质泵配套调速装置，介质泵的流量、扬程等参数要选得大一些。其中泵的扬程在扣除布置几何高差和管道损失后，剩余压头应高于旋流器所需工作压力2~4m水柱（1mmH₂O=9.80665Pa）。如果介质泵不配套调速装置，泵的流量和扬程选择更应慎重。流量不宜过大，扬程在扣除布置几何高差和管道损失后，剩余压头高于旋流器所需工作压力1~2m水柱为宜，以便在合格介质泵出料管上设置小回流，为实现简易调压留有余地。

5.5.6.2 有压入料重介质旋流器混料介质泵的选型

有压入料重介质旋流器的混料介质泵输送的是入选原煤与合格介质的混合物料，必须考虑泵的叶轮通道尺寸应能满足输送物料最大粒度的通过问题。

5.6 末煤及煤泥脱水设备的选型与计算

末煤的最终脱水设备主要是离心脱水机。煤泥脱水设备有沉降离心脱水机、沉降过滤离心脱水机和过滤机和压滤机。

5.6.1 末煤离心脱水机

5.6.1.1 末煤离心脱水机的类型及使用

离心脱水机以往一直用于13~0.5mm的精煤或中煤的最终脱水。近年来新型离心机的问世使其处理粒度范围扩大到50~0.5mm。良好的离心脱水机应具有生产能力高、脱水效果好、电能消耗小、在脱水过程中煤粒破碎程度低等优点。国内使用的末煤离心脱水机主要有卧式振动离心脱水机、立式振动离心脱水机和立式螺旋刮刀卸料离心脱水机。

卧式振动离心脱水机的质量轻，筛篮便于更换，入料粒度上限要求不太严格。适合于50~0.5mm的精煤或中煤的最终脱水。其不足之处是产品水分偏高，振动参数不够稳定。目前生产的主要有 WZT 系列、WZL 系列、GXWZL-1300 型、ZWP1000 型和 WZY1300型等。

立式振动离心脱水机适应粒度范围宽。进口的 VC 型入料上限达 50mm，仿 VC 型国产TZ 型入料上限一般为 25mm。这种离心机处理能力大，筛篮寿命长，便于更换。其缺点是调试频繁，维护保养要求高，常出现振动不均匀现象，且筛缝易堵，水分高于设计要求，故使用越来越少。

立式螺旋刮刀卸料离心脱水机由波兰 Nael 型发展改进而来，现在国内制造的型号有LL-9 型、LL3-9 型、TLL 型。用于 13~0.5mm 的精煤或中煤的最终脱水。这种离心机的特点是运转平稳、噪声小、工作可靠、产品水分低。其主要缺点是入料粒度上限要求严格，筛篮磨损快，处理能力较小。设备质量大，在国外已很少使用。

近些年，进口的离心脱水机在我国也使用较多，其主要优点是寿命长、维护量小、节能等。

5.6.1.2 末煤离心脱水机的选型计算

末煤离心脱水机的选型计算采用单台负荷量，所需台数按下式计算：

$$n = \frac{kQ}{Q_e} \tag{5-28}$$

式中 n——所需设备台数，台；

k——物料不均衡系数；

Q——入料量，t/h；

Q_e——单台设备处理量（由表 5-29 选取），t/(h·台)。

表 5-29 离心脱水机性能参数

设备类型	规 格	入料粒度/mm	处理能力/t·h⁻¹	产品水分 M_t/%
立式螺旋刮刀卸料离心脱水机	φ700	0.5~13	30~50	5~7
	φ900	0.5~13	50~70	5~7
	φ1000	0.5~25	70~100	5~7
	φ150	0.5~25	100~150	5~7
卧式振动离心脱水机	φ1000	0.5~25	60~100	6~8
	φ1200	0.5~13	140~160	6~8
		0.5~50	160~180	5~7
	φ1400	0.5~13	180~200	6~8
		0.5~50	200~240	5~7

5.6.2　煤泥离心脱水机

5.6.2.1　煤泥离心脱水机的类型及使用

煤泥离心脱水机有沉降式、沉降过滤式和立式刮刀卸料式离心脱水机三种。立式刮刀卸料式离心脱水机的使用逐渐增多，沉降过滤式离心脱水机在20世纪90年代使用较多。沉降式离心脱水机只有个别老厂用于浮选尾煤的脱水，并逐渐被沉降过滤式离心脱水机取代。

立式刮刀卸料煤泥离心脱水机可用于原生煤泥或精煤粗煤泥中大于0.15mm级别物料的脱水，是一种新型高效的粗煤泥脱水设备。其产品水分可达12%~16%。其处理能力因入料性质的不同而异，一般是随着入料中细颗粒的增加，处理能力有所降低，而产品水分增大。目前国内生产的有LLL系列。现场使用进口设备多为澳大利亚的FC1200型和德国天马H1100型。

卧式沉降过滤式离心脱水机适用于浮选精煤、浮选中煤和浮选尾煤的脱水。其处理粒度上限一般为3~0.5mm，要求入料中-44μm的细粒含量不超过30%。该设备处理量大，产品水分低，辅助设备少，占地面积小，工艺系统简单。其缺点是：特制不锈钢筛网易磨损，陶瓷片易损坏脱落，排料口易堵，离心液的固体含量高，维护和使用需较高的技术水平。目前国内研制和使用的有TCL系列和WLG系列。

5.6.2.2　煤泥离心脱水机的选型计算

沉降过滤离心脱水机台数的选型用式（5-28）计算，其中 Q_e 从表5-30~表5-32查取。

表 5-30　立式煤泥离心脱水机性能参数

规格/mm	处理物料	入料浓度/%	处理能力/t·h⁻¹	产品水分 M_t/%
$\phi700$	小于3mm煤泥	大于35	8~13	15~22
$\phi900$	小于3mm煤泥	大于35	13~20	15~22
$\phi1000$	小于3mm煤泥	大于35	20~30	15~22
$\phi1200$	小于3mm煤泥	大于35	30~50	15~22

表 5-31　立式煤泥离心脱水机技术特征（参考值）

项　目	LLL930	LLL1030	LLL1200	FC1200（进口）
回收粒度/mm	>0.15			
入料水分（浓度）/%	<40（>60）			
处理能力（按入料计）/t·h⁻¹	20~30	25~35	40~60	50~80
产品外在水分/%	12~16			
筛篮大端直径/mm	930	1030	1180	1200
筛篮转速/r·min⁻¹	600	520	594	399.8
筛篮半锥角/(°)	30			20
筛网缝隙/mm	0.25, 0.35, 0.5			0.25, 0.35

续表5-31

项 目		LLL930	LLL1030	LLL1200	FC1200（进口）
主电机	型 号	Y280S-8-V₁	Y280M-6-V₁	Y280S-5-V₁	TECO
	功率/kW	37	45	75	55
	转速/r·min⁻¹	740	980	1480	
润滑电机	型 号	Y802-4	Y90S-4	Y90S-4	
	功率/kW	0.75	1.1	1.1	
	转速/r·min⁻¹				
外形尺寸（长×宽×高）/mm×mm×mm		2780×2080×450	3010×2250×2515	3243×2420×2705	
质量/kg		4650	6465	7965	

表5-32 沉降过滤式、沉降式离心脱水机性能参数

规格/mm×mm	处理物料	入料浓度/%	处理能力/t·h⁻¹	产品水分 M_t/%
φ900×1800	小于1mm煤泥	25~35	5~10	15~24
φ900×2400	小于1mm煤泥	25~35	7~12	15~24
φ1100×2600	小于1mm煤泥	25~35	13~15	15~24
φ1100×2400	小于1mm煤泥	25~35	20~25	15~24
φ1400×1800	小于1mm煤泥	25~35	25~30	15~24
φ1800×4000	小于1mm煤泥	25~35	40~50	14~20

5.6.3 过滤机

过滤机分为真空过滤机和加压过滤机两大类。当浮选精煤占总精煤的比例较小，不足以影响总精煤的水分时，可采用真空过滤机脱水。煤炭系统使用的真空过滤机有筒式和盘式两种。筒式有内滤、外滤及折带过滤机。国产盘式真空过滤机有 PG 系列和 GPY 系列。GPY 系列是引进美国技术生产的过滤设备，瞬时吹风卸料和悬吊式刮刀卸料装置并用，卸饼效果较好，并设有滤布清洗装置。

盘式真空过滤机的缺点是滤饼水分偏高，滤饼脱落率低。针对这种情况，现场使用了多种形式和材质的滤板及滤布，采用不锈钢丝网、星点式塑料扇形板、柔性楔角变腔结构扇形板等可解决滤饼脱落问题并收到好的效果。

折带式过滤机因其结构问题，现场已很少使用。

浮选精煤占总精煤比例较大，影响到总精煤水分时，或者过滤脱水后的产品需掺入电煤产品中时，可采用加压过滤机。

5.6.3.1 真空过滤机的选型计算

真空过滤机生产能力按单位负荷定额计算。单位负荷定额由表5-33查取，需用台数可由下式计算：

$$n = \frac{kQ}{Fq} \tag{5-29}$$

式中　n——所需过滤机台数，台；

　　　k——物料不均衡系数；

　　　Q——入料量，t/h；

　　　F——所选过滤机面积，m^2；

　　　q——单位面积负荷定额，$t/(h \cdot m^2)$。

表 5-33　真空过滤机性能参数

过滤物料	入料浓度/g·L^{-1}	处理能力/t·m^{-2}·h^{-1}	水分/%	工作压力/MPa
精煤、中煤	250~350	0.15~0.3	22~26	−0.03~−0.05
煤泥	350~500	0.1~0.2	24~28	−0.03~−0.05

5.6.3.2　加压过滤机的选型

　　加压过滤机是一种新型的煤泥脱水设备。工作时，压力罐内的气压达到 0.3~0.5MPa，使过滤机在正压下进行煤泥脱水。由于此特点，过滤机滤扇内、外侧压力差达到 0.2~0.4MPa，是盘式真空过滤机的 5~10 倍。压差的增加大大提高了过滤机的处理能力，降低了滤饼水分，滤饼呈松散状态，可直接与其他产品均匀地混合。目前生产和使用的主要有 GPJ 系列。

　　加压过滤机的选型用式（5-29）计算，其中的 q 值可从表 5-34 查取。

表 5-34　加压过滤机性能参数

过滤物料	入料浓度/g·L^{-1}	处理能力/t·m^{-2}·h^{-1}	水分/%	工作压力/MPa
精煤	200~250	0.4~0.8	16~18	0.35~0.5
煤泥	350~500	0.3~0.6	18~22	0.35~0.5

5.6.4　压滤机

　　压滤机是当前选煤厂实现煤泥厂内回收、洗水闭路循环的有效设备。选煤厂使用的压滤机主要是箱式（板框式）压滤机、箱式隔膜压滤机和带式压滤机。

　　箱式压滤机借助于泵或压缩空气，将矿浆在压力差作用下，通过过滤介质（滤布）实现固液分离。该设备过滤强度高，滤饼水分低，滤液质量好，特别适用于回收粒度细、灰分高、一般脱水方法难以处理的浮选尾煤。箱式压滤机的型号主要有 XMZ 型、YSZ 型、LSZ 型、QXAZ 型和 YSX 型等。

　　箱式隔膜压滤机即快开隔膜式压滤机是在箱式压滤机的基础上，增加了隔膜压榨和高压空气置换脱水方式，使浮选精煤的水分降至 22% 以下。目前生产和使用的主要有 QXM（A）Z、XMZG、APN18、KM 系列等。

　　带式压滤机是利用化学能和机械能相结合的方法进行压滤脱水的。目前我国使用带式压滤机较少。尽管带式压滤机有连续工作的优点，但在操作、维护方面要求较高，网带易损坏，滤液固体物较多。

　　该压滤机的缺点是投资大，单位处理量小，滤布损耗大，箱式还是间断生产。

　　所需设备台数用式（5-29）计算，其中的单位面积处理能力 q 从表 5-35 查取。

表 5-35 压滤机性能参数

设备名称	处理物料	入料浓度/g·L⁻¹	处理能力/t·m⁻²·h⁻¹	水分/%	工作压力/MPa
箱式	尾煤	350~500	0.01~0.02	22~26	0.25~0.35
	煤泥	350~500	0.02~0.03	20~24	0.25~0.35
快开隔膜式	精煤	200~250	0.03~0.06	18~23	0.5~0.7
	煤泥	350~500	0.05~0.07	20~24	0.5~0.7

5.7 水力分级设备的选型计算

5.7.1 水力分级设备类型

选煤常用的粗煤泥分级设备有角锥沉淀池、斗子捞坑、倾斜板沉淀槽（池）、水力分级旋流器和永田沉淀槽等。这些粗煤泥分级设备中，斗子捞坑的入料粒度上限可为 13mm 甚至更高一些，靠机械排料。其余设备的入料粒度均在 3mm 以下，靠自流排料。设备的类型应根据煤质的特点及工艺流程需要来确定。

水力分级旋流器是近年使用逐步增多的设备。它与弧形筛配套，可用于粗煤泥分级和回收，分级粒度一般为 0.03~0.5mm。水力分级旋流器的直径通常为 300~500mm，小直径的水力分级旋流器以旋流器组的形式使用。目前生产的主要有 FX、FXJ 等系列。

5.7.2 水力分级设备选型计算

5.7.2.1 斗子捞坑、角锥沉淀池、倾斜板沉淀槽沉淀面积计算

粗煤泥分级时，分级粒度一般取 0.3~0.5mm，计算中取溢流量等于给料量，所需沉淀面积（水力分级旋流器除外）为：

$$F = \frac{1}{q}\left(k_1 \cdot W + k_2 \frac{Q}{\delta}\right) \tag{5-30}$$

式中　F——所需的沉淀面积，m^2；

　　　k_1——煤泥水系统的不均衡系数；

　　　k_2——干煤泥的不均衡系数；

　　　Q——进入设备的干煤泥量，t/h；

　　　W——进入设备的水量，m^3/h；

　　　δ——煤泥的真密度，t/m^3；

　　　q——单位沉淀面积处理煤泥水的能力（由表 5-36 查得），$m^3/(m^2 \cdot h)$。

表 5-36 水力分级设备性能参数

设备名称	入料种类	处理能力/m³·m⁻²·h⁻¹	分级粒度/mm
精煤捞坑	末精煤	15~20	0.3~0.5
角锥沉淀池	粗粒煤泥	15~20	0.3~0.5
倾斜板沉淀槽（池）	粗粒煤泥	30~40	0.3~0.5
煤泥捞坑（参考值）	原煤粗粒煤泥	13~15	0.3~0.5
永田沉淀槽（参考值）	粗粒煤泥	30~40	0.3~0.5

注：参考值为非规范规定项。

5.7.2.2 水力分级旋流器的选型计算

水力分级旋流器的分级粒度一般取 0.15~0.25mm，所需台数可按式（5-28）计算，其单台旋流器处理能力 Q_e 由表 5-37 查得。

表 5-37 水力分级旋流器性能参数

直径/mm	150	200	250	300	350	500
入料压力/MPa	0.1~0.2	0.1~0.2	0.1~0.2	0.1~0.2	0.1~0.2	0.1~0.2
锥角/(°)	15	20	20	20	20	20
入料粒度/mm	<3	<3	<3	<3	<3	<3
分级粒度/mm	0.03~0.07	0.035~0.1	0.04~0.15	0.05~0.15	0.06~0.2	0.1~0.5
处理能力/m³·h⁻¹	10~20	15~40	20~50	30~80	40~100	80~200

5.8 浓缩澄清设备选型计算

5.8.1 浓缩澄清设备类型及使用

常用的浓缩澄清设备有耙式浓缩机、高效浓缩机、浓缩旋流器、沉淀塔、深锥浓缩机等。

耙式浓缩机是使用最普遍的浓缩设备。耙式浓缩机按传动方式分为中心传动和周边传动两种形式。周边传动又分为周边齿条传动、周边辊轮传动和周边胶轮传动三种形式。目前选煤厂使用的耙式浓缩机型号主要有 NT、NG、NZ、XZS 系列等。

高效浓缩机有 NZG、XGN、ZQN 等系列。NZG 型高效浓缩机直接在浓缩机布料筒的液面下一定深度处给料，由于布料筒中所设缓冲环的缓冲作用，使入料煤泥水流速降低。当煤泥水从布料筒底部排出时，又成为辐射水平流，流速变缓，有助于煤泥颗粒沉淀，提高了煤泥沉淀效果。同时，煤泥水从布料筒底部排出缩短了煤泥颗粒的沉降距离，增加了煤泥颗粒向上浮起进入溢流的阻力，使大部分煤泥在重力作用下沉入池底。XGN 型高效浓缩机中安装有倾斜板，并采用了喷雾泵计量加药、特殊的搅拌絮凝给料井、缓冲桶脱除气泡等技术。ZQN 型斜板（管）浓缩机体积小，占地面积仅为普通浓缩机的 1/10，煤泥水直接从进料箱侧边封闭的进料道给入，均匀分布在倾斜板上，避免了对澄清过程的干扰，倾斜板增加了沉淀面积。

浓缩旋流器主要用于煤泥水和稀介质的浓缩。目前设计和使用的型号有 NN（T）X 系列和 NN（T）Xxn 耐磨系列等。浓缩旋流器一般以旋流器组的形式使用，选型时按一组的能力计算，所需组数按式（5-27）计算，其 Q_e 由表 5-38 查得。

表 5-38 浓缩旋流器组技术参数（参考值）

NN（T）X 系列	80×16	150×8	200×8	250×8	300×8	350×8	350×16
旋流器直径/mm	80	150	200	250	300	350	350
每组台数/台	16	8	8	8	8	8	16
入料浓度/kg·m⁻³	50	80	100	110	110	120	120

NN（T）X 系列	80×16	150×8	200×8	250×8	300×8	350×8	350×16
入料粒度/mm	1~0	3~0	3~0	3~0	3~0	3~0	3~0
入料压力/MPa	0.1~0.2	0.1~0.2	0.1~0.2	0.1~0.2	0.1~0.2	0.1~0.2	0.1~0.2
处理量/ m³·h⁻¹	100	160	160~320	240~480	400~640	480~960	960~1920
分级粒度/mm	0.01	0.05	0.05	0.06	0.07	0.08	0.08
底流浓度/kg·m⁻³	200~300	300~400	250~350	250~350	250~350	250~350	250~350
溢流浓度/kg·m⁻³	10~15	10~20	20~30	20~30	20~30	20~30	20~30

深锥浓缩机在处理浮选尾煤和洗水澄清方面是较好的设备，为了取得较好的效果，必须添加凝聚剂。

5.8.2 浓缩澄清设备澄清面积的计算

浓缩澄清设备处理的是细粒物料。细粒物料沉降速度极慢，粒度越细，所需澄清面积越大。浓缩澄清设备的分级粒度一般为 0.05~0.1mm。浓缩澄清设备应满足溢流物中 95% 的量通过 0.05m 或 0.1mm 的筛网。所需沉淀面积可采用下列两种方法计算（浓缩旋流器除外）。

5.8.2.1 单位面积负荷定额计算法

$$F = \frac{Q \cdot (R_1 - R_2) \cdot k}{q \cdot \varphi} \tag{5-31}$$

式中 F——所需的沉淀面积，m^2；

    Q——进入设备的干煤泥量，t/h；

    R_1——给料煤泥水的液固比；

    R_2——浓缩产品煤泥的液固比（一般取 3~4 或按流程计算所得浓度取值）；

    k——煤泥水系统的不均衡系数；

    φ——沉淀面积的利用系数（一般取 0.9~0.95）；

    q——单位面积的处理能力（由表 5-39 查取），$m^3/(m^2 \cdot h)$。

表 5-39 浓缩澄清设备单位面积处理量

设备名称	入料性质	单位面积处理能力	
		煤泥水/m³·m⁻²·h⁻¹	干煤泥(参考值)/t·m⁻²·h⁻¹
耙式浓缩机	煤泥水	2.5~3.5	0.4~0.7
	浮选尾煤（加絮凝剂）	0.8~1.2	
高效型、斜板（管）型耙式浓缩机	煤泥水	3.6~5.0	
	浮选尾煤（加絮凝剂）	1.6~2.4	
深锥浓缩机	浮选尾煤（加絮凝剂）	3.0~5.0	0.5~1.6

5.8.2.2 按分级粒度计算

分级粒度是指溢流物的 95% 通过 0.05mm 或 0.1mm 筛网时的粒度。处理 1t 干煤泥所需沉淀面积f，可从表5-40中查取。所需沉淀面积为：

$$F = kGf \tag{5-32}$$

式中　k——干煤泥不均衡系数；

　　　G——入料中干煤泥量，t/h。

式（5-32）多用于浓缩机的选型计算。

表5-40　浓缩煤泥时单位生产率所需的面积

| 入料浓度 | 浓缩后煤泥的固液比及分级粒度 $d=0.05$mm 时的 f 值/ $m^2 \cdot t^{-1} \cdot h^{-1}$ | | | | | | | | 溢流水的浓度 |
（固：液）	1:10	1:8	1:6	1:5	1:4	1:3	1:2	1:1	/g·L^{-1}
1:100	85.7	87.6	89.5	90.5	91.4	92.8	93.3	94.2	1.05
1:75	62.5	64.4	66.3	67.3	68.3	69.2	70.2	71.2	1.04
1:50	38.8	40.8	42.7	43.7	44.6	45.6	46.6	47.6	1.03
1:40	29.7	31.7	33.7	34.6	35.6	35.6	37.6	38.6	1.01
1:25	15.5	17.5	19.6	20.6	21.6	22.7	23.7	24.8	0.97
1:20	10.5	12.6	14.7	15.8	16.8	17.9	19.0	20.0	0.95
1:15	5.6	7.8	11.1	11.7	12.2	13.3	14.4	15.6	0.90
1:12	2.3	4.7	7	8.1	9.4	10.5	11.7	12.9	0.86
1:10		2.5	4.9	6.2	7.4	8.7	9.9	11.1	0.81
1:9		1.3	3.9	6.15	6.4	7.7	9.0	10.3	0.78
1:8			2.7	4.0	5.4	6.7	8.1	9.4	0.75
1:7			1.5	2.9	4.3	5.7	7.2	8.6	0.70
1:6				1.6	3.2	4.7	6.3	7.9	0.63
1:5					1.8	3.7	5.3	7.4	0.55
1:4						2.5	4.9	7.3	0.41

| 入料浓度 | 浓缩后煤泥的固液比及分级粒度 $d=0.1$mm 时的 f 值/$m^2 \cdot t^{-1} \cdot h^{-1}$ | | | | | | | | 溢流水的浓度 |
（固：液）	1:10	1:8	1:6	1:5	1:4	1:3	1:2	1:1	/g·L^{-1}
1:100	21.4	22.0	22.4	22.6	22.8	23.1	23.3	23.6	4.20
1:75	15.6	16.0	16.5	16.8	17.0	17.3	17.5	17.8	4.17
1:50	9.8	10.3	10.7	11.0	11.2	11.5	11.7	12.0	4.10
1:40	7.4	7.9	8.4	8.7	8.9	9.1	9.4	9.6	4.05
1:25	3.9	4.4	4.9	5.2	5.4	5.8	5.9	6.2	3.88
1:20	2.6	3.2	3.7	4.0	4.2	4.5	4.8	5.0	3.78
1:15	1.4	2.0	2.5	2.8	3.1	3.4	3.6	3.9	3.58
1:12	0.6	1.2	1.8	2.1	2.4	2.6	2.9	3.2	3.42
1:10		0.6	1.2	1.6	1.9	2.3	2.5	2.8	3.24
1:9		0.3	1.0	1.3	1.6	2.0	2.3	2.6	3.10
1:8			0.7	1.0	1.4	1.7	2.0	2.4	2.98
1:7			0.4	0.7	1.1	1.5	1.8	2.2	2.73
1:6				0.4	0.8	1.2	1.6	2.0	2.54
1:5					0.5	0.9	1.4	1.8	2.18
1:4						0.6	1.2	1.1	1.64

5.8.3 废水浓缩机

有些选煤厂为了改善煤泥水系统的工作状况和循环水的质量，在煤泥水系统中使用了废水浓缩机，把一次澄清设备的溢流加絮凝剂，进一步浓缩澄清。这时分级粒度在 400 网目（约 38μm）以下，有效停留时间为 3h。所需沉淀面积按下列步骤进行计算。

5.8.3.1 计算沉淀速度

$$v_1 = \frac{D_1^2(\rho_1 - \rho_0)g}{1.8\mu} \tag{5-33}$$

式中　v_1——沉淀速度，cm/s；

D_1——分级粒度，cm；

ρ_0，ρ_1——分别为水和沉淀颗粒的密度，g/cm³；

g——重力加速度，cm/s²；

μ——水在 15℃ 时的黏性系数（$\mu = 1.1404 \times 10^{-2}$），g/(cm·s)。

5.8.3.2 计算沉淀面积

$$F = \frac{k_1 W + k_2 Q/\rho_1}{v_1 \varphi} \tag{5-34}$$

式中　F——所需沉淀面积，m²；

W——入料中的水量，m³/h；

Q——入料中的干煤量，t/h；

k_1，k_2——分别为煤泥水和干煤泥的不均衡系数；

v_1——沉淀速度（用式（5-33）计算），m/h；

φ——沉淀面积利用系数（一般取 0.9～0.95）；

ρ_1——沉淀颗粒的密度，t/m³。

5.9 干燥设备的选型与计算

在严寒季节及寒冷地区，当混合精煤产品的外在水分大于 8% 时，应根据精煤的去向和运距，考虑对产品采取火力干燥或添加防冻剂等防冻措施。当精煤外在水分不能满足用户要求时，也应设置产品干燥设施。设置火力干燥车间时，一般尽量单独干燥浮选精煤。火力干燥时，常用中煤作为燃料。

5.9.1 干燥机的类型及应用

国内采用的干燥机有滚筒式、管式、洒落（竖井）式、沸腾床式及螺旋式等。

5.9.1.1 滚筒式干燥机

滚筒式干燥机应用较广（常用 NXG 型）。近年以来，除用于干燥浮选精煤外，还用于未设浮选的选煤厂干燥原生煤泥，以便将其掺入供电厂的中煤。滚筒式干燥机适用于 0～

13mm 湿煤的干燥，具有操作管理简便、运转可靠、电耗少、成本低等优点。其缺点是占地面积大、结构复杂、钢材耗量多、单位容积蒸发水量少、干燥时间长。该机有顺流、逆流两种形式，其机长与直径成一定比例。表 5-41 列出了该机的有关指标。

表 5-41　干燥机性能参数

干燥机类型	蒸发强度 /kg·m^{-3}·h^{-1}	干燥介质温度 /℃	入料水分 /%	处理能力 /t·m^{-3}·h^{-1}	产品水分 M_t/%
滚筒式干燥机	80~90	700~750	27~30	0.35~0.45	8~12
煤泥碎干机		450±50	25~28	10~12t/(m·h)	<13

5.9.1.2　管式干燥机

管式干燥机采用连续式高效固体流态化的干燥方法。使湿物料在干燥机中与热气流一起流动，经集尘器回收后得到干燥产品。

管式干燥机的优点是投资少、占地面积小、建筑费用低、结构简单、容易制造、钢材耗量少、干燥强度大、单位容积蒸发水量大、干燥时间短、对煤过干燥少，干燥效率高。其缺点是产品回收和废气净化难度大、电耗高、热力过程调整困难、管理复杂、干燥成本高等。

5.9.1.3　沸腾床式干燥机

沸腾床式干燥机采用热空气与悬浮状态（沸腾状态）的煤直接接触的方法，将煤粒表面的水分蒸发，使煤的水分降低。

沸腾床层干燥炉适用于粒度在 30mm 以下、水分在 15% 以下的松散物料。其优点是小时蒸发量大，单台处理量大，对空气污染小（因采用湿式集尘），设备布置紧凑，自动化程度高。其缺点是要求用油或精煤粉作燃料，电耗大，不能单独干燥浮选精煤或煤泥，系统复杂。

5.9.1.4　洒落式干燥机

洒落式干燥机也称梯流式或竖井式干燥机。其主机部分是一个 3m×1.1m 的矩形断面，有效高度为 8.75m 的井筒式耐火结构，内部安装有 12 个洒落辊。湿煤沿洒落辊长度给入干燥机，由于洒落辊的松动，使湿煤由上而下地洒落。而高温烟气则由下而上与煤形成对流（逆流）进行干燥。

5.9.1.5　螺旋式干燥机

螺旋式干燥机的主机为空心螺旋体（螺旋叶或轴均为空心），热介质（液体或气体）从空心轴进去至端部再沿空心螺旋返回而排出。待干燥的物料随螺旋的转动由入料口推到出料口排出。在此过程中，热介质所带的热量通过空心轴和空心叶轮壁传导给被干燥物料，使水分蒸发。

螺旋式干燥机适合于处理 0.5~0mm 的浮选精煤。该机有单螺旋、双螺旋和四螺旋组合形式。

几种干燥机的技术特征见表 5-42。

表 5-42 几种干燥机的技术特征

项目 设备	干燥量 /t·h⁻¹	入料粒度 /mm	入料水分 /%	出料水分 /%	热效率 /%	蒸发量
管式干燥机	50~55	13~0	15	10		
沸腾床式干燥机	180	37~0	12	5.3		15t/h
流态床干燥机	420	30~0	12	3		40t/h
洒落式干燥机	25	0.5~0	25	10	50	150kg/（m³·h）
螺旋式干燥机	70~90①	0.5~0	20~25	10~12		

①此数据为 Q2425-6 型螺旋式干燥机的指标。

5.9.2 干燥机及辅助设备的选型与计算

干燥机及辅助设备的计算包括以下主要内容：

（1）干燥作业的热工计算，以提供干燥作业的有关参数；

（2）根据物料性质和有关参数选定干燥机型号并确定所需台数；

（3）通过计算确定燃烧炉的尺寸并选型；

（4）鼓风和引风设备的选型与计算；

（5）集尘设备控制系统的选型与计算。

以上各项的详细计算，可参考《选煤厂设计手册》。

5.10 辅助设备的选型与计算

选煤厂中，除主要设备外，还有许多辅助设备，如输送设备、给料设备、各种泵和风机及吊车设备等。实际生产中所用的辅助设备台数占总设备台数的比例很大，故障概率高，应精心选取。

5.10.1 输送设备

选煤厂所用的固体物料输送设备主要有带式输送机、刮板（链板）输送机、斗式提升机等。

5.10.1.1 带式输送机

带式输送机主要用于原煤、精煤、中煤和矸石的输送，以及手选和配仓作业。

A 运输用的带式输送机计算

a 带速的选择

（1）输送散状物料时，带速选择参考表 5-43；

（2）在胶带上选矸或检查性手选时，带速最高不超过 0.3m/s；

（3）用于带式给料机或输送灰尘很大的物料时，带速取 0.8~1.0m/s；

（4）采用犁式卸料器时，带速不宜超过 2.0m/s；

（5）采用卸料车时，带速不宜超过 3.15m/s；

（6）人工配料称重的输送机，带速选用 1.25m/s。

一般较长的水平输送机，可选较高带速；输送机的倾角越大，输送距离越短，则带速越慢。

表 5-43　带速选择参数

物　料　特　性	B/mm		
	500、650	800、1000	1200、1400
	v/m·s^{-1}		
磨损性小的物料（如原煤、盐）	0.8~2.5	1.0~3.15	1.0~4.0
有磨损性的中小块物料（如炉渣）	0.8~2.0	1.0~2.5	1.0~3.15
有磨损性的大块物料（如大块矿石）	0.8~1.6	1.0~2.0	1.0~2.5

b　带宽计算

胶带输送机带宽按下式计算：

$$B = \sqrt{\frac{kQ}{\alpha \gamma v c \xi}} \tag{5-35}$$

式中　B——带宽，m；

　　　k——物料不均衡系数；

　　　Q——输送量，t/h；

　　　α——断面系数（与物料的动堆积角 φ 及带宽 B 有关，φ 可从表 5-44 中查取，α 从表 5-45 中查取）；

　　　γ——物料的容重（从表 5-44 中查取），t/m^3；

　　　c——倾角系数（从表 5-46 中查取）；

　　　v——带速，m/s；

　　　ξ——速度系数（从表 5-47 中查取）。

c　输送带宽度的校核

由式（5-35）计算出的 B 值是根据输送量计算出来的带宽值，还需要用物料的块度来校核。不同带宽时，输送带所输送的最大物料块度见表 5-48。如果计算出的带宽不能满足块度要求，则可将带宽提高一级。

表 5-44　物料容重及其动堆积角

物料名称	容重 γ[1]/t·m^{-3}	动堆积角 φ[2]/(°)	物料名称	容重 γ[1]/t·m^{-3}	动堆积角 φ[2]/(°)
煤	0.8~1.0	30	小块石灰石	1.2~1.6	25
煤渣	0.6~1.0	35	烧结混合物	1.6	30
焦炭	0.5~0.7	35	砂	1.6	30
黄铁矿	2.0	25	干松泥土	1.2	20
白云石	1.2~1.6	25	无烟煤	1.2	20
石灰石	1.6~2.0	25	黏土	1.8~2.0	35

①物料容重 γ 和堆积角因物料水分、粒度等不同而异，正确值以实测为准，本表仅供参考。

②表中数值 ρ 为动堆积角，一般为静堆积角的70%。

表 5-45 输送带断面系数值

φ/(°)		20		25		30		35	
	α	槽形	平形	槽形	平形	槽形	平形	槽形	平形
B/mm									
500		320	130	355	170	390	210	420	250
650									
800		360	145	400	190	435	230	470	270
1000									
1200		380	150	420	200	455	240	500	285
1400									

表 5-46 输送带倾角系数 c 值

输送机倾角 β/(°)	≤6	8	10	12	14	16	18	20	22	24	25
c	1.0	0.96	0.94	0.92	0.90	0.88	0.85	0.81	0.76	0.74	0.72

表 5-47 输送带速度系数 ξ 值

输送带速度 v/m·s^{-1}	≤1.6	1.6~2.5	2.5~3.15	3.15~4
ξ	1.0	0.98~0.95	0.94~0.90	0.84~0.80

表 5-48 不同带宽输送带输送物料的最大块度

输送带宽度 B/mm		500	650	800	1000	1200	1400
最大块度	经筛分	100	130	180	250	300	350
/mm	未经筛分[1]	150	200	300	400	500	600

①未经筛分物料中最大块度不超过 15%。

关于带式输送机功率和其他参数的计算参考有关手册，这里不详述。

B 手选带式输送机

手选带式输送机可呈水平布置，也可呈向上倾斜布置（倾角一般不大于 12°）。

手选带长度取决于每班工作的手选工人数。手选工人数按下式计算：

$$n = \frac{QTX}{\alpha} \tag{5-36}$$

式中　n——每班手选工人数，人；

　　　Q——手选作业处理量，t/h；

　　　T——每班工作时数，h；

　　　X——含矸率，%；

　　　α——手选工效率（从表 5-49 中查取），t/(人·一定时间)。

手选带长度由下式计算：

$$L = \alpha + enl + b \tag{5-37}$$

式中　L——手选带长度，m；

　　　α——手选带机头长度（一般取 2.6），m；

    b——手选带机尾长度（一般取 1.0~1.8），m；

    l——手选工工作距离（一般取 1.2~1.6），m/人；

    n——每班手选工人数，人；

    e——系数（当带宽小于 650mm 时，手选工站在一面工作，$e=1$；当带宽不小于 800mm 时，手选工可两边交叉站立工作，$e=0.5$）。

表 5-49　手选工效率

矸石粒度/mm	选矸量/t		
	1h	6h	7h
+100	0.6	3.4	3.9
+75	0.5	2.9	3.3
+50	0.4	2.3	2.6
100~50	0.3	1.7	2.0
50~25	0.1	0.5	0.6

C　可逆配仓胶带输送机

可逆配仓胶带输送机用于原煤和各种产品的仓上配仓。其优点是使用方便、配仓灵活。其选型计算可参考《选煤手册》。

D　油冷式电动滚筒

油冷式电动滚筒可代替一般电机、减速器驱动胶带输送机。特别适用于场地狭小、布置一般驱动系统有难度的地方。其选型计算可参考有关手册。因其价格较电机、减速器低，维护简单，使用可靠，故设计时应优先采用。

5.10.1.2　刮板输送机

刮板输送机是选煤厂常用的一种运输设备。它利用闸门控制，将输送物料在输送线上一点或多点同时卸料，故常用来将原煤或产品分配到各个煤仓或设备中去。在特殊情况下，刮板输送机可倾斜向上输送物料，其倾角一般在 5°~6° 以下。当输送量无严格要求时，其最大倾角可达 30°。

目前可供选择的刮板输送机有 HYL、XGZ 等系列（见表 5-50 和表 5-51）。根据输送量选择槽宽、链长、传动装置等。链速选择时应注意在满足输送量的前提下，尽量选用低速；当输送矸石、粗粒度物料（大于 13mm）偏多及水分高（大于 20%）的物料时，应选

表 5-50　HYL 系列刮板输送机最大输送量

链速 v/m·s^{-1}	输送物料名称	槽宽 B/mm		
		600	800	1000
		输送量 Q/t·h^{-1}		
0.46	原煤	170	240	306
	精煤	186	260	333
	中煤	280	390	500
0.6	原煤	223	310	400
	精煤	242	338	434
	中煤	364	507	651

链速 $v/m \cdot s^{-1}$	输送物料名称	槽宽 B/mm		
		600	800	1000
		输送量 $Q/t \cdot h^{-1}$		
0.7	原煤	260	363	466
	精煤	283	395	507
	中煤	424	592	760
0.8	原煤	298	415	533
	精煤	323	450	580
	中煤	485	677	868
0.46	浮选精煤、煤泥	110	156	200
	矸石	150	207	266

用低速。选定刮板宽度（即槽宽）后，再采用物料最大粒度进行验算。一般情况下

$$B \geqslant (2.3 \sim 3.0)d_{最大} \tag{5-38}$$

5.10.1.3 斗式提升机

斗式提升机按用途的不同，可分为输送用斗式提升机、脱水用斗式提升机和捞坑斗式提升机。

输送用斗式提升机的优点是可以在垂直方向和倾斜角度很大的情况下进行运输，占地面积小，厂房布置紧凑；其缺点是链板等零件磨损较快。因此，在布置条件许可时，尽量采用胶带输送机。

脱水用的斗子提升机通常与跳汰机组成机组，完成选后产品的提升和脱水。

捞坑斗式提升机与捞坑联合使用，具有脱水、运输、控制捞坑溢流粒度等作用。

目前生产的输送用斗式提升机有 PL、HL、ZL、钩头重力型、高效型等五种系列。后两种输送量大。

目前生产的脱水用斗式提升机有 T 系列，捞坑斗式提升机有 L 系列。

选型计算时，根据输送量，选择充满系数、链速及对应的传动装置。表 5-52～表 5-54 所示为三种输送用的斗式提升机的有关参数。表 5-55 所示为脱水、捞坑斗式提升机的最大生产能力。对应的传动装置功率选择表可查阅有关设计图册等。

5.10.1.4 螺旋输送机

螺旋输送机主要用于末煤和煤泥的短距离输送，一般呈水平布置或倾角小于 20° 布置。

螺旋输送机构造简单，维护和修理简便，可以密封（以防止煤尘飞扬）。其缺点是输送距离短，物料粉碎严重，输送能力小，电耗大。因此，在选煤厂中的使用受到了限制。

螺旋输送机的选型计算可参考《选煤手册》。

5.10.2 给料机

给料机是将煤从煤仓、受煤坑或贮煤场均匀而精确地给入输送设备或选煤设备，以保证煤流按工艺操作所必需的数量流动。常用给料机有电磁振动给料机、往复式给料机、圆盘给料机、链式给料机、叶轮式给料机、GZY 振动给料机及自同步惯性振动给料机等。

表5-51　XGZ系列刮板输送机长度选择表

功率/kW	槽宽 600			槽宽 800					槽宽 1000					槽宽 1200					槽宽 1400					
运输量/t·h⁻¹	100	200	300	200	300	400	500	600	300	400	500	600	800	400	500	600	700	800	500	600	700	800	900	1000
链速 v/m·s⁻¹	0.48	0.76	0.76	0.48	0.76	0.76	0.76	0.76	0.48	0.76	0.76	0.76	0.76	0.48	0.48	0.76	0.76	0.76	0.48	0.48	0.76	0.76	0.76	0.76
5.5	23.0	14.4	12.9		10.4																			
7.5	31.6	19.4	18.7	13.8	13.9	10.2			13.0	10.5														
11	46.6	28.2	25.4	18.8	18.1	14.7	12.5	10.3	19.0	15.2	13.4	12.0		14.9	12.6				12.3	10.8				
15	53.4	34.1	31.2	27.4	24.0	19.8	16.7	13.8	25.7	20.5	16.7	14.6	10.9	20.1	16.9	13.8			16.6	14.5	11.7	10.6		
18.5	66.2	42.1		37.3	33.3	24.4	20.4	16.8	31.6	25.2	20.8	17.3	13.2	24.6	20.7	16.4	14.6	13.2	20.3	17.6	14.3	13.0	11.9	11.0
22				48.5	49.1	28.8	24.2	19.9	37.6	29.8	24.4	19.4	15.6	29.2	22.3	19.4	17.3	15.6	24.1	20.8	16.9	15.3	14.0	12.9
30				66.3	60.5	39.2	32.7	27.0		37.0	33.0	26.3	21.0	39.7	30.1	26.3	23.3	21.0	32.6	28.0	22.9	20.6	18.8	17.3
37						48.2	40.1	33.1		45.6	40.5	30.1	25.7	48.8	37.4	32.4	28.6	25.7	40.0	34.3	28.1	25.3	23.0	21.1
45											45.4	38.3	31.1		45.4	39.3	34.7	31.1		38.6	34.1	30.6	27.8	25.5
53.6											54.0	46.7	36.8		54.0	46.7	41.2	36.8		45.9	40.5	36.3	32.9	30.2
65											65.5	56.5	44.5		65.5	56.5	49.8	44.5		55.6	49.0	43.9	39.8	36.4

注：1. 该表中的数值为输送机的实际长度，其有效运输长度，计算有效运输距离应将表中的数值减2m（入料口至机尾链轮中心要求不小于2m）；
2. 该表所列功率为每套传动装置的电机功率，计算公式为 $N = kW_{ov}/(102\eta)$，但53.6kW及65kW为减速器高速轴允许最大输入功率；
3. 该表是按煤在铸石板槽中运行的阻力系数 $f=0.3$，圆环链的运行阻力系数 $\omega=0.5$，原煤密度 $\rho=0.85t/m^3$ 计算的；
4. 该表只适用于单层运输、机尾入料。

表 5-52 ZL 型斗式提升机技术特性

参数		型号	ZL$_{25}$	ZL$_{35}$	ZL$_{45}$	ZL$_{60}$
输送量 /m^3·h^{-1}	充满系数 1		55	80	120	160
	充满系数 0.8		44	64	96	128
斗宽/mm			250	350	450	600
斗容积/L			7	9.8	18	24
斗距/mm			250	250	300	300
斗运行速度/m·s^{-1}			0.58		0.58	
运行部分质量/kg·m^{-1}			50	60	100	110
主动轮转速/r·min^{-1}			27.4	27.2	19	19
电动机	传动制法	c_1	Y160M-6	Y160L-6	Y180L-6	Y180L-6
		c_2	Y160L-6	Y180L-6	Y200L$_1$-6	Y200L$_1$-6
		c_3	Y180L-6	Y200L$_1$-6	Y200L$_2$-6	Y200L$_2$-6
减速机	传动制法	c_1	ZQ400-Ⅵ-2Z	ZQ42.5-8-21	ZQ50-Ⅴ-2Z	ZQ5000-Ⅴ-2Z
		c_2	ZQ500-Ⅵ-2Z	ZL50-8-21	ZQ650-Ⅴ-2Z	ZQ650-Ⅴ-2Z
		c_3	ZQ500-Ⅵ-2Z	ZL50-8-21	ZQ650-Ⅴ-2Z	ZQ650-Ⅴ-2Z

表 5-53 钩头重力型斗式提升机技术特征

参数	规格/mm	400	500	600	700
最大许可高度/m		30	32	32	35
斗宽/mm		400	500	600	700
斗距/mm		600	700	700	750
斗容/L		51.2	91	118	194
填充系数		0.55	0.55	0.55	0.55
链斗速度/m·s^{-1}		0.598	0.6	0.6	0.594
输送量/t·h^{-1}		120	180	240	360
物料堆密度/t·m^{-3}		1.2	1.2	1.2	1.2
电动机型号		Y180L-4	Y280S-6	Y280M-6	Y280M-4
减速器型号		ZS125-13-Ⅲ	ZS125-3-Ⅲ	ZS125-3-Ⅳ	ZS145-5-Ⅳ

表 5-54 高效斗式提升机主要参数及规格

型式	胶带式											
参数	规格/mm	160	200	250	315	400	500	630	800	1000	1250	1400	1600
斗容 V_0/L	3	4	7	10	16	25	39	65	102	158	177	2×726
提升量/t·h^{-1}	40	43	82	101	158	220	340	500	788	1102	1234	1543
斗速 v/m·s^{-1}	1.2	1.2	1.34	1.34	1.5	1.5	1.68	1.65	1.86	1.86	1.86	1.836

型 式		环 链 式											
参数	规格/mm	160	200	250	315	400	500	630	800	1000	1250	1400	1600
斗容 V_0/L		3	4	7	10	16	25	39	65	102	158	177	252
提升量/t·h^{-1}		30	37	62	74	119	166	255	363	535	767	861	1134
斗速 v/m·s^{-1}		0.93	0.93	1.04	1.04	1.17	1.17	1.32	1.31	1.47	1.47	1.47	1.47

A　电磁振动给料机

目前使用最为普遍的是 GZ 系列电磁振动给料机。其特点是高频率、小振幅，可实现无级调整给料量。其缺点是质量大、噪声大、故障多，对使用环境、温度和粉尘等条件要求较高。选煤厂使用的电磁振动给料机有逐渐被自同步惯性振动给料机及 GZY 振动给料机代替的趋势。

电磁振动给料机分为六种类型。

电磁振动给料机的选型可参考表 5-56，其他计算和参数查取可参考《选煤手册》。

B　自同步惯性振动给料机

定型设计的自同步惯性振动给料机有 GZG 系列。它适合于块状和粒状物料的均匀、定量给料。其特点是体积小、质量轻、结构简单、安装、维修、操作方便、能耗低、噪声小等。

其选型可参考《选煤手册》。

C　GZY 振动给料机

GZY 振动给料机通过电机与给料机上的振动轴的挠性直联，电机不参加振动，配置普通电机，不仅降低了造价，而且保证了给料机的无故障使用。GZY 振动给料机用于 0～300mm 粒度的原煤、分选产品及其他散状物料的给料。GZY 振动给料机见表 5-57，专用于跳汰机的 GZY 振动给料机见表 5-58。

D　圆盘给料机

圆盘给料机主要用于输送流动性不良的物料，如浮选精煤等，也用于-50mm 级原煤或精煤仓下的配料。

其优点是给料均匀、调整容易。其缺点是结构复杂、机体笨重。

E　叶轮式给料机

叶轮式给料机适用于缝口型长仓受煤坑下卸煤。该机可卸下 300mm 甚至更粗的物料、输送量大、自动化程度较高，但设备较复杂、投资较大，一般在大型选煤厂使用。

叶轮式给料机分为单面卸料和双面卸料两种。其选型计算参考《选煤手册》。

F　往复式给料机

往复式给料机是一种较老的产品。该机结构简单、工作可靠、给料均匀，特别适用于中等粒度及煤尘较大的仓下给煤，比如，在准轨翻车机下双排给煤仓常用双联式往复给料机。该机的缺点是设备笨重、维护量较大。

表 5-55 脱水、捞坑斗式提升机最大生产能力

根据运输物料的种类及采用的速度确定斗式提升机的最大生产能力 $Q/\text{t}\cdot\text{h}^{-1}$

装满系数 $\psi=0.5/\psi=0.75$　　$v=0.16\text{m/s}$

运输物料的种类	堆密度 /t·m⁻³	提升机型号												
		T3240	T3260	T4060	T4080	T40100	T50100	T50120	T50140	L3240	L4060	L40100	L50120	L50140
矸石	1.6	20.4/30.6	30.6/45.9	38.3/57.4	51.1/76.6	63.8/95.6	79.7/120	95.7/143.5	111.6/167.4					
中煤	1.2	15.3/23	23/34.4	28.7/43.1	38.3/57.5	47.8/71.7	59.8/89.7	71.8/107.6	83.7/125.6	22.5/33.7				
精煤	0.85													

装满系数 $\psi=0.5/\psi=0.75$　　$v=0.27\text{m/s}$

运输物料的种类	堆密度 /t·m⁻³	提升机型号												
		T3240	T3260	T4060	T4080	T40100	T50100	T50120	T50140	L3240	L4060	L40100	L50120	L50140
矸石	1.6	34.4/51.6	51.7/77.5	64.6/96.8	86.1/129.2	107.6/161.4	134.5/201.4	161.5/242.2	188.4/282.5					
中煤	1.2	25.8/38.7	38.8/58.1	48.4/72.6	64.6/96.9	80.7/121.1	100.9/151.4	121.1/181.6	141.3/211.9	37.9/56.9				
精煤	0.85									26.9/40.3	53.6/80.4	89.4/134	133.6/200.4	155.8/233.7

表 5-56 GZ 系列电磁振动给料机系列参数

类型	型号	给料量 /t·h⁻¹		最大给料粒度 /mm	双振幅 /mm	供电电压 /V	电流/A		有功功率 /kW	配套控制箱型号	设备总质量 /kg	有效宽度 /mm
		水平	-10°				工作电流	表示电流				
基本型	GZ₁	5	7	50			1.34	1	0.06	XKZ-5G₂	73	200
	GZ₂	10	14	50			3.0	2.3	0.15		146	300
	GZ₃	25	35	75	1.75	220	4.58	3.8	0.2		217	400
	GZ₄	50	70	100			8.4	7	0.45	XKZ-20G₂	412	500
	GZ₅	100	140	150			12.7	10.6	0.65		656	700
	GZ₆	150	210	200			16.4	13.3	1.5	XKZ-20G₃	1252	900
	GZ₇	250	350	250			24.6	20	3	XKZ-100G₃	1920	1100
	GZ₈	400	560	300	1.5	380	39.4	32	4		3040	1300
	GZ₉	600	840	350			47.6	38.6	5.5	XKZ-200G₃	3750	1500
	GZ₁₀	750	1050	500			39.4×2	32×2	4×2		6491	1800
	GZ₁₁	1000	1400	500			47.6×2	38.6×2	5.5×2		7680	2000
上振型	GZ₃S	25	35	75	1.75	220	4.58	3.8	0.2	XKZ-5G₂	242	400
	GZ₄S	50	70	100			8.4	7	0.45	XKZ-20G₂	457	500
	GZ₅S	100	140	150			12.7	10.6	0.65		666	700
	GZ₆S	150	210	200			16.4	13.3	1.5	XKZ-20G₃	1246	900
	GZ₇S	250	350	250	1.5	380	24.6	20	3	XKZ-100G₃	1960	1100
	GZ₈S	400	560	300			39.4	32	4		3306	1300
封闭型	GZ₁F	4	5.6	40			1.34	1	0.06	XKZ-5G₂	77	200
	GZ₂F	8	11.2	40			3.0	2.3	0.15		154	300
	GZ₃F	20	28	60	1.75	220	4.58	3.8	0.2		246	400
	GZ₄F	40	56	60			8.4	7	0.45	XKZ-20G₂	464	500
	GZ₅F	80	112	80			12.7	10.6	0.65		668	700
	GZ₆F	120	168	80	1.5	380	16.4	13.3	1.5	XKZ-20G₃	1278	900
轻槽型	GZ₅Q	100	140	200		220	12.7	10.6	0.65	XKZ-20G₂	682	900
	GZ₆Q	150	210	250	1.5		16.4	13.3	1.5	XKZ-20G₃	1326	1100
	GZ₇Q	250	350	300		380	24.6	20	3	XKZ-100G₃	1992	1300
	GZ₈Q	400	560	350			39.4	32	4		3046	1500
平槽型	GZ₅P	50	70			220	12.7	10.6	0.65	XKZ-20G₂	633	900
	GZ₆P	75	105	100	1.5		16.4	13.3	1.5	XKZ-20G₃	1238	1100
	GZ₇P	125	175			380	24.6	20	3	XKZ-100G₃	1858	1300
宽槽型	GZ₅K1		200								1316	1600
	GZ₅K2		240								1343	1900
	GZ₅K3		270	100	1.5	220	12.7×2	10.6×2	0.65×2	XKZ-20G₂	1376	2200
	GZ₅K4		300								1408	2500

表 5-57 GZY 系列振动给料机 (普通型) 性能参数

型号	激振器编号	生产能力/t·h⁻¹			双振幅/mm	振次/min⁻¹	功率/kW	质量/kg
		$\alpha=0°$	$\alpha=5°$	$\alpha=10°$				
GZY-0510		60	80	100				800
GZY-0815	No. 1	100	120	160	8	940	2.2	1000
GZY-1015		130	180	260				1100
GZY-1020		250	310	460				1580
GZY-1220	No. 2	340	480	650	8	960	4	1650
GZY-1525		420	550	850				1800
GZY-1225		460	810	1100				1850
GZY-1530	No. 3	550	850	3000	8	970	7.5	2070
GZY-1830		560	850	3000				2210

表 5-58 GZY 宽槽振动给料机 (跳汰机给料用) 性能参数

型号	料槽尺寸		配用的跳汰机宽度/mm	α 为 0°~10° 的生产能力/t·h⁻¹	双振幅/mm	振动频率/Hz	功率/kW	质量/kg	安装形式
	B/mm	L/mm							
GZY-1820	1800	2000	2000	200~1300			4	1500	前后吊式
GZY-2020	2000	2000	2500	250~1500			7.5	1800	前后吊式
GZY-2625	2600	2500	3000	300~1800	8	~16	7.5	2400	前后座式
GZY-3225	3200	2500	3500	350~2600			7.5	2700	前后座式
GZY-3625	3600	2500	4000	400~2800			7.5	3000	前后座式
GZY-4025	4000	2500	4500	450~3000			11	4000	前后座式

G 链式给料机

LG 型链式给料机是与跳汰机相配套的给煤设备。多条链匀速刮煤形成厚度均匀的料层，同时依据跳汰机床层厚度可调节给料量。链式给料机有利于实现跳汰机的自动化。表 5-59 所示为 LG 型链式给料机的技术规格。新选煤厂设计或老厂改造，多选用 LG 系列链式给料机。

表 5-59 LG 系列链式给料机技术规格

型 号	LG-18	LG-21	LG-24	LG-30	LG-36	LG-42	LG-51
给料槽宽/mm	1800	2100	2400	3000	3600	4200	5100
给料速度/m·s⁻¹	0.08~0.24			0.06~0.17 无极调整			
生产能力/t·h⁻¹	150~300	175~350	200~400	250~500	300~600	350~700	425~850
给料粒度/mm	0~100						
给料槽角度/(°)	6						
链条数/条	6	7	8	10	12	14	17
摆线减速器型号	BW45-87-10			BW45-71-11			
配套跳汰机面积/m²	8	10	14	20	24	30	35
机器质量/kg			7806	8026	10122		

H 其他种类给料机

给料机的种类很多。除上述几种形式外，还有扇形给料机，它是通过差动运动使煤连续地从煤仓卸下，适用于中块或细粒煤；滚筒式给料机，适用于小块物料的给料，具有结构简单、给料均匀的优点；带式给料机，该机实际上是一台很短的平型胶带输送机，适用于小块矿石或煤炭，其优点是构造简单，给料距离可长可短，布置上有较大灵活性，带宽一般是最大粒度的 2.5 倍。

5.10.3 泵和风机

选煤厂需要使用多种类型的泵，以便输送不同性质的流体。常用砂泵输送煤泥水和重介质悬浮液；用污水泵输送含有悬浮体的污水；用清水泵输送清水或循环水等。鼓风机是为跳汰机、过滤机和加压过滤机等提供低压用风。压风机是为电磁风阀、加压过滤机和压滤机等提供高压用风。真空泵用于过滤机的抽气。

5.10.3.1 泵的选型与计算

泵有许多种类。首先要根据被输送矿浆的粒度、密度、浓度和黏度等性质来确定泵的类型，并根据要求的输送量和扬程选定泵的规格和台数。系列化生产的泵可直接根据输送量和扬程从产品目录中选用合适的型号，按需要确定台数。

A ZJ 系列渣浆泵

ZJ 系列渣浆泵是近几年选煤厂常用的设备，可输送高浓度煤浆和重介质悬浮液。该系列渣浆泵高效、节能，过流部件抗强磨蚀、抗强腐蚀性能好。其主要技术参数见表 5-60。

表 5-60 ZJ 系列渣浆泵主要技术参数

| 型　号 | 配套电机功率/kW | 清水性能 | | | | | 间断通过最大颗粒/mm |
		流量/$m^3 \cdot h^{-1}$	扬程/m	转速/$r \cdot min^{-1}$	效率/%	汽蚀余量/m	
250ZJ - Ⅰ - A75	560	300~1500	20~98	490~980	76	3.0	72
200ZJ - Ⅰ - A85	300	220~900	32~134	490~980	71	3.0	56
150ZJ - Ⅰ - A70	185	93~400	20~92	490~980	63	2.0	40
150ZJ - Ⅰ - A50	160	85~360	21~100	700~1480	69	2.2	35
100ZJ - Ⅰ - A33	45	56~230	9~42	700~1480	70	1.8	32
80ZJ - Ⅰ - A52	160	50~250	22~110	700~1480	57	2.5	21
65ZJ - Ⅰ - A30	15	23~80	7~35	700~1480	62	1.8	19
50ZJ - Ⅰ - A50	90	27~120	22~110	700~1480	66	4.6	13
40ZJ - Ⅰ - A17	4	4~23	9~45	1400~2900	53	2.5	11

B 沃曼 AH 型矿浆泵

沃曼 AH 型矿浆泵是引进澳大利亚技术制造。该泵的叶轮采用渐扩式出口，对泵壳冲击力较小。适用于输送重介质悬浮液及浓缩机底流。表 5-61 所示为沃曼 AH 型矿浆泵的主要技术参数。

表 5-61　我国选煤厂重介质选使用的沃曼 AH 型矿浆泵的性能参数

型号[①]	流量 Q /m³·h⁻¹	扬程 H /m	排煤粒度 /mm	转速 n /r·min⁻¹	电动机功率 /kW	效率 η /%	汽蚀余量 /m	叶轮 叶片数/片	叶轮 叶轮直径/mm	使用的选煤厂
8/6D-AH	360~700	10~37	−63	500~900	120	65~72	2~9	5	510	彩屯、兴隆庄、马家沟
10/8ST-AH	612~1368	11~61	−76	400~850	560	62~71	4~10	5	686	兴隆庄
10/8E-M	666~1460	14~40	−65	600~900	120	60~73	4~10	5	549	兴隆庄
12/10ST-AH	936~1980	7~68	−76	300~800	560	60~82	6	5	762	兴隆庄、西曲、太原
14/12ST-AH	1260~2772		−76	800~600	560	60~77	3~10	5	965	

①分子数字表示吸入口径（in）；分母数字表示排出口径（in）；AH 或 M 表示矿浆泵；D 或 ST 表示托架形式。

C　TZJ 型渣浆泵

TZJ 型渣浆泵是采用组合式机械密封，不加盘根，密封无泄漏，轴承设计有特色，使用不发热，更换轴承时泵无须解体。

D　PW、PWF 型污水泵

PW 型污水泵是卧式单级单吸悬臂式离心泵，可输送 80℃ 以下、带有纤维或悬浮物的液体，适用于选煤厂厂房清扫污水。

PWF 型污水泵是卧式单级单吸悬臂式离心耐腐蚀污水泵，适合于温度在 80℃ 以下，有酸性、碱性或其他腐蚀性的污水。

E　Sh、IS 系列清水泵

Sh 系列泵是选煤厂常用的清水泵，IS 系列泵是根据国际标准 ISO2858 所规定的性能和尺寸设计的单级单吸（轴向吸入）离心泵。二者都适合于输送不含固体颗粒的清水或物化性质类似水的液体，在选煤厂常用作生产、生活或消防用清水泵或浓缩机溢流循环水泵。

上述各种型号泵的流量、扬程及电机容量等可查阅泵类产品目录及《煤炭工业设备手册》。

5.10.3.2　真空泵和空气压缩机

选煤厂常用 2YK 型和 SZ 型水环式真空泵给过滤机抽气，SZ 型空气压缩机为过滤机吹风。空气压缩机技术特征见表 5-62。水环式真空泵的技术特征见表 5-63。

真空泵和空气压缩机所需台数按下式计算：

表 5-62　SZ、SK 型水环式空气压缩机技术性能参数

型号	不同压力时的排气量/m³ · min⁻¹					最高工作压力/ kPa	耗水量/L · min⁻¹	电机功率/kW	转速/r · min⁻¹	外形尺寸/mm		
	0 最大气量	49.03 kPa	78.45 kPa	98.07 kPa	147.1 kPa					长	宽	高
SZ-1	1.62	1.08				98.07	10	5.5	1450	585	364	390
SZ-2	3.67	2.80	2.16	1.62		137.3	30	15	1450	722	364	390
SZ-3	12.4	9.92	9.16	8.09	3.77	205.94	70	45	960	1392	480	600
SZ-4	29.1	28.03	21.56	17.25	10.24	205.94	100	90	730	1620	650	1060
SK-20	21.5	20.6	20.2	19.8	18.1	98.07	80	55	960	1245	700	550
						176.52		75				
						205.94		90				
SK-30	30	30	29	28.5	27.5	147.1	90	90	730	1326	900	853

$$n = \frac{Aq}{Q} \tag{5-39}$$

式中　n——真空泵或空气压缩机台数，台；

$\quad\quad A$——过滤机面积，m²；

$\quad\quad q$——单位过滤面积空气耗量（从表 5-64 查取），m³/(m² · min)；

$\quad\quad Q$——单台真空泵或空气压缩机风量，m³/(min · 台)。

5.10.3.3　鼓风机

鼓风机在选煤厂用于跳汰机鼓风。常用鼓风机有罗茨鼓风机（回转式鼓风机）和 D 系列离心式鼓风机。

A　罗茨鼓风机

罗茨鼓风机是定容式空气压缩机的一种，其特点是在最高设计压力范围内，在管网阻力发生变化时，其流量变化小，因此，适用于流量要求稳定而阻力幅度变动较大的工艺流程。其缺点是在压力较高时，气体漏损严重、噪声大。罗茨鼓风机一般要求输气量不大，压力在（0.1×10⁵ ~ 2×10⁵）Pa 范围内使用，适合于中、小型选煤厂的跳汰机鼓风。所选用的型号有 TS 系列低噪声鼓风机和 RR 系列。

B　离心式鼓风机

离心式鼓风机用于输送干净的空气、半水煤气、焦炉煤气及硫化煤气。离心式鼓风机与罗茨鼓风机相比，具有空气动力性能稳定、振动小、噪声小、便于安装和维修的特点。适合于选煤厂使用的离心式鼓风机的主要性能见表 5-65。

鼓风机选型可根据跳汰机要求的鼓风压力和风量指标查取合适的型号，所需台数按式（5-39）计算，其中的 q 由表 5-66 查取。

表 5-63　SK、2YK、2BE₁水环式真空泵及 SKP、2YKP 水环大气喷射真空泵技术性能表

型号	吸入绝对压力 /kPa	极限真空 /kPa	干空气的抽气速率 /m³·min⁻¹	转速 /r·min⁻¹	功率/kW 轴功率	功率/kW 配带功率	供水量 /m³·h⁻¹	口径/mm 吸入	口径/mm 排出	外形尺寸/mm 长	外形尺寸/mm 宽	外形尺寸/mm 高	质量 /kg
SK-12	413	107	11	970	17.5	22	4~6	100	100	968	640	730	320
SK-27		147	27.7	490	33.5	45	8~10	200	200	1467	980	1491	1300
SK-42		120	39.3	490	50.9	60	11~12	200	200	1700	1060	1100	1770
SK-60		147	55	420	77	95	12~13	250	250	1923	1300	1272	2680
SK-85		147	78	365	100.8	130	13~18	300	300	2300	1400	1465	4200
SK-120		160	113.2	250	139	185	13~18	300	300	2565	1700	1600	8000
SK-250		147	243	200	315	380	44~45	500	500	4004	2360	2210	17500
2SK-0.8		61	0.75	2860	3.21	4	0.4~0.55	35	35	640	232	305	100
2YK-110P₁	67~187	40	38~44	250	139	185	13~18	150	300	4443	2565	1600	8200
2YK-110P₂	27~67	<13	30~44	250	139	185	13~18	150	300	4443	2565	1600	8350
2YK-110P₃	7~27	<7	27~39	250	139	185	13~18	150	300	4443	2565	1600	8500
SK-60P₁	40~213	≤40	0~25	420	77	95	12~13	150	250	4600	1923	1270	2780
SK-60P₂	7~80	≤7	7~19	420	77	95	12~13	150	250	4600	1923	1860	2870
SK-42P₁	37~213	≤40	0~18	490	50.9	60	11~12	150	200	3665	1700	1100	1860
SK-42P₂	7~80	≤8	14~15.5	490	50.9	60	11~12	150	200	3665	1700	1790	1920
2YK-27P₁A	80~147	56	11.5~14.2	490	33.5	45	8~10	150	200	3018	1372	903	1900
2YK-27P₁	47~80	36	10~11.8	490	33.5	45	8~10	150	200	3018	1372	903	1900
2YK-27P₂	7~47	≤7	10.3~11.4	490	33.5	45	8~10	150	200	3018	1980	903	2000

表 5-64 真空过滤机和加压过滤机所需空气压力和风量

真空过滤机			真空过滤机		加压过滤机	
真空泵真空度		单位过滤面积空气消耗量 /m³·m⁻²·min⁻¹	压风机出口压力 /MPa	单位过滤面积空气消耗量 /m³·m⁻²·min⁻¹	空压机出口压力 /MPa	单位过滤面积空气消耗量 /m³·m⁻²·min⁻¹
/MPa	/%					
-0.05~-0.07	53~79	1.2~1.5	0.15~0.20	0.2~0.3	0.45~0.6	0.8~1.2

表 5-65 离心式鼓风机主要性能参数

型 号	风量 /m³·min⁻¹	出口压力 /mmH₂O 柱	轴功率 /kW	采用电动机			总质量 /t
				型号	功率/kW	电压/V	
D100-32	100	2450	60	Y280S-2	75	380	3
D200-32	200	3500	210	JK123-2	220	380	7.7
D250-11	250	3200	220	JK123-2	220	380	6.4
D330-11	330	2400	320	JK135-2	350	6000	
D460-11	460	2250	225	JK125-2	275	380	5.4
D500-11	500	2700	340	JK135-2	350	6000	7.1
D700-11	700	2500	370	JK135-2	440	6000	4.8
D700-13	700	2900	430	JK135-2	440	6000	4.8

注：1mmH₂O 柱=9.806375Pa。

表 5-66 跳汰风压、风量指标

作业条件	风压/MPa	风量/m³·m⁻²·min⁻¹
不分级煤	0.035~0.050	4~6
块煤	0.040~0.050	5~7
末煤	0.035~0.050	3~5
再选	0.035~0.050	3~5

6 工业场地总平面设计

工业场地总平面设计是工业建设项目设计中的重要组成部分，需要与有关专业密切配合才能正确进行设计。选煤厂总平面设计是在国家工业建设有关政策指导下，根据选煤厂建筑群体的组成内容和使用性能要求，在选定的厂址上，结合地形条件和工艺流程，综合研究建筑物、构筑物及各项设施之间的平面和空间关系，正确处理厂房布置、交通运输、管线综合、绿化等问题，达到充分利用地形、节约土地，使建筑群的组成和设施融为统一的有机整体，并与周围环境及其他建筑群体相协调。

6.1 总平面设计的原则和内容

6.1.1 总平面设计的基本原则

（1）总平面设计必须贯彻国家煤炭工业建设方针、政策，因地制宜，保护环境，做到符合国情、布置合理、生产安全、技术先进、经济合理，且社会效益和环境效益好。

（2）在进行工业企业总平面设计时，除执行《工业企业总平面设计规范》（GB 50187—1993）、《煤炭洗选工程设计规范》（GB 50359—2005）有关规定外，还应符合国家现行的防火、安全、卫生、交通运输和环境保护等有关标准、规范的规定。如《工业企业设计卫生标准》（GBZ 1—2002）、《工业企业厂界噪声标准》（GB 12348—1990）、《大气污染物综合排放标准》（GB 16297—1996）等。选煤厂工业场地防洪、排涝、竖向布置和场地运输，应符合现行《煤炭工业矿井设计规范》（GB 50215—2005）的有关规定。在设防震烈度六度及以上地震区、湿陷性黄土地区、膨胀土地区、软土地区和永冻土地区等特殊自然条件地区建设工业企业，也应符合国家现行的有关规范的规定。

6.1.2 总平面设计的一般要求

选煤厂工业场地的平面布置应结合地形、地物、工程条件、工艺要求及竖向布置，做到有利生产，方便生活，节约用地，符合环保，减少压煤，并应符合下列要求：

（1）根据建（构）筑物的不同功能，可分区布置。即考虑满足生产区和生活区的不同使用性能，分区组合建筑群和道路。总平面布置应以主要工业场地为主体，全面规划，统筹安排，如出入口的位置、交通线路的走向、建筑物的平面组合等，应按相互之间的性质关系和特点进行布置，使其紧凑合理；确定各性能区的外形时，其面积不宜过小，通道的数量不宜太多，并与周围环境协调统一。做到生产上流程畅通，生活上使用方便。

（2）充分考虑地形，主厂房一般选择在地形较高的位置上，便于煤泥水及厂内污水采用自流方式；地形带有坡度时，厂区及建（构）筑物长边一般顺地形等高线布置，以减少土石方工程量，地形坡度大时尤应如此；平坦地区长边与地形等高线稍呈角度布置，便于厂区排水；场地排雨水应根据场地工程地质条件与使用要求，采用自然排水、明沟排水、暗沟（管）排水或混合排水方式。

（3）建（构）筑物、道路及工程管线的布置应紧凑合理、相互协调、整齐美观。建（构）筑物、道路的布置应优先满足工艺要求，在此前提下，应尽量使建（构）筑物与管线间及各管线之间在平面和竖向布置上互相协调，应满足安全使用、维护检修和施工要求，并需满足最短敷设长度要求和扩建时所需的最小合理间距。

工程综合管线设计包括动力、照明、通讯、给排水、生产、压风及热力等地面和地下各种管线的平面布置，其中生产管线主要有煤泥水、循环水、澄清水、药剂、介质等。在符合技术、经济和安全的条件下，宜采用共架、共杆或共沟布置。

（4）主要建（构）筑物应布置在工程地质条件较好的地段。

（5）根据生产使用、防火、环境保护、卫生，安全等要求，设计联合建筑。

（6）分期建设的工程，应便于前后衔接，其预留场地宜在边缘地段。

（7）改建、扩建选煤厂，应充分利用已有场地，建（构）筑物和设施。

（8）处理好建（构）筑物位置与风向、朝向的关系。

（9）根据污染源合理确定建（构）筑物间距、卫生防护植物带的位置及宽度。

满足卫生、防火、安全等有关技术规范要求。建（构）筑物之间的间距应结合通风、防火、防震、防噪声等要求综合考虑，合理确定。

绿化布置要与建（构）筑物、道路、管线的布置统一考虑，充分发挥绿化在改善小气候、净化空气、防火防尘、美化环境方面的作用。绿化植物的选择与建（构）筑物的最小水平距离应符合有关规定，使绿化布置与建筑群体、空间环境协调一致。

（10）工艺总平面布置的煤流系统应顺畅，尽量减少中转和折返环节，在满足工艺要求的前提下，力求煤流系统运输线路最短。

（11）与所在地规划或矿区、矿井的总平面布置协调。

6.1.3 总平面设计的步骤和内容

总平面设计分为初步设计和施工设计两个阶段，每个阶段又分成方案图（或称轮廓图）和正式图（或称成品图）两个步骤进行。

初步设计方案图比较简单，依据工艺专业的生产车间轮廓尺寸，以及有关专业共同确定的各项建筑物轮廓尺寸，结合地形、铁路、公路、管线位置，绘制总平面轮廓图。

初步设计正式图，是在轮廓图的基础上，再由各专业加以校正、补充、修改，使其进一步完善。正式图作为初步设计的附图，图纸的比例一般为 1：500、1：1000。在图中还应标明主要技术指标，其主要内容如下：

（1）厂区面积，m^2。

（2）建筑面积，m^2。

（3）厂区建筑系数，%。

（4）厂区利用系数，%

（5）绿化系数（覆盖面积与场区总面积之比），%。

（6）铁路（包括窄轨）及公路（包括道路）长度，m。

（7）围墙长度，m。

厂区建筑系数是指建筑物、构筑物和堆场的面积总和占全厂面积的百分数，它反映厂内建筑密度的大小。应在满足防火、安全、卫生环保和生产经营管理的前提下，提高建筑系数，以便减少用地，节约投资。

厂区利用系数是指建筑物、构筑物、堆场、铁路、公路、道路、地下管线的总面积占全厂面积的百分数，它反映厂区面积的有效利用程度。

厂区绿化应结合场地分区、建（构）筑物的功能、道路和工程管线布置，因地制宜地进行设计。绿化配置应根据不同绿化功能和要求，合理选择绿化植物种类。新建厂区绿化系数宜控制在 15% 左右。

选煤厂工业场地总平面图中还应标明设计基准的相对标高（通常以铁路站场正线轨面标高或主井锁口盘绝对标高为设计基准的相对标高 ±0.00m）和绝对标高。在图中应按工艺顺序注明各建筑物、构筑物、生活福利设施等的名称代号并写出名称一览表。

总平面施工设计是在初步设计审批后进行的。根据审批意见进行调整、修改，重新绘制选煤厂总平面布置施工图，作为各专业编制施工图设计的依据。总平面布置施工图是施工放线的依据。

选煤厂总平面布置施工图应包含建筑物、构筑物的平面位置和竖向标高。在图中应绘出建筑物、构筑物、铁路、公路、围墙、指北针、风向玫瑰图，注明图例，写出建筑物与构筑物一览表，主要技术经济指标和工程数量一览表等，加注必要的说明，最后应套描地形和坐标。选煤厂工业场地的防洪、排涝、竖向布置和场内运输应符合现行《煤炭工业矿井设计规范》（GB 50215—2005）的有关规定。

6.1.4 总平面图设计需要的基础资料

（1）工业场地实测的地形图和区域位置图：地形图的比例尺应根据地形条件、企业规模、工程性质确定。可行性研究阶段采用 1∶1000；初步设计阶段采用 1∶500 或 1∶1000；施工图采用 1∶500；区域位置图的比例尺一般为 1∶5000～1∶10000。

（2）工程地质和水文地质资料：如地质构造，土壤物理力学性质，地下水位变化规律，土壤冻结深度，地震烈度等。

（3）气象资料：如主导风向，最大风速，最高及最低气温，最大降雨量，最大洪水水位标高等。

（4）铁路站场图：铁路站场平面图、正线纵断面图和装车点坐标方位及轨面标高。

（5）水源、电源的方向及离厂距离。

（6）矸石处理方向及离厂距离。

（7）生活区方向及离厂距离。

（8）生产废水及生活污水的排放去向。

（9）各车间及设施的轮廓尺寸或准确尺寸。

（10）进厂公路方位。

（11）若属矿井型或群矿型选煤厂，还需矿井地面工艺布置方案图；若属增建选煤厂，还应有井上、井下对照图；若属用户选煤厂则需有用户企业总平面布置图。

6.2 工业场地的建筑物与构筑物

6.2.1 选煤厂建（构）筑物的组成

选煤厂是由多个不同功能的建（构）筑物组成的工业企业，其主要组成见表6-1，其工艺关系的典型形式见图6-1。在进行工业场地总平面设计时，按功能可将选煤厂工业场地分为主要生产区、辅助生产区、厂前区和站场区。其各分区功能特点及所包括的建（构）筑物主要内容各不相同，但实际上并没有固定的模式，也没有严格的界限，多为彼此渗透、相互穿插。

表 6-1 选煤厂建（构）筑物的组成

分 类	建（构）筑物名称	功 能
主要生产 建（构）筑物	1. 受煤车间 2. 筛分破碎车间（准备车间） 3. 贮煤仓及贮煤场 4. 主厂房（主要生产车间） 5. 装车仓（或装车点）、轨道衡沟及磅房 6. 浓缩车间及沉淀塔 7. 煤泥沉淀池（包括澄清水池及水泵房） 8. 干燥车间 9. 带式输送机走廊及转载点 10. 集中水池及泵房 11. 压滤车间 12. 生产系统管桥及地沟 13. 排矸设施	主要生产作业车间，构成全厂生产系统的骨架
辅助生产 建（构）筑物	1. 介质制备车间 2. 压缩空气房 3. 浮选药剂库 4. 煤样室（包括生产检查煤样室及销售煤样室） 5. 化验室 6. 生产水池及泵房 7. 生活、消防水池及泵房 8. 检修车间 9. 材料库 10. 变电所 11. 锅炉房 12. 窄轨检车库 13. 生活污水转排水池及泵房 14. 推土机房 15. 汽车库 16. 汽车、手推车地磅房	提供动力、材料，进行维修和运输作业的车间

分 类	建（构）筑物名称	功 能
行政、公共建筑	1. 门卫、传达、收发室 2. 自行车棚 3. 医务室 4. 哺乳室 5. 厂部办公楼 6. 食堂 7. 浴室 8. 围墙及大门	生产指挥和生活服务设施
铁路站场附属建（构）筑物	1. 行车室、客运站房、路矿办公室 2. 列检所 3. 养路工区 4. 信号工区 5. 扳道房 6. 调车作业设施 7. 车库及煤水设施 8. 人行天桥（或地道）	运输产品及原材料的设施

注：1. 表中列出的建（构）筑物应根据需要设置；

2. 表中的第二、三、四类及第一类中的排矸设施，应与矿井或矿区的相应项目合并设置。

主要生产区以主要生产建（构）筑物为主体，间以布置辅助生产建（构）筑物，构成工业场地建筑群的重点。其中各车间彼此通过带式输送机走廊或管道衔接，故在相对位置、间距、标高等方面相互关联与制约。这些车间中最主要的是受煤车间、筛分破碎车间（准备车间）、贮煤场或贮煤仓、主厂房、浓缩车间、装车仓等项，构成选煤厂生产系统的骨架。设计时首先必须处理好这一骨架与铁路站场、地形地貌、进厂大门、厂内外主要道路的相互关系，使其平面和空间布局既能满足工艺流程的要求，又能达到布置紧凑、运输短捷、符合总平面布置的需要。

辅助生产区主要布置辅助生产建（构）筑物，面积大、污染多，应适当隔离。这些车间通过管道、线路或厂内道路与第一类建（构）筑物取得联系，其位置比较灵活，但要求接近负荷中心或使用对象。它们的总平面布置是在主要生产建（构）筑物布局的基础上进行的。

厂前区布置以行政、公共建筑为主体，是服务于全厂职工的，要求环境安静、使用方便、布置整齐美观。

站场区布置装卸作业建（构）筑物、铁路站线及其附属设施，其噪声和煤尘污染严重，应与工业场地其他部分尽量分开。由于铁路技术和运营条件的要求，对总平面布置影响很大，要尽可能协调统一，以求整体合理。

6.2.2 工业场地的建（构）筑物布置注意事项

工业生产主要建（构）筑物总平面设计时要认真考虑工程地质条件和厂区地形。主要建（构）筑物应布置在工程地质条件好的地段，结合工艺要求充分利用地形，减少土石方

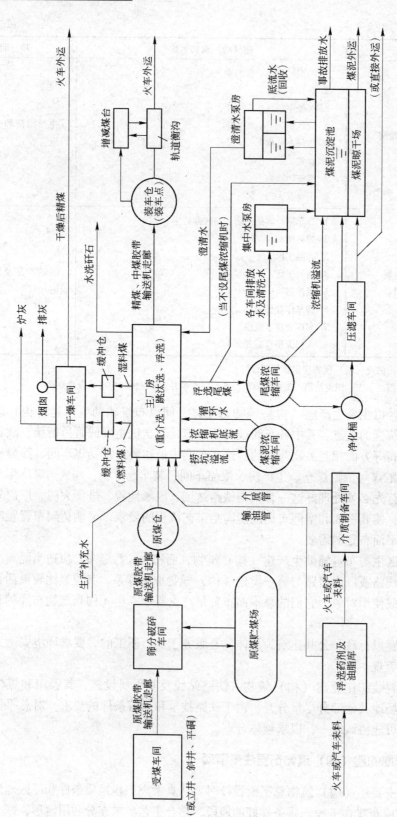

图 6-1 建（构）物工艺关系典型形式

工程量，并要处理好建（构）筑物位置与风向、朝向的关系。

辅助生产车间总平面设计时应接近服务对象布置。辅助车间，如变电所、销售煤样室、机修厂、材料库、药剂库、介质库、压风机房等都应布置在离服务对象较近的地方。矿井和群矿选煤厂的辅助建（构）筑物、行政福利建筑物及相应设施可与矿井联合设置，个别建筑物也可单独设置。

变电所的位置应便于进出高压输电线路和靠近用电负荷中心，并应按全年风向布置在受粉尘污染最小的位置。室外变电装置与翻车机房、装车仓、受煤坑、贮煤场等粉尘源的距离不宜小于30m，在不利风向位置时，不宜小于50m。

介质制备车间应靠近主厂房布置。

销售煤样室应布置在装车仓重车出口端附近，便于采制煤样及工人休息。

维修车间应与材料周转库（棚）集中设置，并应布置在运输方便的地段。维修车间周围的露天场地不应大于其建筑面积的3倍，材料周转库（棚）的露天场地不应大于其建筑面积的2倍。

生产水池和泵房应选择在距主厂房较近的地方，同时考虑水源地供应方便。生活与消防水池及泵房一般与生产水池布置在一起。

空气压缩机站应按全年风向频率，布置在空气清洁和受粉尘、废气污染较小的位置，吸气口与翻车机房、装车仓、受煤坑、贮煤场等粉尘源的距离不宜小于30m，在不利风向位置时，不宜小于50m。

贮煤场、事故煤泥沉淀池应按全年风向频率布置在对工业场地污染最小的位置，与提升机房、办公楼的距离不宜小于30m，在不利风向位置时，不宜小于50m。

锅炉房的位置应便于供煤、排灰和回水，宜靠近负荷中心。锅炉房或采用煤炭燃烧炉的干燥车间应按全年风向频率布置在对进风井口、空气压缩机站、变电所、办公楼、化验室污染最小的位置，其距离不宜小于30m，有条件时，干燥车间可与锅炉房联合设置。

汽车库应布置在汽车出入方便的地点，并应避免汽车与人流交叉。汽车库外应有回车及停车场地。在寒冷地区，汽车库的大门应避免朝向冬季主导风向。汽车的配备数量宜根据生产、生活需要确定。

化验室与行政办公楼联合设置，并应布置在清洁、安静处，有单独的出入口。化验室宜设置在底层端部，天平室、发热量测量室宜设在北向房间。煤样室、化验室的建筑面积规定见表6-2。

表 6-2　煤样室、化验室的建筑面积规定

设计生产能力/Mt·a^{-1}	生产煤样室面积/m^2	销售煤样面积/m^2	化验室面积/m^2
0.45~0.6	80~110	90	70~140
0.9~1.5	120~160	110	130~220
>1.5	150~180	110	150~320

浮选药剂站和油脂库可联合设置，其四周应设2.4m以上的围墙。浮选药剂站应位于工业场地边缘、地势较低、运输方便的地段，并应按全年风向频率和风速，布置在受经常散发火花和有明火建（构）筑物影响最小，且对重要建（构）筑物影响最小的地段。浮选药剂站与一般建（构）筑物的防火间距应符合《建筑设计防火规范》（GBJ 16—2001）

的相关规定。

厂前区应位于矿（厂）内外交通方便，受干扰、污染较小的位置。有条件时宜将选煤厂主要建（构）筑物布置在厂区景观中心地带。并应妥善处理建筑群体空间。

厂区绿化应结合场地分区、建（构）筑物的功能、道路和工程管线布置，因地制宜地进行设计。绿化配置应根据不同绿化功能和要求，合理选择绿化植物种类。新建厂区绿化系数宜控制在15%左右。

行政、福利建筑和设施，如办公楼、食堂、浴室、汽车库等，若属矿井型、群矿型及用户型选煤厂应与矿井、焦化厂、气化厂工业场地布置统一考虑，单独或联合设置；若属中心和矿区型选煤厂应按功能因地制宜地布置，一般布置在厂区内方便职工生活和对外联系、环境较好、受污染较小的地段。

建（构）筑物布置要符合国家防火、安全规定要求。选煤厂厂房多为二、三耐火等级的建（构）筑物，设计时应留有防火距离。工业企业相邻两建筑物最小防火距离见表6-3。

表6-3 相邻两座工业建筑物最小防火距离

建筑物耐火等级	建筑物防火距离/m		
	建筑物耐火等级		
	一、二级	二级	四级
一、二级	10	12	14
三级	12	14	16
四级	14	16	18

选煤厂工业场地宜设置围墙，布置在矿井工业场地内的选煤厂可不设围墙。浮选药剂站、变电所等可设置专用围墙。围墙至建（构）筑物、铁路、道路的距离应符合表6-4中的规定。

表6-4 围墙至（构）筑物、铁路、道路的最小距离

名 称		距离/m
一般建（构）筑物外墙	无消防要求时	3.0
	有消防要求时	6.0
标准轨铁路中心线		5.0
窄轨铁路中心线		3.0
道路路面边缘（公路明沟或路肩边缘）		1.5

选煤厂建设用地指标应参照《煤炭工业工程项目建设用地指标—矿井、选煤厂、筛选厂部分》的有关规定执行，其占地面积不宜大于表6-5中的规定。

选煤厂建设用地符合《工业项目建设用地控制指标（试行）》（国土资源部国土资发〔2004〕232号文）的规定，必须同时符合下列四项控制指标：建筑系数应不得低于30%，容积率应不小于0.5，行政办公及生活服务设施用地面积不得超过总用地面积的7%，投资强度不得小于项目所在城市、行业分类工业用地的投资强度的控制指标。矿区型选煤厂及露天矿型选煤厂行政、公共建筑项目及建筑面积指标见表6-6。

表 6-5 选煤厂工业场地最大占地面积

类型	建设规模/Mt·a⁻¹	矿井型、群矿型		矿区型	
		占地面积/hm²	用地指标/hm²·Mt⁻¹	占地面积/hm²	用地指标/hm²·Mt⁻¹
小型	0.30	2.0	6.7	5.0	16.7
中型	0.45	2.5	5.6	5.5	12.2
	0.60	3.0	5.0	6.0	10.0
	0.90	3.5	3.9	6.5	7.2
大型	1.20	4.0	3.3	7.0	5.8
	1.50	4.5	3.0	7.5	5.0
	1.80	5.0	2.8	8.5	4.7
	2.40	5.5	2.3	10.0	4.2
	3.00	6.0	2.0	12.0	4.0
	4.00	6.5	1.6	14.5	3.6
	5.00	7.0	1.4	16.0	3.2
	6.00 及以上	≥7.5	≤1.3	≥17.0	≤2.8

表 6-6 矿区型选煤厂、露天矿型选煤厂行政、公共建筑面积指标

项 目	单 位	指 标	备 注
厂办公室	m²/人	10~12	按在籍管理人员计
班、组学习室	m²/人	0.5	按在籍人数计
浴室	m²/人	0.9	按最大班出勤人数计
食堂	m²/人	1.0~1.3	按最大班出勤人数兼做集会用,取1.3
保健站	m²	40~80	
哺乳室	m²/人	0.1~0.2	按全厂在籍职工计
门卫室	m²	40~60	
自行车棚	m²/人	0.1~0.15	按全厂在籍职工计
公共厕所	m²	60	

注:第一项指标中不包括煤样室、化验室、通讯室。

6.2.3 铁路（标准轨、窄轨）与公路设计基础知识

6.2.3.1 标准轨铁路

我国铁路的标准轨距为 1435mm（指两根钢轨的内切距离），标准轨面坡度一般为 4‰。大、中型选煤厂都修建铁路专用线，以满足大量原料煤、产品及材料的运输。

选煤厂标准轨铁路运输设计应符合标准的矿区总体设计确定的原则及下列要求：

（1）正确处理近期和远期的关系，全面规划分期建设。

（2）有关设施设计布置应紧凑合理，留有发展余地。

（3）水源、电源及其他公用设施，要充分利用矿区和地方设施。

（4）选线与站场布置要少占良田，少搬迁村庄，并结合工程造地复田。

（5）应结合城乡交通、防洪、排灌等问题综合确定。

标准轨铁路运输设施宜布置在无煤地带或矿井留设的煤柱范围内，不压煤或少压煤，应避开初期开采范围。当必须布置在将要开采的范围或尚未稳定的开采区时，应采取必要的技术和安全措施。

标准轨铁路运输不均衡系数为1.1~1.2。

标准轨铁路运输设计应符合现行的《工业企业标准轨距铁路设计规范》（GB J12—87）及有关国家标准的规定。

标准轨铁路设计应与铁路部门达成运输、接轨等协议。

标准轨铁路中心线至建筑物或设计的距离，应符合现行《标准轨距铁路建筑限界》（GB 146.2）的规定。

厂内装、卸车站铁路的布置形式有尽头式、贯通式、环状式和混合式几种，选煤厂采用尽头式较多，即线尾端设立车挡。

站场内铁路直线的两相邻线路的中心距离见表6-7。

表6-7　直线的两相邻线路的中心距离

线 路 名 称	标准距离/m	最小距离/m
正线与其相邻线路间	5.0	5.0
到发线间、调车线间	5.0	4.6
次要站线间（换装线除外）	4.6	4.6
梯线与其相邻线路间	5.0	5.0
货车直接换装的线路间	3.6	3.6
牵出线与其相邻线路间	6.5	5.0
轨道衡线与其厂房一边的相邻线路间	8.5	8.5

一般采用标准距离，改建现有线路或在特殊困难情况下，才可采用最小距离。在曲线弯道上两股道的中心间距还需根据曲线半径大小增加。

厂内线路的最小曲线半径应根据行车量、速度、机型及其他条件而定。在厂内联络线上、最困难的条件下，曲线半径不小于200m。曲线半径与年货运量有关，分为三个级别，见表6-8。

表6-8　曲线半径选用表

级 别	一般采用曲线半径/m	最小曲线半径/m	年货运量/Mt
Ⅰ	600	350	>4
Ⅱ	350	300	1.5~4
Ⅲ	250	200	<1.5

装、卸车站位置应根据井口或选煤厂位置，结合地面生产系统、工业场地总平面布置和铁路选线的可能性，经技术比较后确定。

装、卸车站线路有效长度应符合下列规定：

（1）当使用路网铁路车辆时，车辆平均换算长度应按铁道部规定的车辆数据计算，运煤车辆装载系数应采用 1.00。

（2）到发线有效长度应为设计采用的列车长度（包括机车长度）加附加距离 10~20m。

（3）装车线有效长度应按空、重车段各自设计的取送列车或车组的长度加附加距离 10~20m，并加空、重车段分界点间的距离计算。

（4）卸煤线有效长度计算方法同装车线。

（5）材料线有效长度应根据货运量、货物品种、取送车方式及一次来车数等因素并结合总平面布置确定。

（6）牵出线有效长度应根据调车作业采用的列车或车组长度（包括机车长度）加附加距离 10~20m 确定。当区间的行车量不大、车站调车作业量较少时，可不设牵出线，利用正线进行调车作业，但其平面、剖面及瞭望等条件，应符合调车作业的要求；对于设置进站信号机的车站，信号机位置应根据调车作业的需要外移，但不得超过 400m。

站场平、纵断面除应执行有关设计规范外，为满足产品计量要求，装车线轨道衡两端线路平、纵断面应符合轨道衡技术说明书的要求，但任何情况下，不得短于 25m 长的平直道；环线装车不得小于 50m 长的平直道。环线的曲率半径不宜小于 250m。

装卸站可采用机车、铁牛、无级绳绞车等调车方式，可根据装卸车辆数、站场布置等因素，经技术经济比较后确定。

装卸车站通信信号及照明按有关规定设计。

6.2.3.2 窄轨铁路

有些选煤厂的原料煤以及矸石采用窄轨铁路运输。窄轨铁路的轨距有 600mm、762mm、900mm 三种，一般常用 600mm 和 762mm 两种。其等级根据单线重车方向的货运量大小划分为三级，见表6-9。各级线路的限制坡度一般不大于表6-10 中的规定。其区间线路平面的最小曲线半径不小于表6-11 中的规定。

表 6-9　窄轨铁路等级

铁路等级	单线重车方向年运量/万吨	
	762mm 轨距	600mm 轨距
I	100 以上	
II	50~100	30 及以上
III	50 以下	30 以下

表 6-10　一般限制坡度　　　　　　　　　　　　　（‰）

铁路等级	762mm 轨距	600mm 轨距
I	8	
II	15	12
III	20	15

表 6-11　区间线路平面最小曲线半径　　　　　　　（m）

铁路等级	762mm 轨距		600mm 轨距	
	一般地段	困难地段	一般地段	困难地段
Ⅰ	120	100		
Ⅱ	100	80	80	50
Ⅲ	80	60	60	30

6.2.3.3　公路（道路）

选煤厂道路分专用道路和厂内道路两类。厂区与外部公路、车站、码头、矿山相连接的道路称为专用道路或厂外道路；厂区范围以内的道路称为厂内道路。

道路设计，是根据厂（矿）建设期间的需要和永久性需要相结合设计的。厂外、厂内道路的宽度是根据货运量来确定的，《厂矿道路设计规范》规定一般为 3~12m，路面宽度选择见表 6-12。道路的最小曲率半径是根据道路等级确定的。选煤厂厂内的主要道路一般设计为双车道，次要道路为单车道，厂内道路的路面一般采用水泥混凝土路面、沥青混凝土路面、碎石或砾石加表面处理路面。厂内通道宽度应根据企业规模、工艺要求、道路性质、管线布置、绿化以及竖向布置等需要确定，并应符合防火、卫生、安全和其他相关的规定。

表 6-12　厂内道路路面宽度　　　　　　　　　　（m）

厂矿规模		Ⅰ型企业	Ⅱ型企业	Ⅲ型企业
主干道	大型	12~9	9~7	7~6
	中型	9~7	7~6	7~6
	小型	7~6	7~6	6~4.5
次道	大型	9~7	7~6	7~4.5
	中型	7~6	7~4.5	6~4.5
	小型	7~4.5	6~4.5	6~4.5
支道	大、中、小型	4.5~3.0		

企业铁路、道路的交通安全间距见表 6-13。线路与线路或与其他设施立交的净空见表 6-14。

表 6-13　企业铁路、道路的交通安全间距　　　　　（m）

铁路、道路		建筑物外墙边缘或凸出部分			工厂围墙	人行道	通道
		面向线路方面无入口时	面向线路方面有出入口	有出入口，且在房屋出口与铁路之间有平行栅栏			
铁路中心线	标准轨	3.0	6.0	5.0	5.4	3.75	3.75
	762mm 轨	2.3	5.0	4.0	4.0	3.0	3.0
	600mm 轨	2.0	4.0	3.0	3.0	3.0	3.0
道路、人行道		1.5	3.0	—	1.5	0	—
		0/1.5	0/1.5		—		0

表 6-14　线路与线路或其他设施立交的净空

被跨越的线路名称	净高/m	净宽/m
标准轨铁路（单线）	5.5（蒸汽、内燃） 6.55（电力）	4.88
762mm 窄轨铁路（单线）	4.4（蒸汽、内燃）	3.90
600mm 窄轨铁路（单线）	3.5（架线高 3.2） 2.7（架线高 2.4）	2.00
公路（公路跨越）	4.5（路肩和人行道上不小于 2.5）	按需要
公路（铁路跨越）	5.0（路肩和人行道上不小于 2.5）	按需要

注：1. 铁路跨线桥净宽未包括人行道在内；

　　2. 600mm 窄轨铁路仅适用于大连产 8.5t 电机车。

当道路与铁路交叉时，避开道岔，设在平直段上，平面交叉角为 90°，在特殊条件下也不应小于 45°，道口宽度可与道路同宽，但不小于 4.5m。

汽车站台宽度一般为 2.0~2.5m，站台高度一般为 1.3m。站台一端应设有 10% 的坡道以便搬运货物。

厂内人行道宽度为 1.2~1.5m，横坡约为 2%，纵坡不宜大于 8%，若超过时可做成粗糙路面或阶梯踏步，厂内消防道路宽度不小于 3.5m。

6.3　工业场地的环境要求

6.3.1　选煤厂对环境的危害

选煤本身是洁净煤技术的关键，但在其生产过程中也会对环境造成危害，主要体现在以下几方面：

（1）工业废弃物：选煤厂的工业废弃物主要是矸石。煤矸石的排放将侵占大量的土地，间接造成扬尘和自燃排放有害气体，是一项主要污染源。

（2）粉尘：煤炭在贮运、筛分、破碎等过程中，产生大量的粉尘，对厂内及矿区造成严重的空气污染。

（3）水污染：选煤厂废水的悬浮物较多，并且含有浮选药剂等污染物质，不经处理排放将污染环境。新建厂已经实现洗水闭路循环，但仍有潜在的水污染危害。

（4）噪声：噪声是选煤厂最明显的环境问题，直接关系到职工的健康和厂区周边居民的健康。

选煤厂作为建设项目，按照建设程序要进行环境影响评价工作，初步设计的环境部分，必须符合《建设项目环境保护管理办法》的要求，并包括有环境影响报告书（或表）及其审批决定所确定的各项要求和措施。建设单位对建设项目的环境影响全面负责，并在工程建设中实行"三同时"制度。

工业场地平面设计时一定要符合国家环境保护、卫生及绿化要求，以最大限度减轻对环境的影响。

6.3.2　总平面设计与环境保护

6.3.2.1　厂址选择

（1）按环境标准要求，应尽可能将厂址选在工业集中区。与此同时，必须考虑噪声和烟尘对周围环境的影响，使厂界噪声和大气污染指数符合周围邻近地区的有关环境标准的规定。

（2）邻近城镇、居民区、村庄的厂址应位于常年主导风向的下风侧；要求安静的建筑物应尽量避开噪声源，且位于噪声源主导风向的上风侧；要求清洁的建（构）筑物应布置在主导风向的上风侧。

（3）充分利用自然地形、地貌对噪声的屏障作用，有意识地减弱高噪声区域对低噪声区域的影响。

（4）充分论证选煤厂排弃物对区域环境的影响，特别是要注意矸石综合利用和堆放。

6.3.2.2　厂区噪声控制

噪声是一种公害，有效地控制噪声是工程设计的主要任务之一，能否有效地控制噪声是评价工程设计的主要内容。在工程设计中，控制噪声应从"声源"、"传递"、"接收"三个环节同时考虑，即从主动控制（控制声源强度）和被动控制（控制传递、接受）两个方面同时着手。总平面设计是工程设计的一个组成部分，在控制噪声的三个环节中，主要是控制"传递"，其控制措施应从总图平面布置和总图竖向布置两方面同时考虑，即通过改变"声源"同"接收"污染区位置、改变"传递"方向、弱化"传递"强度达到有效控制的目的。

总平面工程设计虽然不考虑"声源"本身和"接收"本身的技术措施，但在开展专业设计之前，应首先研究工艺设计和相关动力专业设计中的"声源"特性和工程本身及其周边环境的噪声"传递"和"接收"特点及要求，然后通过综合比较选择设计方案，采取具体措施。在具体措施中应把绿色工程设计放在重要位置上。

在满足工艺流程与生产运输要求的前提下，进行合理的规划和声学布置，使所设计的工厂、厂区、厂界、居民区的噪声符合国家规定的有关噪声标准：

（1）结合功能分区与工艺分区，应将生活区、行政办公区与生产区分开布置，高噪声厂房与低噪声厂房分开布置，尽量将高噪声车间集中布置，远离厂内、外要求安静的区域。

（2）主要噪声源设备及厂房周围，宜布置对噪声较不敏感的、较为高大的、朝向有利于隔声的建（构）筑物，以阻挡噪声声源的外辐射。

（3）对室内要求安静的建筑物，其朝向应布置在有利于隔声的方向。

（4）对于方向性较强的声源，如高压排气、风、水的管道等，应使其较强传播方向指向噪声要求低的旷野、天空、缓冲区域等。

（5）交通干线两侧布置生活、行政设施等建筑物，应与交通干线保持适当距离，并利用围墙、绿化等手段降低噪声的干扰。运输设备尽量采用低噪声的运输车辆，运输过程应尽量无轨化，交通运输线路要避免与人员稠密区域交错，铁路公路交叉要尽量减少，各种运输线路的布置必须保证规定的视距，以减少交通运输的警报信号，从而降低附近的噪声。

竖向布置，即在满足工艺和其他相关专业技术要求的前提下，应尽量降低"声源"的竖向位置。对于高噪声的风机、水泵等动力设施，在条件允许的情况下可放在地下；在有多个"声源"的情况下，应做噪声强度排列，按噪声强度大小，自下而上布置，坚持"就低不就高"原则。

6.3.2.3　气象条件利用

在总平面设计中主要是利用气象条件来布置污染源及功能分区，合理进行工业场地及车间、建（构）筑物的布置，采取卫生防护距离以及绿化阻隔等措施，以减轻其危害程度。例如，利用风向、风速资料进行企业用地的分区及确定卫生防护间距，利用太阳的辐射、日照、气温确定建筑物的朝向，满足建筑物对自然通风及天然采光的要求等。充分利用气象的有利因素，掌握扩散、传播的一般规律，在厂址选择、总体布置和总平面设计中就可以把污染源布置在合理的地段，改善生产和生活环境。具体设计过程中主要考虑的是主导风向的确定和利用，即采用"主导风向"布置原则。在总平面设计图中应该标出风向玫瑰图。

统计风向频率及静风的次数，是表示风向最基本的一个特征指标。在一定时间内各种风向出现的次数占所观测总次数的百分比，称风向频率（或简称风频）。风向玫瑰图按风的资料内容，可分为风向玫瑰图和风速玫瑰图。风向玫瑰图是将风向分为16个（或8个）方位，根据各方向风出现的频率按相应的比例长度单位绘制在图上，再将各相邻方向的线端用直线连接起来，即形成一个闭合折线，这个闭合折线就称风向玫瑰图（如图6-2所示）。同样也可以用这种方法表示各方向的平均风速，就形成风速玫瑰图。

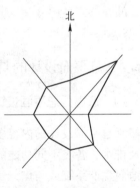

图6-2　风向玫瑰图

从环境保护角度出发，应把散发有害气体和微粒等物质对空气污染程度以及环境要求一致的车间组合在一起，综合考虑地形、地势及生产排出的有害烟尘在大气中的扩散规律，进行总平面设计。一般情况下，应将污染严重的工厂（或车间）布置在盛行风向的下风侧；将洁净工厂（或车间）以及居住区布置在盛行风向的上风侧或最小风频的上风侧。如果两盛行风向呈一直线，有污染的工厂则应布置在当地最小风频的上风侧，其下风侧布置洁净厂房以及生活区最为适宜；如果两盛行风向呈一夹角而非盛行风向频率相差不大，则洁净厂房、生活区布置在夹角之内，工业区放在其对应方位最为合理。

6.3.2.4　绿化设计

绿化是保护环境、美化环境、防止污染和维护自然生态平衡的一项重要措施，是人类赖以生存的重要条件。其主要作用有改善气候，调节气温、湿度和气流；保护环境，防止空气、水体及土壤的污染。绿色植物称为绿色"隔声墙"、"消声器"和"除尘器"。要充分利用、创造绿化条件，科学地确定绿化方案及树种的搭配，实现立体式绿化，以便在绿化完成后达到预期的效果。

（1）绿化规划及绿化设计要因地制宜，符合实用、经济、美观的原则。

（2）厂区绿化要分区绿化设计，总绿化率要达到15%。厂前区绿化设计通常包括：厂门与传达室、自行车棚、行政生活建筑、汽车库、食堂等附近地区及广场；生产和辅助生产区的绿化要按照不同生产有不同要求的原则进行，并遵守有关规程规定。道路绿化应根据道路的功能、形式、宽度大小、距离长短、与两侧建筑物间的间距，建筑物的高度和管线的布置等综合考虑并保证行车安全，要满足道路遮阳、降温、阻挡灰尘、减弱噪声、吸滞有害气体和净化空气等要求。

（3）绿地树木的种植，美化设施的安排，还必须与竖向布置相结合，使其在立体构图上成为一个有机的整体；同时还应注意不影响地下管线的埋设与检修。

6.3.2.5 固体废弃物处理设计

选煤厂的固体废弃物主要是指煤矸石和煤泥。在进行总平面设计时重点确定其堆放场地的选择，解决其扬尘、烟尘、污水和侵占农田等问题。矸石排放造成土地被占，粉尘飞扬；其自燃还散发氧化硫等有害气体，污染大气；同时自燃产生的废气与雨水、矿物质接触，产生金属与硫酸根离子，还由于矸石不断受雨淋风化等作用也产生酸性污水。在选煤厂的筛分、破碎及装车贮运过程中产生的大量粉尘、锅炉燃烧所排放的烟尘，都对环境造成污染。

6.4 总平面设计的具体步骤和实例

6.4.1 选煤厂总平面设计的具体步骤

总平面设计的内容多，所涉及的问题广，如土建工程、铁路专用线和站场、工程管网及排水、各类不同功能的车间和建筑等。矿井型或群矿型选煤厂以及用户型选煤厂与矿井地面生产系统或与焦、气化生产系统密切相连。因此，设计时应分主次，先后配合，逐步解决。一般在铁路专用线和站场方案确定后，根据功能不同分三步进行布置。

第一步：首先进行主要生产建筑物和构筑物的布置。它们包括原煤受煤坑和贮煤场、原煤准备车间、跳汰车间、重介车间、浮选车间（或组成联合建筑，称主厂房）、干燥车间、浓缩机房、压滤车间、集中水池（仓）、装车仓及产品贮煤场、事故放水池（或煤泥沉淀池）及原煤、产品运输胶带走廊和转载点等。由它们组成选煤厂工业场地的骨架，是选煤厂总平面布置的主要内容，也是搞好总平面设计的关键。明确它们的功能、特点，特别是相互之间的衔接关系及特定要求，如带式输送机有特定角度（一般在18°以下）的要求，各种管道也有不同角度的要求等。由于这些特定要求，各车间之间有较长的带式输送机走廊，而且保持直线原则（互相垂直或平行）。

（1）根据总平面设计的要求初步确定各主要生产车间的平面位置。特别是铁路站场和主厂房的位置。

（2）根据±0.00标高和带式输送机的起、终点标高计算带式输送机的倾角；在满足工艺及角度要求的条件下，确定平面位置和竖向标高。否则进行调整再确定。

第二步：进行辅助生产建筑物和构筑物的布置。辅助生产建筑物和构筑物是为前一类建筑物供应水、电、气、材料、药剂、介质、零件等的服务性厂房。它们包括变电所、机修厂、锅炉房、药剂库、化验室、煤样室、介质制备车间、水池及泵房等。这一类建筑物和构筑物是在前一类建筑物和构筑物布置的基础上进行的，具有一定的灵活性，按照总平面设计的要求原则，尽量接近服务对象进行布置。

第三步：进行行政生活福利建筑及设施的布置。行政生活福利建筑及设施包括办公楼、浴室、食堂、医务室、汽车库、自行车棚、门卫室等。这一类建筑和设施属于民用建筑物，是为厂、矿行政生活服务的，它面向全体职工和对外联系。因此，应与前面两种建筑物和构筑物不同，通常应布置在厂前区，既方便职工生活，又方便对外联系和环境条件好的地段。

设计矿井型、群矿型或用户型选煤厂总平面时，第二和第三类建筑物及构筑物中一些工程项目，可根据具体情况，与矿井、气焦化厂相应项目合并建设，共同使用（如变电所、锅炉房、食堂、医务室、自行车棚等）。

对于铁路（标准轨、窄轨）与道路、工程管网（水、风管、暖气管网、电缆等）以及地面排水等工程项目，应根据具体情况，与有关专业共同商定，合理布置。

6.4.2　总平面布置实例

6.4.2.1　矿区型选煤厂总平面布置实例

矿区型选煤厂总平面布置实例，见图6-3。

A　设计任务及原始资料

（1）本实例是设计年处理原煤能力为200万吨，炼焦煤矿区型选煤厂总平面布置图（不包括投产后现行改扩建情况）。

（2）厂址经方案比较后，选择在山东南麓某山坡上。厂址地形图如图6-3所示。

（3）厂址西南地1km处有国有铁路车站，向北向东与国有铁路主要干线相连，交通便利。

（4）厂址地理位置，位于某市东南20km，地理坐标东经x度，北纬y度。山的绝对标高120m。

（5）原料煤的矿井位于厂地北部，采用标准轨铁路运输，选煤厂产品经国有铁路编组站向东、向南、向北均可运输。

（6）厂区东南有一河流。该地区属大陆性气候，夏天炎热、多雨，春冬寒冷多风。7、8月份最高温度达37℃以上；2月份最冷，最低平均温度达-12℃；最大积雪厚度300mm。冬季多西北风和东北风，最高风速达29.6m/s，夏季多东南风。最高洪水水位32.523m。主导风向见图6-2。

（7）工程地质条件：土层土质均一，土壤承载力为0.4MPa。岩石为石灰岩，岩层不太均一，承载力为2~4MPa。地下无大溶洞，岩石与土层接触处有漏水现象，计算地基固结时，作为透水层考虑。

（8）地震烈度：该地区地震烈度为7级。

（9）水、电源：电源引自该地区区域变电所，水源采用厂址附近地下水，设水源井。

（10）工艺流程：采用主再选跳汰-浮选联合双系统流程。

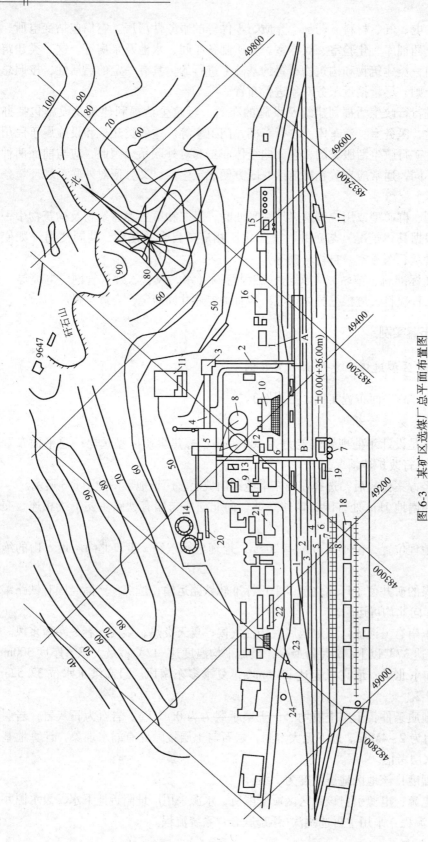

图 6-3 某矿区选煤厂总平面布置图

1—受煤坑；2—受煤坑至准备车间胶带走廊；3—准备车间；4—准备车间至主厂房胶带走廊；5—主厂房；6—产品上仓胶带走廊；7—产品装车仓；8—浓缩机房；9—锅炉房；10—机修厂；11—压风机房；12—变电所；13—中央水仓；14—生产水池及泵房；15—药剂库；16—仓库；17—机车修理库；18—厂外煤泥沉淀池；19—销售煤样室；20—选煤车间办公室；21—办公楼和化验室；22—汽车库；23—自行车棚；24—门卫室

（11）主要生产建筑物和构筑物的轮廓尺寸见表 6-15，详见各车间及设备工艺布置方案图（与总平面图互为条件）。

（12）铁路站场方案图见图 6-3。正线轨面绝对标高为 36.00m，作为设计基准±0.00m。

表 6-15　主要生产建筑物和构筑物轮廓尺寸实例

项　目	跨　数	跨距/m	长度/m	高度/m
双排受煤坑 （受储兼用）	宽 2 长 20	横 7.5 纵 6.0（7.0）	15 123.75	23.88
筛分破碎车间	宽 2.5 长 3.5	7.0 7.0	17.5 24.5	19.6
主厂房	宽 4（局部 6） 长 13	7.0 7.0，7.5	28 92.7	24（22）
装车仓	贮煤 4 个 中煤 1 个 矸石 1 个	φ12	总贮量 8860t	26.0
耙式浓缩机	2 个	φ30		
集中水仓及泵房	1 个		8×12	
厂外煤泥沉淀池	4 室		4×60×10	
胶带走廊	受煤至准备 宽度 5.0m	准备至主厂房宽度 5.5m		主厂房至装车仓 宽 7.0m

B　总平面布置

a　主要生产建筑物和构筑物的平面布置

该厂为大型矿区型选煤厂，接受几个矿井的原煤，原料煤及产品采用标准轨铁路运输。根据厂址地形、铁路接轨站的位置、原煤和产品流向要求，厂区铁路站场布置在厂区东南部地势平坦的地段。正线铁路轨面绝对标高为 36.00m，高于该区最高洪水水位（32.523m），保证了铁路站场与专用线坡度和曲线半径等特定要求。

铁路站场位置确定以后，根据总平面布置原则要求，将主厂房布置在自然坡度平缓、工程地质条件好、绝对标高为 40~50m、长轴顺地形等高线、厂区中间靠西南的地段。主厂房长轴 92.7m，平行铁路线。

受煤环节采用受贮兼用的双排受煤坑，地下建筑部分较深，为了减少地下道穿过铁路的股道数、方便调车卸车面又减少对环境的污染，将其布置在铁路站场内侧东北部 1 股、2 股受煤线下。

筛分破碎车间是受煤和主厂房的中间环节，以胶带输送衔接，它们之间保持直线原则，因此将其布置在主厂房的东北方与主厂房同一轴线上。

装车仓采用圆形跨线仓（6 个）呈双排布置，为保证装车方便和装车时间要求，将其布置在站场西南端第 6、7 股道上。主厂房中的产品集运到厂房中部，通过产品带式输送机运至装车仓顶部装入产品仓中。

为了保证主厂房捞坑溢流和浮选尾矿水能自流至耙式浓缩机中，以及满足管桥最短和循环水泵扬程要求的情况下，将耙式浓缩机布置在主厂房前方、距离较近、标高略低的位置上。

主厂房事故放水和日常清扫卫生的部分煤泥水采用中央水仓（集中水池）处理，为了保证自流进入中央水仓，将其布置在主厂房前方（低于主厂房标高6m左右）较近的地段。

现代化的选煤厂，厂外煤泥沉淀池应作为事故放水和贮存日常生产中不平衡多余的水之用，要求排放的水能自流入池，该厂将其布置在铁路站场外侧影响环境较少的地段。

b　主要生产建筑物和构筑物的竖向布置

选煤厂总平面布置不仅表明平面位置（平面图），也表明竖向关系（剖面图）。

根据厂区地形，筛分破碎车间与主厂房布置在地势较高（绝对标高50~40m）的山坡上，与其他建筑物、构筑物标高相差较大，并在满足工艺要求的前提下，充分利用地形，减少土石方工程量，将工业场地分为三个台阶进行设计。

以铁路站场标高36.00m（绝对标高）为厂区±0.00m（相对标高）作为第一台阶。

以耙式浓缩机等建筑物标高36.30m（绝对标高）为第二台阶。

以筛分破碎车间与主厂房标高41.80m（绝对标高）为第三台阶。

在两个建筑物之间用带式输送机衔接时，可以用式（6-1）确定建筑物之间的距离L_x与估计的提升高度H_y的关系：

$$L_x > 3.3H_y \qquad (6-1)$$

这是输送机倾角为17°时、用$\cot\alpha$求出的关系式。这种估算方法的误差较大，故初步设计时必须用图6-4所示的几何尺寸，进行精确的计算。

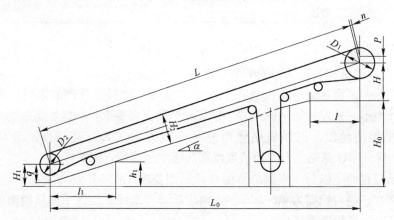

图6-4　倾斜向上输送机的几何尺寸

$$L_0 = \frac{H + H_0 - H_1 + P}{\tan\alpha} \qquad (6-2)$$

$$P = \frac{D_1 - D_2}{2\cos\alpha} \qquad (6-3)$$

$$L = \frac{L_0}{\cos\alpha} \qquad (6-4)$$

$$n = \frac{(D_1 - D_2)\tan\alpha}{2} \qquad (6-5)$$

$$l = \left(H - \frac{2H_2 - D_1}{2\cos\alpha}\right)\cot\alpha \qquad (6-6)$$

$$h_1 = H_1 - q + l_1\tan\alpha \tag{6-7}$$

$$q = \frac{2H_2 - D_2}{2\cos\alpha} \tag{6-8}$$

式中　H，H_0，l_1——分别为设计时按需要确定的尺寸，mm；

　　　　α——根据所输送物料的物质和胶带特性所选择的角度，(°)；

H_1，H_2，D_1，D_2——分别为从图册或图纸中查到的带式输送机工艺尺寸，mm；

　　P，n，q——分别为公式计算所需数值。

L_0 与建筑物之间精确尺寸有关。L_0、l 与 h_1 都是给土建提供资料时必需的基础数据。

带式输送机还有带凹弧、凸弧及带凹凸弧等三种形式，其精确几何尺寸的计算公式，可查阅《选煤厂设计手册》。

c　辅助生产建筑物、构筑物的布置

根据此类建筑物、构筑物为前一类建筑物、构筑物服务的特点，尽量接近服务对象，并满足防火、安全、环保等要求，将生产水池、消防、生活水池及泵房，布置在主厂房的西南侧。一方面接近主厂房，便于用水，另一方面也考虑了从水源井供水方便。

电源引自区域变电所，选煤厂变电所布置在主厂房北侧，一方面进出线方便，接近负荷中心；另一方面地势较高，防火、防尘条件较好。

机修车间布置在浓缩机同一标高上，处于主要车间中心；接近公路、铁路及仓库，运输较方便，设立了专用场地。

锅炉房布置在上仓胶带走廊中部西南侧，考虑了燃料煤供应方便以及供暖、排灰等要求。

材料库、油脂库、药剂库布置在广场东侧边缘、上风侧无明火的地方。为了防止火灾发生危害邻近建筑物，一般在药剂库、油脂库周围建筑高大围墙。库前设有运输道路和消防回车场地，并接近油脂、药剂铁路油罐卸油台。

压风机房布置在负荷中心，满足环境、安全的要求。

销售煤样室、轨道衡和操纵室布置在装车仓重车出车端，便于称重、取样、制样工作。

d　行政、生活福利设施的布置

办公楼、食堂、浴室布置在厂前区公路边。汽车库、自行车棚布置在厂大门内公路两侧，便于职工工作、生活和对外联系。化验室建在办公楼一层内，俱乐部、医院、托儿所、商店布置在广场外部环境较好的地段。

厂内铁路站场共设 10 股道，其中 1、2 股及 6、7 股为受煤装车线，3、5 股为到发、整备、停放线，4 股为机车走行（正）线，8 股为煤泥装车线，9 股为材料、药剂线，10 股为机车修理专用线。

厂区公路：一条为主干线，平行于铁路站场，路面宽为 6m，路面结构为沥青表面处理，方便运输及内外联系；另外设有两条与主干线公路垂直的辅助道路，与各车间联系。

为了防止山坡雨水、雪水侵入厂区内，在山坡上设有截水沟和挡水围墙；公路两侧设有排水沟，将雨水等排出厂外；污水排至污水处理站，处理后达到排放标准排出厂外。与主厂房连接的水池、耙式浓缩机等设有管桥、管线。

至此该矿区型选煤厂总平面布置图已经完成。该选煤厂布置在山坡上，充分利用地形。不占和少占农田，减少投资，工程安全可靠，布置紧凑合理，取得了较好的技术经济效果。其缺点是留有余地较少，给扩建造成了一定困难。

6.4.2.2 矿井型选煤厂总平面布置

通过上述矿区型选煤厂总平面布置的原则及实例介绍,也可了解和掌握其他类型选煤厂总平面布置的基本方法和步骤。矿井型选煤厂是最常见的,因此将其总平面布置的特点介绍如下:

(1)矿井型选煤厂与矿井建筑在同一个工业场地上,其总平面布置必须与矿井工业场地布置统一考虑。新区建设往往是同时设计、同时施工,矿、厂双方必须很好地配合及衔接,使之都既能有利于生产、生活,又能减少占地面积、降低投资。因此,提供高质量的设计就显得更为重要。

(2)矿井型选煤厂的第二类和第三类建(构)筑物中的一部分可与矿井共用,如变电所、锅炉房、医院、食堂、浴室等,因此,在布置时,双方都应为整体创造有利的条件,如遇有矛盾,双方协商解决。

矿井型选煤厂与矿井地面工业场地两者布置关系(方案)一般有四种情况,如图6-5所示。

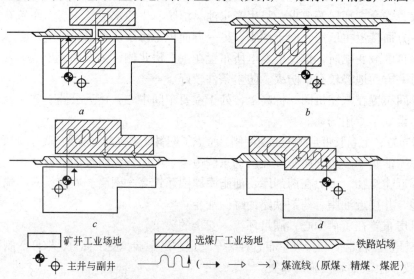

图 6-5 矿井型选煤厂与矿井地面工业场地的布置关系
a~d—第一至第四种情况

第一种情况见图 6-5*a*。选煤厂位于矿井工业场地的中部,其优点是占地面积少,缩短铁路站场的伸展长度,各建筑物、构筑物便于集中布置,公路、管线、窄轨等都短捷,故投资少;同时方便厂、矿统一管理和安排职工生活。但该方案存在的缺点是限制今后生产发展。因此,采用此方案时,必须对矿井生产能力等远景规划有充分的预测,对选煤工艺系统考虑要比较完善。

第二种情况见图 6-5*b*。选煤厂布置在矿井工业场地的一角,是常见方案。该方案的特点是厂、矿在工业广场内可自成体系,独立性强,减少互相牵制,各自留有发展余地,在矿井和选煤两专业设计分工上也比较明确。

第三种情况是在已建成矿井的工业广场上增建选煤厂部分。此时在原矿井工业场地上往往难以找到大块完整的用地,因而只能将选煤厂布置在铁路站场的另一侧,如图 6-5*c* 所示。该方案的缺点是带式输送机走廊、管线往往要穿过铁路到对面,增加了占地面积和投资，同时不便于厂、矿统一管理。但该方案的优点是与矿井相互干扰较少，也具有较大的独立性，总平面布置比较灵活、紧凑合理。

第四种情况是选煤厂跨铁路站场布置，如图 6-5d 所示。这种形式能节约占地面积和减少煤流运输环节。但因厂房下部要通行火车，厂房高度较大，通常在用地十分困难或具有建设同体联合建筑条件时采用。

图 6-6 为某矿井型选煤厂总平面图。图中选煤厂布置在矿井工业场地的西南角。生产系统建（构）筑物的设计考虑了选煤厂后于矿井生产，原煤能直接装车。手选矸石采用矿车运输，至矿井矸石翻车机房，水洗矸石由铁路装车外运，并考虑汽车外运的可能。工业场地设计标高在内涝水平面以上 1m。填方用建井排出的矸石。

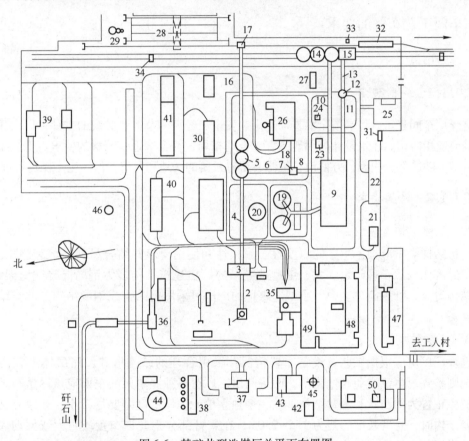

图 6-6 某矿井型选煤厂总平面布置图

1—主井井塔；2—主井井塔至准备车间带式输送机走廊；3—准备车间；4—准备车间至原煤仓带式输送机走廊；5—原煤仓；6—原煤仓至 1 号转载点带式输送机走廊；7—1 号转载点；8—1 号转载点至主厂房带式输送机走廊；9—主厂房；10—主厂房至产品装车带式输送机走廊；11—主厂房至矸石仓带式输送机走廊；12—矸石仓；13—矸石仓至销售煤样室带式输送机走廊；14—产品装车仓；15—销售煤样室；16—原煤仓至原煤装车点带式输送机走廊；17—原煤装车点；18—1 号转载点至锅炉带式输送机走廊；19—浓缩车间；20—生产水池及泵房；21—车间办公室；22—材料库；23—集中水池及泵房；24—回水泵房；25—浮选药剂站；26—锅炉房；27—路矿办公室；28—煤泥沉淀池；29—澄清水池及泵房；30—选煤厂维修车间；31—厕所；32—灰坑；33—水鹤；34—调车作业设施；35—副井井口房；36—矸石翻车机房；37—变电所；38—压缩空气站；39—坑木加工房；40—机修车间；41—矿井材料库；42—油脂库；43—汽车库；44—水池；45—水塔；46—污水泵房；47—办公室；48—浴室；49—矿灯房；50—食堂

7 车间工艺布置与三维设计

车间及设备的工艺布置是选煤厂工艺设计的重要组成部分。它是根据选煤工艺厂房总平面布置图、工艺流程图、设备选型资料以及生产经营管理要求等，合理地在平面及立面上布置车间及设备。

7.1 车间工艺布置的要求

7.1.1 厂房布置

7.1.1.1 一般规定

选煤厂车间建筑设计必须全面贯彻适用、安全、经济、节能、美观的方针，厂区建筑应与周围环境相协调。建筑设计应因地制宜，合理布局，符合节地、节材的要求。工艺布置应紧凑合理，功能区分明确，方便设备检修，留有必要的场地和通道，便于生产操作管理。

7.1.1.2 结构要求

A 厂房结构类型

厂房结构类型应根据生产的重要性、耐久性和使用要求并结合材料来源和施工条件，经技术经济比较后合理确定。大、中型选煤厂的厂房建筑结构多为钢筋混凝土框架结构，此类结构耐久，维护简单。中、小型选煤厂的厂房可采用钢结构或钢混结构，此类结构建设工期短。

B 厂房结构形式

选煤厂厂房应根据工艺及设备布置情况，采用合理的结构形式。厂房体形宜力求简单，规则整齐，尽量避免高低错落，凹进凸出。厂房各独立单元的平面应该尽量布置为矩形，避免布置为凹凸状和悬臂结构，在一个独立单元内厂房高差要尽量小。如果有必要设置悬臂结构时，悬臂长度一般为 1.5~2.0m，在悬臂部分不允许布置质量大或振动大的设备。选煤厂的主厂房一般为多层建筑，工程地质条件差、地震烈度高的地区应进行基础、地基的处理。

厂房的柱、梁、层高、柱距等应符合土建工程的要求。厂房的长度大时，应根据建筑规范的要求预留变形缝或沉降缝，以防止沉降不均、温度变化以及地震等，使墙、基础、楼板和屋顶产生裂缝。

7.1.1.3 生产厂房

A 尽量采用联合建筑

厂房布置基本上有两种方案：一种是分散布置；另一种是几个车间联合建筑。后一种方案可以减少占地面积、建筑体积和建筑费用，并且减少输送环节和设备，从而方便生产管理。因此，在工艺要求和地形条件允许的情况下，尽量采用联合建筑。如重选车间与浮选车间联合建筑；重选、浮选及压滤车间联合建筑等。压滤机台数多时应独立建筑。当工业场地受到限制或有其他要求和考虑时，可以采用分散布置。通常火力干燥车间采用独立建筑。

B 降低厂房高度，少设置地下设施

在满足工艺要求和符合建筑模式的前提下，降低厂房高度以减少造价。设备之间的溜槽和管路连接，既要符合工艺要求，保持物料通畅，又要减少高度损失。为了设备安装、检修的需要，在布置时应预留主要设备检修场地和起吊设备所需高度，同时还应考虑厂房采光和通风良好。由于地下建筑土方工程量大，劳动条件差，因此除了受煤坑、大翻车机房等外，一般不设地下设施。若必须设地下设施时，应充分考虑通风、除尘、排水设施。

7.1.1.4 辅助设施及生活设施

A 楼梯间与门、孔

根据厂房的长度、人流多少、进出货物设备的外形尺寸大小，合理设置厂房大门、安装门、提升孔、楼梯、电梯间。

大、中型选煤厂主要厂房都应设置主要楼梯间，其位置应设在人员来往频繁的地方，坡度要小，一般为30°左右，宽度要大，一般在1.5m以上。主要楼梯对应主要出入门，应按防火规范要求设置，楼梯休息平台下过人的通道净空应大于2.2m。辅助楼梯根据需要设在工作联系方便的位置上，坡度为45°~60°，宽度不小于800mm。

提升孔用于安装、检修、提运设备和部件。提升孔尺寸由提运设备最大部件外形尺寸确定，一般为厂房跨度的1/2，位于主要楼梯间的跨间内或临近跨间内，并留有设备停放场地和运输通道。厂房提升孔的多少应根据车间大小、方便检修来确定。各楼层的提升孔周围应设保护栏杆。在厂房的某些部位，若不允许设置提升孔时，可根据检修、安装的需要设置活动拉升式的安装门，并将吊装梁伸出墙外。对安装门的尺寸要求与提升孔的要求相同。

设计生产能力不小于1.5Mt/a的选煤厂，主厂房宜设置客、货两用电梯，其位置应选在装卸货物及上、下人方便的地方。

B 生产技术检查的煤样室

它一般设在主厂房的最底层靠外墙的部位，其面积根据厂型大小及技术检查任务多少来确定。煤样室一般用于筛分、浮沉及单元浮选试验。如果含重介质车间，可增设磁性物含量和悬浮液黏度试验的面积。如果需要做跌落试验等其他试验时，也需另增面积。

主厂房内应设制样室、快浮室，对跳汰、重介等分选结果进行快速检查，它的位置应在分选设备主机同层的较近地方，面积一般为20~30m²。

在装车仓重车出车一侧设置销售煤样室。化验室要求环境较好，可与厂办公室合建，一般设在底层端部，天平室、发热量测量室宜设在北向房间。

C 供配电设施

选煤厂配电电压等级分为：6kV、10kV用于中压配电；660V、380V用于动力配电；

380V、220V 用于照明及控制电源。

变压器室宜设在靠近负荷中心进出线方便的厂房一层，避开西晒，不允许布置在水池下部及多水处，不允许溜槽管路通过。

需要时要设车间变电所，动力负荷较集中的各楼层需设置配电室，其面积取决于配电盘的数量。配电室最好布置在变电所同一跨间内或进线跨间内，使线路垂直连接或水平连接。车间变电所和配电室除符合变压器布置的要求外，还应注意靠近负荷中心，远离振动源，进线方便，严禁与变、配电室无关的管路通过，不跨沉降缝，避免日晒，不设在煤尘较多的设备附近，不设在水池下或多水场合。

D 电工、钳工值班室

电工、钳工值班室的位置根据厂型大小来确定。大型厂一般在主厂房内主要设备同层应设有电工、钳工值班室。一般电工间为 20~30m²，钳工室为 35~50m²，位置应靠窗户采光好的地方。中型厂如厂房内面积有空余时，可设在厂房内，如无空余时，可设在主厂房外部临近处，小型厂则设在车间外部。

E 车间办公室、会议室及卫生设施

大、中型厂一般在主厂房外设独立车间办公室，其面积按车间在籍办公人员每人 10~12m² 计。车间内可设交接班室，其面积按最大班出勤人数每人 1~2m² 计。小型厂不单独设车间办公室和会议室，会议室应与办公室统一考虑。更衣室应设在浴室内，浴室面积按最大班出勤人数每人 0.9m² 计，其中女职工 40%。大、中型厂可在主厂房人员较集中的层内设厕所。

7.1.1.5 控制、检测与自动化设备

选煤厂主要工艺设备，可按工艺环节进行集中控制，其控制装备水平可根据设计生产能力、选煤方法、工艺流程特点、参控设备台数、投资状况和用户要求等因素确定。

集中控制室（包括调度室）是全厂管理、操作的要害部门，其面积大小取决于厂型大小、工艺流程复杂程度、装备水平等具体情况。其位置宜设在主厂房外独立的建筑物内，如果设在主厂房内，应尽量与跳汰机或重介质分选机同一层或上一层布置，靠近主配电室、主要楼梯间和主要通道。不要设在多水和振动较大处，不要跨在沉降缝上。集中控制室应有良好的采光、防尘和隔声措施。

选煤厂的下列项目应设监测装置：原煤和产品的数量和质量、工业和民用用电量、水耗和油耗、液位和料位、主要设备和 55kW 以上电机的电流。

根据选煤工艺要求和技术装备水平，选煤厂宜实现单机、机组或系统的自动化或半自动化。

选煤厂应设置计算机管理系统，其规模和设备应满足矿区和本厂计算机管理信息系统的要求。

选煤厂应设置生产调度电话总机，矿区型厂的行政电话可单独设置，其他类型厂可与矿井或主体项目合并使用。

7.1.1.6 环保要求

浮选车间、干燥车间、原煤仓、精煤仓、中煤仓、锅炉房、空气压缩机房、油脂库、

浴室、更衣室等，当采取自然通风方式不能满足要求时，应设机械通风设施。

化验室、销售煤样室等产生有害气体的建筑物应设机械通风。

当原煤的外在水分小于7%时，相应生产环节应设置机械除尘装置。

设备噪声应小于85dB。噪声大的设备尽量布置在厂房底层并采取隔声、消声等防噪措施。也可以布置在厂房外部独立的房间内。

7.1.1.7 安全要求

平台四周及孔洞周围，应砌筑不低于100mm的挡水围台；地沟应设间隙不大于20mm的铁箅盖板或活动盖板。各层楼板上的提升孔周围应设保护栏杆。

长度超过60m的厂房，应设两个主要楼梯。主要通道的楼梯倾角应不大于45°；行人不频繁的楼梯倾角可为60°，楼梯每个踏步上方的净空高度不应小于2.2m。楼梯休息平台下的行人通道，净宽不应小于2.0m。

主要厂房、栈桥室内通道的最小宽度应符合表7-1中的规定。

表 7-1　主要厂房、栈桥室内通道的最小宽度

建筑物名称	检修道宽度/m	人行道宽度/m		备 注
		距设备运转部分	距设备固定部分	
主厂房、准备车间、压滤车间	0.7	1.0	0.7	
栈桥	0.5		1.0	双输送机栈桥中间人行道宽度不小于1.0m
地道	0.7		1.2	

人行道和检修道的坡度大于5°时，应设防滑条；坡度大于8°时，应设踏步。

选煤厂的建（构）筑物应按第三类防雷建筑物进行防雷设计，并设接地装置，具体参考有关设计规范。

设备裸露的转动部分应设防护罩或防护屏。

作业场所辐射管理与防护，应遵照《放射卫生防护基本标准》（GB 4792—84）和《辐射防护规定》（GB 8703—88）的有关规定执行；在高活性放射性物料岗位，应采用隔离操作的作业方式。

7.1.1.8 给水与排水

选煤厂水源应确保水量充足，水质可靠、符合要求，日供水能力应为最高日用水量的1.2~1.5倍。

选煤厂的水系统应分为生产用水、消防用水和生活用水等。生产用水包括生产系统循环水、补充清水、冷却水、冲洗水等，设计时应分别考虑相应的管道。

7.1.1.9 供热与采暖通风

选煤厂是否采暖，可根据气象条件和业主要求确定。

通风除尘设计参考环保要求。

7.1.2 设备布置

设备布置是按设计的工艺流程，将车间内的各种主要工艺设备，在平面和立面加以定位。此外，附属设备，如溜槽、管道、操作台、扶梯、检修设备、料仓及水池等，也随之定位。设备定位要标注安装尺寸。

设备布置主要是根据生产工艺要求和设备型号特征、数量，结合安装、操作、检修、安全、环保等要求进行的。设备布置应遵循下列原则：

(1) 煤流顺畅：设备布置时，尽量采用自流作业，注意煤流流向的各个工作环节的设计，皮带角度要控制在煤种允许的范围内，溜槽角度不能太小，防止煤流打滑和堵塞现象。设备之间连接的溜槽、管路、线路尽量缩短，它们穿过楼板和跨间时，不能与梁、柱相碰。

(2) 减少转载：设备布置应尽量让煤和煤泥水自流，减少煤流转载，减少煤泥水转排。煤流转载点多，设备多，事故点多，转载造成人的通行不便。

(3) 检修方便：在符合工艺要求的情况下，设备布置应紧凑、合理，但又不要拥挤，留有操作检修空间和面积。定期对设备检查和易损件的检修，甚至是设备整机更换。因此，设备布置时，要留足够的检修空间，布置设备检修所需的提升设备。

(4) 减少振动：设备布置时，充分考虑土建结构的受力，优化设备位置，让设备靠近受力点，减少结构的各种应力，有效降低结构振动，同时降低结构的投资。重型设备及振动较大的设备尽量布置在厂房底层。对大型厂房要防止振动设备过于集中，以防产生共振。

(5) 注意防噪：设备布置时，应减少煤流的落差，同时在溜槽设计时，应设计物料缓冲层，降低煤流对溜槽和其他设备的撞击，有效降低噪声。

(6) 消防合格：设备布置时，应留有足够的人行通道，以便一旦发生火灾等意外事故时，人员能够迅速安全撤离。

设备布置应满足下列要求：

(1) 同类型机械设备考虑互换性和灵活性。在易滴水、跑水处应采取泄水、排水措施；多尘处应采取降尘和防尘设施。

(2) 整机安装的特大型设备，必须在厂房围墙等土建施工前就位或搬进厂房。

(3) 同一类型或同一系统的设备布置在同一标高上，同时排列整齐。两台或两台以上同样设备对称或同轴线布置，可减少土建设计工作量，并便于生产操作、检修和管理。设备上的闸门、手柄、阀门等操作部件的水平线，距地板高度要适合工人操作，一般为1.0~1.4m。若高于此高度，需设工作台或采用链轮操作；若低于此高度，距离地面、楼板高度应大于操作件最大转动半径100~200mm，以保证操作安全和部件检修。操作台宽度一般不小于1500mm，共用操作台应更宽敞。当工作台高度高于600mm时，应设保护栏杆。

设备检修依据零部件大小和检修方法确定厂房高度，可参照设计手册进行计算。

(4) 溜槽、管路的坡度既要保证物料畅通，又要避免坡度过大砸压设备。料仓的倾角应大于物料自然安息角，并考虑物料的粒度和水分合理确定。高大的设备和设施，尽量不要布置在厂房外墙门窗附近，以免妨碍门窗的开启及采光、通风。管路是选煤厂工艺布置中的一个重要环节。管路布置是否合适，对选煤厂的正常生产和工艺系统的灵活性以及重介车间管道的布置影响很大。有关煤泥水和重悬浮液管道坡度的选择可参考设计手册。

7.2 原煤受贮车间的工艺布置

原煤受贮车间的任务是接受原料，并具备一定时间的贮存能力，以便调节生产环节及物料输送时的不均衡性，减少原料煤基地（矿井）和选煤厂之间依赖性，保证较长时间内连续正常生产。多种（或多层煤）原煤混合入选时，通过原煤受贮设施，可以实现原料煤均质化，达到均匀掺和的要求，这对生产指标稳定和提高自动化水平起着非常重要的作用。当分组或分级入选时，原煤受贮设施可起到调配原料分运分选的作用。所以在设计时，对受贮环节的配合、合理布置应予以足够的重视。

7.2.1 受煤车间的工艺布置

受煤车间是选煤厂第一个环节，是不论何种类型的选煤厂都必须设置的重要环节，只不过是容量大小和形式不同而已。选煤厂的受煤设施可根据原煤的输送方式和生产量的大小采用不同的受煤方案，如表 7-2 所示。

表 7-2　原煤输送方式和对应的受煤设施

序 号	输送方式	对应受煤设施	适用选煤厂类型
1	箕斗、胶带输送机	容受漏斗、缓冲仓	矿井型选煤厂
2	窄轨矿车	窄轨翻车机、受煤坑	矿井型选煤厂
3	准轨铁路	受煤坑、准轨翻车机	群矿、矿区型选煤厂
4	汽车	受煤仓	群矿、矿区、（露天）矿井型选煤厂
5	索道	索道卸料装置、仓	群矿、矿区型选煤厂

7.2.1.1 容受漏斗或缓冲仓

当原煤采用第一种方式输送时，对于竖井箕斗提升的矿井型选煤厂，往往只修建容量不大（一般为 3~7 倍箕斗的容量）的容受漏斗（仓），或在容受漏斗下面加设容积较大的缓冲仓。因此选煤厂的受煤或准备车间就与井口房连接在一起。矿井型选煤厂一般采用该种方式。布置形式如图 7-1 和图 7-2 所示。

图 7-1 所示为箕斗提升受煤方式之一。井筒旁地面上建容量较小的容受漏斗。为了减小矿柱压力，加大漏斗容积，在容受漏斗下面采用板式给矿机。经板式给矿机给入带式输送机送至准备车间。如果斜井采用带式输送机提升原料煤，容受漏斗（或煤仓）可布置在井下，从斜井出来的带式输送机直接进入选煤厂准备车间或原煤仓中，其形式基本与图 7-1 所示相同。

图 7-2 所示为箕斗提升受煤方式之二。它是将准备车间与井口房连接在一起的布置方式。除采用容受漏斗以外，还设置了缓冲仓，仓下设给煤机，通过溜槽直接进入准备车间的预先筛分机上，该布置方式紧凑，减少地面建筑面积，但要求箕斗提升高度增加到井筒顶部。

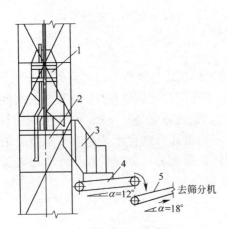

图 7-1 箕斗提升受煤方式之一

1—箕斗；2—井筒；3—容受漏斗；
4—板式给料机；5—带式输送机

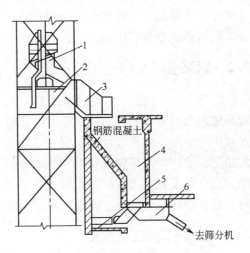

图 7-2 箕斗提升受煤方式之二

1—箕斗；2—井筒；3—容受漏斗；4—缓冲仓；
5—工作台；6—给煤机

7.2.1.2 窄轨翻车机

原料煤采用第二种方式输送时，一般采用窄轨翻车机房受煤。受煤设施为 1~3t 容量的翻车机（或是底开式矿车）、容受漏斗（仓）、给料机（或闸门溜槽），经带式输送机送入准备车间。

窄轨受煤仓的有效容积可根据以下两种情况确定：当逐个矿车来煤时，可采用 5~10 个矿车的容量；当成列车来煤时，可采用 0.5~1 列车的容量。此外，还要考虑大于 300mm 块煤处理和消除杂物的措施。受煤仓的仓壁倾角一般为 55°~60°。

窄轨翻车机房的结构形式一般有圆形、方形和上方下圆三种。圆形结构适应性强，当地基不良或地下水位高时，考虑选用。若地基好、地下水位低时，选用另外两种形式。图 7-3 所示为圆形窄轨翻车机房布置。

原煤用窄轨矿车运输时，若是用侧、底卸矿车，可采用受煤坑受煤。受煤坑的长度可为 1/3 或 1/2 的列车长度。

7.2.1.3 受煤坑

采用第三种方式，原料煤用准轨大火车输送至选煤厂时，其受煤设施可采用受煤坑。

受煤坑受煤是矿井型、中央型和群矿型选煤厂常用的受煤方式。它由卸煤机、受煤坑、给煤机和带式输送机等环节组成。受煤坑上应设置可靠的调车设施。

A 受煤坑长度及容量计算

准轨受煤坑长度和容量是根据所要求的卸煤时间和贮量而定的。受煤坑分单排和双排两种布置方式。生产量小、煤种单一、煤层质量均匀时，采用单排布置；生产量大，单排受煤超过 6 节车厢长度，而又要求在规定时间卸完或因煤种多需要按比例入选，或分别入选时，采用双排布置形式。

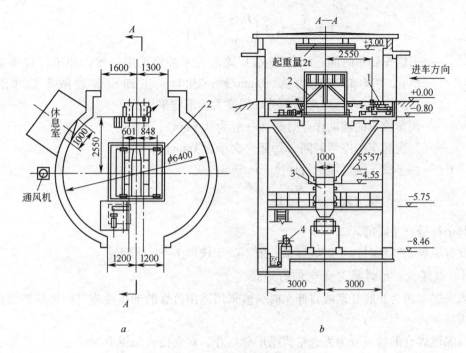

图 7-3　圆形窄轨翻车机房布置图

a—1t 单车摘钩翻车机布置上视图；*b*—1t 单车摘钩翻车机布置剖面图

1—阻车房；2—翻车房；3—给料机；4—排污泵

受煤坑的长度可按下式计算：

$$L \geqslant n \cdot L_1 + L_2 + L_3 \tag{7-1}$$

式中　L——受煤坑总长度（计算所得结果应修正为跨度的整数倍），m；

　　　n——每次卸车的车辆数（一般为 4~6 辆），辆；

　　　L_1——车辆平均长度（无专用车时可取 13.914m/辆），m/辆；

　　　L_2——停车不准确长度（经验数据一般为 3~5m），m；

　　　L_3——考虑到受煤坑两端布置暖工、配电、集尘、排水、楼梯间、安装孔的长度
　　　　　　（一般一端取 4~6m），m。

受煤坑的容量大小与原煤贮煤仓（场）设置有关。设计受、贮兼用的受煤坑时，应满
足选煤厂 8~14h 的生产量的要求。

当选煤厂设置原煤贮存仓（场）时，受煤坑的有效容量应不小于设计车组的净载质
量。其计算公式如下：

$$Q = k \times (N \cdot q_1 - T \cdot q_2) \tag{7-2}$$

式中　Q——受煤坑的容量（不小于设计车组的净载质量）；

　　　k——不均衡系数（取 1.3~1.5）；

　　　N——每次来煤车组的车辆数，辆；

　　　q_1——每辆车的载重（来煤车辆为非专用车辆时可取 60t/辆），t/辆；

　　　q_2——由受煤坑坑下至原煤贮煤仓输送设备的输送能力，t/h；

　　　T——卸完一次来煤的总卸车时间，min，其计算公式如下：

$$T = \frac{N}{n} \cdot t_1 + \left(\frac{L_1 \cdot n}{v} + t_2 \right) \times \omega + t_3$$

t_1——每辆车卸车时间，min，选煤厂除底开车外应采用机械化卸车（如螺旋卸煤机），平均卸车能力为 10min/辆；因为人工卸车普通敞车效率为 9 ~ 10t/（人·h），效率低，劳动强度大，不宜采用；

t_2——调车绞车的辅助作业时间（一般为 0.5min），min；

t_3——每次卸车的停留时间（每卸一次车为 1min），min；

v——调车绞车钢丝绳运行速度，m/min；

ω——车皮调动次数，$\omega = \frac{N}{n} - 1$；

其余符号意义同前。

没有原煤贮煤场时，受煤坑容量一般不少于该厂 7~8h 处理量。

B 卸煤机、给煤机与受煤坑的形式

当来煤车辆为非底开车或自卸车时，应采用适用可靠的卸车设施，如螺旋卸煤机、斗式卸煤机等。

受煤坑煤仓形状可分为无仓格式槽形缝口仓、有仓格式角锥形漏斗仓等。根据仓形的不同而采用不同的给煤机。采用槽形缝口仓时，仓下应设置叶轮给煤机（分单面卸料和双面卸料两种），其布置形式也有所不同，双面卸料的可同时卸两排缝口仓的物料，机械利用率高，比较经济。

当原煤水分很低时，煤尘过大，不宜采用无仓格式槽形缝口仓，可以采用有仓格式角锥形漏斗仓，仓下可以采用振动给料机或自同步惯性振动给料机等。

C 受煤坑的工艺布置

工艺布置前，首先要详细了解选煤厂至铁路编组站（或本矿区铁路）区间线路布置、进车方向、来煤情况、原煤种类及性质等。在布置时应注意：受煤坑上部应安装 300mm× 300mm 铁箅（水平固定筛），当接受含有大于 300mm 特大块来煤时，应设置大块物料处理设施，以防止大块煤及杂物进入仓中堵塞仓口。铁箅边缘与两侧建筑（柱、墙）应留有人行道（500 ~ 700mm）。

仓内设煤位自动指示器及信号装置，煤仓倾角不小于 55°。煤仓排矿口应根据原煤最大粒度、闸门尺寸及给煤机型号考虑。

当采用叶轮给煤机无仓格式槽形缝口仓时，仓下带式输送机机尾应比仓口长 4~5m，以便将仓口边存煤卸净而且撒落在带式输送机上。为了防止堵仓可采用风力破拱清仓装置。当原煤水分较低、煤尘较多时，考虑设置除尘设施。受煤坑两端设有通风设施和通风设备。受煤坑地面四周建防雨及排水设施。受煤坑底部设集水池和排污泵。在寒冷地区应考虑采暖设施。受煤坑一端设楼梯间、配电室，另一端可设简易楼梯。安装检修孔的大小根据设备尺寸考虑，如叶轮给煤机需要 6000mm×4000mm 的检修安装孔。受煤坑的宽度根据卸煤机行走轨距确定；受煤坑地面至屋顶高度根据机车通过的要求而定。双排受煤坑两相邻铁路中心线间距不小于 6m，准轨受煤线与邻线中心间距最小为 6.5m。

图 7-4 所示为单排无仓格式槽形缝口仓，采用两台单面卸料叶轮式给煤机布置图。图

7-5 所示为双排无仓格式槽形缝口仓，采用两台单面卸料叶轮给煤机布置图。

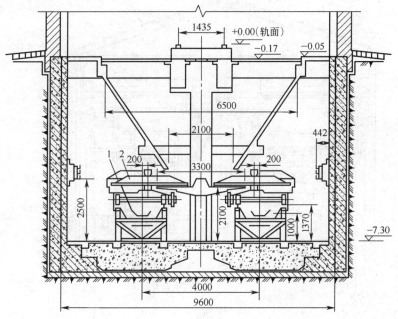

图 7-4　单排无仓格式槽形缝口仓受煤坑布置
1—带式输送机；2—单面卸料叶轮给料机

7.2.1.4　准轨翻车机

准轨翻车机房受煤适用于年受煤能力 1.5Mt 及以上的选煤厂。对年设计生产能力大于等于 3.0Mt 的大型选煤厂，选用翻车机时可设一台备用，或考虑其他备用措施；对于年处理量小于 3.0Mt 的大型选煤厂采用单台准轨翻车机时，可备用其他受煤设施（如浅受煤槽等）。

准轨翻车机有转子式和侧倾式两种类型。转子式翻车机的优点是工作可靠，倾翻角度为 170°～175°，功率省，宜翻卸 CF65、C16 型专用车辆。其缺点是在建筑上需要很深的基础，对于地下水位高的地区施工很困难，土建投资大。侧倾式翻车机的优点是需要的基础较浅、适用于地下水位较高的地区。其缺点是倾翻角较小（160°）、电动功率大。通常选用前者。

准轨翻车机房的工艺布置要求如下：

（1）布置转子式翻车机时，转子的中心线与铁路（车辆）的中心线要偏离 150mm。转子中心线与煤仓中心线在卸煤侧偏离 1.65～2.5m（见图 7-6）。布置侧倾式翻车机时，轨道中心线与煤仓中心线的距离为 6.00m 左右。

翻车机下受煤仓只起缓冲作用，其容量不大，一台翻车机下的煤仓容量一般可按 150～180t 设计（煤仓分两路）。在仓上设置 300mm×300mm 铁算子和大块煤破碎设施。

（2）仓下给料设备可采用往复式给料机或胶带式给料机。当采用角锥形缓冲仓时，用往复式给料机，仓口最小尺寸为 1500mm×1000mm；当缓冲仓为槽形缝口仓时，可采用胶

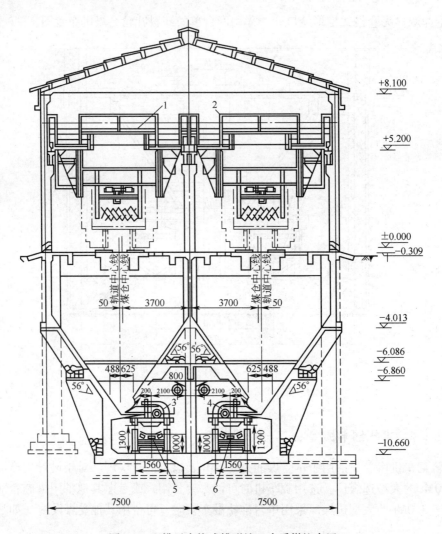

图 7-5 双排无仓格式槽形缝口仓受煤坑布置

1, 2—螺旋卸煤机；3, 4—单面卸料叶轮给料机；5, 6—带式输送机

带给料机，槽形缝口仓仓口最小尺寸为 5000mm×1000mm。胶带给料机可呈水平或倾斜布置，一般采用水平布置。

（3）准轨翻车机房应单独设置操纵室，其位置布置在水平较高的地方，以便能够观察进车和卸煤作业。操作室与机房各层应用电铃、信号灯等联系，并设有电话，与厂调度室等处联系。

（4）准轨翻车机房内应有采暖、除尘、排水及检修安装提升孔等设施。准轨翻车机房最底层设排水沟、污水池和排污泵。

（5）准轨翻车机受煤仓上应设调车绞车或推车机。

7.2.1.5 浅受煤槽

浅受煤槽是一种简易的受煤设施，可以作为翻车机的备用设施，或小型厂的受煤设

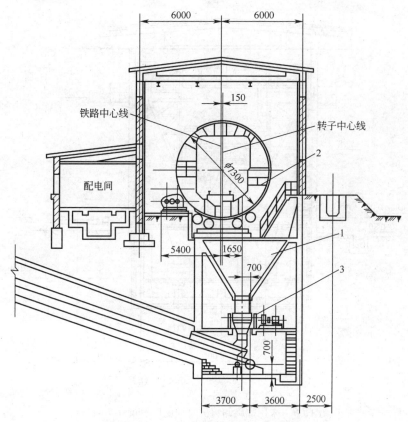

图 7-6　KFJ-2 型转子式单排翻车机布置图
1—受煤坑；2—翻车机；3—胶带给料机

施。它只起缓冲作用，不考虑贮存容量，因此容受量较小。浅受煤槽可以采用金属结构，也可以采用钢筋混凝土结构或预制件装配式结构。

受煤槽的长度一般为 4~6 辆车的长度加上 3~5m 停车不准确长度。受煤槽根据情况布置在铁路一侧或两侧。受煤槽上部设置 300mm×300mm 铁箅子，下部仓口采用条缝式或漏斗。当采用螺旋卸煤机时，仓口多为条缝式并不设闸门，煤直接落在带式输送机上，但仓口下部带式输送机应安装密集托辊；当选用斗式卸煤机时，应采用漏斗式仓，仓下设扇形或平板闸门。其他布置要求基本上与受煤坑相同。

图 7-7 所示为采用螺旋卸煤机，受煤槽布置在铁路两侧，仓下采用条缝式仓口的布置实例。

7.2.1.6　汽车运输受煤

当采用汽车运送原煤时，也可以采用受煤坑或浅受煤槽受煤方式受煤。受煤坑（槽）的长度根据同时卸煤汽车的车辆数具体考虑。受煤坑（槽）的容量，依据设计规范规定，为 3 辆汽车的净载重，或不小于 30t，并应考虑计量和自卸设施。

7.2.1.7　索道运输受煤

原煤索道运输主要用于难以使用其他运输方式的山区。典型的索道运输受煤设施是直

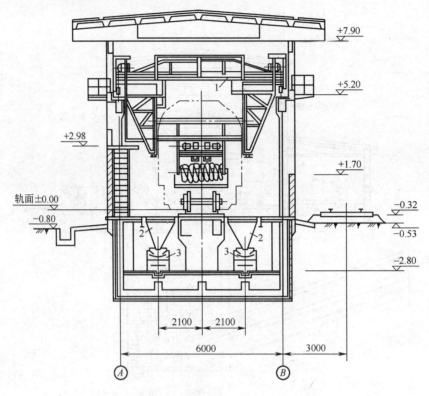

图 7-7　采用螺旋卸料机时浅受煤槽布置实例
1—螺旋卸煤机；2—受煤槽；3—带式输送机

接在原煤仓上设置索道运输斗子开启装置，将斗子底部开关打开后，斗中原煤直接经过仓口灌进原煤仓。仓口设有箅子，防止大块或杂物进仓。

7.2.2　贮煤仓（场）的工艺布置

选煤厂应设原煤贮煤设施。当入选煤层多、煤质变化大时，宜设混煤场或其他均质化设施。原煤贮煤设施的形式可采用堆取料机贮煤场、落煤筒（溢流窗）式贮煤场、栈桥式贮煤场、半地下煤仓或圆筒仓等。原煤贮煤和混煤设施总容量应根据设计生产能力、运输、市场等条件确定，并与产品仓容量统一考虑。原煤与产品煤贮量之和宜为 3~7d 选煤厂的设计能力。当大容量原煤贮煤设施为旁路设计时，宜设置不小于 8h 设计能力的在线原煤贮存仓。在人口集中的城镇附近的选煤厂，应采用封闭方式贮存原煤。

大容量的圆筒仓、大型（或封闭式）堆取料机贮煤场等自动化贮煤设施，是现代化选煤厂贮煤的先进形式。它不仅满足生产贮量要求，调节矿井与选煤厂之间生产协调稳定，而且改善劳动条件、环境卫生并起到配煤作用，使入选原煤均匀且质量稳定。有些选煤厂因为原煤种类多或各矿（层）煤质不均匀，还设置多个煤仓分别装仓，按比例配煤入选；有的厂还采用堆取料机或堆取料混煤机贮煤场（封闭式较理想）进行混煤入选。

7.2.2.1　圆筒仓

煤仓的形式较多，有方仓、圆筒仓、短形仓、槽形仓、缝口仓等。作为原煤贮煤和配煤仓，多采用圆筒仓。下面主要介绍圆筒仓的容积计算及工艺布置，其他形式煤仓的容积计算参见相关设计手册。

A 圆筒仓容积的计算

由图 7-8 可以看出单个圆筒仓的容积为

$$V = V_1 + V_2 + V_3 \qquad (7-3)$$

式中 V——单个圆筒仓的有效容积，m^3；

V_1，V_2，V_3——图 7-8 中各部分容积，m^3。

a V_1 的计算

V_1 的大小与装料方式、装料设备有关。装料设备通常有溜槽（包括分岔溜槽）、箱式链板输送机、犁式卸料带式输送机、可逆配仓带式输送机及电动卸料车配仓带式输送机等。装料方式与仓的直径大小、仓的个数多少有关。装料可分一点、两点和多点装料，或者一线和两线装料。

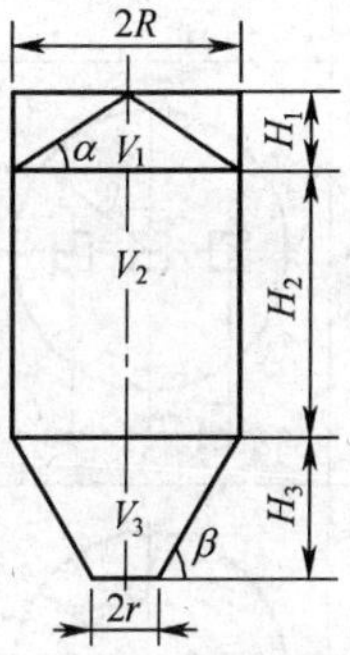

图 7-8 圆筒仓容积计算简图

以一点正载溜槽装料为例，对 V_1 进行计算，V_1 部分为圆锥体形状，所以

$$V_1 = \frac{\pi R^2}{3} H_1 \qquad H_1 = R \tan\alpha$$

则

$$V_1 = \frac{\pi R^3}{3} \tan\alpha = 1.0472 R^3 \tan\alpha \qquad (7-4)$$

式中 R——圆筒仓半径，m；

H_1——圆锥体高度，m；

α——堆积角，(°)。

如无堆积角资料时，可按堆积角近似等于安息角计算。

其他装料方式和装料设备的 H_1 和 V_1 的计算公式见表 7-3。

表 7-3 圆筒仓的 H_1 和 V_1 的计算公式

装料方式	装料孔平面图	装料设备	计 算 公 式	
			H_1/m	V_1/m^3
一点正载装料	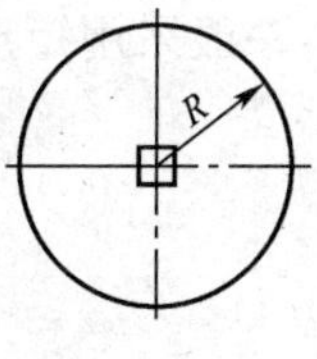	溜槽	$H_1 = R \cdot \tan\alpha$	$V_1 = 1.047 R^3 \cdot \tan\alpha$
一点偏载装料	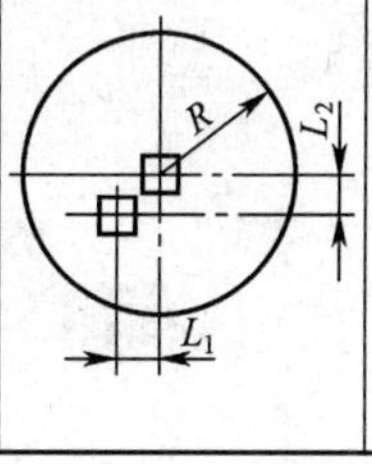	溜槽	$H_1 = \left(R + \sqrt{L_1^2 + L_2^2} \right) \times \tan\alpha$	$V_1 = \dfrac{\pi R^2 \times \left(R + \sqrt{L_1^2 + L_2^2} \right)}{3}$

装料方式	装料孔平面图	装料设备	计 算 公 式	
			H_1/m	V_1/m^3
三点正载装料		输送机	$H_1 = R \cdot \tan\alpha$	$V_1 = \dfrac{1}{2}(2R - L) \times (R + 0.393) \times$ $\left[\pi R - \dfrac{3}{4}\sqrt{R^2 - (0.393L)^2}\right] \times$ $\tan\alpha + \dfrac{\pi L^3}{8}\tan\alpha$
四点正载装料		输送机	$H_1 = \dfrac{\sqrt{4R^2 + L^2}}{2} \times \tan\alpha$	$V_1 = \dfrac{1}{2}(\sqrt{4R^2 + L^2} - L) \times$ $(R + 0.393L)\left[\pi R - \dfrac{4}{3} \times\right.$ $\left.\sqrt{R^2 - (0.393L)^2}\right]\tan\alpha + \dfrac{\pi L^3}{6}\tan\alpha$
一线正载装料		活动配仓带式输送机	$H_1 = R \cdot \tan\alpha$	$V_1 = 1.8083R^3 \cdot \tan\alpha$
二线正载装料		活动配仓带式输送机，电动卸料车，犁式卸料车	$H_1 = (R - L) \times \tan\alpha$	$V_1 = \left[\pi R^3 - 6RL^3 - \dfrac{4}{3}(R^2 - L^2)^{\frac{3}{2}}\right]\tan\alpha$

b　V_2 的计算

因为 V_2 为圆柱体，则

$$V_2 = \pi R^2 H_2 \tag{7-5}$$

c　V_3 的计算

V_3 的容积大小与仓下排料孔的多少和孔形有关，圆筒仓下部排料一般采用矩形单孔和四孔排料，如图 7-9 和图 7-10 所示。

单排料 V_3 的计算：

$$H_3 = (R - r) \times \tan\beta$$

$$V_3 = \frac{\pi H_3}{3}(R^2 + Rr + r^2)$$

四孔排料口 V_3 的计算：

$$H_3 = \frac{1}{2}(L - b) \times \tan\beta$$

$$V_3 = 0.2(L - b) \times (\pi R^2 + 4ab) \times \tan\beta \tag{7-6}$$

式中，a、b、L 如图 7-10 所示，单位为 m，其中 $L = R$。

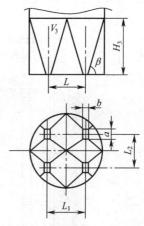

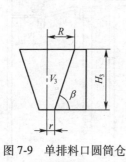

图 7-9　单排料口圆筒仓　　　　　图 7-10　四孔排料口圆筒仓
　　　　V_3 计算简图　　　　　　　　　　　V_3 和 H_3 计算及排料孔图

　　煤仓卸料口的线形尺寸 a 和 b，取决于物料粒度的大小和粒度组成，以物料不致发生堵塞和成拱现象为原则，结合选用的给煤机尺寸确定。设计时可参考表 7-4。

表 7-4　最小仓口尺寸参考表

入料最大粒度/mm	100	80	40	20
仓口最小尺寸/mm	450	400	350	300

　　在煤仓的有效容积求出后，可用下式计算煤仓的装煤量：

$$Q = \gamma V \tag{7-7}$$

式中　γ——煤的堆密度，t/m^3。

　　B　圆筒仓的工艺布置

　　圆筒仓使用方便，土建结构合理，受力性能好，并可采用滑动模板施工，施工速度快，可节约大量木材。我国选煤厂常用的圆筒仓直径一般为 8m、10m、12m、15m、18m、22m、25m 和 30m。仓直径与圆柱体 H_2 的比，取 1：1.5 以上较经济合理。单个圆筒仓容量，小的在千吨左右，大的在万吨以上。建设圆筒仓是否经济合理，取决于工程地质条件和地震烈度。如果大型圆筒仓建在基岩上，这是最经济合理的方案。如果工程地质条件恶劣，大量投资用于基础处理，不如改用其他贮煤方法。

　　圆筒仓的布置方式，结合仓的直径大小及工艺要求，可采用单排或双排的布置。图7-11 所示为双排布置圆筒仓的实例。

7.2.2.2　贮煤场

　　贮煤场的类型较多，一般分为堆取料机贮煤场、溢流窗式贮煤场、半地下式贮煤场、扇形贮煤场等。在设计贮煤场时，应根据煤的牌号和贮存时间来确定煤堆极限高度。各种煤的煤堆极限高度和贮存时间见表 7-5。

　　A　露天堆取料机贮煤场

　　堆取料机贮煤场是一种机械化程度很高的散装物料堆取料的贮煤场。近年来在我国大

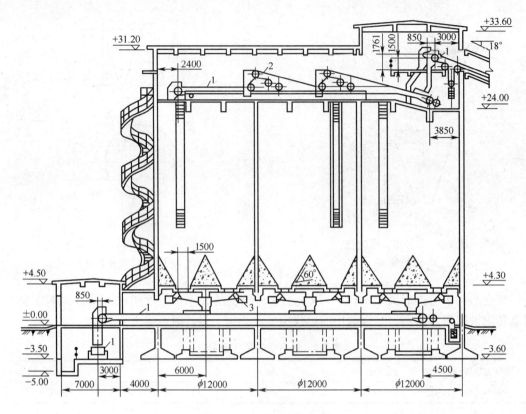

图 7-11　双排圆筒仓布置

1—带式输送机；2—电动卸料车；3—给料机

表 7-5　各种煤的煤堆极限高度和贮存时间

煤的类型	存贮不超过 10 昼夜的煤堆高度/m	长期贮存的储煤场	
		煤堆高度/m	最大贮存期/月
无烟煤、贫煤、瘦煤	不限	不限	4
气煤、主焦煤、肥煤	10 以下	5 以下	2
长焰煤	5	3	1
褐煤	2.5	2.5	1
易燃褐煤	2	2	1

型选煤厂、焦化厂和海港码头等已经采用。堆取料机贮煤场，因其设备布置在地面上，具有土建工程量小、地面系统简单、投资省、施工期短、劳动条件好、贮煤量大等优点。

我国设计制造的斗轮式堆取料机有 KL 型、DQ 型。此外，还有 MDQ 型门式斗轮堆取料机等。图 7-12 为 DQ5030 型斗轮堆取料机工作流程图。

堆料及取料采用三条宽为 1200mm 的带式输送机。当物料需要贮存时，由带式输送机 1 转运至带式输送机 2、3 上，再由悬臂式带式输送机 4 运至两侧地面上贮存。反之，物料需要返回时，将悬臂式带式输送机 4 回旋，转到需要挖取的存料位置，根据料堆的情况调整到适合角度，然后开动斗轮 5 挖取。斗轮 5 挖取购物料落到悬臂式带式输送机 4 上，悬

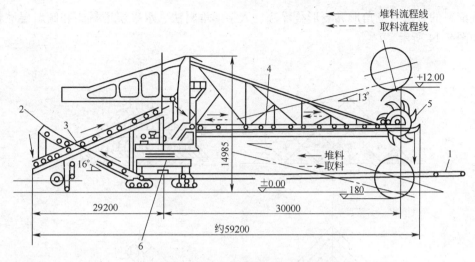

图 7-12 DQ5030 型堆取料机工作流程图

1，2，3—带式输送机；4—悬臂式带式输送机；5—斗轮；6—溜槽

臂式带式输送机 4 反向运转至后部主机中心溜槽 6，卸至主带式输送机 1 上，主带式输送机 1 反向运回选煤车间。

图 7-13 为堆取料机贮煤场平面图。

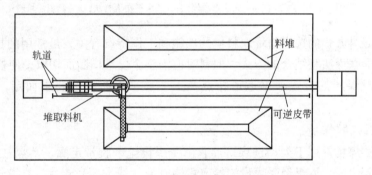

图 7-13 堆取料机贮煤场平面图

上述堆取料机机组安装在可组装起来的大型支架上。它沿铁路轨道整体移动（最大移动速度为 30m/min），斗轮和悬臂式带式输送机可做水平弧形旋转（最大转动角度为 300°），同时还可做升降运动（在 4~8min 内使悬臂提升到最高点）。因此，堆取料机工作过程是移动、旋转和升降三种动作的综合运动。堆取料机的运行轨道宽度一般为 5m 或 6m，轨面坡度小于 0.3%，路基要坚固，两轨面高差小于 3mm，堆煤高度可达 10~12m（轨面以上），煤堆边缘至来煤或返煤输送机中心线应有 20~30m 距离，行走轨的尽头应比煤堆边缘长 10~20m，轨道两侧应设坡度为 1.5% 的排水沟。堆取料机的工作地点正常温度要求在 +40~−25℃ 范围内，工作风压不大于 250 Pa。

堆取料机不仅完成堆料和取料，而且可以进行混料（配料），使原煤在粒度、水分、含矸率、可选性等方面均匀化。如一个大型选煤厂接受几个矿井（或煤层）的原煤进行混煤入选时，可以按最大均匀度的要求进行堆料和取料。使原煤和产品的比例、质量、发热量、结焦性等达到稳定。

混配料的方法有三角形和菱形叠垛法、人字形堆料法、水平层堆料法和倾斜层堆料法等，如图 7-14 所示。

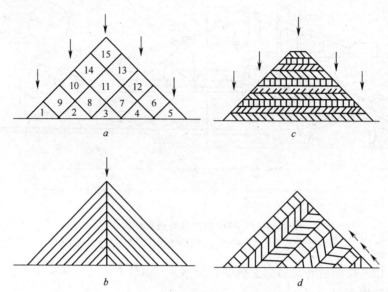

图 7-14　贮煤场堆混料方式
a—三角形和菱形叠垛法；b—人字形堆料法；c—水平层堆料法；d—倾斜层堆料法

贮煤场堆混料方式的选择与堆取料机的性能和工作特点有关，最常用的是人字形堆料及三角形和菱形叠垛法相结合的方式。取料时应沿整个煤堆横断面切取，使物料均质化。

堆取料机贮煤场的位置根据地形特点及工艺总平面布置的要求而定，一般设在下风向。

B　溢流窗式贮煤场

溢流窗式贮煤场常用于大型选煤厂。它由受煤设施、胶带走廊、落煤柱、堆放场地、地下返煤胶带等组成。原煤经受煤设施给入运输胶带（或刮板）走廊，在落煤柱处卸载到堆放场地。推土机可将原煤从落煤柱附近推开存放，也可以将原煤推至地下返煤胶带上方的给料口。给料口由漏斗、给料机组成，从地面通往地下返煤胶带走廊。返煤胶带将原煤运入主厂房。

溢流窗式贮煤场使用的是常规设备，如给料机、胶带运输机、推土机等。落煤柱是一个空心圆柱体，高度一般为 15~20m，视贮煤场的大小而定。落煤柱的壁上不同高度开有窗门。原煤经运输胶带给入落煤柱的中心，堆积到一定高度后便从窗口溢出到堆放场地。

溢流窗式贮煤场的形式见图 7-15。原煤由胶带走廊运至卸煤点，卸下后顺着落煤柱下落。落煤柱在不同高度上开有溢流窗，当落煤柱内的煤堆至一定高度后，便从溢流窗口溢出。下方窗口被溢出的煤堵住后，煤便继续在落煤柱中堆积，达到上面一个溢流窗，煤便再次溢出。推土机将落下的原煤推离落煤柱，堆积在贮煤场的不同位置。当需要返煤时，推土机将原煤从不同位置推至地下漏斗的入料门，经转载胶带运至厂房。

溢流窗式贮煤场占地面积较小，堆取方便，堆料高度较高，适合于较长时间存贮变质程度较高的原煤。

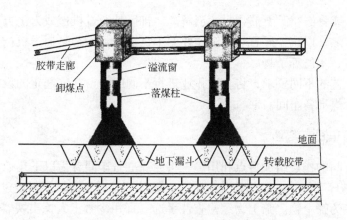

图 7-15 溢流窗式贮煤场剖面图

C 封闭式混煤贮煤场

为了入选原煤的均质，有利于实现选煤过程的自动控制和产品质量管理，因而设计封闭式混煤贮煤场。贮煤场封闭后，不仅避免煤尘飞扬，有利于环保，而且有利于冬季作业。以德国罗拜克选煤厂的封闭式褐煤贮煤场为例，采用人字形木制屋顶。屋架下部跨度66m，人字形顶部高度为 35m。贮煤场长度 210m，煤堆宽 33m，高 15.5m。煤堆长 122m时，贮量 3 万吨，最大贮量 4 万吨。贮煤场的封闭式结构及设备布置见图 7-16。东欢坨选煤厂的设计也采用了类似的混煤贮煤场。

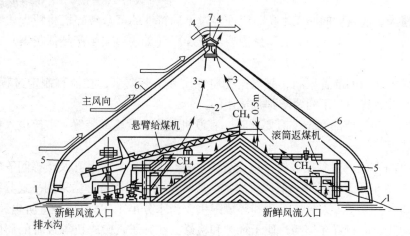

图 7-16 封闭式混煤贮煤场

1—新鲜气流入口；2—升温的气流；3—含不大于 0.1%CH_4 的气流；4—顶盖排气孔；
5—抗燃的预制拱架；6—混合煤堆的防风顶盖；7—防止顶部积尘的顶帽

7.3 原煤准备车间的工艺布置

原煤准备车间的任务是为后续工序准备合适的原料，主要作业有筛分、破碎、磨矿、排矸、除杂等。筛分是根据下段工序对物料粒度的要求，通过筛分设备将原料分为不同粒度级别。破碎和磨矿是根据物料的物理性质，选择适当的破碎和磨矿设备，将物料粒度减小到适当尺寸，或将嵌布脉石的物料适当解离。排矸是通过机械或人工方法，预先将物料中的大块矸石排除，以减少矸石对后续作业的不良影响。除杂是通过机械或人工方法，除去物料中的铁器、木屑等杂物。

按照后续工艺的不同要求，将上述作业进行不同组合，并将选定的设备合理摆放和连接，便形成了原煤准备车间。

7.3.1 原煤准备车间的类型

根据准备车间的作业组成特点和用途，将原煤准备车间分为以下几种类型：

（1）筛分破碎车间，一般由筛分、手选、破碎等工序组成。原料经过预先筛分，大于规定粒度的物料为筛上物。筛上物经检查性手选（即用少数工人拣出铁器、杂物和特大块矸石），并进入破碎机破碎后，与筛下物料混合，一起进入分选作业。它常用于需要控制入选粒度上限，且大块矸石含量不高的情况。

（2）机械排矸车间，一般由筛分、机械排矸等工序组成。原料经过预先筛分，筛上物料采用重介质斜轮（或立轮）或动筛跳汰机，排除大块矸石。它可以完全取代人工手选矸石方式，适用于大块矸石含量高的矿井型选煤厂、筛选厂和露天矿选煤厂。

（3）准备筛分车间，只进行粒度分级，原煤经筛分和其他分级方法，分成几个不同粒度级别，然后分别进入不同的分选作业，或直接出售。它适用于分级入选的选煤厂、部分入选的动力煤选煤厂或筛选厂。

（4）多段破碎（磨矿）车间，主要由筛分、多段破碎（磨矿）作业组成。多段破碎一般用于露天矿选煤厂的原煤准备，以便经过不同特性的多台破碎机将特大块物料粒度减小到要求的尺寸。它主要用于有特殊需要的选煤厂（如脱硫或生产超低灰煤）或非煤炭行业的选矿厂。

选用哪种类型的准备车间，是根据物料性质和工艺要求，在流程制定过程中确定的。在各类车间的布置中，下列要求都是适用的：

（1）当用户对产品含杂率有要求时，宜设机械除杂设施或装置。破碎机入料口前必须设置除铁装置。

（2）准备车间一般独立设置。应设置配电室、起重梁、提升孔及楼梯间等辅助设施。

（3）准备车间工作条件一般比较恶劣，应尽量改善工作条件。采用吊式分级筛时应考虑设置工作台。为了工人身体健康和环境卫生，当水分小于7%时应设置防尘和集尘设施。设备的传动装置应布置在外侧，便于维护和检修。在筛子及破碎机等设备的周围应根据要求留有700~1000mm的通道。车间外部应设铁器、木块等杂物堆放和转运场地。

7.3.2 筛分破碎车间的布置

我国多数选煤厂的筛分破碎车间采用检查性手选。手选带采用胶带式（少数厂采用钢板式），其运行速度不应超过0.3m/s。大型选煤厂的筛分、手选、破碎机组多为双系统对称布置，中、小型选煤厂采用单系统布置。就手选带与破碎机的位置而言，通常有两种布置方案：一种方案是手选带与破碎机都布置在同一标高的楼板上。此方案手选带必须倾斜布置，其倾角不大于12°，以方便工人操作；第二种方案是破碎机布置在手选带下一层楼板上，手选带呈水平布置。

　　上述两种方案各有优缺点。第一种方案可以降低厂房高度，管理维护较方便，但手选带倾斜布置时，必须设置台阶式操作台。第二种方案因手选带水平布置，不需设操作台，工人操作方便舒适，但厂房高度增大，基建投资增加。选择方案时要根据具体情况而定。一般情况下选择第二种方案较多。

　　图 7-17 为某矿选煤厂筛分破碎车间布置图，属第二种方案。图 7-17a 为 2—1 剖面图，图 7-17b 为 9.00m 平面布置图。

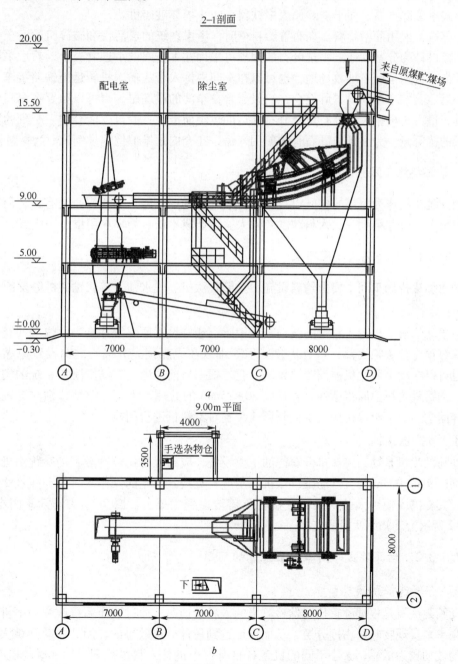

图 7-17　某矿选煤厂筛分破碎车间布置图

a—筛分破碎车间剖面图；b—筛分破碎车间平面布置图

筛分破碎车间机组在布置时,应考虑设备的特点和要求。通常混合入选,分级筛多采用单层单轴惯件振动筛(吊式或座式)。分级筛布置的方向应与来煤煤流方向一致,避免造成给料偏载和粒度不均匀。分级筛的给料和排料溜槽角度视物料粒度和水分大小而定,原则是保证物料能够自流。双系统设备宜对称布置。

手选带的布置要与煤流方向一致。当手选带的宽度不小于 800mm 时,考虑两侧拣矸。原煤中含有废铁器时,应在手选带机头前上方设置吊式电磁除铁器,或采用电磁传动滚筒与悬吊式电磁除铁器,便于清除原煤中铁器,防止损坏破碎机。

破碎机一般用溜槽给料。在布置给料槽时,考虑系统的灵活性和破碎机的安全,可将给料溜槽设计为分岔溜槽。手选矸石的处理可采用在本车间设手选矸石仓,然后采用窄轨矿车或汽车输送至矸石堆放场地,也可以在车间内拣入带式输送机转运至铁路装车仓,用火车外运。若在本车间设置矸石仓,一般布置在车间的最底层,也可以布置在车间外部一侧。其容量大小根据大块矸石量及矸石外运的运距而定,一般至少能容纳一个班的拣矸量或一天的拣矸量。为了延长矸石仓的使用寿命,在仓内角锥部位铺设钢轨耐磨材料衬里。

7.3.3 动筛跳汰车间的布置

动筛跳汰机作为原煤的排矸设备,可有效处理 50mm 以上的原煤,具有工艺简单、单位处理量大、分选精度高、入料粒度上限大、生产成本低、循环水用量小等优点。

7.3.3.1 动筛跳汰车间布置

动筛跳汰排矸车间主要由给料设施、动筛跳汰机、脱水筛、带式输送机等设备组成。

A 给料设施

由于动筛跳汰机对入料量的波动较为敏感,最好设置原煤缓冲仓。原煤缓冲仓最好布置在原煤预先分级筛之前,当改扩建工程等难以在原煤预先分级筛之前设置原煤缓冲仓时,也可以在动筛跳汰机前设置原煤缓冲仓。根据目前国内现有动筛跳汰系统的实际生产情况,动筛跳汰机前原煤缓冲仓容量以 20~25min 的处理量为宜,但要特别注意块煤的二次破碎问题。仓下给煤机应设置变频调速装置对给料量进行调控。

B 动筛跳汰机

动筛跳汰机是动筛跳汰排矸车间的主要设备,应布置得比较宽敞,动筛跳汰机所在楼层高度以 9.0~9.5m 为宜。动筛跳汰机周围应有宽敞、明亮的操作平台。动筛跳汰机质量较大,其支撑应使用大的次梁,直接将负荷传递到主梁上。图 7-18 为动筛车间布置图,图 7-19 所示为动筛跳汰机的支撑。

7.3.3.2 动筛跳汰车间布置应注意的问题

A 合理选择跳汰机面积

动筛跳汰机是根据称重传感器检测出的入料量情况,通过液压系统改变动筛机构的振幅和频率来实现物料按密度分层,从而保证达到最佳分选效果的。因此,动筛跳汰机对入料量的波动较为敏感,大小不同的机型各自有一个最佳入料量区间,以 $4m^2$ 的机型为例,其最佳入料量区间为 $Q = 200 \sim 300t/h$,$Q_{max} = 385t/h$。当 $Q < 100t/h$ 时,将对动筛跳汰机的

A—B 剖面

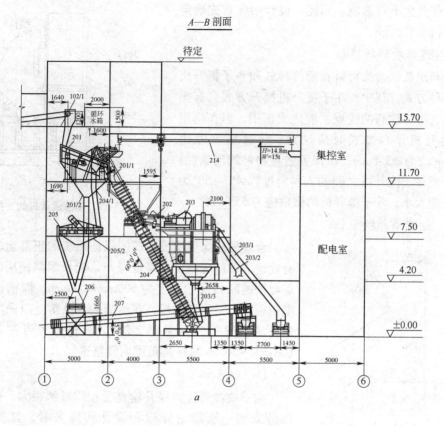

a

4—3 剖面

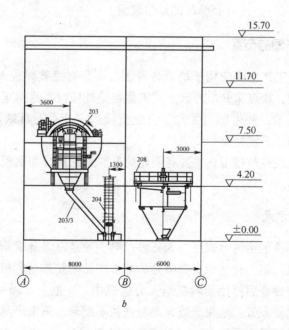

b

图 7-18　动筛车间布置图
a—动筛车间 A—B 剖面；b—动筛 3—4 剖面

正常工作产生不利影响。因此，设计中应首先确定合理的机型和面积。

B 透筛物料的排放

动筛跳汰机透筛物料有闸门排放和斗子提升机提升两种方式。其中，斗子提升机提升方式具有操作简单、可靠性高的优点，应优先选用。但在选用斗子提升机排料方式时应注意：将排料尺寸由 $\phi250mm$ 改为 $\phi350mm$，以保证透筛物料的流动性；排料口至斗子提升机之间的入料角度以 $45°\sim50°$ 为宜，不能太小。斗子提升机的倾角应为 $55°\sim70°$。

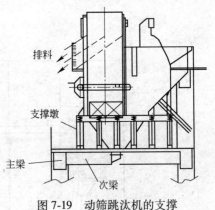

图 7-19 动筛跳汰机的支撑

C 块煤溜槽的设计

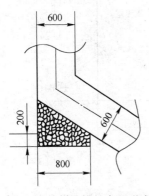

图 7-20 块煤溜槽的布置形式

合理的块煤溜槽设计既能保证系统的正常运转，又能有效地降低厂房高度、降低噪声、延长溜槽使用寿命。块煤溜槽的断面尺寸宜定为 $600mm×800mm$，溜槽应采用厚壁钢板并内衬耐磨钢板，在溜槽垂直跌落处应采用"煤砸煤"的布置形式（见图 7-20），溜槽倾角可在 $30°\sim32°$（对 $300\sim50mm$ 物料）范围内调整选取。

D 起吊和检修

动筛跳汰机排料提升轮直径和质量都很大，要求整体起吊安装。从理论分析和设计实践来看，其提升孔以 $4.0m×6.0m$ 为宜（不应小于 $3.5m×5.5m$），梁下应设置 $150kN$ 的起吊装置。

7.3.4 重介质排矸车间的布置

块煤重介质排矸工艺主要应用于块煤含量大、不宜直接破碎或人工选矸的原煤排矸。与动筛排矸方式比较，块煤重介质排矸方式的优点是处理粒度范围宽，下限可以到 13mm，分选密度可以任意调节，并可能用主选、再选直接出三产品；其缺点是需要一套介质系统，使设备数量增加，系统复杂。

块煤重介质分选机种类很多，主要有斜轮提升、立轮提升和刮板式（浅槽重介质分选机）几种形式。

7.3.4.1 给料方式

块煤重介质分选机的给料方式可分为三种：第一种是原煤分级筛的筛上块煤产品通过溜槽直接给入分选机；第二种是原煤分级筛的筛上产品用胶带给料机给入；第三种是分级筛的筛上产品进入缓冲仓后再用给料机给入分选机中。一般应尽量采用第一种给料方式，因为该方式既经济又易布置。如果分级筛与分选机不配套，筛上产品无法均匀给入几台分选机，应设缓冲仓，容量不要过大，一般按分选机 $2\sim3min$ 处理能力设计。缓冲仓可采用钢筋混凝土结构或钢板结构，但内壁最好铺设较厚（15mm 以上）的铸石板防止仓壁磨损。在布置缓冲仓时其仓口的中心线应与分选机分选室的中心线对正，使之给料均匀。仓下溜槽的倾角应根据物料的粒度合理确定。

7.3.4.2　块煤重介质分选机的布置

根据所选用分选机的外形结构尺寸及接口尺寸，初步确定平面和立面的大体位置，然后考虑分选机的给、排料要求，机座高度，安装检修，设备操作要求以及脱介筛等设备之间安装关系，确定准确位置。分选机的支承高度应考虑介质流管路阀门操作和检修方便及提升轮检修高度和厂房内的采光。如斜提升轮要求的检修高度一般为 2m 或稍高些，但考虑厂房采光的要求，分选机操作面以上的净空应不少于 6m，操纵台的高度一般低于分选机分选室液面 300mm 左右。操纵台的宽度根据具体情况确定。单台分选机操作台应布置在分选室侧面（指斜轮），立轮分选机工作台应布置在排料的一侧，其宽度不小于 1.5m，如两台共用操纵台时，其宽度不小于 2.0m，分选机周围需要操作检修的地方也应留有800mm 的宽度。立（斜）轮分选机的检修吨位一般为 2~10t，视具体情况设置起重设备，并在附近安排相应的检修场地。

块煤重介质流程中只设主选或采用三产品分选机时，厂房布置比较容易，选用两台或多台时应采取共用操纵台对称布置。图 7-21 为重介质斜轮排矸车间布置图。

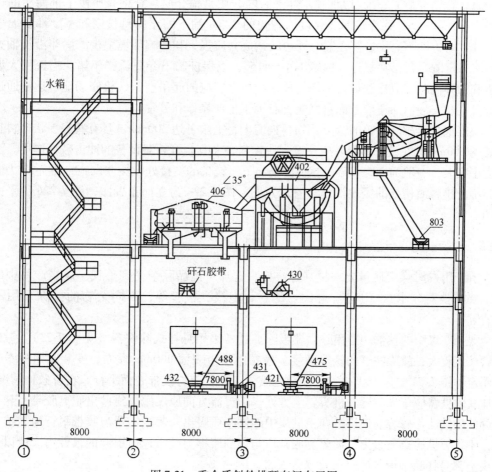

图 7-21　重介质斜轮排矸车间布置图

立轮重介质分选机与斜轮重介质分选机的主要区别是排矸轮垂直安装并多数与悬浮液流动方向呈90°提升。立轮重介质分选机的布置基本要求与斜轮相同，但在布置时应特别注意的是立轮直径很大，因此检修用起重设备的位置高，需增加厂房的高度。此外，排矸溜槽可设置在左侧或右侧，要结合脱介筛的位置合理布置。

浅槽重介质分选机入料口、排料口宽度大（7m左右），应注意选前分级筛和选后脱介筛的布置。特别是大型浅槽重介质分选机选前分级筛分宜布置为双台分级筛分机对应一台浅槽重介质分选机，宽度近似相等，以保证入料均匀分布槽宽，有利于充分发挥浅槽重介质分选机的处理能力。此时选后的脱介筛也宜布置为双台筛，与浅槽重介质分选机等宽布置，有利于物料均匀分布在脱介筛筛面上。同时，这种等宽布置方式可有效减少上下环节设备衔接的落差，有利于降低厂房高度、减小厂房体积。

7.3.4.3　脱介筛的布置

为了减少介质损失，通常将分选后的产品进行脱介。块煤一般采用双层振动筛（或其他形式筛）回收介质，上层筛孔一般为50（或13）mm，下层筛孔为0.5mm，避免使用弧形筛或直接使用0.5mm筛孔单层筛，减少筛面磨损。脱介筛的布置与前述脱水筛的布置相同，其不同点是脱介筛下部的收集漏斗要分成两段，第一段（前段）不加喷水收集的是浓介质（合格介质），第二段加喷水冲洗后的介质是稀介质。合格介质段下部漏斗的长度一般为筛长的1/3，稀介段漏斗长度为筛长的2/3。筛下漏斗的总长度和宽度都要大于筛框尺寸，以防筛下介质撒落在漏斗外边，造成介质损失和影响环境卫生。漏斗沿长轴方向要求有一定的倾角，在靠近入料端不小于15°，以保证筛下介质流畅不堵。当选用大型分选机和筛分机时，应注意最大部件的尺寸，留有相应的起吊空间、检修场地、运输通道以及提升孔和安装门。还应考虑自然光，有利于生产操作和管理。

块煤重介质排矸系统的特点是物料粒度大，上限可达300mm，且有些扁平状物料长边可能达600mm。在设备布置时应注意大块物料，尤其是矸石对设备的冲击破坏作用。溜槽角度不宜大，一般为30°~35°，且在溜槽与下一设备的衔接处设缓冲设施。图7-22为矸石脱介筛及排料溜槽处的缓冲设施布置示意图。图7-22a为立面布置图，图7-22b为平面布置图。

7.3.5　除杂设施的布置

由于用户对煤炭质量要求越来越严格，选煤厂产品除杂受到重视。煤炭产品中的杂物主要有铁器、木坎（屑）、麻绳、塑料、炮线、雷管等，不同杂物的排除采用不同方式。

混杂在煤中的铁器一般用除铁器吸除。通常采用悬挂式除铁器（见图7-23）。考虑到原煤粒度较大，故除铁器的悬挂高度一般在距胶带表面400mm左右，安装倾角视安装位置而定，图7-23中为160°，如果安装在胶带上面，应与胶带表面平行。在有条件情况下，悬挂式除铁器应优先放置在机头斜上方处。随煤流方向原煤抛物线抛出脱离胶带，悬挂在头部的除铁器可较容易地将混在松散煤中的铁杂质吸出。若除铁器与胶带平行地悬挂在上方，不仅要克服杂质重力，还要克服杂质与煤的摩擦力及带速所引起的惯性力。所以，在机头上部悬挂除杂设备的除杂效率会更高。

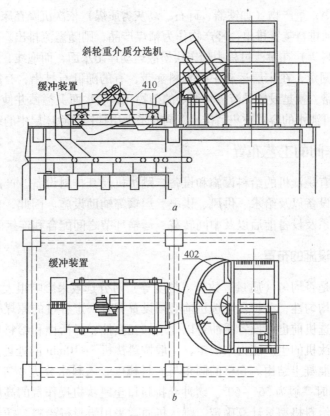

图 7-22 矸石脱介筛及溜槽的缓冲设施布置示意图

a—立面布置图；*b*—平面布置图

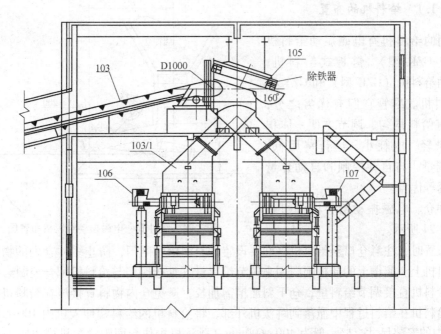

图 7-23 原煤准备车间除铁器的布置

跳汰选煤过程中，重产物（如铁器、矸石、高灰劣质煤）依次沉降在床层下部，作为废弃物，由跳汰机自动排料装置排出；轻产物作为精煤产品，则随溢流排出。入选原煤中轻质杂物（如木屑、塑料等）在跳汰过程中随床层松散运动浮出水面，而炮线、铁丝等杂物在床层中的位置一般不固定，在床层运动中被物料夹带，有的随矸石排出，有的随溢流进入精煤。除杂系统的思路，就是设置导流板将漂浮的杂物在床层水面上拦截并使之改向，集中引导到溢流口，用一可泄水的容器收集后排出，同时考虑用挂钩清除床层中的线状杂物。

7.4 跳汰选煤车间的工艺布置

跳汰车间主要有跳汰机的给料设施和设备，跳汰机及其排料设备，产品脱水、分级和粗粒煤泥沉淀回收设备以及给水、供风、供电、运输等辅助设施。因此，在布置时要解决好各设备的安装关系及设备前后以及中间转载、运输环节之间配合和连接问题。

7.4.1 跳汰机给料设施的布置

跳汰机的给料是否均匀（质量、数量、粒度等）对分选效果影响很大。为了保证跳汰机的给料连续性和均匀性，在每台主选机前必须设置具有一定容量的原煤缓冲仓，如果在布置上可能时，再选机前也可设置缓冲仓以便增加互换性、灵活性和给料均匀性。缓冲仓的容量大小根据跳汰机的生产能力来确定，一般按跳汰机 5～10min 的处理量计算。缓冲仓多采用角锥形钢筋混凝土结构。仓壁的倾角与入料粒度及入料水分大小等因素有关，50～0mm 原煤混合入选时一般为 55°～60°。缓冲仓排料口至跳汰机操作台的高度，应根据所采用的闸门、溜槽、给料机型号计算确定。跳汰机通常采用给料机给料，循环物料或再选机入料可采用水冲溜槽或给料机给料。

7.4.1.1 给料机的布置

常用的给料机有电磁振动给料机（GZ 型、GZK 型）、链板式给料机、惯性振动给料机（GZG 型）和 GZY 型振动给料机。尽管它们有优劣之分，但都具有给料均匀、调节方便、体积小、质量轻、电耗小、运行费用低、可无级调量、与自动控制和自动计量装置配套等优点。

缓冲仓、电磁振动给料机机组布置如图 7-24 所示。

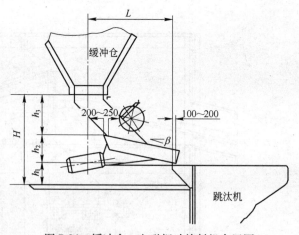

图 7-24　缓冲仓、电磁振动给料机布置图

在布置时，注意仓口至给料机之间要设置倾斜溜槽和闸门，防止缓冲仓内的物料直接压在给料机上。溜槽上的插板闸门用来调节给料量（插板闸门与给料机配合控制给料量）。若利用给料机直接调节给料量，仓下斜溜槽需加长，避免仓内物料直接压在给料机上。为了防止给料机在给料过程中撒落到跳汰机外部，将给料机的给料端伸入机内 100～200mm。图 7-24 中的安装尺寸，h_1 一般为 400～600mm（跳汰机操作台面距跳汰机槽边缘的高度），h_3 一般为 800mm，h_2、H 及 L 的尺寸均与 $β$ 角有关，这些尺寸可参考给煤机图纸、有关手

册和设备图册确定。

对大型跳汰机,研制了配套的大型给料机,如链式给料机,已在很多选煤厂使用。该机适用于大型跳汰机的给料(给料机宽度达 3000mm),并具有给料连续均衡稳定、给料量为 300~440t/h 可随意调节(调节输送链上方物料层厚度和链条的运行速度)、无振动、无噪声、运行可靠、维护量少、电耗少(7.5kW)、给料易自动控制等优点。缓冲仓、链式给料机、跳汰机机组布置如图 7-25 所示。链式给料机结构比较复杂,部件较多,所以在布置前要了解其结构、部件性能及要求,在布置时,注意该给料机入料端与缓冲仓下部要用倾斜溜槽相连,其角度一般为 55°(混合入选原煤)。该机本身设有滑动闸门控制输送链上方物料层的厚度。其卸料端与跳汰机入口相接并伸入跳汰槽内不小于 200mm,防止原煤撒落到跳汰机外部。该机布置倾角为 6°(西曲选煤厂实践认为倾角加大到 10°左右为佳),以便将输送链下方由于链条转向而落下的细粒煤用冲水冲入跳汰机中,不破坏跳汰机入料端的床层并减少冲水用量。

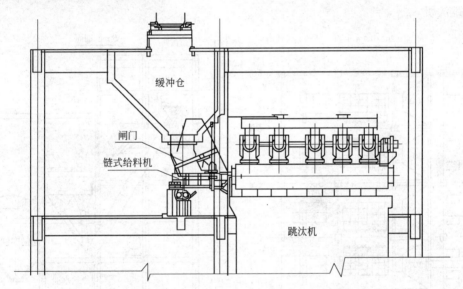

图 7-25 缓冲仓、链式给料机、跳汰机机组布置

7.4.1.2 水冲溜槽的布置

水冲溜槽多用于再选机入料或循环物料给料。水冲溜槽规格根据给料量和物料粒度及跳汰机型号等具体情况而定,通常有宽×高为 400mm×300mm、500mm×350mm、600mm×400mm、700mm×500mm、800mm×600mm 等多种规格。水冲溜槽的输送量与物料黏度、煤水比、溜槽坡度等因素有关。溜槽坡度可参考表 7-6 进行选择。

表 7-6 溜槽坡度

物 料	固液比(煤:水)	处理不同粒度的溜槽坡度/(°)		
		50~13mm	50~0mm	13~0mm
原煤	1:1.5~1:2	7~10	6~9	6~8
中煤	1:2			7~9

为了保证水冲溜槽给料均匀不偏载，避免破坏入料端床层，水冲溜槽与跳汰机连接处不应直角相交，需设置一段扩散型溜槽，其扩散角应小于30°。

7.4.2 跳汰机的布置

跳汰机在跳汰车间占主导地位，分为纵向布置和横向布置两种布置方案，方案的优劣直接关系到全厂生产和管理水平的高低。

7.4.2.1 跳汰机的排列

最常见的跳汰机排列方式有两种。图7-26所示为多台跳汰机且有再选跳汰机的布置方式。多台跳汰机沿厂房横向并列布置，斗子提升机向后倾斜，方便缓冲仓的一线给料和产品统一运输，还可使用其中的一台作为主选再选互换。图7-26a所示为4台跳汰机并列，其中一台是再选跳汰机。由于4台跳汰机前同样设立了缓冲仓，所以再选跳汰机也可以改做主选跳汰机。

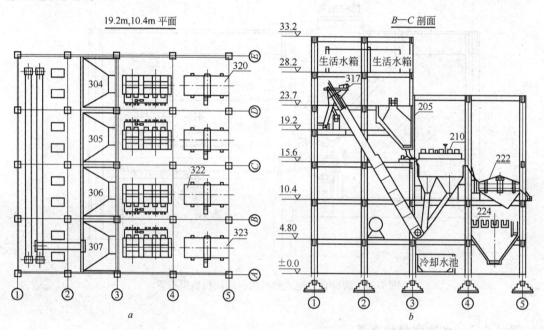

图7-26 多台跳汰机且有再选跳汰机的布置方式

a—跳汰车间布置平面；b—跳汰车间布置剖面

图7-27所示为两台跳汰机的布置方式，两台跳汰机背靠背，斗子提升机同时向中间提升。

7.4.2.2 跳汰机的支撑

钢筋混凝土框架结构的厂房，跳汰机采用两种支撑方式。第一种为常用的支撑方式，跳汰机机身上的肋板与支撑梁上预埋的地脚螺栓固定。支撑梁是与主梁浇筑一体的，而主梁是与柱浇筑一体的。支撑梁高可在1.4m以上，梁宽在500mm以上。这种支撑方式稳固，见图7-28a。另一种支撑方式是在支撑梁或主梁上加钢筋混凝土底座或加支柱，见图

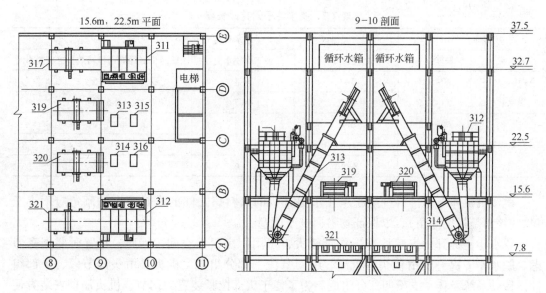

图 7-27 两台跳汰机的布置方式

7-28*b*，这种支撑方式容易产生振动，如果底座或支柱过高时，不如采用第一种支撑方式。支撑梁也可用钢梁，但会产生较大的颤动。

7.4.2.3 跳汰机的操作台

为了保证跳汰机生产操作、维护检修方便，跳汰机一侧主要操作台的宽度不小于 1500mm（同时考虑操作台下部检修或更换排料装置需要的宽度），另一侧操作台宽度应在 700mm 左右，以保证风、水闸门的操作、维修和管理布置。操作台面距跳汰机机槽顶端的高度一般为 400～600mm，便于司机操作。跳汰机是在厂房建筑过程中安装的，在生产过程中主要检修部件为风阀、筛板等，所需检修高度在 2m 左右，但

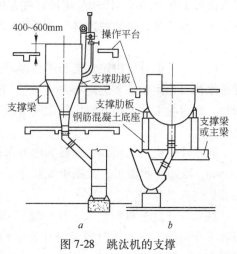

图 7-28 跳汰机的支撑
a—常用支撑方法；
b—加底座或支柱方式

是为了保证车间内有良好的采光，在设计时都将跳汰机操作台面以上留有大于 6m 的净空。

7.4.2.4 跳汰机斗子提升机的布置

与跳汰机配套的斗子提升机起到运输和脱水的作用，因此，需要一定的脱水高度和特定的倾角。倾角一般为 55°～70°，经常布置成 55°～65°，在可能的情况下，应尽量布置成 60°，因为斗子尾部节段的结构通常是按 60° 设计的。与捞坑配套的斗子提升机的倾角一般为 60°～70°。

跳汰机的中煤与矸石及捞坑精煤的脱水斗子的有效脱水长度应根据产品粒度大小、产品水分要求以及下一作业的性质等因素进行布置，选择时可参考表 7-7。

表 7-7　脱水斗子的有效长度

脱水产品		脱水长度（斜长）/m		
名称	粒度/mm	作为最终产品	去二次脱水时	去输送机或经输送机转载去二次脱水时
跳汰机的中煤或矸石	50~0.5	5~6	3~4	4~5
	13~0.5	6~7	4~5	5~6
捞坑精煤	50~0.5	6~7	4~5	5~6
	13~0.5			
	1~0.5	8~10	5~6	7~8

跳汰机机体下部排料口至脱水斗子提升机的入料口之间的密封溜槽的倾角应不小于45°（该角是指空间角），以保证物料通畅不堵塞。

脱水斗子提升机安装检修工作量较大，占用厂房很大空间，因此，布置时要周密考虑。脱水斗子提升机由机头、机尾、中间节段三部分组成。机头又由头部节段、头部组件、传动系统及传动支架四部分组成。为了便于头部拉紧装置的调节、机头溜槽安装方便以及头部节段同中间段的连接，头部应布置在楼板面上。脱水斗子提升机机头部中心线要高出楼板 1.0~1.5m。传动系统最好放在传动支架上。如果层高受限不便起重检修时，特别是大型斗子提升机的减速器与电动机较重时，可将传动系统放在楼板面上（不设传动支架）。

脱水斗子提升机机尾支架布置在楼（地）板面上，在尾部节段的事故排放口附近应设置排水沟（多台跳汰机时应统一考虑），地面应有一定的坡度，便于煤泥水排放和冲刷堆积物。两台脱水斗子提升机机尾之间应留有检修距离（根据斗子型号和斗子整体布置考虑尺寸）。

脱水斗子提升机密封节段转为敞开节段时（密封段上口），要高出跳汰机内水面 500~700mm，既防止水溢出，又便于观察斗子内的物料。为了布置方便，也可与跳汰机操作台侧的机壳高度相等。

脱水斗子提升机斜长大，往往穿过多层楼板和多个跨间。在布置时容易碰建筑结构的主梁，在必要时可允许去掉一根主梁，但不允许连续去掉两根主梁，以保证厂房建筑整体强度。

脱水斗子提升机布置可参考图 7-29。

7.4.3　脱水、分级、沉淀设备的布置

跳汰机选后的矸石或中煤，对其质量、粒度、水分无进一步要求时，经斗子提升机一次脱水后，即可装仓作为最终产品。如果对质量有要求，可以进一步处理。如对粒度有要求可以进行分级或分级破碎。要求进一步降低水分，可以使用脱水或离心机（中煤）二次脱

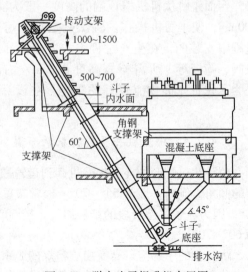

图 7-29　脱水斗子提升机布置图

水。精煤产品通常经脱水筛脱水分级后，块精煤可以作为最终产品。末精煤需经离心机二次脱水后才能满足水分的要求，必要时末精煤还需干燥。筛下水中的粗粒煤泥（已经过分选）需及时回收，掺入精煤中，以便提高精煤产率。所以煤泥水需要沉淀、分级回收粗粒煤泥。回收方法和设施可采用多种方案。

7.4.3.1 脱水筛的布置

脱水筛的布置与分选机布置密切相关，在分选机的位置确定后，精煤脱水筛一般布置在分选机溢流口的前下方的跨间里。常用的精煤脱水筛多为单层振动筛和双层振动筛。在布置时应注意脱水筛结构、安装形式、面积和高度大小以及是否设置工作台。筛子附近或某侧应有较宽的通道或检修场地（特别是侧面抽轴检修的脱水筛要预留检修的位置）。筛下收集漏斗的排料口位置应靠近筛上物料排出口一端，该端的倾角不小于50°，以免物料堆积。布置筛子时尽量不跨主梁，以免影响筛下收集漏斗的安装。为了便于筛下水取样，沿筛框两侧应留有取样孔洞。为了减轻脱水筛的负荷，增大处理量，提高脱水效率，防止跑水，脱水筛可设置弧形筛或固定筛预先泄出大量煤泥水（单层块煤脱水筛因筛孔较大可不设）。当采用弧形筛时，其弧度及曲率半径可参考表7-8。

表7-8　弧形筛弧度及曲率半径参考表

弧度/(°)	曲率半径/mm					
45，60	500	750	1000	1500	2000	2500

采用平面固定筛时，可将其设置在跳汰机溢流至脱水筛之间水运溜槽底部，其宽度一般与溜槽宽度相同，为600~1000mm，长度在2000mm左右，筛孔为1~0.5mm，泄水能力为200~300m³/(h·m²)。固定脱水筛的坡度可参考表7-9。

表7-9　固定脱水筛的坡度

	处理不同粒度的固定坡度/(°)		
跳汰机溢流液固比 $R=5\sim6$	13~0mm	50~0mm	100~0mm
	4~5	5~6	6~7

注：液固比 R 大时取小值，反之取大值。

固定筛至脱水筛之间往往有一段水运溜槽，该溜槽的坡度与固定脱水筛筛上物粒度大小有关，布置时可参考表7-10。

表7-10　处理不同粒度的水运溜槽坡度

固定脱水筛筛上物	筛缝间隙/mm	处理不同粒度的溜槽坡度/(°)		
		13~0mm	50~0mm	100~0mm
	0.5	4~6	6~8	8~10
	1	6~8	8~10	10~12

7.4.3.2 离心脱水机的布置

经过脱水筛脱水后的块精煤的水分已经合格，但末精煤及掺入精煤中的粗粒煤泥还需进行二次脱水才能达到水分指标的要求。有些流程中设计有二号精煤、混煤或中煤也考虑二次脱水。因此，经常采用离心脱水机进一步脱水。

离心脱水机一般布置在末精煤脱水筛下层楼板上。同一种产品的离心脱水机应布置在同一轴线上（包括备用离心脱水机），台数多时分成两列布置。在布置时根据离心脱水机的结构特点，合理布置给料、排料溜槽以及离心液接管等，并符合安装检修要求。多台离心脱水机要用刮板分配入料。

图 7-30 为筛分机、离心脱水机脱水系统布置图。3 台筛分机布置在同层，筛分机比较特殊，其前 3/4 脱水，后 1/4 分级，避免使用双层筛时，下层筛板不易检修的弊端。分级筛筛上物直接进入产品胶带输送机，筛下物分配至离心脱水机脱水。待脱水的物料经过一台双层配料刮板，将物料分配给左面 3 台立式刮刀卸料离心脱水机。离心液经离心液筒自流进入离心液池，脱水后的产品由胶带输送运出。在配料刮板上，除在各离心脱水机上方设有卸料孔外，还在刮板的头部设有卸料孔，以便清除链板粘挂的物料。

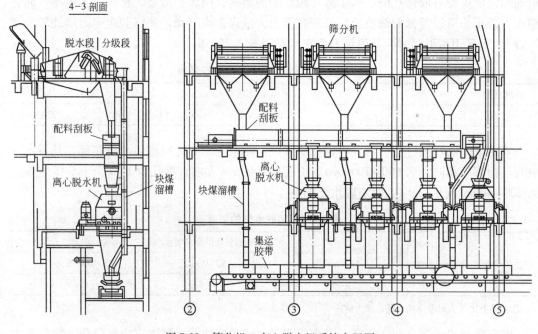

图 7-30 筛分机、离心脱水机系统布置图

图 7-31 为离心脱水机布置图。两台以上的离心脱水机入料应加分配入料的刮板输送机。

7.4.3.3 斗子捞坑的布置

斗子捞坑属自然沉淀设备的一种，通常采用钢筋混凝土结构，主要用于末精煤和粗粒煤泥沉淀回收和脱水，其几何形状分为角锥形和圆锥形两种。角锥形应用广泛。

斗子捞坑按提升机安装位置的不同，可分为三种布置形式，如图 7-32 所示。

第一种布置形式为喂入式（见图 7-32a），其优点是斗子在捞坑池外，沉淀物可全部进入机后斗子中，池壁物料不易堆积，沉淀面积利用率高，容易控制溢流粒度，防止溢流中

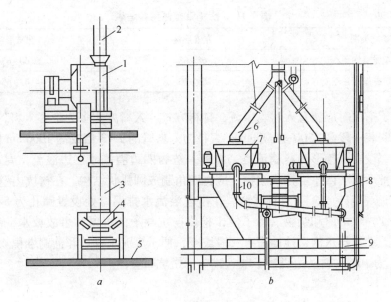

图 7-31 离心脱水机布置图

a—WZL-1000 型离心机布置图；*b*—TZ-12 型离心机布置图

1—卧式离心脱水机；2，6—给料溜槽；3，8—排料溜槽；4，9—带式输送机；

5—模板及梁；7—立式离心脱水机；10—离心液管

混入大于 0.5mm 的精煤，有利于浮选作业。其缺点是由于斗子布置在捞坑外部，增加了布置高度和空间。采用该布置形式的较少。

第二种布置形式为挖入式（见图 7-32*c*），其优点是布置高度较低，占空间少。其缺点是斗子机尾埋在煤水中，机件损坏不易检修。此外，由于不能全部挖取池底物料而造成池壁沉淀物的堆积，沉淀面积利用率低。

第三种布置形式为半喂入式（见图 7-32*b*），其优点介于前两种之间。采用该形式的较多。

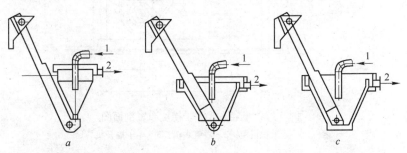

图 7-32 斗子捞坑布置形式

a—喂入式；*b*—半喂入式；*c*—挖入式

1—入料；2—溢流

捞坑池壁锥角一般为 60°～70°，视具体情况选定。表 7-11 为捞坑锥壁倾角参考表。

表 7-11   捞坑锥壁倾角参考表

捞坑类别	方锥形池	圆锥形池
精煤捞坑锥壁倾角/(°)	65~68	60~63
煤泥捞坑锥壁倾角/(°)	68~70	63~65

布置斗子捞坑时应注意入料、溢流、排料方式。入料方式多为中心入料，中心入料时在捞坑中心安装一段高 1500~1800mm、直径为入料管的 2~3 倍或约 1000mm 的稳流套筒，并在套筒下部设置圆锥形卸料稳流塔。溢流一般为四边溢流或三边溢流，周边设溢流槽。为了防止方锥形捞坑四角堆积沉淀物，应将四角制成圆弧状结构。在捞坑内壁（特别是锥角部分）设一层瓷砖或金属光面材料。在捞坑溢流水排出口处设置筛孔为 5~10mm 的格状筛板，以便捞取木屑和杂物。为了便于检修捞坑斗子的机尾和事故放水，应在检修孔、排水管口附近设置排水沟，地面需有一段坡度，便于煤泥水排放和冲刷堆积物。

图 7-33 为中心入料三边溢流半喂入式斗子捞坑布置图。

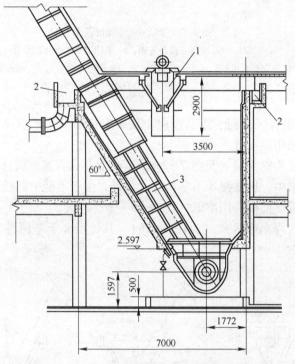

图 7-33   半喂入式斗子捞坑布置剖面图
1—入料稳流筒；2—溢流水槽；3—斗子提升机

7.4.3.4   角锥沉淀池的布置

角锥沉淀池一般采用钢筋混凝土结构，由若干个并列的角锥体组成。一般布置在跳汰机和精煤脱水筛附近的下层，因占空间高度大，底流收集池常布置在厂房最底层（标高一般取±0.00）。其宽度与厂房跨度相同，长度视沉淀面积需要而定，但也应取整跨长度，有利于土建结构设计。角锥沉淀池可串联或并联使用。在每个跨间里设置 4~6 个排放口，锥体倾角为 65°~70°。沉降室的锥体部分高度为跨度的 1/3~1/2。

　　角锥沉淀池的给料溜槽断面尺寸与来料方式有关。采用水运溜槽来料时，给料溜槽的宽度和深度与水运溜槽相同，给料溜槽一般无坡度，水运溜槽的水力坡度一般为 $i = 0.030~0.040$。如采用管道来料时，给料溜槽的断面尺寸可参考设计手册进行计算或用查图法求得。

　　在一般情况下，给料溜槽的宽度和深度相等并为给料溜槽内水深的两倍。来料管道的水力坡度 $i = 0.025$。给料溜槽底部根据需要开若干个方孔或圆孔（单、双排或三排），其孔口大小及数量根据总流量计算。角锥沉淀池内澄清水层高度不应小于 1.5m，以防止溢流中混入粗粒（不小于 0.5mm）煤泥。溢流槽的断面尺寸的确定方法与给料槽相同，但流量计算时应减去底流排出的量。溢流水溜槽坡度 $i = 0.010~0.020$。角锥沉淀池底流接料槽或管路的坡度不小于 7°~8°。角锥沉淀池底流应设底流缓冲池。其容积按入料量的 5min 左右计算。底流缓冲池布置在角锥沉淀池入料端下面。缓冲池底流选用耐磨泵抽送粗粒煤泥至粗煤泥回收筛回收。当输送浓度较高的煤泥水时，在泵的入料处（闸门后）设清水冲管，以便清理堵塞物。如果采用圆形角锥沉淀池或角锥形沉淀池角锥个数少时，可直接用泵抽送底流，不设底流接料槽和缓冲池。

　　图 7-34 为串联使用的角锥沉淀池布置图。

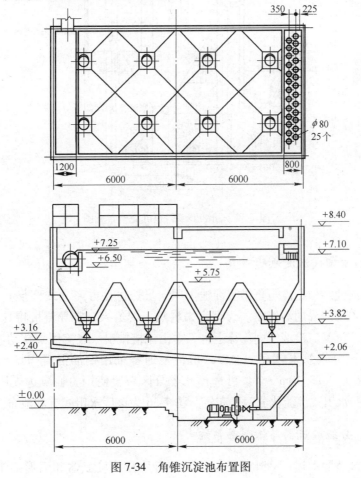

图 7-34　角锥沉淀池布置图

7.4.3.5 倾斜板沉淀槽的布置

倾斜板沉淀槽是另一种分级沉淀设备。在选煤厂中用于煤泥水沉淀分级、回收粗粒低灰煤泥。倾斜板沉淀槽体积小，为金属结构，里面有倾斜布置的波纹板，一般使用次梁架设在楼板上，周边设操作台。倾斜板沉淀槽占地面积小，可以按照要求控制溢流的粒度，单位处理能力大。它的缺点是底流口易被杂物及小块煤堵塞，所以需严格控制杂物及小块煤的混入，严格操作管理，及时排放底流。在布置时应注意底流口的操作检修方便。图 7-35 为圆锥形倾斜板沉淀槽布置图，倾斜板使用圆形次梁架设在楼板上。入料由中心给料管给入，底流用泵抽出，溢流经溢流槽流出。倾斜板上方设有起吊装置，便于设备安装和检修。该设备安装时，在分体的圆环吊装后焊接而成。检修时主要更换破损的斜板。

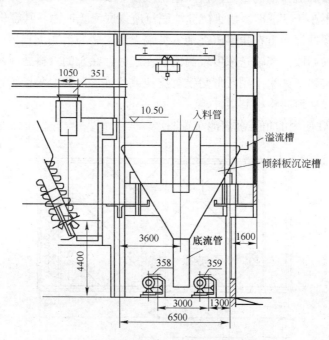

图 7-35 圆锥形倾斜板沉淀槽布置图

7.4.3.6 永田式沉淀池的布置

永田式沉淀池结构特点与角锥沉淀池不同，虽然也是方形（或圆形），但在池的上部增设多个狭小均等间隔的溢流槽。煤泥水来料从一端给入，有导流板将其导入池的下部，垂直下降有利于沉淀，澄清水则徐徐上升，由溢流槽排出。底流用泵自动控制抽送回收粗粒低灰分煤泥，分级效果较好。永田式沉淀池通常采用钢筋混凝土结构，最小面积为 $2.60 m^2/$个，最大达 $28.40 m^2/$个。可选择几个分区布置使用。临涣选煤厂采用方形 4 个（$13.80 m^2/$个）永田式沉淀池分两区布置。图 7-36 为该厂永田式沉淀池布置图。

7.4.3.7 分级旋流器与弧形筛系统

粗粒煤泥设备除上述产品外，最近几年还有用分级旋流器和弧形筛组成的系统。图

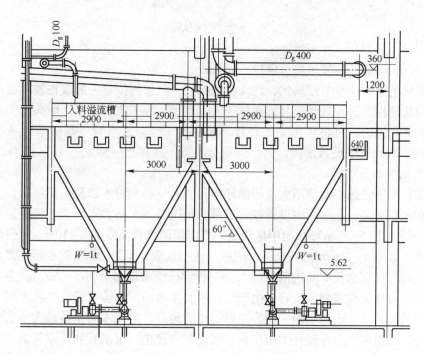

图 7-36　永田式沉淀池布置图

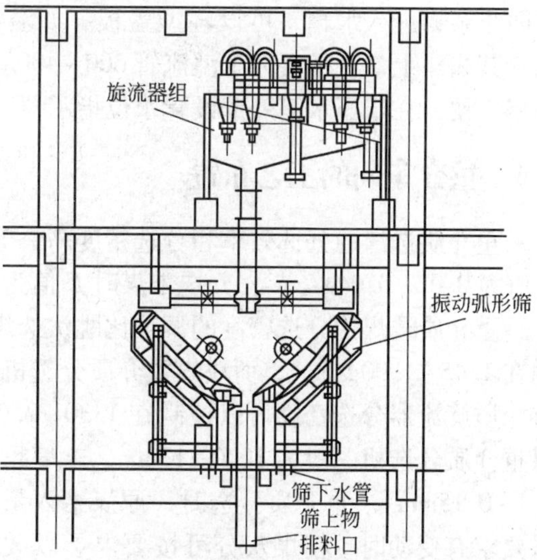

7-37 为分级旋流器和振动弧形筛布置图。旋流器组中旋流器的个数可根据处理量确定。旋流器的溢流和底流分别收集在溢流槽和底流槽中，底流进入设在下层的弧形筛进行脱水。弧形筛的筛上物可用煤泥离心脱水机进一步脱水。

7.4.4　跳汰机供风、给水定压设施的布置

适用于跳汰机供风的鼓风机有离心式和回转式（转子式或罗茨式）两种类型，均有系列产品。与跳汰机配套的鼓风机，选型指标与跳汰机形式有关。筛下空气室的跳汰机单位面积空气消耗量比筛侧式跳汰机大。选择指标时参见第 5 章。

图 7-37　振动弧形筛与旋流器组布置图

因为鼓风机振动大、噪声大，所以布置在主厂房（跳汰车间）的最底层靠外窗的跨间里。鼓风机的噪声一般为 95～115dB，属于强噪声级。因此，应采用隔声、吸声、消声等防噪设施。进风口应设在建筑物外墙靠近梁底边或屋檐下，附近应无尘土、木屑、铁屑飞扬，并安装滤清设施，防止杂物进入鼓风机内。选用两台以上鼓风机时，应以轴线作平行布置，电动机布置在同一侧，便于管理和维修。为了减少风压损失，尽量使管路短、弯头少，便于与风包连接。

风包的容积可根据下式计算：

$$V_B = 1.6\sqrt{Q}$$ (7-8)

式中　V_B——风包容积，m^3；

　　　Q——实际运转的鼓风机总风量，m^3/min。

在布置风包时要注意与鼓风机、跳汰机的配合，风包的位置一般放在鼓风机的上层楼板上或同一层地板上，并且便于与跳汰机进风管连接。为了便于放水管堵头的安装和拆卸及内部积水顺利排出，宜将风包支座斜置，坡度为 15%。放水管一端的基础高度一般为150~200mm，放水管下设排水沟。风包周围有通道，观察孔一侧宽不小于 1000mm，另一侧宽不小于 800mm。

在选煤厂湿法分选中要使用大量的循环水和一部分补充清水以及生活用水。为了保证供水定压和水量稳定，在车间内设置较大容量的定压循环水箱和定压清水箱。定压循环水箱的容积一般按 3~5min 循环水的用量确定，其定压清水箱高度为 8~10m。定压清水箱有效容积要求能容纳 5~15min 的补充清水用量（大型厂取小值）。定压清水箱主要用于脱泥筛、脱介筛等有压喷水及车间内消防用水。一般定压清水箱高度为 5~7m，但为了厂房布置和土建结构方便，都将循环水箱、生产清水箱及生活用清水箱布置在跳汰车间最高层同一跨或相邻的跨间里。定压水箱一般为矩形，也有圆形。定压水箱负荷较大，在布置时注意不要偏置厂房边侧，应布置在适中位置。要妥善安排进、出水管和溢流管的位置。定压水箱底部应有 $i = 0.005 \sim 0.010$ 的坡度，倾斜向排水管底口。循环水箱的溢流管上口应低于水箱顶面 500mm，防止水流溢出（清水箱的溢流管上口也应低于水箱顶面 200mm）。为了防止杂物进入水箱，可设轻型盖板。如溢流管放在水箱内时，管口上部应设计为漏斗状，其漏斗上口直径要大于溢流管 300~400mm、漏斗的高度为 150~200mm。为了观察和检修方便，在定压水箱外壁设置水位指示器和爬梯。

7.5　重介车间的工艺布置

重介质选煤的分选效率和分选精度高，效率 η 可达到 95% 以上，分选块煤时可能偏差 E 值为 0.02~0.04g/cm^3，分选末煤时 E 值为 0.03~0.07g/cm^3。

重介质选煤法分选密度的调节比跳汰选煤法灵活而且范围宽。跳汰机分选密度一般控制在 1.45~1.90g/cm^3，而块煤重介质分选机分选密度一般控制在 1.35~1.90g/cm^3，末煤重介质旋流器分选密度可以控制在 1.30~2.00g/cm^3。重介质选煤法分选粒度范围宽。块煤重介质分选机一般为 1000~13mm，末煤重介质旋流器目前为 50~0mm（选别深度可达 0.1~0.15mm）。重介质分选时，原煤给入量及原煤性质改变时，其影响不大，当精煤质量要求有变动时，精煤灰分可按要求予以改变，因此，重介质选煤的灵活性和适应性很强。此外，重介质旋流器脱除黄铁矿硫效果良好。

重介质分选法加工费用较高，但可减少精煤损失，提高精煤产率。对稀缺煤种、难选煤、极难选煤和要求生产低灰分精煤采用重介质分选法时，技术经济效果是显著的。随着先进重介质工艺和设备的发展，工艺流程和介质回收复用系统进一步简化，设备耐磨性逐渐增强，重介质选煤在我国会得到进一步发展。

7.5.1　块煤重介质分选系统的设备布置

块煤重介质系统作为分选系统使用时，比排矸作业系统要复杂，其主要差别是：设主选、再选，以便出合格精煤；入选下限低，一般为 13（6）mm，而排矸一般入选下限为 50mm。块煤重介质系统的入料方式和布置，参见本章第 7.3 节中重介质排矸内容，这里重点说明块煤重介质主选、再选的布置。

在块煤重介质流程中设立主选、再选工艺并采用两产品分选机时，一般有两种布置方案：一种是主选机与再选机互相垂直布置；另一种是主选机与再选机平行布置。主选机与再选机垂直布置在同一层楼板上的方案见图 7-38a。从图中可看出，该块煤重介质车间布置的特点是：原料煤由带式输送机输送，采用容量不大的（4t）缓冲仓给料，主选、再选机布置两个跨间在同一层楼板上，为了保证自流给料角度，主选机支承高度高于再选机 1.4m。

这种布置方案的优点是看管方便，缺点是主选机要架设在较高的位置上，否则主选产品不能自流进入再选机（倾角不能满足要求），必要时需用介质冲送。这种布置方案适用于一台主选机对应一台再选机、生产量不大的情况。

主选机与再选机互相平行的布置方案见图 7-38b。该方案是再选机布置在标高比主选机低 3m 左右的下层楼板上。其优点是：主选产品自流进入再选机，运输方便。可以一台主选机对应一台再选机，也可以两台主选机对应一台再选机。当采用两台主选机对应一台再选机工艺时，应特别注意加强管理，按计划检修设备，否则两台主选机中某一台停机时，再选机在轻负荷情况下运转，造成动能损失。如果再选机停机时，两台主选机也必然停产，又造成生产损失。

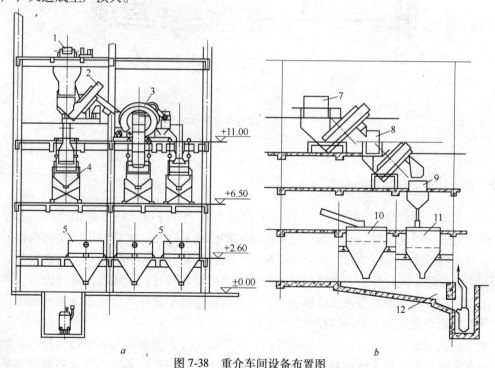

图 7-38　重介车间设备布置图

a—两产品重介质斜轮主选机、再选机垂直布置实例；

b——台主选斜轮分选机对应一台再选斜轮分选机平行布置在不同平面上的方案

1—带式输送机；2，7—主选斜轮分选机；3，8—再选斜轮分选机；4—精煤脱介筛；5—介质桶；6—空气提升器；

9—脱介筛；10—高密度介质桶；11—低密度介质桶；12—介质收集池

图 7-39 为刮板（浅槽）型重介质分选机的布置图。分级筛上物通过溜槽进入刮板型重介质分选机，分选机内的刮板的上、下链将轻、重产物分别刮出分选槽，进入脱介筛。磁选机布置在脱介筛下，稀介质直接进入磁选机。

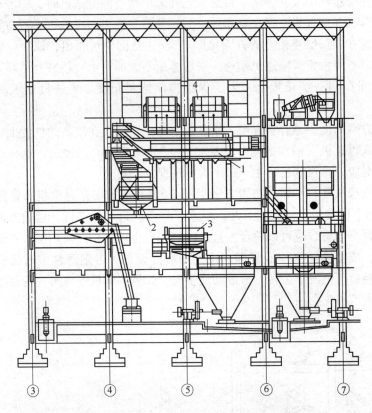

图 7-39　刮板（浅槽）型重介质分选机的布置图
1—浅槽分选机；2—筛子；3—磁选机；4—溜槽

7.5.2　重介质旋流器系统的布置

重介质旋流器分选精度高，分选粒度下限低，适于各种可选性的原煤分选。迄今为止，两产品重介质旋流器、三产品重介质旋流器都已经系列化，大直径重介质旋流器的出现，使其入料粒度上限可达 80~100mm，最大单机处理量可达 350t/h 以上。与此同时，相关配套用渣浆泵、脱介筛、磁选机以及耐磨材质都已经系列化，且相当成熟。由于大直径重介质旋流器、有压给料与无压给料三产品重介质旋流器和煤泥重介质旋流器的出现，重介质旋流器选煤已成为主要选煤技术之一。

重介质旋流器种类很多，各有不同特点，从外形上分为圆锥形与圆筒形两种，从给料方式上分为有压给料和无压给料，从生产产品数量上分为两产品和三产品。随着原煤质量的变坏和细粒物料的比例增多，以及市场经济的发展对精煤质量的要求提高，重介质旋流器选煤工艺会得到更广泛的应用。在选煤厂设计工艺布置上，则对入料粒度、入料量的均匀、入料压力的稳定等方面有更高的要求。

7.5.2.1 重介质旋流器的给料方式

重介质旋流器的给料方式分为有压给料和无压给料两种。有压给料通常将悬浮液和原煤均匀混合，利用泵或定压漏斗的压力，压入旋流器的筒体。无压给料是将分选物料与悬浮液分开，悬浮液逆物料方向，由泵沿切线给入旋流器底部，而物料由旋流器上部给入入料箱（加少量悬浮液），靠自流进入（有空气柱吸入）旋流器。

A 无压给料

无压给料方式用于圆筒形旋流器。在布置时应分别考虑原煤和介质两部分料流。

在旋流器给料端上方，一般设有容积很小的缓冲料斗，原煤经带式输送机或分级筛直接给入缓冲料斗，自流进入旋流器。缓冲料斗的容积不必很大，但要有一定的高度，一般现场经验数据为 2~4m，以防止入料受旋流器上升旋流的干扰。

介质用介质泵分两路打入旋流器，少部分随原煤进入，起润湿作用；大部分由旋流器的另一端切线给入，在旋流器内部产生分选旋流。

无压给料布置示意图见图 7-40。

无压给料方式布置简单，给料稳定，物料不经泵的叶轮冲击，破碎率低。相对于有压给料方式，无压给料也有不足之处：重悬浮液循环量大，进入旋流器的重悬浮液与入选煤量的比值有的高达 7(8)∶1；旋流器的重悬浮液入口压力高，动力消耗大，按照传统的经验，重介质旋流器的重悬浮液入口压力一般为

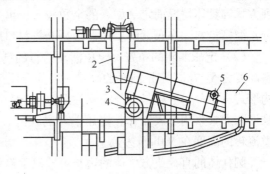

图 7-40 无压给料布置示意图
1—原煤胶带；2—缓冲料斗；3——一段重产物排料管；
4—再选旋流器；5—介质给料管；6—精煤收集槽

$$p = (9 \sim 12)\delta \cdot D \times 10^{-5}$$

式中 p——悬浮液入口压力，MPa；

δ——重悬浮液密度，kg/m³；

D——三产品重介质旋流器第一段旋流器直径，m。

例如：当一段旋流器直径为 1.2m，重悬浮液密度 $\delta = 1450\text{kg/m}^3$ 时，要求悬浮液的入口压力应为：$p = (9 \sim 12) \times 1450 \times 1.2 \times 10^{-5} = 0.175 \sim 0.209\text{MPa}$。但在一些厂，重悬浮液的入口压力值只有提高至 0.25MPa 以上才能保证正常分选。入选物料越细，需要压力越高，选泵时要充分注意。

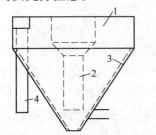

图 7-41 重介质旋流器入料混合桶
1—锥形混合桶；2—中心给料管；
3—衬板；4—溢流管

B 混合桶、泵（有压）给料

用泵给料可以一次将物料和介质同时送入旋流器，给料稳定，不需要缓冲仓或定压设施，可以降低厂房高度，如图 7-41 所示。用泵给料方式除要有性能好的泵外，还与入料混合桶的构造有关。

布置混合桶时，要注意混合桶的下部结构，正确连接吸入阀、节流阀和泄水阀门，泵出口管路应尽量垂直于旋流器给料管或分配桶（环形布置旋流器时）。

当物料易碎，或要求尽量减少块煤破碎时，应尽量避免使用该给料方式。

C 定压漏斗（有压）给料方式

入选物料用斗子提升机或带式输送机提升到厂房的适当高度，再经刮板输送机均匀地分配到缓冲仓，通过给料机给入定压漏斗。同时，用泵将合格悬浮液打入定压漏斗中，与物料混合均匀，再给入重介质旋流器中进行分选。定压漏斗给料的优点是：稳定性能好，原料煤不易受粉碎，适用于对产品粒度要求较高的煤种。其缺点是：厂房布置困难，增加运输设备及厂房高度和体积，同时也给管理工作带来不便并加大工作量，在厂房土建结构上也比较复杂，增加基建投资和经营费用。采用这种给料方式时，对旋流器布置有一定的要求，通常多台旋流器需平行排列布置。

采用定压漏斗给料方式的设备布置：

（1）缓冲仓的布置。缓冲仓布置在刮板输送机下层楼板上，其容量为旋流器 5~10min 的处理量。仓可采用钢筋混凝土或金属结构。缓冲仓内的斜壁上应铺设铸石板或瓷砖，防止仓壁磨损。仓的倾角不应小于 60°。缓冲仓上的配料设备应根据仓的数量多少、仓的排列方式等具体情况而定。如仓的个数较多，可采用刮板输送机配料，仓少时可采用溜槽或分岔溜槽给料。在布置时要注意缓冲仓排料口应对正定压漏斗入料口的中心线。

（2）定压漏斗的布置。定压漏斗给料的高度视旋流器直径大小而定，一般定压漏斗给料高度为 5~7m。定压漏斗的容量一般为介质循环量的 0.3min 左右的流量。定压漏斗的结构形式有两种：一种是上部为圆柱形、下部为圆锥形，另一种是上部为方柱形、下部为方锥形。通常采用金属制作。定压漏斗的尺寸，一般是锥体部分的高度为柱体高度的 2/5，溢流箱的高度在 500mm 左右。

圆柱体的直径或方柱体的边长可按以下经验公式计算：

$$D = 37.5\sqrt{Q} \quad 或 \quad L = 37.5\sqrt{Q} \tag{7-9}$$

式中　D——圆柱体直径，mm；

　　　L——方柱体的边长，mm；

　　　Q——介质循环量，m^3/h。

定压漏斗的排料管直径按下式计算：

$$d = 17.5\sqrt{\frac{Q}{n}} \tag{7-10}$$

式中　d——排料管直径，mm；

　　　Q——介质循环量，m^3/h；

　　　n——每组旋流器的个数，个。

定压漏斗的溢流管直径，一般按大于排料管直径一级进行选择。缓冲仓与定压漏斗之间给料方式，有给料机给料或介质溜槽给料。无论采用哪种给料方式，都需要在缓冲仓出口下设置闸门，以便控制给料量的大小。若采用介质溜槽给料时，溜槽倾角为 4°~6°。介质溜槽的断面尺寸应由计算确定。在布置介质溜槽或给料机时，应将溜槽或给料机伸进定压漏斗 100~150mm，以防撒落。为了便于安装、检修、操作，要考虑闸门、手把的转动半径及操作检修空间。

定压漏斗与旋流器安装关系如图 7-42 所示。图中 H 为定压漏斗高度，h 为旋流器中心线与楼板面的安装高度，一般为700~1000mm。安装倾角一般为10°。布置时，理想的是一台定压漏斗供一台旋流器或供两台旋流器。定压漏斗高度一般为5~7m的液柱高度，它与旋流器直径大小有关，通常为旋流器直径的9倍，如650mm的重介质旋流器，定压漏斗高度为6m。以此来保持稳定固液比和入料压力，达到好的分选效果。

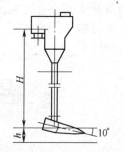

图7-42 定压漏斗与旋流器
安装关系示意图

定压漏斗高度可根据经验公式计算：

$$H = \frac{D}{1000}K \tag{7-11}$$

式中 H——定压漏斗溢流液面与旋流器中心线交点高度，m；

D——旋流器直径，mm；

K——系数（一般取9~12）。

7.5.2.2 重介质旋流器与重介质旋流器组的布置

随着旋流器的大型化，使用设备台数减少。目前，一台直径1200~1400mm的三产品重介质旋流器即可满足1.2~1.8Mt/a厂型的处理能力。因此，单台旋流器的布置比较简单。

当采用多台重介质旋流器时，可以布置为单列、双列或环形，视台数多少及给料方式而定。采用定压漏斗给料方式时，一般采用平行布置，采用泵给料方式时应呈环形布置。

A　单台三产品重介质旋流器的布置

三产品重介质旋流器的两段旋流器有多种组合形式。有压三产品重介质旋流器，有筒-锥、锥-锥组合，无压三产品重介质旋流器，有筒-锥、筒-筒组合。

除了外形形式的组合，三产品重介质的两段旋流器布置位置也有不同组合，视厂房条件和后续脱介筛的位置而定。两段旋流器布置位置主要有：主选、再选上下垂直、上下平行、左右平行等。图7-43为两段旋流器一上一下、长轴线在一个平面内布置图。图7-44

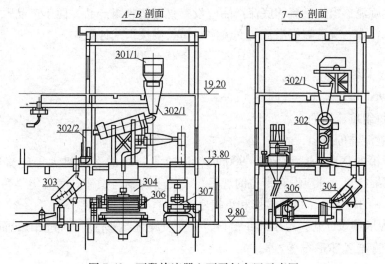

图7-43 两段旋流器上下平行布置示意图

为两段旋流器一上一下、长轴线在相互垂直面上布置图。旋流器安装角度：一段为15°，二段为水平。

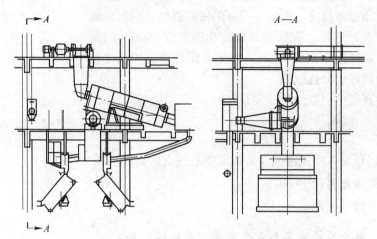

图 7-44　两段旋流器上下垂直布置示意图

B　多台旋流器平行布置

使用多台旋流器平行布置时，为了便于操作和检修，两台旋流器间的中心距 s 值可参考表 7-12。

表 7-12　两旋流器最小中心距

旋流器直径/mm	s/mm	旋流器直径/mm	s/mm
500	1200	1000	可按单跨间布置
600	1300	1200	可按单跨间布置
700	1400		

在布置管路时，尽量避免弯曲，必要时可采用大角度（大于120°）的弯曲，以减少磨损和堵塞。旋流器组的溢流和底流产品应设置集料箱收集产品，便于产品贮存和流体稳定地进入脱介作业。旋流器组溢流与底流集料箱长度按下式计算：

$$L = s(n - 1) + D + 200 \tag{7-12}$$

式中　L——集料箱长度，mm；

　　　s——两个旋流器中心线间距，mm；

　　　n——每组旋流器的个数，个；

　　　D——旋流器的直径，mm。

底流集料箱的宽度一般为 800~900mm，溢流集料箱的宽度要大于旋流器溢流管径 200mm。溢流集料箱上部应设有带盖的观察孔，便于观察与操作。底流集料箱上部应设有 800mm×800mm 的检查孔，以便检修和更换底流口。

图 7-45 为采用缓冲仓、定压漏斗给料、重介质旋流器平行对称布置的剖面图。

C　多台旋流器环形布置

采用泵给料时，重介质旋流器呈环形布置的优点更加突出，混合桶布置在厂房最底

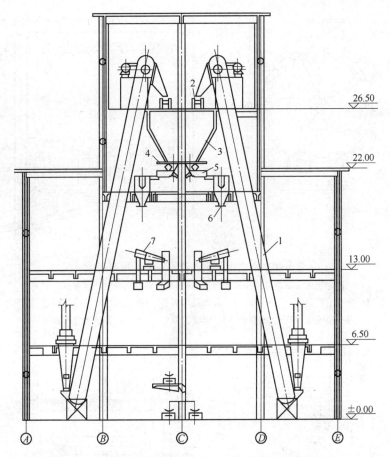

图 7-45　定压漏斗给料、重介质旋流器平行布置剖面图
1—斗式提升机；2—分配刮板输送机；3—缓冲仓；4—闸门；
5—电振给煤机；6—定压漏斗；7—重介质旋流器

层，与顶层的重介质旋流器位置基本保持垂直，入料管不拐弯或仅拐一个弯即可给入分配箱。管道垂直提升减少了管道的阻力。进入分配箱的物料再由分出支管与旋流器切线入料口相接，因为是有压输送，中心分配箱与支管都是满流，因此，各旋流器都能得到稳定的入料压力和保持一定的固液比的入料。这种布置节省了厂房面积和体积。图 7-46 为两组重介质旋流器对称环形布置图。

　　D　煤泥重介质旋流器布置

　　当煤泥量较大，而又不脱泥直接重介质分选时，利用重介质旋流器自身固有的，既分选煤炭又对介质进行分级和浓缩的特性，将粒度细、密度低的主旋流器精煤合格介质送入煤泥重介质旋流器中分选煤泥，其有效分选下限达 0.04mm，降低了浮选机的入浮量。煤泥重介质旋流器的可能偏差为 $0.06 \sim 0.07 \text{g/cm}^3$。

　　煤泥重介质分选的入料是主选旋流器精煤脱介筛的合格介质分流物，溢流进精煤系统的磁选机并回收精煤，底流去中煤系统磁选机并回收中煤。煤泥重介质旋流器的直径一般为 $200 \sim 400 \text{mm}$，视系统处理量而定。图 7-47 为煤泥重介质旋流器的布置示意图。旋流器为水平布置。

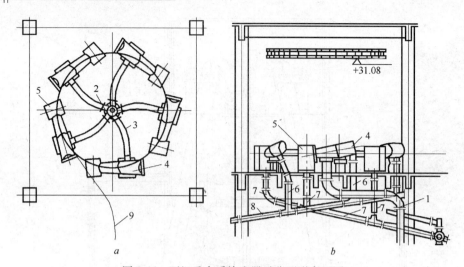

图 7-46　两组重介质旋流器对称环形布置图

a—重介质旋流器组环形布置平面图；b—重介质旋流器组环形布置立面图

1—中心给料管；2—分配箱；3—旋流器入料管；4—旋流器；5—底流收集箱；

6—溢流管；7—底汇集管；8—溢流汇集管；9—起重安装检修环形梁

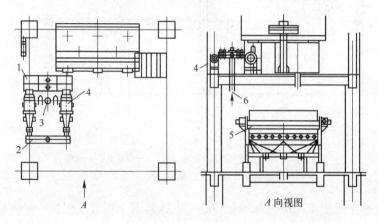

图 7-47　煤泥重介质旋流器的布置图

1—溢流槽；2—底流槽；3—入料口；4—煤泥重介质旋流器；5—磁选机；6—入料口

7.5.3　介质回收系统的设备布置

重介质选煤的介质回收系统比较复杂，设备磨损较为严重，尤其是介质回收与再生系统中的介质桶、介质泵、管路及弯头的磨损就更为突出。为了克服和减少设备磨损，通常采取简化工艺流程、采用细粒加重质、选用优质耐磨材料制造的设备或做衬里等措施。此外，合理的布置设备、管路及弯头也是减少磨损的一项重要措施。介质回收系统中所用的主要设备有介质桶、介质泵、浓缩机和磁选机等。

7.5.3.1　脱介筛的布置

为了减少介质损失，通常将分选后的产品进行两次脱介，第一次采用固定筛（末煤采用弧形筛）预先泄出大量的浓介质，第二次采用单层或双层振动筛（或其他形式筛）回收剩余的浓介质和稀介质。脱介筛的布置与上述脱水筛的布置相同，其不同点是脱介筛下部的收集漏斗要分成两段，第一段（前段）不加喷水收集的是浓介质（合格介质），第二段加喷水冲洗后的介质，是稀介质。合格介质段下部漏斗的长度一般为筛长的1/3，稀介质段漏斗长度为筛长的2/3。筛下漏斗的总长度和宽度都要大于筛框尺寸，以防筛下介质撒落在漏斗外边造成介质损失和影响环境卫生。漏斗沿长轴方向要求有一定的倾角，在靠近入料端不小于15°，以保证筛下介质流畅不堵。当选用大型分选机和筛分机时，应注意最大部件的尺寸要留有相应的起吊空间、检修场地、运输通道以及提升孔和安装门。还应考虑自然光，有利于生产操作和管理。

7.5.3.2 介质桶（混合桶）与介质泵的布置

介质桶（混合桶）主要作为介质的贮存与调配之用。介质桶有合格介质桶（含混合桶）、稀介质桶，有的还专门设置配制高密度悬浮液的介质桶。介质桶分为机械搅拌式和压缩空气搅拌式两种，通常采用后一种。

介质桶的容积对悬浮液密度的稳定有一定影响，容积大、贮量大、密度容易稳定，但是需要调节悬浮液密度的时间延长。因此，当煤质变化大、需经常调节悬浮液密度时，应选用较小的介质桶。

选择合格介质桶时，理想情况是与分选设备、脱介筛一对一的独立系统，这样可以在一个垂直面进行上下布置，使介质系统管路不拐弯和少拐弯，可缩短管路，减少管路堵塞和磨损。合格介质桶（或混合桶）尽量布置在固定脱介筛（弧形筛）下边或者脱介筛浓介质段下边的同跨间底层地板上。稀介质桶布置在靠近脱介筛稀介质段下方底层地板上，这样可以缩短管路并自流进入各自介质桶中。选用高密度介质桶时，其位置根据添加介质方便而定，一般布置在合格介质桶同一地板上，高密度介质必须采用砂泵输送（采用设在厂房外部耙式浓缩机贮存高密度介质时同样使用砂泵输送）。在布置介质桶时，如桶顶部高出楼板面1.4m以上，应设置观察台和保护栏杆。介质桶下部排料管中心线距楼（地）板的高度一般为300~500mm，以便于排料和检修。

介质泵的布置应与介质桶配套，按照流量和扬程选择泵的型号和台数。由于我国的渣浆泵质量过关，故障率低，平均统计寿命超过3年，新的规范规定可采用库内备用，定期更换，不再就地备用，使管路、溜槽简化，缩小了厂房体积。在布置介质泵时，要注意以下几点：

（1）介质泵与介质桶的连接管不要有弯头；

（2）介质泵与介质泵之间应留有较大的检修、安装空间，如果用两台泵，其轴线应一致或垂直布置；

（3）压入式泵应保证有1.0~1.5m的压头；

（4）介质泵的入料口至介质桶的出料口的距离应为：

$$s = s_1 + s_2 + s_3 + 200 \tag{7-13}$$

式中　s_1，s_2——分别为第一道、第二道闸阀长度，mm；

s_3——异径管长度，mm。

式（7-13）中200是指200mm的短管，它是为了更换闸阀方便设置的，同时可以将介质泵的放水管设在200mm的短管上，以便介质泵的检修。第一道闸阀应尽量靠近介质桶出料口。

7.5.3.3 流失介质回收设备的布置

在介质桶、泵的区域内，经常撒漏介质，因此，要合理布置流失介质的收集地沟、收集池和提升流失介质的排污泵或空气提升器。一般收集池布置在介质桶附近的地下室内。

收集流失介质的地沟底向收集池方向倾斜坡度 $i \geqslant 0.04$，介质泵所在区域的地面向介质沟倾斜坡度 $i > 0.03$。如果使用空气提升器扬送收集介质，收集池地下室面积一般为 2.5m×2.5m，如果同一地下室放两台空气提升器，面积可为 4.0m×4.0m。地下室的一角应设置集水池，其容积为 $1 \sim 1.5 m^3$，排污泵可采用 B-L 型和 BA 型吸入式泵。地下室 ±0.00 标高应设置保护栏杆和通入地下的维检方便钢梯。有关空气提升器参数计算参阅《选煤设计手册》。

7.5.3.4 浓缩设备、磁选机和洗涤水箱的布置

稀介质浓缩设备一般采用旋流器和耙式浓缩机，加重质粒度较粗时也可采用磁力脱水槽。回收设备都采用磁选机，磁选机的位置根据采用的流程确定。例如，稀介质不经浓缩机，直接由磁选机回收，则磁选机布置在脱介筛下方，稀介质自流进入磁选机。洗涤水箱（贮存浓缩设备的溢流或循环水用）布置在旋流器或耙式浓缩机下层楼板上，浓缩设备的溢流自流进入洗涤水箱。洗涤水箱的定压高度不应小于 8m，以保证脱介筛的喷水压力。图 7-48 为稀介质浓缩后进入磁选机的设备布置图。

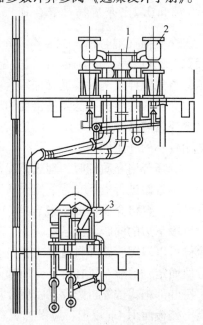

图 7-48 浓缩旋流器、磁选机布置图
1—入料分配器；2—浓缩旋流器；
3—磁选机

7.5.3.5 磁铁矿加工设备——球磨机系统的布置

用于块煤重介质分选系统的磁铁矿粉粒度要求小于 74μm 的含量占 70% 以上；用于重介质旋流器的磁铁矿粉粒度要求小于 45μm 的含量占 85% 以上。如果粒度较粗，直接用来配制悬浮液时稳定性差，分选密度波动大，分选精度受到影响，脱介效果不好，磁选效率低，磁铁矿粉损失多，对设备管路磨损严重等。因此，必要时可在选煤厂设置球磨机系统，对磁铁矿粉进一步加工磨细。经过球磨机加工后的磁铁矿粉配制的悬浮液，其稳定性明显好转，磁铁矿消耗量也显著降低。采用球磨机进一步加工磁铁矿粉，加工费用较高，而且要求在 −325 目（0.043mm）中 −500 目的越少越好，可以降低黏度，使介质流动性好，泥化低，容易回收，介质损失也相应减少。因此，应掌握球磨机或棒的级配和磨矿时间。我国采用重介质分选工艺的选煤厂大多用球（棒）磨机加工磁铁矿粉（个别厂采用振动磨）。

新建选煤厂应与供应磁铁矿厂家协商，尽量供应细粒度磁铁矿粉，减少磨矿时间，降低磨矿成本。

7.5.3.6 悬浮液密度控制系统的布置

在重介质选煤生产中，除保证悬浮液黏度小、稳定性好、循环量稳定外，还必须保证

悬浮液密度的稳定。为了提高选煤效率，减少实际分选密度的波动，要求进入分选机中悬浮液密度波动范围应小于±0.01g/cm³。

影响重介质选煤过程的主要操作参数有悬浮液的密度、悬浮液的黏度、介质桶的液位、分选机介质入口压力等。其中悬浮液密度的高低直接决定重介质系统的分选密度，并进而决定产品的质量（灰分），因而是最重要的操作参数，其他参数则主要影响系统的分选精度和稳定性。几乎所有重介质选煤厂（车间）都必须设置相关的控制系统。为了简化控制，一般以调节悬浮液密度参数为主，而其他工艺参数采取限位控制，限制其波动范围。

悬浮液密度控制系统设有密度测量装置和密度调整设施。我国重介质分选系统采用的密度计有 γ 放射线密度计、双管压差计、浮子式密度计和水柱平衡密度计。近年来，新设计、改造的重介质选煤系统，一般都采用非接触式的 γ 射线密度计检测悬浮液的密度。系统中还应设有磁性物检测仪、显示设施、执行机构等。

7.6 其他重选系统布置

7.6.1 复合式干法分选系统布置

风力干法分选机由分选床、振动源、风室、机架、调坡装置等组成，入选物料经振动给料机给入具有一定纵向和横向倾角的分选床，振动源带动分选床振动。床面有若干个可控制风量的风室，空气由离心通风机供入风室，通过床面上的风孔，气流向上作用于被分选物料，在振动力和风力的共同作用下，物料松散并按密度分层，轻物料在上，重物料在下。风力干法分选机还利用入料中的细粒物料作为自生介质和空气组成气固混合悬浮体，在一定程度上相当于空气煤泥介质分选机，改善了粗粒级的分选效果。由于床面横向有倾角，低密度物料从床层表面下滑，通过侧边的排料挡板使最上层煤不断排出进入精煤排料槽；高密度物料聚集于床层底部，在床面上导向板的作用下，向矸石端移动，最终进入尾矿溜槽。根据用户对产品的不同要求，可分段截取，生产多种产品。

复合式干法分选系统为整体刚架结构，除振动筛和移动带式输送机外，所有设备都安装在机架上。整套系统在现场组装后即可投入生产，成为可装配、可移动式选煤厂。由于分选原理独特，因此所需风量小，产生煤尘少，配套的除尘系统规格小。俄罗斯的风力摇床风量为 13600m³/(h·m²)，而复合式干选机仅为 4000m³/(h·m²)，相当于其 1/3。复合式干法分选系统占地面积小，占用空间少，不需要厂房。干选系统本身外形尺寸为 6.7m×3.3m×6.1m，加上振动筛和带式输送机后，全厂占地面积为 400m²，设备都在地面，最高点为二次除尘排气烟囱，高为 6m。复合式干法分选系统适合动力煤排矸，可得到大块煤、中块煤、粉煤、低热值煤、矸石等多种产品。系统设两段除尘工艺，保证大气环境不受污染。

图 7-49、图 7-50 分别为复合式干法分选系统的纵剖和横剖布置图。图 7-50a 为供风系统的横剖面，图 7-50b 为复合式干法分选机的横剖面。

7.6.2 空气重介流化床干法分选机组的布置

中国矿业大学于 1984 年初开始空气重介流化床干法分选技术的研究，经过实验室基

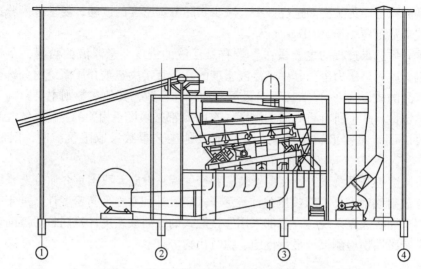

图 7-49 复合式干法分选系统布置图（纵剖）

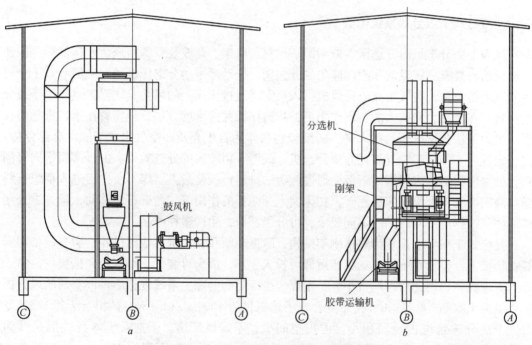

图 7-50 复合式干法分选系统布置图（横剖）

a—供风系统横剖图；b—复合式干法分选机的横剖图

础研究、模型试验和中间试验，取得了突破性的进展。中间试验厂的分选结果令人满意，在分选 50~6mm 块煤时 E 值为 $0.05~0.08g/cm^3$，吨原煤介耗不大于 1kg。这项技术属我国首创，在国际上处于领先地位，为我国缺水地区、高寒地区和遇水易泥化的煤种的煤炭分选开辟了一条新途径。第一座 50t/h 的空气重介示范选煤厂，分选 50~6mm 原煤并投入工业性生产，该厂采用筛分与分选联合流程，原煤经分级筛分后，筛下产品为低灰分优质煤。筛上 50~6mm 粒级采用空气重介分选机分选，得到精煤和尾煤（中煤）两种产品。采用罗茨鼓风机供风，采用干式磁选机回收净化磁铁矿粉。空气重介示范厂选煤车间剖面、平面布置分别如图 7-51 和图 7-52 所示。

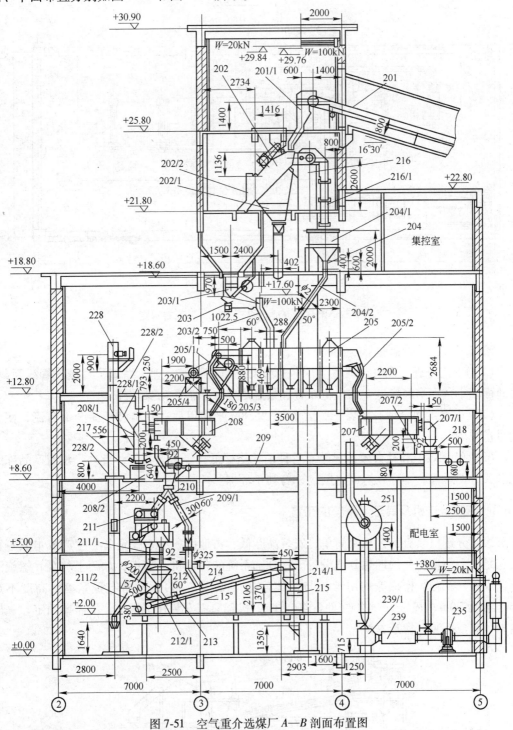

图 7-51 空气重介选煤厂 *A—B* 剖面布置图

201—原煤带式输送机；202—概率琴弦分级筛；203—电振给煤机；204—调速叶轮介质给料机；205—空气重介分选机；
207—精煤脱介筛；208—中（尾）煤脱介筛；209—介质输送机；210—分流器；211—磁选机；212—介质仓；
213—给料机；214—介质输送胶带机；215，216—循环介质斗子提升机；217—中煤胶带机；218—精煤胶带机；
228—磁选煤泥斗子提升机；235—罗茨鼓风机；239—消声器；251—风包

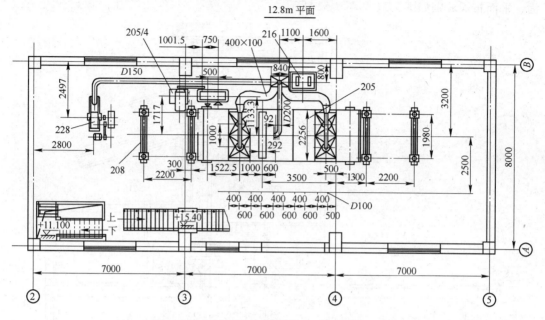

图 7-52 空气重介质选煤厂 12.8m 平面布置图

该车间设计的特点是:

（1）工艺先进，设备选型适当，厂房和设备布置紧凑合理。缩短了溜槽、管线距离，占地面积小，厂房高度低。鼓风机布置在最底层并采取消声防噪措施。

（2）煤流走向合理。原煤一次运输到+25.8m平面以后，物料和产品全部自流，使运输尽量减少。

（3）经济效益和社会效益显著。各种消耗指标低，经济效益好。此外，没有产品冻结问题，方便运输；不存在煤泥水问题，有利于环保。

7.6.3 滚筒分选机及其工艺系统的布置

滚筒分选机具有工艺系统简单、安装高度低、占地面积小、投资省、生产成本低等特点，是中、小型矿井的理想分选设备。其分选系统的各单机及部件，如筛子、泵、螺旋滚筒选煤机、水箱、楼梯等均用螺栓与机架连接（见图7-53），设备布置紧凑，高度不足8m，长为20m，宽为7m，年处理量40万吨，机架只需安装在平地上，不需要固定，一周内即可完成拆装，搬迁方便。

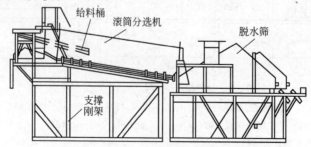

图 7-53 自生介质滚筒分选系统布置图

滚筒分选机主要由滚筒、入料溜槽、矿浆管、支承轮和传动装置等组成。滚筒由一个中空的圆锥-圆柱筒构成，内壁焊有多头螺旋叶片。整个筒体由前、后、左、右四组胶轮呈 8°～12° 微倾斜支承。入料溜槽悬臂伸入筒内，与其并列还安装有矿浆管，用以输送介质。介质是由原煤中小于 0.3mm 的粉煤作加重剂与水混合形成的悬浮液，故也称自生介质。物料经入料溜槽进入筒体中部，由于筒体呈倾斜安装，轻物料随介质流从筒体低的一端排出，沉积在筒壁的重物料由筒内螺旋输送至滚筒高端排出。水及末煤脱泥筛入料段的部分筛下水均为合格的自生介质，返回滚筒供分选用。滚筒在传动装置驱动下，做回转运动。入料性质及产品质量要求的不同，转速也不相等，一般为 8～20r/min。

7.7 浮选车间的工艺布置

浮选车间通常与重选车间联合建筑组成主厂房。个别厂由于场地原因而独立建筑，有的厂与干燥车间同体建筑。浮选车间的布置应解决原料准备、药剂业务、产品脱水等问题。

7.7.1 浮选原料（矿浆）调浆设施

当采用浓缩浮选（或浓缩机底流大排放）工艺时，矿浆来自耙式浓缩机底流。采用直接浮选时，矿浆来自浮选入料缓冲池或浓缩旋流器溢流。虽然已经在浓度和粒度方面做了准备，但进入每台浮选设备前仍需添加药剂进一步采用设备进行预处理。

浮选入料调浆（或矿浆准备）设施一般采用矿浆准备器和矿浆预处理器等。它们具有体积小、生产能力大、节省电能、噪声小、减少设备、简化工艺、减少厂房空间等优点。它们的作用是将浮选药剂与矿浆均匀混合。

7.7.2 浮选药剂系统

浮选药剂一般采用油罐车定期运至选煤厂装入药剂库（罐）贮存。使用时经药剂泵扬送至浮选车间药剂桶（箱）中，再经给药管给入矿浆准备器（或矿浆预处理器）和浮选机中。浮选药剂库（站）的贮存容量不小于 15d 的药剂消耗量，当用标准轨距车辆运输时，总容量应大于两辆油罐车的容量。车间里的药剂桶（箱）容量按 0.5～1.0d 的药剂消耗量确定。浮选用药量和品种在有条件时，可按实验室浮选剂配比试验结果选定，也可参照类似选煤厂实际生产用量选取。根据浮选生产经验，一般 1t 干煤泥的捕集剂和起泡剂的混合用量为 1.0～1.5kg。药剂桶（箱）应布置在浮选车间顶层，药剂自流给入矿浆调浆装置中。车间内应设置监测药剂耗量的装置。

为了提高浮选药剂的作用效率，一种药剂乳化装置被研制出来。乳化是先将浮选药剂在清水中分散成微细药滴制成乳浊液，再将乳浊液加到浮选矿浆中混合。由于乳浊液的宏观性质呈水性，因此，它与水性的矿浆容易混匀。计算表明，乳化细度为 5～20μm 时，1mL 药剂的总表面积可增加数千倍，这就增大了药剂与矿粒的碰撞概率。研究表明，对药剂进行乳化能够改善浮选过程，提高精煤回收率和降低药剂消耗。

为便于现场安装，将乳化器及其辅助部分设计为整体结构的乳化站。它主要由水箱、药剂箱、增压泵、乳化器、调节显示装置、液位控制装置和操作面板等组成。乳化站一般安装在浮选机操作平面的空闲地方，距矿浆预处理器和浮选机均较近，便于输送乳浊液。

另外，也兼顾浮选药剂能自流到乳化站，避免乳化泵从开式给药管路中吸进过多的空气，降低真空度。在就近的配电柜上接出电源并设置开关，便于司机观察操作。

7.7.3 浮选设备与矿浆准备器、矿浆预处理器的布置

7.7.3.1 浮选机与调浆设备的布置

矿浆准备器、矿浆预处理器与浮选设备通常布置在同一层楼板上。为了便于矿浆槽的管路布置和检修，二者都采用柱墩式支承，支承高度一般为 1000~1500mm。压入式浮选机要求矿浆准备器、矿浆预处理器中的矿浆液面高于浮选机室内液面700mm 以上，以保证给料畅通。浮选机与矿浆准备器、矿浆预处理器的操作台一般为同一标高整体结构（水泥地板或钢板）。当矿浆准备器布置较高时，应单独设置联系楼梯工作台和保护栏杆。

浮选机操作台的宽度一般不小于 1500mm，操作台平面到浮选机精矿溢流口的距离为500~800mm。精矿接料槽的宽度一般为 300~500mm，槽深不小于 500mm，槽底坡度 $i \geqslant$ 0.07~0.11。槽底排矿口的位置视具体情况而定，但应设在精矿排出量多的部位。浮选机所在楼层高度应根据浮选机等设备部件检修提升高度、起吊设备及钢丝绳需要的高度确定，还需保证自然采光和通风，因此，一般为 6~7m 或更高些。

浮选精矿在过滤前设有精矿缓冲池（同时起消泡作用），布置在浮选机操作台下边，其容量按 5~10min 的精矿量确定，其几何形状及个数取决于浮选机、过滤机的台数和布置情况。精矿缓冲池底部向排料口的倾斜坡度 $i \geqslant 0.05 \sim 0.07$。同时，在精矿缓冲池同层要布置尾矿槽。浮选机操作台下至楼板底面（夹层）高度应考虑工人管理、检修及打扫卫生的要求，一般为 2000~2500mm。

喷射式浮选机是我国自行研制成功的无搅拌机构类型的浮选机，采用带半拱摆线型导气叶片喷嘴，使矿浆呈螺旋状从喷嘴喷出，增加了矿浆与空气接触面积和夹带空气量，从而具有很高的充气量。被高速喷射出的矿浆处于混合室的负压区内，呈过饱和状态溶解于矿浆中的空气以微泡形式有选择性地在疏水性矿浆表面析出，起到了强化气泡矿化捕集细粒矿物的作用。喷射式浮选机需要矿浆泵将矿浆通过喷嘴喷入浮选槽。布置时应考虑矿浆泵的位置。

图 7-54 为压入式浮选机与矿浆准备器布置图。

图 7-55 为压入式浮选机与矿浆预处理器布置图。

7.7.3.2 浮选柱（床）的布置

浮选柱可以用矿浆准备器或矿浆预处理器作为给料设备，其布置方式同浮选机入料。

浮选柱（床）比较高，一般要占用三个楼层高度，在浮选柱上方设操作台。图 7-56为 FCMC 型浮选柱（床）的布置示意图。FCMC 型浮选柱（床）主要由柱体、微泡发生器和尾矿箱三部分组成。柱体又分为精选段、粗选段和扫选段。柱体的顶部设有精矿收集槽；柱体的外侧装有微泡发生器组；位于柱体上部 2/3 处设有给矿管、尾矿箱和液位调节装置。矿浆由柱体上部 2/3 处的给矿管给入浮选柱，尾矿从柱体底部的尾矿管排出。运行过程中，利用循环泵将矿浆从柱体的粗选段底部抽出，加压喷射，进入气泡发生器；将空气吸入并粉碎成气泡，同时由于压力突然降低而析出大量微泡，然后沿切线方向进入扫选

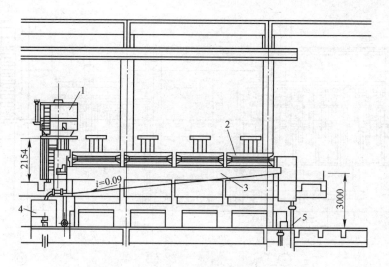

图 7-54 压入式浮选机与矿浆准备器布置图

1—ϕ2000mm 矿浆准备器；2—V=14m³ 浮选机；

3—泡沫槽；4—精矿槽；5—尾矿排出管

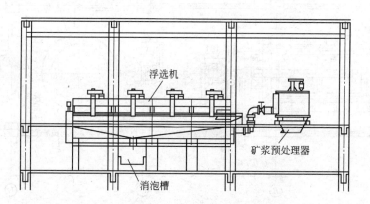

图 7-55 压入式浮选机与矿浆预处理器布置图

段。上浮的矿浆进入精选段，产生的精矿通过周边溢流到精矿槽中。浮选柱（槽）上方周边设清水管喷嘴，用以喷淋精矿泡沫，形成二次富集。最终尾矿由槽体下半部的尾矿口排出。

精矿池布置在浮选柱精矿收集槽正下方，经过泵或高压风给料罐给入脱水设备。

7.7.4 浮选产品脱水设备的布置

浮选产品水分对最终产品水分影响较大。浮选产品和煤泥脱水设备有圆盘式真空过滤机、沉降过滤式离心脱水机或沉降式离心脱水机、厢式压滤机、带式挤压机、加压过滤机、快速（隔膜式）压滤机等。

7.7.4.1 加压过滤机的布置

加压过滤机是将特制的圆盘过滤机放入一个密闭的压力容器内，容器内的工作压力达

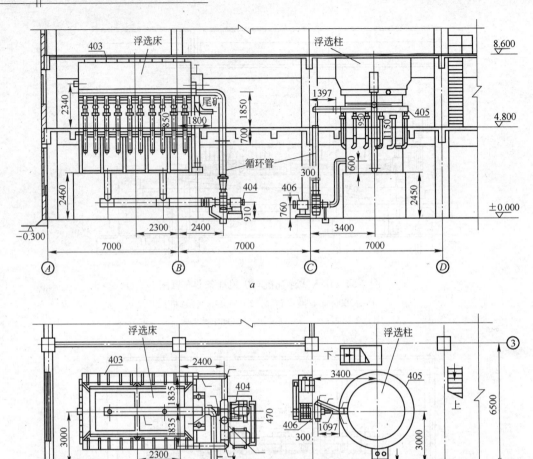

图 7-56　浮选柱和浮选床布置图
a—剖面图；b—平面图

到 0.3~0.5MPa，使过滤机在正压下进行煤泥脱水，滤扇内外压差达到 0.2~0.45MPa，是圆盘真空过滤机工作压差的 5~10 倍。压差的增加提高了过滤机的处理能力，降低了滤饼水分。处理原生煤泥时，单位面积处理能力达到 0.4~0.6t/（m² · h），产品水分为 16%~20%。处理浮选精煤时，单位面积处理能力达到 0.4~0.8t/（m² · h），产品水分为 16%~18%。加压过滤机间歇排料，滤饼呈松散状，可以均匀地渗入到产品中。煤泥直接渗入产品，一方面增加选煤厂的经济效益，另一方面可大大降低工人的劳动强度，改善生产环境，具有显著的经济效益和社会效益。

加压过滤机的安装要考虑主机和辅机。配套辅机有高压风机：风压 1~1.5MPa；低压风机：风压 0.5~0.7MPa；给料机：φ2000mm 圆盘给料机或宽度不小于 1200mm 的铸石槽刮板机；渣浆泵、自动控制用各种自动、手动阀门 17 件等。

加压过滤机的加压仓外壳直径很大，排料装置又很高，布置时一般将两者分层放置，加压仓一层高度可视其直径设置,上方留出 1~1.5m 净空,供安装起吊用。加压过滤机的排料装置有两道闸门,分别由液压驱动,交替开闭,注意留有闸板抽出的空间。闸门的密封胶垫是检修较为频繁之处,应在该处架设检修平台。滤饼从排料装置排出后,进入小料斗,料斗下应设置圆盘给料机将物料给入胶带输运机,或直接用 1200mm 的刮板运输。图 7-57 为加压过滤机布置示意图。

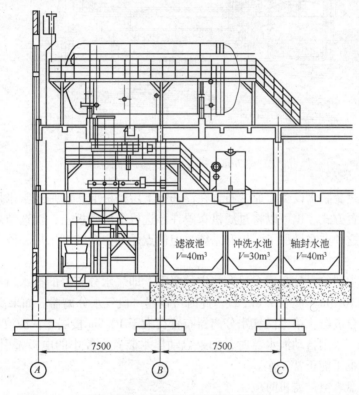

图 7-57 加压过滤机布置示意图

7.7.4.2 精煤快速压滤机的布置

精煤快速压滤机对细粒精煤脱水效率高,在相同入料条件下,精煤快速压滤机的滤饼水分比真空过滤机下降 6~9 个百分点,比相同处理能力的真空过滤机可节能 60%~70%。

精煤快速压滤机的入料采用自流与风压给料,克服因精矿浓度低且含有大量泡沫导致泵压给料的困难。图 7-58 为精煤快速压滤机布置图。

高压风给料速度快,避免了泵打泡沫效率低且易气蚀现象。精矿池布置在浮选精矿收集槽正下方,精煤压滤机入料罐布置在精矿池正下方,这样精矿就可以直接从浮选机(柱)流入精矿池,再流入压滤机入料罐,避免先让精矿流入布置在一层的精矿池,然后再用泵打入压滤机入料罐,减少了空间占有体积和功耗。精煤压滤机用风压给料,一般用 5~7min 即可完成给料,大大缩短了给料时间,无形中增大了压滤机的单位小时处理量。

7.7.4.3 圆盘真空过滤机的布置

当浮选精煤产品占总精煤比例不高、不影响整体水分时,可采用圆盘真空过滤机脱

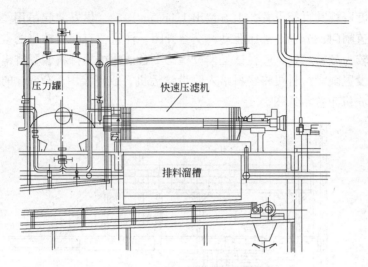

图 7-58　精煤快速压滤机布置图

水。浮选精煤过滤脱水设备，通常布置在浮选机下层楼板上，这是经常采用的精煤自流进入过滤机的布置方式。也可以将过滤机布置在浮选机上层楼板上，浮选精煤需用泵打入过滤机中脱水，这种方案增加了泵提升系统，但优点是真空系统可采用一段气水分离器的工艺布置。

真空系统中的气水分离器布置有特定的要求，即气水分离器的排水口至下层水封池液面高差应大于 10.5m（高于 9.8kPa），此时可设置一段气水分离器。如果高差小于 10.5m，应设两段气水分离器。第二段气水分离器布置在大于 10.5m 楼层上，滤液自动泄水，但必须设置水封池。采用自动泄水器时，如果自动泄水装置电控中的电极常引起误导而失控，将使两个滤液桶不能正常工作。

在布置圆盘真空过滤机时应注意：

（1）楼层高度根据圆盘真空过滤机的圆盘及同层辅助设备（如真空泵）要求的检修高度而定。圆盘真空过滤机通常架设高度（考虑圆盘真空过滤机事故闸门操作检修等）为 500mm，如果精煤输送机是同层布置，其架设高度为 1000~1500mm。因此，楼层高度在 7000mm 以上。

（2）圆盘真空过滤机操作台平面距矿浆箱口应为 800mm 左右，台宽 700mm 左右。操作台应设联系用的上、下楼梯和保护栏杆。过滤机精煤产品溜槽倾角尽量接近 90°（需大于 80°），溜槽不要跨主梁，防止堵塞。

（3）真空泵应与圆盘真空过滤机同层布置，有利于缩短管路长度，降低厂房高度，但应注意防噪，如特大型真空泵可以布置在厂房最底层单独真空泵室。配套压风机或水泵可布置在下层楼板上。真空泵、压风机机架的高度，应根据设备型号等具体情况确定。滤液收集桶的架设高度要考虑过滤机的滤液能自流进入桶中。

7.7.4.4　沉降过滤式离心脱水机的布置

沉降过滤式离心脱水机是一种细粒煤泥的脱水设备。该设备要求制造技术水平高、材质好、安装精确。此外，对入料粒度有一定要求，入料中−45μm 含量要在 35% 以下，否则易堵塞筛网，回收率显著降低，产品水分增高，生产不能正常进行。据有关资料介绍，入料中-45μm含量与脱水后的产品水分、回收率的关系见表7-13。

表7-13 入料粒度与产品水分、回收率的关系

入料中-45μm含量/%	回收率/%	产品水分/%
15	97~99	13~14
25	85~93	13~20
35	69~78	15~20

如果浮选入料中含泥量大，-45μm含量超过35%时，可以将入料预脱泥，一方面为浮选创造好的条件，另一方面为沉降过滤式离心脱水机高效工作奠定良好基础。在设备选型时，浮选精煤脱水宜采用长筒体沉降过滤式离心脱水机，尾煤可采用短筒体沉降过滤式离心脱水机。

沉降过滤式离心脱水机占地面积小，布置比较方便，应注意设置定压缓冲漏斗（箱）或矿浆分配器。还需分别设置沉降段水池和筛网过滤段水池及泵，并应将过滤段离心液返回沉降过滤式离心脱水机入料中，这样可以提高煤泥回收率。水池和泵通常布置在厂房最底层。沉降过滤式离心脱水机布置可参考图7-59。

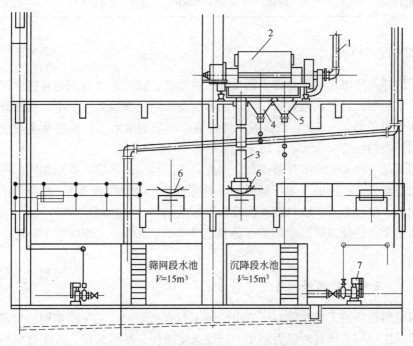

图7-59 沉降过滤式离心脱水机布置图
1—入料管；2—沉降过滤式离心脱水机；3—排料溜槽；4—筛网段漏斗；
5—沉降段漏斗；6—产品带式输送机；7—水泵

7.7.4.5 各种水池的布置

为了满足贮存、转运、事故处理及卫生等方面的要求，在浮选车间的最底层（或地下室）应布置各种类型的水池，如浮选入料缓冲池（直接浮选用）、滤液池、水封池、精矿溢流池、冷却水池、离心液池（末煤离心脱水机离心液池应放在重选车间底层）、事故放料池、事故捞坑以及多条排水沟等。大型选煤厂一般单独设置这些水池，中型或小型选煤厂可将滤液池、精矿溢流池合并。

各种水池的容量可按入料的 3~5min 流量计算，或者按泵正常扬量的 2~3min 量来计算。水池通常采用钢筋混凝土结构。水池的溢流管直接通入排水沟进入事故捞坑或集水池进一步处理。

各种水池底部应有适当的坡度倾向排料管进入泵中。一般水池底面的倾角可参考表7-14。

表 7-14　各种水池底面倾角参考表

水池名称	倾角/(°)	水池名称	倾角/(°)
清水池、冷却水池	3~5	离心液池	20~30
滤液池	5	角锥池、底流收集池	20~30
浮选入料缓冲池	20~30	倾斜板底流收集池	20~30
过滤机溢流池	20~30	尾矿池（磁选尾矿池）	>30

7.7.5　压滤车间的布置

选煤厂的浮选尾煤，由于含黏土物质多、粒度细、黏度大（特别是直接浮选时）等原因，很难脱水回收。目前比较有效、可靠的方法是采用压滤机处理。生产实践证明，压滤机的滤饼水分可达 20%~25%，滤饼可单独运输。滤液为清水，比较容易实现洗水闭路循环，避免对环境的污染。

浮选尾煤是一种复杂的多分散体系。因此，不同性质的尾煤，采用相同的压滤机处理时，其效果是不完全相同的（如压滤时间、处理能力、滤饼厚度等），故应当结合具体情况选择压滤机、供料方式、供料设备以及布置方式。

目前我国生产供应选煤厂使用的压滤机有 $340m^2$、$500m^2$、$750m^2$、$800m^2$、$1050m^2$ 等规格。

7.7.5.1　压滤机的供料设备及供料方式

压滤机供料设备的工作性能对压滤机的效果有直接影响。在压滤初期，煤浆充满滤室并开始形成薄层滤饼，供料时阻力较小，压滤速度较快，需要低压力大流量供料。但在压滤的中、后期，随着滤饼的增厚，压滤阻力增大，压滤速度降低，需要高压力小流量供料。因此，供料设备应满足压滤机工作性能的要求。供料用泵可采用污水泵、灰渣泵等。供料方式分为单段泵供料、两段泵供料、泵与空气压缩机联合供料三种。我国选煤厂大多采用单段泵供料方式。

A　单段泵供料方式

对于过滤性能好、在低压入料下即可成饼的尾煤或煤泥（通常在入料压力为 0.3~

0.4MPa 时即成饼），采用此种供料方式为佳。单段泵供料方式的优点是供料设备少，系统简单。所以，我国选煤厂对过滤性能较差的原料，也往往采用单段泵供料方式，只是将入料压力加大为 0.4~0.5MPa。采用此种供料方式时，要求入料浓度控制在 300~500 g/L 范围内，管理中应避免入料中混入大于 0.5mm 煤泥及杂物，因为压滤机对于粒度小于 120 目的煤泥过滤效果最佳。单段泵供料方式的缺点是：为了适应压滤初期所需较大的矿浆量，需要选择大流量的泵；而在压滤中、后期，为了满足压滤供料压力的要求，又需将泵的扬程选得较高。这样，在压滤作业初期，将大量矿浆循环回搅拌桶中以降低压滤机的入料压力；而在压滤作业的中、后期泵的流量虽有富余，但为了提高泵的扬程却又必须关闭循环管道，这样增加了泵的磨损、物料破碎和动力消耗。目前选煤厂单段供料泵大都采用 4PN 泵。单段泵供料系统如图 7-60 所示。

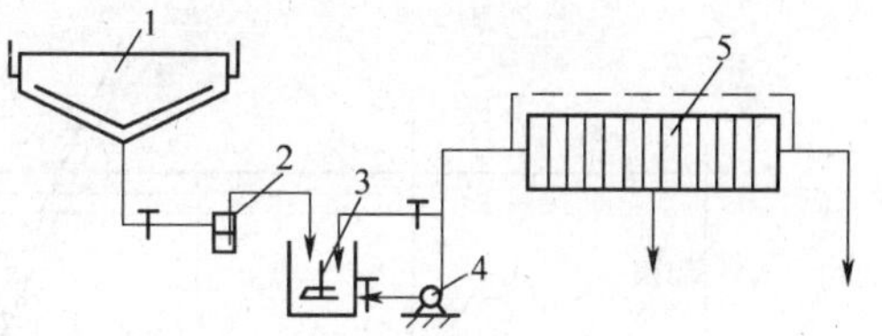

图 7-60 单段泵供料方式设备联系图

1—浓缩机；2—浓缩机底流泵；3—搅拌桶；
4—供料泵；5—压滤机

B 两段泵供料方式

两段泵供料方式是在压滤初期采用低扬程、大流量的泵给料；在压滤的中、后期则采用高扬程、低流量的泵接替供料。即在开始时采用 2（1/2）PW 型污水泵；在中、后期采用柱塞式泥浆泵接替供料。这种供料方式能符合压滤机的工作性能要求，避免单段泵供料的缺点，并且柱塞泵的扬程高、入料压力大，能满足过滤性能差的煤泥的要求。其缺点是需要设置两套泵，系统复杂，操作不便，在每个压力循环中均需更换泵与开关阀门，同时增加设备和厂房投资，所以较少采用这种方式供料。有的厂在设计上采用两段泵供料，但在生产上因系统复杂仍采用单段泵供料方式。两段泵供料系统如图 7-61 所示。

C 泵与空气压缩机联合供料方式

该种供料方式是在压滤开始时用低扬程、大流量的泵向压滤机和料罐中供料，罐中充满矿浆后停泵，然后再用空气压缩机将料罐内的矿浆压入压滤机中继续压滤。这种供料方式的优点是入料矿浆性质均匀稳定，可利用矿浆罐内的矿浆液面来自动控制压滤过程。其缺点是需另设矿浆罐及空气压缩机。泵与空气压缩机联合供料系统如图 7-62 所示。该种供料方式在采用快速压滤机时常用。

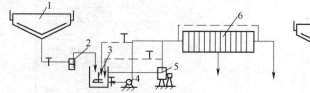

图 7-61 两段泵供料方式设备联系图

1—浓缩机；2—浓缩机底流泵；3—搅拌桶；4—PW 型
污水泵；5—柱塞式泥浆泵；6—压滤机

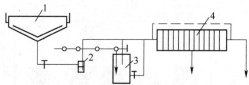

图 7-62 泵与空气压缩机联合供料方式设备联系图

1—浓缩机；2—浓缩机底流泵；3—矿浆罐；4—压滤机

7.7.5.2 压滤机的工艺布置

采用两台或两台以上压滤机时，布置方式应以总产品输送机为基准，其布置方案有以下两种。

A 串联布置

多台压滤机长轴方向同时布置在总输送机上层同一跨间里。它们的产品（滤饼）均垂直卸在该输送机上集中运输。这种布置方案的优点是系统简单、输送设备台数少、厂房宽度小；其缺点是冲洗一台压滤机的滤布时，影响其他压滤机卸下滤饼。为了适应卸饼的需要，总产品输送机宽度要加大，使之输送能力富余。因此，台数多时，不宜采用这种方案。图7-63为两台压滤机串联布置剖面图。

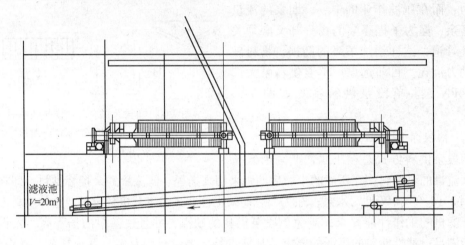

图7-63　两台压滤机串联布置剖面图

B 并联布置

这种布置方案的特点是每台压滤机的滤饼均先卸在各自的产品输送机上，然后转载到总产品输送机上外运。其优点是避免了串联布置方式的缺点，生产管理比较灵活方便；其缺点是占厂房宽度和面积较大，增加了输送设备台数，系统复杂。因此，台数多时，应采用这种方式。多台压滤机并联布置图见图7-64。

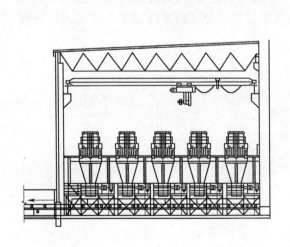

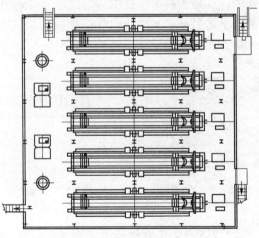

a　　　　　　　　　　　　　　　　　　　*b*

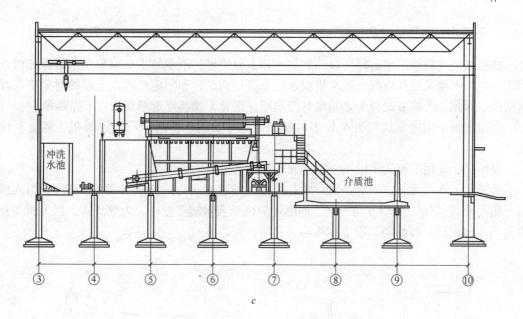

图 7-64 多台压滤机并联布置图
a—剖面图；b—平面图；c—压滤机并联布置剖面图

7.8 干燥车间的工艺布置

7.8.1 干燥车间设置的意义

精煤水分是衡量选煤厂产品质量的一项重要指标。因此，设计规范规定在严寒及寒冷地区，当混合精煤的产品外在水分大于8%时，应根据精煤的流向和运距考虑产品干燥等防冻措施。若精煤经机械脱水后，其外在水分仍不满足用户要求，也应设置产品干燥设施。

精煤水分过高，造成无效运输，冻结车皮，影响铁路运输；此外，精煤水分过高还会延长炼焦时间，缩短焦炉寿命。实践证明，水分每增加1%，炼焦时间延长20~30min。为了防冻和进一步降低精煤水分，可以采取两种措施：一是向精煤产品中加防冻剂，如喷入防冻油或多烃基化合物等，对煤表面进行处理后，在-20~-15℃仍可翻车或用螺旋卸煤机卸煤；二是选煤厂内设置火力干燥车间，经干燥的精煤产品水分可降低到8%以下。

火力干燥是解决防冻和降低精煤水分的根本方法，当外在水分大于8%，室外计算温度在零下14℃以下时，大、中型选煤厂应设置干燥车间。如室外温度在零下14℃以上，有防冻或进一步降低精煤水分的要求，也可以考虑设置干燥车间。设置干燥车间时，每年干燥时间的长短与干燥的目的有关。防冻干燥（东北、西北地区）时间一般为半年左右。为了降低炼焦煤入炉水分，缩短炼焦时间，延长焦炉寿命，提高焦炉生产能力，应全年进行干燥。

最近几年，一些动力煤选煤厂采用干燥设施处理未经浮选的煤泥。这些煤泥原来经过压滤后销售，价格较低，而经过干燥后，掺入电煤销往电厂，价格可成倍提高。

7.8.2 干燥方式与干燥设备及其布置

块精煤经过机械脱水后即可以达到防冻和水分要求。干燥的主要对象是末精煤和浮选精煤。如果末精煤经高效离心脱水机脱水，也能达到水分和防冻要求，干燥的对象则是浮选精煤。因此，干燥方式分为末精煤与浮选精煤混合干燥和浮选精煤独立干燥两种。

当前我国采用的干燥机种类较多，如滚筒式干燥机、沸腾床层式干燥机、螺旋干燥机等。

我国广泛采用滚筒式干燥机，能单独干燥浮选精煤、煤泥等。

滚筒式干燥机为卧式。其布置形式有两种，即顺流式与逆流式（见图7-65）。当入料与介质（热烟道气）流动方向一致，即燃烧炉位于入料端布置时，为顺流式；当入料与介质流动方向相反，即燃烧炉位于排料端布置时，为逆流式。

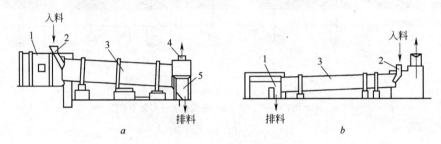

图 7-65　滚筒式干燥机布置形式

a—顺流式；*b*—逆流式

1—燃烧炉；2—入料溜槽；3—滚筒干燥机；4—排气管；5—排料箱底口

布置滚筒式干燥机时应当注意：滚筒式干燥机的入料溜槽应插入给料箱，并伸入滚筒内100mm左右。入料溜槽的倾角与干燥物料粒度有关，对于13~0（6~0）mm的混合精煤倾角不应小于70°；对于浮选精煤倾角应接近90°，以防止堵塞。为了延长入料溜槽的使用寿命，在溜槽底部铺设铸石等耐磨衬板。滚筒式干燥机的给料（精煤和燃料煤）应设置缓冲仓，仓下设置给料机，被干燥的物料仓下选用圆盘给料机，干燥用的燃料仓下可选用回转式给料机。

滚筒式干燥机是在负压下工作的，为了防止漏气，各连接口都应密封。密封的形式常用的有摩擦式、迷宫式、罩式三种。干燥好的产品从排料箱体下部锥体部分排出。锥体倾角要求如下：干燥13~0mm混合物料时，不应小于55°；单独干燥浮选精煤时，不应小于70°。排料箱底部设密封式排料闸门，通常采用圆盘给料机。排料箱上部设介质排出口，并设置引风机和集尘器（根据集尘次数选型）。滚筒式干燥机滚筒安装倾角一般为5°左右。滚筒式干燥机车间布置可参考图7-66。

7.8.2.1 燃烧炉

燃烧炉采用金属结构，用钢板焊接成圆筒形（或方形），内部镶有470mm厚的耐火砖。燃烧炉所用的燃料为第一次旋风集尘器的煤粉，采用风机给入燃烧炉，通过管路从炉顶吹入。燃烧炉周围设有进风管，冷风用鼓风机通过风管吹入，热工控制系统应采用自动

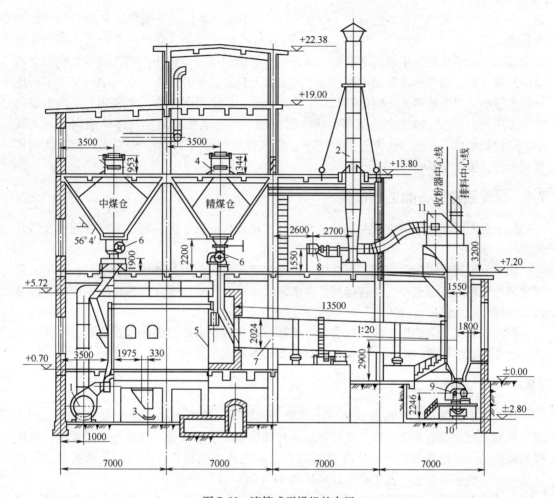

图 7-66　滚筒式干燥机的布置

1—鼓风机；2—烟囱；3—除灰输送机；4—来料刮板输送机；5—燃烧炉；6—燃料给料机；
7—滚筒式干燥机；8—引风机；9—出料圆盘给料机；10—出料输送机；11—集尘器

化集中控制。燃烧炉采用先进的油点火装置，喷油嘴用电磁阀进行控制，引火装置为一个
高压电极。

7.8.2.2　滚筒式干燥机

滚筒式干燥机用 12mm 厚的普通钢板制成。内表面罩上 8mm 厚的耐高温防腐钢（铬、
镍、钛合金），滚筒入口设有 8 块导向板，将入料送到滚筒内。滚筒内共安装 112 块提升
板，其安装角度各不相同。导向板长 1000mm，高 300mm。此外，滚筒内还安装 3 块星形
挡板，它起着阻碍热烟气运动的作用，降低其运动速度，使烟气和煤充分进行热交换，提
高热能利用率和干燥效果。

7.8.2.3　集尘系统

滚筒式干燥机的集尘系统为两级集尘：一级采用旋风集尘器组，二级采用水膜除尘

器。一级集尘，旋风集尘器组每台干燥机有 16 个小集尘器，从干燥机引来的烟气经过一级集尘，集尘效率为 96.8%~97.7%。对小于 20μm 粒度烟尘，集尘效率较低，必须进行二级除尘。二级水膜除尘器的下部安有两圈环形水管，以一定的压力喷入清水，在除尘器里面形成水雾。烟气和水雾以 45~50m/s 的速度上升。在上升过程中烟气中的煤尘不断地进入水雾中。当上升到 A—A 位置时，由于该处设有 8 片导向叶片，水雾化为水滴沿导向叶片方向喷出至除尘器壁上并下落由污水管排出。经二次集尘后的气体从烟囱排入大气中。二次集尘后，总集尘效率达到 99.7%。废气排放浓度为 185mg/m³ 左右，低于我国环保规定排放浓度 200mg/m³ 的指标。

7.9 沉淀浓缩设备的工艺布置

用于煤泥沉淀浓缩回收煤泥水的主要设备有耙式浓缩机、沉淀塔、深锥浓缩机及厂外煤泥沉淀池等。

耙式浓缩机应用最为广泛，沉淀塔、深锥浓缩机也有应用。现代化选煤厂，除了工艺的原因选用耙式浓缩机外，还首选其作为事故放水池。此外，重介质选煤厂采用耙式浓缩机作为稀介质浓缩设备。

耙式浓缩机、沉淀塔、深锥浓缩机一般都布置在主厂房外与煤泥水系统联系方便的位置。小型耙式浓缩机（φ≤6m）也可根据需要布置在主厂房内顶部。

7.9.1 耙式浓缩机的工艺布置

耙式浓缩机属于大负荷建筑物、结构物，除满足工艺要求外，还应重视建筑上的要求，根据工程地质、水文地质、气候及地势高低等情况进行布置。新设计的选煤厂，应选择新研制的高效耙式浓缩机。XGN 系列高效自动耙式浓缩机具有搅拌絮凝给料井、上流式层流倾斜板等新装置、新结构，效率提高 3~5 倍。

耙式浓缩机可以布置成架空式（地上式）、地下式或半架空式。如果是严寒地区或风沙严重地区，应建有屋顶的浓缩机房。

地上式加盖周边传动浓缩机布置如图 7-67 所示。

半架空式周边传动浓缩机布置如图 7-68 所示。

浓缩车间通常由来料管桥、浓缩机、循环水池及泵房组成。主厂房内的煤泥水（入浮原料、浮选尾煤或其他煤泥水等），首先经过来料管桥（来料管桥上铺设水槽或水管）输送到浓缩机内。水槽采用钢筋混凝土制造，水管过去采用钢管，但由于钢管维护费用大、服务年限短、不易清理等缺点，所以后来都采用钢筋混凝土水槽。浓缩机布置的位置应尽量靠近主厂房来料处。布置高度要注意与来料标高和底流产品处理标高有机配合。泵站布置是浓缩机房的重要问题，因为泵站的泵台数较多（易磨损，需备用），若布置不合理，将给全厂工作带来不利影响。泵站（房）不管是单独泵房还是联合泵房，其位置一定要靠近主厂房一侧，以便联系方便，缩短管路。耙式浓缩机的底流泵备用系数为 100%，循环水泵备用系数为 50%。

泵房和循环水池的布置与主厂房、厂外事故水池（或事故浓缩机）的位置及浓缩机的建筑结构形式有关，应综合考虑进行布置。单台浓缩机的泵房和循环水池可以布置在浓缩机某一侧，也可以布置成中间同体式，此外，还可以布置成联合泵房。

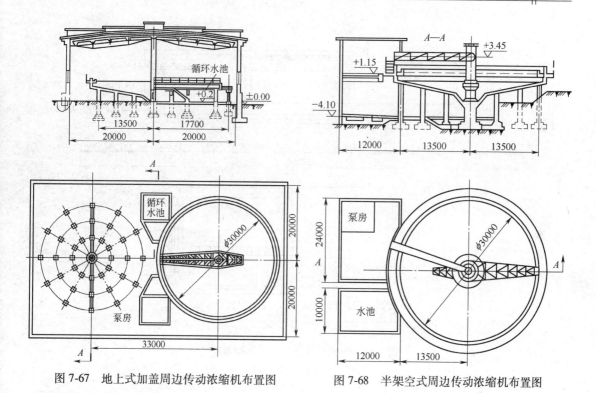

图 7-67 地上式加盖周边传动浓缩机布置图　　　图 7-68 半架空式周边传动浓缩机布置图

7.9.2 事故浓缩机和事故煤泥沉淀池的布置

在浮选尾煤或煤泥能全部厂内回收的条件下，工艺流程中不再设置作为煤泥回收手段的煤泥沉淀池，而设置能容纳厂内最大一台设备容积的 1.2~1.5 倍的事故浓缩机或事故煤泥沉淀池。供处理事故或检修时容纳煤泥水用，使选煤厂生产用水或其他用水尽可能不排出厂外。事故浓缩机和事故煤泥沉淀池的选用应根据选煤工艺流程、环保要求等因素确定，一般情况下，宜选用事故浓缩机。

事故浓缩机的布置与一般的耙式浓缩机相同，这里不再重复。

事故煤泥沉淀池根据地形及工艺要求可分为地上式、半地上式或地下式。地上式事故煤泥沉淀池有利于排水、挖煤泥和运输，土方工程小，但消耗建材多、投资也大。地下式事故煤泥沉淀池上端与地面平齐，土方工程量大，投资也大，但土建工程多在地下。半地上式的利弊介于地上式和地下式两者之间。

机械化挖取、晾干、装运煤泥时，可采用门式或桥式电动抓斗起重机。图 7-69 为桥式抓斗煤泥沉淀池布置图。

桥式电动抓斗起重机主要由带行走滚轮的桥架、能提升抓斗的小车（可沿桥梁横向移动）以及桥架的移动结构、抓斗等主要部件组成。在桥架上吊有驾驶室，起重工人可在室内操作，桥架和小车运行的轨道都有行程开关，当运行到极限位置均可自动停机。该起重机械可以提升，其横向和纵向移动非常灵活，因此，在池内和晒干场各点均能挖取和装运煤泥（汽车和火车装运），机械化程度高，操作方便。桥式电动抓斗起重机的选型，主要根据需要的跨距而定。我国常用的桥式电动抓斗起重机的跨距为 10.5~31.5m。每隔 3m 就有一

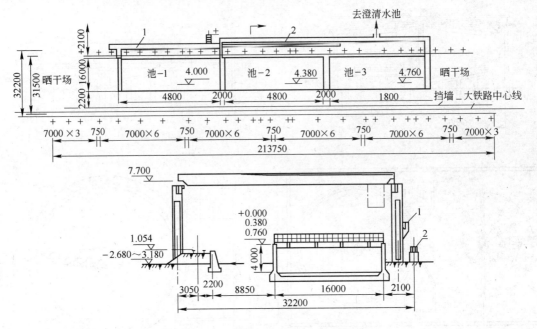

图 7-69　桥式抓斗煤泥沉淀池布置图

1—进水沟；2—溢水沟

种规格，选煤厂常用的为 19.5~31.5mm。桥式电动抓斗起重机在选煤厂应用较为广泛。

　　门式抓斗起重机是另一种起重设备。它在地面设立轨道，轨道基础采用钢筋混凝土结构，运行轨道的尽头设立限位开关和阻车器。在大风地区采用该设备时，应向厂家提供最大风速资料，以便采取安全措施，轨两侧要有 15‰的排水坡度，防止雨水损害路基，保证起重机正常运行。门式抓斗起重机设备耗钢多，电机总功率比桥式电动抓斗起重机大。它的跨度大，有 27.68m、30m、40m、46m、58m、76.2m 等。由于煤泥在室内回收，洗水闭路循环，采用该起重机的很少。图 7-70 为门式抓斗起重机煤泥沉淀池布置图。

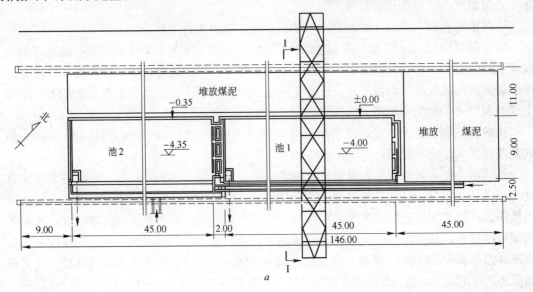

a

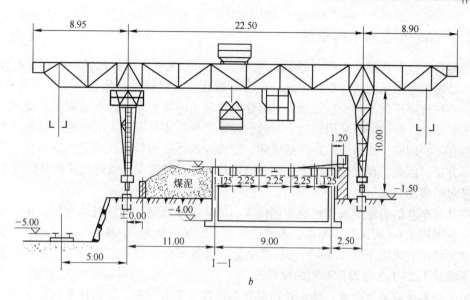

图 7-70　门式抓斗起重机煤泥沉淀池布置图

a—门式抓斗起重机煤泥沉淀池平面布置图；*b*—门式抓斗起重机煤泥沉淀池剖面图

抓斗的容量应与起重量相配合，抓斗容量与起重量的配合参数可参考表 7-15。

表 7-15　抓斗容量与起重量的配合参数

项目 　型号	轻型抓斗					中型抓斗				重型抓斗		
起重量/t	3	5	5	10		5	5	5	10	5	5	10
抓斗容量/m³	1.5	2.5	3	5	6	1.5	1.5	1.5	3	1	1	2
抓斗自重/t	1.43	2.49	2.42	5.26	3.96	2.30	2.30	2.20	4.00	2.12	2.38	3.83
抓取物料堆密度 /t·m⁻³	0.7~1.0					1.1~1.8				2.1~2.5		
来　源	天津	洛阳	大连	洛阳 上海	大连	洛阳 上海	大连			大连	洛阳 上海	大连
备　注	单轨 抓斗	桥式 抓斗	回绳 抓斗	桥式 抓斗	回绳 抓斗	桥式 抓斗				回绳 抓斗	桥式 抓斗	回绳 抓斗

事故煤泥沉淀池的深度一般为 3~4m，池子的长度与宽度比为 4。池子首端进水沟坡度 $i \geqslant 0.015$，池子末端沿池宽的集水槽坡度 $i = 0.01$，沉淀池底部朝溢流方向的坡度 $i = 0.001$，便于排出池内积水进入排水井。

波兰为我国设计的钱家营选煤厂工艺系统，事故煤泥沉淀池的煤泥水的返回方式是采用高压水枪将煤泥水搅拌均匀后打回正常工作的耙式浓缩机中，这是一种新的处理方案。

7.10 产品装车仓的工艺布置

产品装车仓对选煤厂生产与铁路运输起到重要的调节作用，尤其是在市场经济条件下，产品销售受市场制约严重，因此，选煤厂修建一定容量的产品装车仓是非常必要的。过去，一些选煤厂为了减少基建投资，修建容量较小的装车仓，已不适应生产要求，先后扩建了装车仓。有的厂除采用修建小容量的装车仓外，还另设较大的产品贮煤场，但这种方案存在一些问题，如露天贮存产品受到一定程度的污染和粉碎，并且污染环境，经营管理也不方便。因此，现代化的选煤厂都要修建较大容量的装车仓或封闭式产品贮煤场（尤其是精煤贮煤场）。

产品装车仓的容量应根据铁路车辆供应、周转情况而定。设计规范规定：中、小型选煤厂一般采用 1.0d 的选后产品量，大型选煤厂一般采用 0.5~1.0d 的选后产品量，交通运输不便的地区宜采用 1.0~2.0d 的选后产品量，且装车仓、封闭式产品贮煤场的有效总容量必须满足 1.2~1.5 倍设计车组的净载重。

装车仓容量应留有余地，特别是精煤装车仓容量应大一些，以保证车辆供应不足时和产品发生变化时的需要。中煤、混煤等装车仓容量，应在精煤产品装车仓容量确定后，考虑用户、运输距离和装车仓结构等因素，尽量与精煤仓结构保持一致（个数可少）。矸石仓的容量大小和位置与矸石处理方法的关系密切。如矸石综合利用，场地较远时，可建立矿区专用铁路线用火车运输，设立落地仓和装车点，定期外运。矸石仓的容量一般不小于选煤厂 8~14h 的矸石产量。

现代化选煤厂的装车大都采用大型圆筒仓。我国常用圆筒仓直径一般为 10~25m，容量为 1000~15000t/个。圆筒仓优于方形仓之处在于容量大，"三材"消耗少，施工期短，施工质量高，总投资省，存煤易下落，施工时采用滑动模板、连续浇筑，仓表面光滑、美观、不留施工缝，垂直准确度高，如果模板定型可以多次重复使用，施工效率提高两倍以上。从经济上考虑，圆柱体部分越高越合理，国外选煤厂有的筒高达 75m（通常径高比为 1:1.5~1:2 较适宜）。如果装车产品为块精煤时，最好不用较高的圆筒仓。

选煤产品通常采用火车运输，装车仓直接建在铁路站线上，这种类型的装车仓称为跨线式装车仓。还有一种是落地式装车仓，即装车仓不直接建在铁路站线上，而是建在选煤厂地坪上，仓中产品排放至仓下输送机内，转载到铁路线上装车点装入车辆。如果装车点（处）的工程地质不好，不宜建跨线式装车仓，或者装车点（处）的标高比工业场地高，或者总体布置方面的原因不允许建跨线式装车仓，可采用落地式装车仓。落地式装车仓在装车精确计量方面有困难，在装完中煤后改装精煤容易产生污染，所以在条件允许时，应尽量采用跨线式装车仓。

装车方式分为单点装车和多点装车两种。多点装车就是一股道上同时有几个落煤点，几个车皮可同时装车，装车设备简单，投资少。单点装车就是将仓内产品通过输送机集中到一点，在固定点装车，所以也称集中单点装车，车皮直接停在仓下轨道衡上。其优点是计量准确方便、产品分配均匀、质量稳定、装车称量及调车简便、便于集中控制和自动化、节省人力、减轻劳动强度。因此，一般应采用集中单点装车方式。寒冷地区采用集中单点装车应满足在规定时间内装完一组车皮的要求，即从空车对准货位至一组车皮全部装载、计量完毕所需时间，一般不超过 2h。

布置装车仓时，首先确定装车仓的形状、仓的容量、装车方式。当采用方仓时，需根据品种、数量及装车点数来确定装车仓的排数。方仓的边长一般为 6m 或 7m，其方柱体高度一般为 5~6m，容量较小，一般为 200t/个左右。大、中型选煤厂采用方仓时，需要仓的个数多，相应排数也多，因此以采用圆筒仓为宜，因其容量大、个数少，布置成一排或两排即可满足要求。装车仓锥体部分倾角视产品粒度大小而定，如产品为 50~0mm，倾角应不小于 60°。若浮选产品（粒度小于 0.5mm）单独装车，倾角应大于 80°且锥体应采用钢结构，否则容易堵塞。单独装块煤的仓，应设置防碎措施（常用于动力煤）。在布置时，根据产品情况选择仓下排料闸门与给煤机。多点装车一般采用溜槽装车；一点装车时用煤斗装车（也可通过带式输送机机头溜槽直接装车），煤斗的容量一般为 15~20t，也可以视仓下产品煤至装车点带式输送机上的煤量为煤斗最小容量。

装车仓产品的品种及仓的个数较多时，还需要在仓上设置产品配煤设备（如可逆带式输送机、铸石链板输送机等）。采用带式输送机卸料装仓时，一般常用电动卸料车或犁式卸料车，此时仓上应开长形装料孔，其布置尺寸可参考表 7-16。

表 7-16　长形装料孔布置尺寸

胶带机宽度/mm	500	650	800	1000	1200	1400
长孔宽度/mm	700	850	1140	1360	1600	1800
孔口防护算条间距/mm	200					
胶带机机头中心线与墙间距/mm	2300~2400					
胶带机机尾中心线与墙间距/mm	2400~2700					

采用铸石链板输送机卸料装仓时，可降低厂房高度。头轮轴中心线与墙间距不小于 1300mm，尾轮轴中心线与墙间距不小于 1700mm，作为通道维修空间和面积。常用的铸石链板输送机的型号有 600mm、800mm、1000mm 和 1200mm 等。

为了保证仓下机车安全通行，必须严格执行国家铁路设计规范所规定的界限尺寸。仓下至轨面高度应留有足够的空间。当采用蒸汽机车和内燃机车牵引时，仓下楼板梁底边至轨面高度，或仓下装车溜槽提起时底边至轨面高度净空为 5500mm。当采用电力机车牵引时，其净空为 6550mm（在条件困难时，最小高度为 6200mm），铁路两侧界为 2000mm 和 2440mm。

为了产品计量准确，装车仓下重车出口处（或装车点下）应设立轨道衡。轨道衡分杠杆式（老式）和电子式两种，一般采用后一种。常用称量范围为 100t，秤台长有 12m、13m 和 14m 三种。根据所用车辆长度和是否允许机车通过轨道衡来选定。称量室的位置与装车形式有关，若为单点装车时，一般设在操作平台上；若为多点装车时，一般布置在 ±0.00mm 平面上，也可以设在操作平台上。

轨道衡的四周地面应向外倾斜，并设立排水设施（可以与装车仓滴水排放统一考虑）。当采用溜槽装车时，车辆中心线与轨道衡中心线重合，溜槽应与车辆后壁距离 1500mm。装车仓布置时还应根据产品粒度、水分大小，设置防尘、防寒措施。根据操作和检修要求设置楼梯、安装门及起重梁等设施。图 7-71 为大型选煤厂圆形跨双线单点装车仓布置剖面图。其布置特点是装车点处于两产品仓中间。仓的直径为 15m，高度为 26.2m。

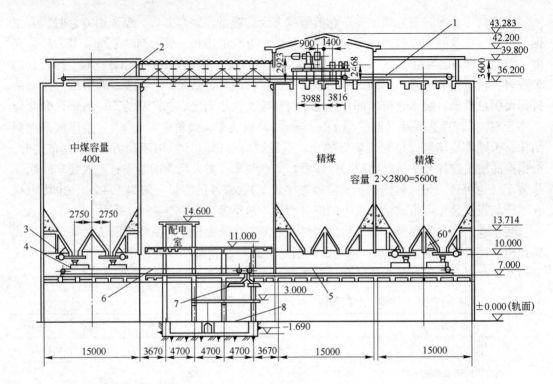

图 7-71　圆形跨双线单点装车仓布置图

1—精煤装仓胶带机；2—中煤装仓胶带机；3—脱水闸门；4—装煤漏斗；
5—精煤装车胶带机；6—中煤装车胶带机；7—装车溜槽；8—轨道衡

7.11　带式输送机及走廊布置

7.11.1　用途和布置形式

选煤厂带式输送机的用途主要有三种，即输送、手选和活动配仓。

作为输送用的带式输送机，有五种基本布置形式（见图 7-72）。

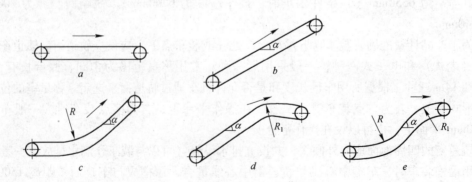

图 7-72　带式输送机的基本布置形式

a—水平输送机；b—倾斜向上输送机；c—带凹弧段输送机；
d—带凸弧段输送机；e—带凹弧和凸弧段输送机

图 7-72 中的凹弧半径 R 和凸弧半径 R_1 的数值列于表 7-17，倾斜向上输送机的最大许用倾角 α 列于表 7-18。

表 7-17　R 和 R_1 值

带宽 B/mm	凸弧半径 R_1/m	凹弧半径 R/m
500		
650	12	80
800		
1000	18	100
1200	22	
1400	26	120

表 7-18　最大许用倾角 α

输送物料名称	最大许用倾角 α/(°)	
	普通胶带	花纹胶带
大于 13mm 的块煤	16	
原　煤	18	24
50mm 以下的含粉煤	20	28
浮选精煤及尾煤	21	

7.11.2　布置注意事项

（1）给料应给到输送机的中心位置，以免输送带因偏载而跑偏；

（2）在垂直拉紧装置的上方，不应装料或卸料；

（3）在输送机的曲线段（凸弧或凹弧）上不应装料或卸料，导料槽也不应伸展到曲线段上；

（4）输送机的倾角较大、输送物料中的大颗粒又较多时，给料应连续均匀，防止大颗粒向下滚落；

（5）驱动装置一般都设在输送机头部，如工艺布置上确实需要，对于短输送机，驱动装置也可设在尾部；

（6）头部卸料滚筒的中心位置，应根据与其相衔接的设备入料口的高度及溜槽的倾角详细计算确定；

（7）为使输送机运转可靠，减少振动，头部传动滚筒及驱动装置应尽量避免使用高架子；

（8）输送机穿过楼板，或与上层建筑物距离较小时，应计算梁与带面间的距离，使其不小于导料槽的高度；

（9）应注意输送机本身及邻近设备的安装、操作和维修的方便。

7.11.3　布置有关尺寸

7.11.3.1　头架尺寸

头架分低式头架、中式头架和高式头架三种，其高度按 100mm 进级。如头架高度介于两标准高度之间，可用在头架下垫混凝土垫的方法调整。倾斜向上输送机（见图 7-72b）头架的高度应与输送机的倾角相适应。头架的外形如图 7-73 所示，尺寸列于表 7-19，一定的头架高度的输送机许用倾角列于表 7-20。

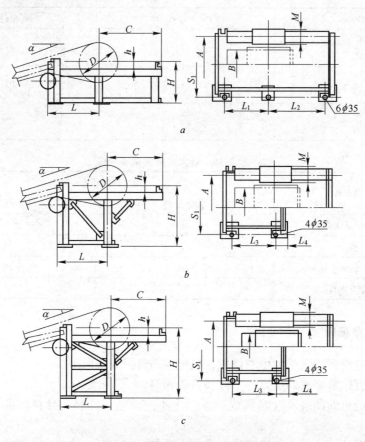

图 7-73　带式输送机的头架形式

a—低式头架；b—中式头架；c—高式头架

7.11.3.2　中间架断面尺寸

带式输送机的中间架断面尺寸见表 7-21。

7.11.3.3　带式输送机同层垂直转载关系尺寸

图 7-74 为带式输送机同层垂直转载图。

（1）$G\tan\alpha \leqslant 100$mm 时（见图 7-74a）

$$L = \frac{G}{2} + L_1\cos\alpha - \left(\frac{D_1}{2} + C\right)\sin\alpha \tag{7-14}$$

$$H_0 = H + P + l\tan\theta + G\tan\alpha + 60\sec\alpha + L_1\sin\alpha + \left(\frac{D_1}{2} + C\right)\cos\alpha \tag{7-15}$$

（2）$G\tan\alpha > 100$mm 时（见图 7-74b）

表 7-19 胶带输送机的头架尺寸

B/mm	D/mm	适应高度 H/mm 低式	中式	高式	A/mm	C/mm	L/mm	L1/mm	L2/mm	L3/mm 中、高式	L4/mm 中式	L4/mm 高式	S1/mm 低式	S1/mm 中、高式	h/mm	M/mm
500	500	500~1000	1100~1500	1600~2000	850	1000	990	840	850	850	120	125	1000	1010	110	80
650	500	500~1000	1100~1500	1600~2000	1000	1100	990	840	1050	830	120	135	1150	1160	130	100
	630	600~1000				1200	1280	1130	1150	1120	120	135	1150	1160	130	100
800	500	700~1000	1100~1500	1600~2000	1300	1400	1000	330	1340	820	130	145	1460	1470	130	100
	630	600~1000				1400	1290	1120	1340	1110	130	145	1410	1420	150	140
	800	600~1000				1400	1410	1240	1390	1230	130	145	1410	1420	150	140
1000	630	700~1000	1100~1500	1600~2000	1500	1450	1290	1120	1390	1110	130	145	1610	1620	150	140
	800	600~1000				1500	1410	1240	1440	1230	130	145	1610	1620	170	170
	1000	700~1000				1550	1610	1430	1480	1420	140	145	1620	1630	190	190
1200	630	700~1000	1100~1500	1600~2000	1750	1500	1200	1120	1440	1110	1110	130	145	1860	1870	170
	800	600~1000				1500	1410	1240	1440	1230	1230	130	145	1860	1870	170
	1000	700~1000				1550	1610	1430	1480	1480	1420	140	155	1870	1880	190
1400	800	600~1000	1100~1500	1600~2000	2000	1550	1410	1230	1480	1220	140	155	2120	2120	170	170
	1000	700~1000				1600	1610	1420	1530	1420	140	155	2130	2130	210	180

表 7-20 头架高度 H 的输送机许用倾角 α

B/mm	500	560		800		1000		1200			1400	
D/mm	500	500	630	630	800	800	1000	630	800	1000	800	1000
H/mm	α/(°)											
600	0~1	0	0~3	0~2	0~4		0~2	0~1	0		0	
700	0~6	0~5	0~7	0~6	0~9	0~8	0~5	0~5	0~4	0~7	0~4	0~7
800	0~12	0~11	0~11	0~11	0~13	0~12	0~9	0~10	0~8	0~11	0~8	0~10
900	0~17	0~16	0~15	0~15	0~17	0~15	0~13	0~14	0~12	0~14	0~11	0~13
1000	0~20	0~20	0~19	0~18	0~20	0~18	0~17	0~18	0~16	0~17	0~15	0~17
1100	0~20	0~20	0~20	0~20	0~20	0~20	0~20	0~20	0~19	0~20	0~19	0~20
1200~2000	0~20	0~20	0~20	0~20	0~20	0~20	0~20	0~20	0~20	0~20	0~20	0~20

表 7-21 中间架断面尺寸

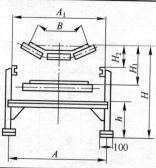

带宽 B/mm	H/mm	H₁/mm	H₂/mm	h/mm	A/mm	A₁/mm
500		365	210		870	800
650	800	385	230	300	1020	950
800		395	240		1220	1150
1000		446	300		1440	1360
1200	1000	476	330	400	1690	1610
1400		496	350		1800	1810

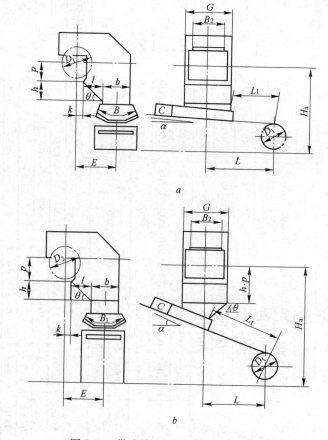

a

b

图 7-74 带式输送机同层垂直转载图

$$L = \frac{G}{2} + L_1\cos\alpha - \left(\frac{D_1}{2} + C\right)\sin\alpha - \frac{\cos\theta(G\sin\alpha + 60)}{\sin(\theta + \alpha)} \tag{7-16}$$

$$H_0 = H + P + l\tan\theta + L_1\sin\alpha + \left(\frac{D_1}{2} + C\right)\cos\alpha + \frac{\sin\theta(G\sin\alpha + 60)}{\sin(\theta + \alpha)} + \cdots \tag{7-17}$$

在式 (7-14) ~式 (7-17) 中, 根据尾轮直径 D_1、倾角 α 和拉紧装置形式, 选取图 7-74中 H 值和其他参数。具体参数值参见《选煤厂设计手册》。

7.11.4 带式输送机走廊布置

在受煤设施、车间、产品仓等构筑物之间, 煤流通过带式输送机输送, 而带式输送机通常布置在带式输送机走廊里。一条走廊可以布置不同数量的带式输送机, 最常见的布置是 1~3 条走廊。

一条带式输送机走廊尺寸见表7-22。两条带式输送机走廊尺寸见表7-23。地下走廊尺寸见表7-24。

表 7-22　一条带式输送机走廊尺寸

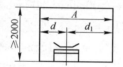

带宽 B/mm	500	650	800	1000	1200	1400
A/mm	2500	2500	3000	3000	3500	3500
d/mm	1000	1050	1250	1300	1500	1550
d_1/mm	1500	1450	1750	1700	2000	1950

表 7-23　两条带式输送机走廊尺寸

带宽 B/mm	A/mm	d/mm	d_1/mm	d_2/mm	带宽 B/mm	A/mm	d/mm	d_1/mm	d_2/mm
500+500	4000	1900	1050	1050	800+1000	5000	2400	1250	1350
500+650	4000	1900	1000	1100	800+1200	5500	2700	1250	1550
500+800	4500	2100	1100	1300	800+1400	5500	2600	1250	1650
500+1000	4500	2200	1000	1300	1000+1000	5000	2500	1250	1250
500+1200	5000	2400	1100	1500	1000+1200	5500	2650	1350	1500
500+1400	5000	2430	1000	1550	1000+1400	6000	2950	1400	1650
650+650	4000	1900	1050	1030	1000+1400	6500	3200	1500	1800
650+800	4500	2200	1100	1200	1200+1200	6000	3000	1500	1500
650+1000	5000	2400	1100	1500	1200+1200	6500	3100	1700	1700
650+1200	5000	2400	1100	1500	1200+1400	6000	2900	1500	1600
650+1400	5500	2600	1200	1700	1200+1400	6500	3300	1550	1650
800+800	5000	2400	1300	1300	1400+1400	6500	3200	1650	1650

表 7-24 地下走廊尺寸

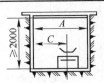

带宽 B/mm	500	650	800
A/mm	1800	2000	2300
C/mm	1200	1300	1400

注：1. 对于无人员通行的一边净空留 200mm；
2. 双带式输送机地下走廊，两条输送机间的行人道净空留 800~1000mm。在走廊内如设有驱动装置、中间卸料装置等，表内尺寸应适当加大，人员通行处一般应留 700mm 净空。

7.11.5 拉紧装置

带式输送机拉紧装置有螺旋式、车式和垂直式三种。

（1）螺旋拉紧装置的拉紧行程有 500mm 和 800mm 两种。500mm 行程用于输送机长度在 30m 以下的输送机，800mm 行程用于输送机长度为 30~60m 的输送机。

（2）车式拉紧装置用于输送机长度为 60~120m 的输送机。

（3）垂直拉紧装置用于输送机长度在 120m 以上的输送机，或用于机尾无法布置车式拉紧装置的地方。

为防止输送带在传动滚筒上打滑，垂直拉紧装置应尽量布置在靠近传动滚筒的地方。

输送浮选尾煤等黏性较大的物料时，不宜采用垂直拉紧装置。

拉紧装置的具体布置参考有关手册。

7.12 车间工艺布置的三维设计

随着计算机技术的发展，选煤厂车间工艺布置设计从手工绘图发展为使用 AutoCAD 软件进行计算机的辅助设计。计算机二维辅助设计的广泛应用不仅显著提高了选煤厂设计效率，而且将设计人员从繁重的制图工作中解放出来，推动了设计改进和工艺革新。然而传统的二维计算机辅助设计在选煤厂管道设计以及复杂的碰撞问题上已经不能满足设计人员的需求。据统计，77% 的企业会在设计阶段因图纸的不清或混乱导致项目失败或投资损失，二维设计极大地限制了设计效率、增加了设计成本。计算机三维辅助设计所独有的"所见即所得"概念，直接将设计者脑海中的模型形象逼真地反映在计算机屏幕上。并且利用三维辅助设计可以有效地避免设计出现碰撞问题，降低管道设计难度，提高工程图纸质量和出图速度，有效地提高了设计人员的设计效率，降低了设计和建设成本。近年来，三维辅助设计已在建筑和化工行业得到广泛应用，国内外一些选煤设计单位也开始在车间布置中使用三维辅助设计。

选煤厂车间工艺布置三维设计可分为四个阶段，如图 7-75 所示。

7.12.1 选煤设备三维图库构建

选煤设备三维图库在实现选煤厂三维设计过程中起到至关重要的作用，一个合适、全

图 7-75 选煤厂车间工艺布置三维设计步骤

面的三维设备图库，可以极大地提高设计人员的工作效率。

利用三维设计软件将设备的二维图纸和设备图片完成三维轮廓构建，并在此基础上通过软件接口创建设备图库，实现图库与设计平台的无缝连接，如图 7-76 所示。

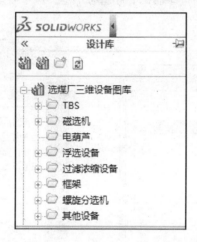

图 7-76 选煤厂设备三维图库

三维设备图库构建完成后，设计人员可以通过简单的鼠标单击即可完成设备的查找，不需要进行图库与设计软件之间的切换和复杂的导入操作；利用鼠标拖曳设备即可实现设备的调用以及设备位置的固定。

7.12.2 三维管道图库构建

管道是选煤厂设计中的重要组成部分，占有十分重要的地位。选煤厂管道设计的合理性和准确性直接关系到选煤厂工艺管道安装调试、工艺指标和洗水闭路循环的实现。传统的管道设计要求设计人员在大脑内形成选煤厂内各个设备、建筑物及相连管道的立体模型，然后利用 AutoCAD 等二维绘图软件绘制管道的轴侧图和平面图。但选煤厂内管道数量较多，且管道之间相互穿插，设计过程中极易出现错误。二维工程图表现形式单一，不能很好地反映管道与管道之间及管道与建筑物之间的关系，在管道施工过程中极易产生施工错误。三维设计软件所具有的"所见即所得"直观表达方式可以打破传统的选煤厂管道设计方法，有效地提高管道设计和工程施工的准确性，加快管道设计及整体设计的进度。

一个典型的管道线路主要包括不同长度的管道、弯管、三通、变径管、闸门及管道末端连接法兰。三维设计软件包含丰富的标准件，但零件尺寸多采用国际标准，尚未有符合国家标准的选煤厂管道图库，所以在管道设计前需构建符合国家标准的三维管道图库。图7-77 所示为参照 GB/T 8162—1987 中关于常用钢管的规定创建的管道设计所需的直管、弯管、三通、四通、法兰以及常用阀门等部件，并利用"零件设计表"快速生成同种类不同规格的管道零部件。在此基础上，利用软件接口创建三维管道图库（如图 7-78 所示），实现图库与设计平台的无缝链接。

三维管道设计与传统的管道设计不同，设计人员在电脑屏幕上快速建立所需连接的设备模型并直接使用 3D 草图进行管道布线，在布线过程中设计人员实时观察线路与设备及建筑构件的相对位置，及时发现碰撞问题。而且，设计人员可以按照选煤厂内设备类型或介质流动方向进行三维管道布置，不仅有效地避免因管道数量众多而引起的思维混乱，更能为管道优化提供更多的时间。如图 7-79 为在完成选煤车间设备布置后，以弧形筛及直线振动筛的合格介质管道为例，绘制的合格介质管道 3D 中心线草图。

图 7-77　选煤厂管道零件

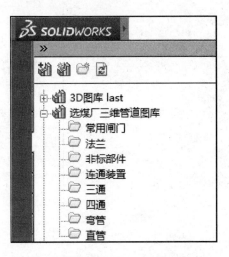

图 7-78　选煤厂管道三维图库界面

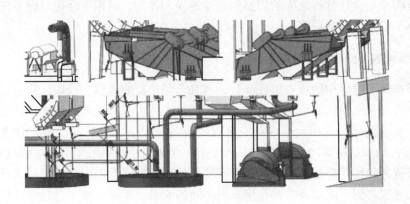

图 7-79　合格介质管道 3D 草图

管道的 3D 草图绘制完成后，按照选煤厂管道系统的计算方法，完成直管、弯管、阀门、法兰和变径管等管道组件的计算及选型。利用三维软件的自动识别能力，当用户拖动管道零件到达设备周围时，系统会识别零件与设备的匹配情况，自动调整零件型号及零件位置，保证管道零件与设备接口相匹配。完成管道的三维设计，如图 7-80 所示。

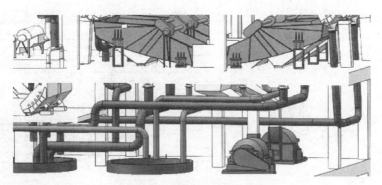

图 7-80　合格介质管道 3D 图

7.12.3　车间工艺布置三维设计

选煤厂车间设计涉及选煤工艺、土建、自动控制等多个学科，并与选煤厂所处理煤炭的品质息息相关。车间布置的三维设计，首先进行选煤厂建筑构件的三维模型构建，完成车间主体框架的构建；利用三维设备图库进行主体设备的调用和位置安放，并通过"配合"命令完成设备的精确定位，保证煤流的顺畅；通过软件的多屏显示和实时更新功能，完成设备间的溜槽设计，保证煤流通道的完整性；使用管道模块配合选煤厂三维管道零件图库对相关设备进行管道链接，进一步完善选煤厂系统的完整性。图 7-81 为某选煤厂的车间工艺布置的三维模型图。

图 7-81　选煤厂车间三维设计图

7.12.4　工程图纸的生成

工程图纸在选煤厂施工过程中具有不可替代的作用，工程图纸中详细的参数标注可以有效地提高施工效率和工程准确性。利用三维模型可以直接生成工程图，节省大量时间。图 7-82 和图 7-83 分别为自动生成的管道布置和选煤厂 *B—C* 剖面的工程图实例。

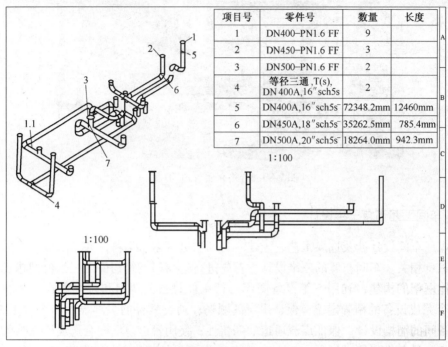

项目号	零件号	数量	长度
1	DN400−PN1.6 FF	9	
2	DN450−PN1.6 FF	3	
3	DN500−PN1.6 FF	2	
4	等径三通,T(s), DN 400A,16″sch5s	2	
5	DN400A,16″sch5s	72348.2mm	12460mm
6	DN450A,18″sch5s	35262.5mm	785.4mm
7	DN500A,20″sch5s	18264.0mm	942.3mm

1:100

图 7-82   合格介质管道工程示意图

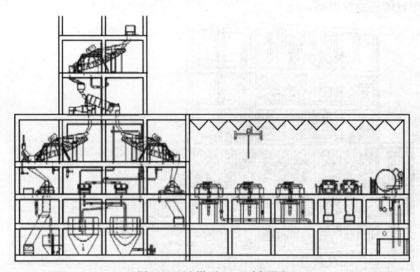

图 7-83   选煤厂 *B—C* 剖面图

8 ‖ 选煤工艺制图规范

选煤工艺制图应做到图面清晰、简明，符合设计、施工和存档的要求，便于选煤工艺设计、施工和生产单位之间的交流。选煤工艺制图应遵守国家标准《选煤工艺制图标准》（GB/T 50748—2011）和《选煤厂用图形符号》（GB/T 16660—1996）的相关规定。

8.1 基本规定

8.1.1 图线

选煤工艺制图用线型分为基本线型（如表 8-1 所示）和特殊线型两类，表 8-1 中图线的基本宽度 b 应从线宽系列 2.0mm、1.4mm、1.0mm、0.7mm、0.5mm、0.35mm 中选取。根据图形的复杂程度和比例大小，先选定基本线宽 b，再选线宽组，选煤工艺制图最常用的线宽组为 0.7mm、0.35mm、0.18mm，图样较简单的，也可用 1.0mm、0.5mm、0.25mm 线宽组。1.4mm 线宽多用于图框绘制，2.0mm 线宽可用于铁路线的绘制。

表 8-1　常用基本线型

序号	名称	图线宽度	线　型	一　般　用　途
1	粗实线	b		可见轮廓线、剖切线
2	细实线	$0.25b$		尺寸线、尺寸界线、引出线、辅助线
3	虚线	$0.25b$		不可见轮廓线
4	点划线	$0.25b$		中心线、建（构）筑物轴线
5	双点划线	$0.25b$		假想轮廓线
6	折断线	$0.25b$		长断开线
7	波浪线	$0.25b$		断开线
8	粗双点划线	b		移动检修物件轮廓线、起重梁平面投影

8.1.2 字体

图形中的文字、数字和符号所选用的字体高度系列、字体的选用范围和书写的基本要求应符合现行国家标准，在同一幅图纸上选用一种形式的字体。

8.1.3 比例

图纸比例应根据图幅大小、图形复杂程度及清晰度用表 8-2 中的比例。在同一幅图纸上采用一种比例绘制图形时，可只在标题栏的比例栏中注出所采用的比例。示意图、工艺流程图、设备联系图不按比例绘制，但应在图幅中做到适当匀称。

表 8-2 选煤专业制图常用制图比例

比 例	适 用 范 围
1：5，1：20，1：50	道路断面及零件图
1：100，1：200	车间布置图及栈桥布置图
1：500，1：1000	工艺总平面图
1：2000，1：5000	

8.1.4 定位轴线

厂房及建（构）物柱子轴心用定位轴线标出，如图 8-1 所示。定位轴线采用点划线绘制，轴线编号的圆圈用细实线绘制，圆圈直径为 8~10mm，圆心应在定位轴线的延长线或延长线的折线上。平面图上定位轴线的编号注在图样的下方和右侧，标注在右侧轴线编号的字头向左。水平方向的编号用阿拉伯数字从左向右依次编注，垂直方向的编号用大写的英文字母由下向上编注。其中英文字母 I、O、Z 三个字母不得采用。

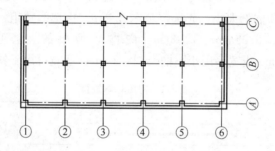

图 8-1 定位轴线编号及标注

8.1.5 图名及位置号

图形名称应与标题栏"图名区"中的图名相对应，标注在图形上方或下方中心位置。图名下应加一条横粗实线，如图 8-2a 所示。剖面图图名要标明剖面所处轴线间的位置关系以及所视的方向，如图 8-2b 所示。

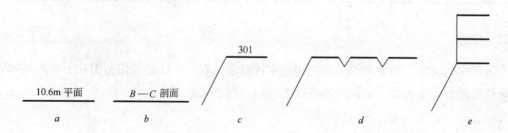

图 8-2 图名及位置号的划线

设备的位置号标注在图形轮廓线外、由图形引出的横线符号上面，如图 8-2c 所示。位置号按顺煤流方向用阿拉伯数字编写，字高较尺寸标注略大。当设备较多，出现重叠、拥挤时，用公用引线表示，如图 8-2*d* 和 8-2*e* 所示。设备位置号用 3 位数表示，按表 8-3 中的规定进行编号。

表 8-3 设备位置编号方法

序号	车 间 名 称	车间代号（首位）	设备代号（后 2 位）	说 明
1	受煤车间	1	01~99	如 101、102、…
2	原煤准备车间（动筛排矸车间）	2	01~99	如 201、202、…
3	重选车间（主厂房）	3	01~99	如 301、302、…
4	浮选车间	4	01~40	如 401、402、…
5	药剂站、油脂库		41~60	如 441、442、…
6	介质制备车间（介质库）		61~80	如 461、462、…
7	空气压缩机房		81~99	如 481、482、…
8	浓缩车间、事故煤泥水池及泵房	5	01~50	如 501、502、…
9	生产清水，生活消防水泵房		51~70	如 551、552、…
10	生活污水处理系统		71~99	如 571、572、…
11	压滤车间及煤泥贮存场	6	01~99	如 601、602、…
12	干燥车间	7	01~99	如 701、702、…
13	产品贮存（装车）仓（场）及装车站（点）	8	01~99	如 801、802、…
14	矸石系统（仓）	9	01~99	如 901、902、…
15	原煤贮存场（仓）	1	—	在原煤准备之前时用"受煤车间"代号
		2	—	在原煤准备之后时用"原煤准备车间"代号

注：1. 生产车间、辅助生产车间直接生产的设备或装置编整号，其附属器件以整号为基准编分号。
　　2. 设计时若无某个车间，其他车间的编号不变，不得提前。
　　3. 若遇上述各项未包括的新系统，可另添编号。
　　4. 当厂型较大，采用多系统配置时，设备位置可用 4 位数，即首位数为车间代号，第 2 位数为系统代号，后 2 位数为设备代号。系统代号中，公用设备代号为 0。

8.1.6 尺寸及标高

图面的尺寸以 mm 为单位。标注建（构）筑物的尺寸以轴线为基准，建（构）相互间的关系尺寸用轴线间的距离表示。栈桥、地道等需标注净高、净宽尺寸。当设备中心线可明确表示时，以设备中心线与建（构）物轴线或楼板（地板）的距离表示。当设备中心线不易表示时，用设备地脚中心线或外形轮廓线标注。在某一台设备位置确定后，其他设备则以此设备为基准标注其位置尺寸。车间剖面或平面图轴线间的尺寸线标注在建（构）物边线外，距边线 30mm，距轴线号圈 5mm 处，如图 8-3 所示。

标高符号用细实线绘制的等腰三角形表示，三角形的尖端应指至被标注点，尖端可向

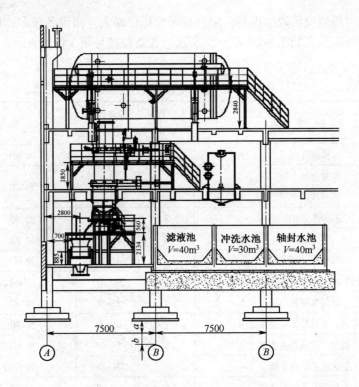

图 8-3 车间剖面或平面图轴线间尺寸标注

a—尺寸线距建（构）物外边线距离；*b*—尺寸线距轴线号圈边线距离

上，也可向下；三角形高可采用 3mm，底角可采用 45°。标高为相对标高，如需在图纸中说明相对标高和绝对标高的关系，可在标注的"±0.00"标高后用括号注出绝对标高数值（见图 8-4），标高值以 m 为单位，数字可取至小数点后两位。零点标高在数字前加注"±"号（见图 8-4），负数标高在数字前加注"−"号（见图 8-4），正数标高在数字前不加符号（见图 8-4）。

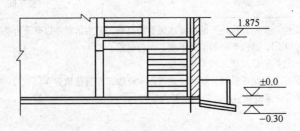

图 8-4 标高标注方法示例

8.2 流程图绘制

流程图按不同设计阶段对图纸深度的要求，分为原则流程图和工艺流程图。

原则流程图应按原料煤加工顺序表示出工艺过程中各作业间的相互关系，可只标注作业名称，无需标注数量、质量，见图 8-5。

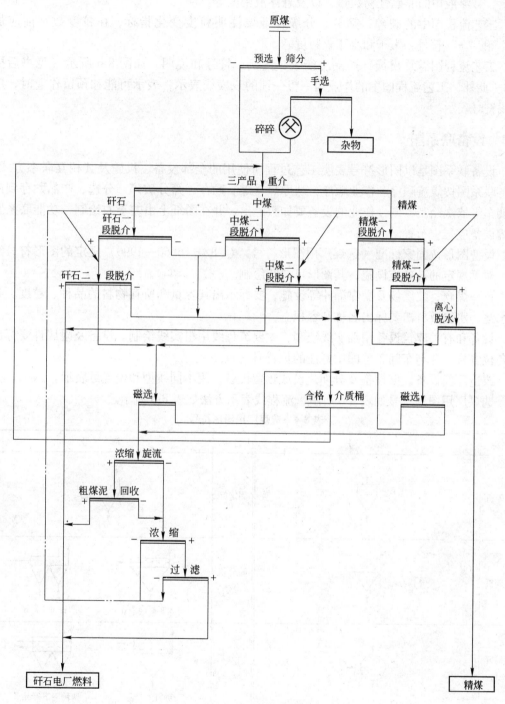

图 8-5 原则流程示例

工艺流程图应将数量、质量流程,水量流程和介质流程合并。图中应标注各作业及作业名称;标注各作业的入料及产品名称,并注明其产率、产量、灰分、水分、水量、液固比等指标。重介选工艺流程还要注明悬浮液体积、悬浮液中的固体量、悬浮液中的磁性物数量、悬浮液中的非磁性物数量，以及悬浮液密度等。

工艺流程图中的破碎、筛分、分级作业要注明粒度变化指标，在粒度数字前应加"+"和"−"符号，大于和小于该粒度。

工艺流程图需绘出最终产品平衡表、图例、符号和说明，如图 8-6 所示（见书后插页）。此外，工艺流程图中的作业用一粗一细的双横线表示，表示可能和预留作业时，用虚线符号表示。

8.3 设备联系图

设备联系图是以图形符号表明工艺过程所使用的全部设备、设施及其相互联系方式。设备联系图按煤流顺序和作业顺序，从原煤受煤、贮存、筛分破碎、分选、产品贮存到产品装车等依次绘制，同一作业的设备要如数绘出，并在图纸上由左至右绘制，功能联系紧密的设备应集中布置。

设备图形按国家标准《选煤厂用图形符号》（GB/T 16660—1996）规定的图形符号绘制，对无规定的设备或设施，其图形可自行绘制。

各种煤仓、贮煤场及受煤漏斗等设施，要标示出其容量和所存物料的品种、粒度。各种水池、水箱及料槽要标出名称和容积。

设备和有关建筑设备用细实线绘制，主要流程线用粗实线绘制。设备及附属件要标出设备位置号，并与车间布置图中标注的位置号一致。

改造厂新设备、旧设备及分期建设或预留设备，用不同线型和位置号表示。

选煤厂用图形符号如表 8-4 所示，流程线表示方法如表 8-5 所示。

表 8-4 选煤厂用图形符号

名称	符号	名称	符号
破碎机		固定筛	
磨碎机	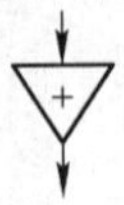	筛分机（单层）	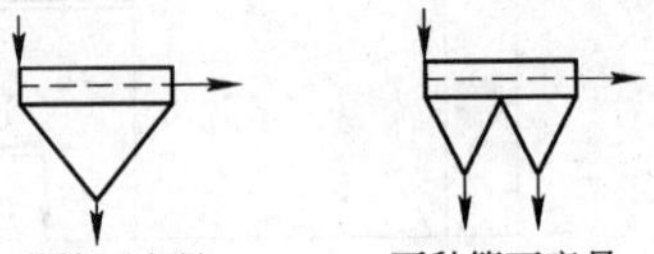 一种筛下产品　两种筛下产品
滚筒碎选机	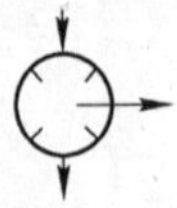	筛分机（双层）	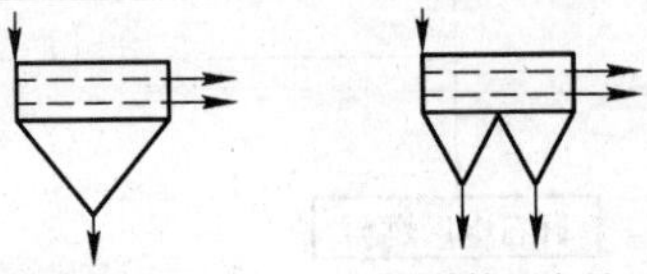 一种筛下产品　两种筛下产品
弧形筛	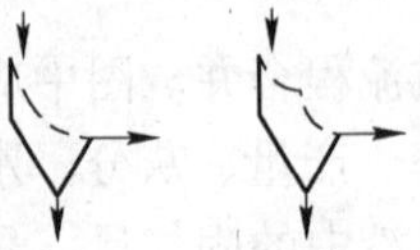 单段　双段	跳汰机	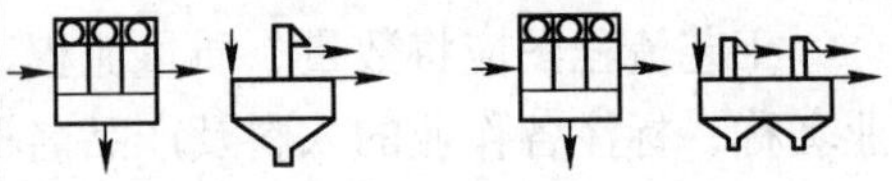 二产品　三产品

名称	符　号	名称	符　号
重介质 分选机	二产品　　　三产品	圆筒式 过滤机	真空　　　加压
浮选机	二产品　　　三产品	泵	
浮选柱		压风机	
摇床		带式 挤压机	
捞坑		机械 分级机	
斗式提 升机		分级 旋流器	
沉降 过滤式 离心 脱水机		浓缩 旋流器	
沉降式 离心 脱水机		绞车	
过滤式 离心脱水机		架空索道	

名称	符 号	名称	符 号
卡车		取料机	
翻车机	准轨　　　　窄轨	药剂桶	
铁路	准轨　　　窄轨	介质桶	
带式输送机		混料桶	
手选带式输送机		仓	
犁式卸料器		贮煤场	
刮板输送机	单点卸料　　　多点卸料	层状贮煤场	
卸料小车（固定或移动）		机械取样器	
螺旋输送机		槽选机	

名称	符　号	名称	符　号
重介质旋流器	二产品　　　三产品	角锥沉淀池	
水介质旋流器		浓缩机	耙式　　　深锥
干选机	二产品　　　三产品	混料机	
滚筒分选机		火力干燥机	
螺旋分选机	二产品　　　三产品	集成器	
磁选机		除尘器	
沉淀池		吸尘器	
斜板沉淀槽		圆盘式过滤机	真空　　　加压
沉淀塔		真空泵	

续表 8-4

名称	符 号	名称	符 号
风机		箕斗	垂直提升　斜坡提升
压滤机		卸矸架	
电动葫芦		推土机	
单梁起重机		装载机	
抓斗起重机	桥式　　　门式	喷水	
堆料机		泵池	
堆取料机		分配器	
给料机		搅拌桶	
闸门	平板　　插板或扇形	风包	

名称	符　号	名称	符　号
准备器		给药机	
分流器		气水分离器	
磁力吸铁器	悬挂式　　滚筒式	衡器	

表 8-5　流程线表示方法

名称	符　号	名称	符　号
主要煤流线		可能煤流线	
清水线		循环水线	
煤泥水线	— M —— M —	滴水、放水、溢水线	— D —— D —
矸石线	— G —— G —	空气线	— K —— K —
浮选剂线、输油线	— Y —— Y —	合格介质、磁选精矿线	— H —— H —
稀介质线	— X —— X —	磁选尾矿线	— C —— C —
絮凝剂线	— N —— N —	硫化铁线	— L —— L —
流程汇集、分叉	⊤ ⊥ ⊣ ⊢	流程线通过而不汇交	＋

8.4　车间布置图

车间布置图的平面、剖面、断面和各种图形均按正投影方法绘制。

车间布置平面图为自上层楼板位置向该楼板俯视得到的投影图。车间为台阶式布置时，不同标高的平面可绘制在同一幅图中，但要标注出不同标高数值。

车间布置剖面图可以建筑物轴线作为剖切线，以轴线编号顺序区别剖视方向。车间布置图的剖视方向应按平面图从右向左、从下向上看。剖面图对设备以正投影绘制，不做剖视。

带式输送机栈桥横断面采用断面图绘制，当车间局部设备布置需特别交代清楚时，也可采用断面图绘制。

9 选煤厂工程的技术经济

选煤厂初步可行性研究和可行性研究都应编制投资估算，进行经济评价和技术经济综合评价。初步设计应编制概算，必要时进行投资分析。施工图设计应编制预算。选煤厂工程的技术经济应执行国家或行业现行的工程造价管理和经济评价等相关规定。

9.1 选煤厂劳动定员

9.1.1 劳动定员的定义、确定和范围

9.1.1.1 劳动定员的定义

选煤厂劳动定员是指为了达到设计生产能力所需要的全部生产人员、服务人员和其他人员。

（1）生产人员是指选煤厂生产过程中的全部生产工人和管理人员，其中，生产工人是指直接从事选煤生产以及为选煤生产服务的辅助环节的全部工人；管理人员是指从事选煤厂生产管理、行政管理、党政工作和工程技术的全部人员。

（2）服务人员是指服务于选煤厂职工生活及间接服务于生产的人员，包括食堂、浴室、文教、卫生、保健、消防、保安、托儿所、住宅管理维修和勤杂人员等。

（3）其他人员是指从事厂外铁路专用线的维修、房屋建筑大修理、地销煤、环境保护、小型综合利用等的工人及管理人员。

9.1.1.2 劳动定员的确定

选煤厂劳动定员的确定，应根据选煤厂的类型、厂型、选煤方法、工艺系统以及机械化、自动化程度和工艺布置特点等因素，本着充分发挥职工积极性，提高劳动效率的原则，按生产岗位及工种配备。在保证生产的前提下尽量减少劳动定员数，提高劳动生产率。

9.1.1.3 劳动定员的范围

劳动定员的范围，应为达到选煤厂设计处理原煤能力时所需的全部在籍人数。表 9-1 为各车间生产工人劳动定员明细表。

在籍系数是根据所采用的工作制度和职工的正常出勤率来确定的，与采用的工作班次无关。选煤厂的工作制度一般为全年连续生产，生产工人的在籍系数按 1.3~1.4 选取，管理人员的在籍系数按 1.0 选取。管理人员占生产工人在籍人数的 8%~14%，服务人员占生产工人在籍人数的 6%~9%，其他人员占生产工人在籍人数的 1%~2%。

表 9-1 选煤厂生产工人劳动定员明细表

序号	工种名称	出勤人数			合计人数	在籍系数	在籍人数	备 注
		一班	二班	三班				
(1)	(2)	(3)	(4)	(5)	(6)	(7)	(8)	(9)
	1. 原煤准备车间							
	胶带运转工							
	原煤筛运转工							
	拣矸工							
	破碎机工							
	检修工							
	合计							
	2. 主厂房							
	⋮							
	合计							
	⋮							
	生产工人合计							

注: 1. 在籍系数 $= \dfrac{\text{全年工作日总数}}{\text{每个职工全年实际出勤日数}}$;

    2. 在籍人数 = 出勤人数×在籍系数。

9.1.2 劳动生产率

劳动生产率是指劳动者在一定时间内创造出一定数量的合格产品的能力，即产品数量与所消耗的劳动时间的比例，通常称效率。劳动生产率能全面反映企业的生产技术水平和管理水平，是一个综合性指标。选煤厂初步可行性研究、可行性研究和初步设计，均应计算劳动生产率。

选煤厂劳动生产率可分为实物劳动生产率和货币劳动生产率。

9.1.2.1 实物劳动生产率

$$\text{选煤厂全员效率} = \frac{\text{日入选原煤总量}}{\text{选煤厂每日生产人员出勤人数}} \quad (t/(人·d))$$

$$\text{生产工人效率} = \frac{\text{日入选原煤总量}}{\text{每日生产人员出勤人数}} \quad (t/(人·d))$$

9.1.2.2 货币劳动生产率

$$\text{选煤厂全员货币劳动生产率} = \frac{\text{年选煤厂产品总值}}{\text{选煤厂全部在册人数}} \quad (元/(人·a))$$

$$\text{生产工人货币劳动生产率} = \frac{\text{年选煤厂产品总值}}{\text{生产工人在册人数 × 工作日数}} \quad (元/(人·d))$$

每日生产人员出勤人数包括生产工人和管理人员。

劳动生产率是根据选煤厂的生产规模、工艺特点、工序繁简、自动化程度、操作和管理水平等因素综合确定的。新设计的选煤厂应该与类似的选煤厂劳动生产率进行对比分析，说明其高低的原因，提出提高劳动生产率的具体措施和有效途径。表 9-2 列出选煤厂全员效率指标。

表 9-2 选煤厂全员效率指标

类 型	年处理原煤量/Mt	厂 型	全员效率/t·人$^{-1}$·d^{-1}
大型厂	3.00 以上	矿井及群矿	≥80
		矿区	≥60
	0.90~2.40	矿井及群矿	≥60
		矿区	≥45
中型厂	0.45~0.60	矿井及群矿	≥50
		矿区	≥35
小型厂	0.30 以下	矿井及群矿	≥20

注：选煤厂设计规范中规定，选煤厂设计全员效率不低于表9-2中的控制指标。

例 9-1：某群矿型炼焦煤选煤厂，设计年处理原煤 6.0Mt，工作制度为每年生产 330d，每天生产 16h，两班生产、一班检修，计算控制的劳动定员数。

解 查表 9-2，全员实物劳动生产率大于等于 80t/（人·d），取 100t/（人·d）。

日处理原煤量 $= \dfrac{6 \times 10^6}{330} = 18182 t/d$

每日生产人员出勤人数 $= 18182/100 = 182$ 人

管理人员出勤人数 $= \dfrac{182}{1.08} \times 8\% = 14$ 人

每日生产工人出勤人数 $= 182 - 14 = 168$ 人

生产人员在籍人数 $= 168 \times 1.35 + 14 = 241$ 人

服务人员人数 $= 241 \times 6\% = 15$ 人

其他人员人数 $= 241 \times 1\% = 3$ 人

随着国家人事制度和劳动用工制度的改革，企业的用人机制越来越灵活。新设计的选煤厂在确定劳动定员时，可以参考《选煤厂设计规范》中的指标确定，也可以根据选煤厂的所有制形式、隶属关系、经营方式等具体因素，依照实际需要来确定。表 9-3 列出劳动定员汇总表举例。

表 9-3 劳动定员汇总表（举例）

定 员	出 勤 人 数				在籍人数
	一班	二班	三班	合计	
生产工人	56	56	56	168	227
管理人员	14			14	14
服务人员	15			15	15
其他人员	3			3	3
合 计	88	56	56	200	259

9.2 选煤厂生产成本计算

选煤厂生产成本是以货币形式表示的选煤生产过程中将原料煤加工成各种产品煤所付

出的人力、物力和财力的总和。它既体现选煤厂设计方案或设计项目的技术经济效果，同时也反映设计的经济合理性。选煤厂生产成本计算可分两步进行，即首先进行分离前成本计算，然后进行分离后成本计算。

9.2.1　分离前成本计算

分离前成本由材料费和加工费两项构成。

9.2.1.1　材料费

材料费包括原材料费和辅助材料费。

（1）原材料费：入厂原煤，其费用由开采原煤的成本与运至选煤厂的运输费用两项构成。

（2）辅助材料费：由日常生产维修费、药剂费，油脂费、化验费，滤布、加重质和劳动保护费等。一般辅助材料费应按材料备件计划逐项进行计算。

9.2.1.2　加工费

加工费一般由电力费用、工资及其他相应费用构成。

（1）电力费用：可按吨原煤电耗指标进行估算，也可按设计项目年耗电量与生产电价相乘来计算。

（2）工资：按全厂职工人数乘以平均工资进行计算。同时，考虑奖金和津贴等工资附加费。

（3）其他费用：包括基本折旧费、大修理费、办公费、差旅费、企业管理及车间经营费用等。

9.2.2　分离后成本计算

选煤厂总成本包括材料、工资、电力、折旧及其他支出。将总成本经过销售价格比率、折合量的计算，得出分离后精煤、中煤（或混煤）、煤泥产品的分离成本，各产品分离后的成本总和仍等于分离前的总成本。还可以计算出分离后的单位成本销售收入和年积累。

销售价格比率是指某种产品与精煤产品价格之比。折合量是指选煤产品产量乘以销售价格比率，也就是将各种产品折合成精煤产量。

$$销售价格比率 = \frac{某种产品价格}{精煤价格}$$

$$某种产品折合量 = 该产品产量 \times 销售价格比率$$

要求出分离后各种产品的成本，需先求出分离前单位成本。即

$$分离前单位成本 = \frac{分离前总成本}{总折合量}$$

分离后各种产品的成本为：某种产品成本 = 该产品折合量 × 分离前单位成本

分离后各种产品的单位成本为：分离后某一产品的单位成本 $= \dfrac{分离后该产品的成本}{该产品的产量}$

例 9-2：某炼焦煤选煤厂，年处理原煤 0.4Mt，50~0.5mm 粒级采用跳汰选，煤泥用重介质旋流器—高频筛—煤泥离心脱水机回收。总成本费用估算见表 9-4，分离后成本见表 9-5。

表 9-4 总成本费用估算

序号	成本项目	可变比率/%	总成本/万元	平均单位成本/元·t⁻¹
1	原料煤	100.00	3800.0	95.00
2	辅助材料	100.00	100.0	2.50
3	电力	40.00	54.4	1.36
4	其他材料		60.0	1.50
5	工资	50.00	70.6	1.77
6	福利费		9.9	0.25
7	大修理费		24.6	0.62
8	其他费用	100.00	49.4	1.24
9	销售费用	100.00	20.0	0.50
10	折旧费		53.4	1.34
11	摊销费		3.0	0.08
12	利息支出		39.0	0.98
12.1	其中：流动资金利息	100.00	24.6	0.62
12.2	长期借款利息		14.4	0.36
13	总成本		4284.3	107.11
13.1	其中：固定成本		233.2	
13.2	可变成本		4051.1	
14	经营成本		4188.9	

表 9-5 分离后成本计算

产品名称	产量/万吨	销售价格比率	折合量		分离后成本/万元	单位成本/元·t⁻¹
			%	万吨		
(1)	(2)	(3)	(4)	(5)	(6)	(7)
精煤	30.47	1.00	83.71	30.47	4117.75	135.14
中煤	2.12	0.15	5.82	0.32	20.27	20.27
煤泥	3.81	0.24	10.47	0.91	32.43	32.43
合计	36.40		100.00	31.70	4284.30	117.70

为了便于成本分析，可用吨原煤加工费和吨精煤加工费的高低来衡量选煤厂成本的高低。本例中，根据表 9-4 和表 9-5 计算结果，该厂年经营成本为 4188.9 万元，总成本及费用 4284.3 万元，吨煤加工费为：107.11−95＝12.11 元。

探讨成本时，不仅预计将来的产品设计成本，而且要将设计项目的工程投资作为"成本"看待。预计投资的经济效益时，可估算这种"成本"与效益两个方面。这种扩大的成本概念，在基本建设项目投资的评价和决策分析中，有广泛的用途。

9.3 选煤厂工程概算

工程概算是控制建设项目基建投资、提供投资效果评价、编制固定资产投资计划、筹措资金、施工及设备招标和实行投资大包干的主要依据，也是作为控制施工图预算的主要基础。根据有关规定，初步设计编制概算，施工图设计编制预算，施工结束后编制决算。概算和预算由设计单位编制，决算由生产单位编制，设计单位参加。编制工程概算要严格执行国家有关方针政策，如实反映工程所在地的建设条件和施工条件，正确选用材料单价、概算指标、设备价格和各种费率。

选煤厂初步可行性研究估算的项目总投资准确率应控制在±20%以内。其投资估算应按生产系统或环节编制投资估算汇总表，必要时应对投资的合理性作出分析。可行性研究估算的项目总投资准确率应控制在±10%以内。可行性研究估算的总投资一经批准，应作为工程造价的限额依据（按可比价格计算）。如遇特殊情况，应对可行性研究投资估算进行调整，并重新评估批准。

选煤厂初步设计概算的编制应按照设计工程量计算。概算书中应给出主要价格依据、必要时应对投资进行分析。初步设计概算应作为控制工程造价的基准。选煤厂建设过程中，如因工程建设条件变化需要进行概算调整，已完工程应按实际结算计，未完工程按概算要求编制，并应进行投资对比分析。

9.3.1 工程概算结构形式与组成

工程概算的结构形式见图 9-1。根据工程概算的结构形式和功能范围不同，工程概算由单位工程概算、综合概算和总概算三部分组成：

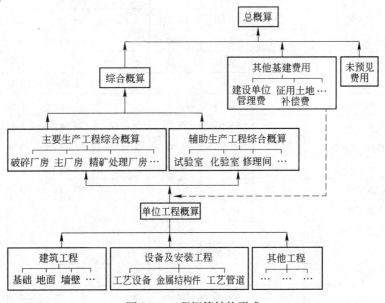

图 9-1 工程概算结构形式

（1）单位工程概算。从工程概算结构形式看出，单位工程概算是单项（即子项）工程概算的组成部分，是编制综合概算的原始资料。根据概算编制要求，单项工程设计者单独编制本专业的单位工程概算，然后送交概算专业人员汇总。选煤专业人员只编制选煤专业的单位工程概算。

（2）综合概算。综合概算是编制总概算的基础，是选煤、土建、给排水、供配电等专业单位工程概算的汇总。由于综合概算的项目编制齐全、费用开列详细，便于投资决策者查阅和分析各项基建投资的组合情况。独立设计的建设项目，必须由概算专业人员编制综合概算。

（3）总概算。总概算包括从项目筹建到竣工验收的全部费用，它是按照基建费用的性质和用途，分项汇总的工程概算价值表。总概算项目简明扼要，费用用途清楚，便于投资决策者掌握基建工程投资去向。独立设计的建设项目，由概算专业人员编制总概算。

9.3.2 总概算

总概算由单位工程概算及其他工程和费用汇总而成，包括各项工程的全部建设费用。总概算表中包括工程或费用名称、建筑费用、设备费用、安装费用，还包括未能预见费用、费用合计、吨煤投资、占总投资百分率。总概算表见表9-6。

表 9-6　选煤厂总概算表

| 序号 | 费用构成及名称 | 概算价值/万元 | | | | | 吨煤投资/元 | 占总投资百分率/% |
		土建工程	设备购置	安装工程	其他费用	合计		
一	受煤坑	5.54	2.52	2.21		10.27	0.26	1.02
二	筛分破碎车间	10.06	27.96	2.46		40.48	1.01	3.98
三	主厂房	131.52	211.41	34.93		377.86	9.45	37.21
四	浓缩车间	31.94	48.00	21.22		101.16	2.53	9.96
五	汽车地磅房	5.01	16.06	0.92		21.99	0.55	2.17
六	厂外栈桥及转载点	53.46	57.30	7.28		118.04	2.95	11.61
七	事故池	16.35	1.81	0.03		18.19	0.44	1.73
八	车间配电		36.76	28.02		64.78	1.62	6.38
九	集控室及通讯		55.04	17.50		72.54	1.81	7.13
十	生产消防水池及泵房	14.63	1.53	1.47		17.63	0.44	1.73
十一	工业广场给排水管道	7.19		9.64		16.83	0.42	1.65
十二	厂区设施	30.42				30.42	0.76	2.99
十三	水源工程		30.00			30.00	0.75	2.95
十四	其他基建费用				38.71	38.71	0.97	3.82
小计		306.12	488.39	125.68	38.71	958.9	23.96	94.33
十五	工程预算费				57.50	57.50	1.44	5.67
合计		306.12	488.39	125.68	96.20	1015.78	25.40	100
十六	铺底流动资金				198.62	198.62		
	总　计	306.12	488.39	125.68	294.82	1214.40		

9.3.3 单位工程概算

单位工程概算分为土建工程概算、设备及安装工程概算。对于每一个单位工程，例如受煤系统、筛分破碎车间、主厂房，产品仓等，都应分别进行土建工程、设备及安装工程的费用概算，然后分别列表。

9.3.3.1 土建工程概算

土建工程概算应根据设计图纸、工程量（m^2、m^3）、工程技术特征，选取相应的概算指标和施工管理费定额进行计算。土建工程概算表见表9-7。

表 9-7 土建工程概算表

序号	单位工程名称及简要说明	单位	数量	单价/元	总价/元		
					直接费用	施工管理费	合计
(1)	(2)	(3)	(4)	(5)	(6)	(7)	(8)
1	筛分破碎车间（钢筋混凝土结构）	m³					
2	主厂房（钢筋混凝土框架结构）	m³					
3	耙式浓缩机（φ30m 半地下式）	台					
4	装车仓（φ12m 钢筋混凝土结构）	个					

9.3.3.2 设备及安装工程概算

设备购置费是指生产设备、备品备件、进口及大型设备的购置费。设备购置费可按下式计算：

$$设备购置费 = 设备原价 + 运保费 + 成套设备业务费$$

现在新设计或技术改造的选煤厂，一般都采用公开招标的方式购置设备，因此，设备购置费实际上就是设备的中标价格。投标报价有两种方式：一种是只报设备原价，另一种是报设备总价（设备原价 + 运保费 + 成套设备业务费）。进口设备投标报价可分为离岸价（FOB 价）和到岸价（GIF 价），ICF 价 = FOB 价 + 运保费 + 业务费。

设备及安装工程概算表（见表9-8），包括全部需要安装和不需要安装的机械电气设备、运输设备和非标准设备的购置（制作）费等以及设备、管路安装工程的安装费。

表 9-8 设备及安装工程概算表

序号	设备及安装工程名称	单位	数量	单价/元				设备	主要材料	安装	
				设备	主要材料	安装					
						计	其中：工资			计	其中：工资
(1)	(2)	(3)	(4)	(5)	(6)	(7)	(8)	(9)	(10)	(11)	(12)

9.3.3.3 工程建设其他费用

工程建设其他费用包括土地征用补偿安置费、建设单位管理费、冬雨季施工增加费、生产筹备费、生产人员培训费、联合试运转费等。工程建设其他费用概算表见表9-9。

表9-9 工程建设其他费用概算表

序号	工程及费用名称	计算依据	单位	数量	单价/元	总价/万元
(1)	(2)	(3)	(4)	(5)	(6)	(8)
1	土地征购费	当地规定	亩			
2	场地完工清理费					
	工业建筑		m^2			
	民用建筑		m^2			
3	冬雨季施工增加费					
	冬季施工增加费					
	雨季施工增加费					
4	生产工人培训费					
⋮	⋮					

注：1 亩 ≈ 666.67m²。

9.3.4 施工图预算的编制

9.3.4.1 预算编制的主要依据

施工图预算编制的主要依据包括批准的初步设计和概算书、施工图及说明、批准的施工组织设计或施工技术要求措施、单位工程统一名称表等。

9.3.4.2 预算的编制

预算由设计部门按单位工程进行编制，并在单位工程施工前提交预算，预算书由单位工程预算总表（表9-10）、建筑安装工程预算表（表9-11）、定额外材料预算表、工程量计算表、人工及主要材料消耗量汇总表等组成。

表9-10 单位工程预算总表

序号	费用名称	计算基础	金额/元	编制说明
1	一、直接费			
2	1. 基本直接费			
3	（1）直接定额费			
4	其中：人工费			
5	材料费			
6	机械费			
7	（2）安装工程定额外材料费			
8	2. 其他直接费			
9	二、间接费			
10	其中：临时设施及劳保支出			
11	三、计划利润			
12	四、税金			
13	工程造价			
14	工程数量			
15	技术经济指标			

表 9-11 建筑安装工程预算表

估价表号	分部分项名称	单位	数量	单价/元				总价/元			
				工资	材料	施工机械	小计	工资	材料	施工机械	小计

9.3.5 选煤厂工程参考指标

经济概算和预算工作量大且繁杂。学生毕业设计时，可参考表 9-12~表 9-14 指标进行计算。

表 9-12 机械、电气设备安装费百分率

项　目	安装费百分率/%	
	合　计	其中工资
机械设备	4.4	33
电气设备	16	30

注：1. 机电设备安装费百分率是指机电设备占设备价格的百分率；
　　2. 电气设备价格应包括设备及电缆电线价格。

表 9-13 电气设备占机械设备投资百分率

序　号	项目名称	电气设备占机械设备投资百分率/%
1	矿区或中央选煤厂	17
2	矿区或群矿选煤厂	10

表 9-14 非标准设备占机械设备投资百分率

项　目	瘦煤坑	准备车间	跳汰车间	重介车间	浮选车间	装车仓
非标准设备占机械设备投资百分率/%	13.5	10.5	10.5	6.0	4.6	10.0

9.4 选煤厂工程的技术经济分析与评价

建设项目经济评价就是在完成市场需求预测、厂址选择、技术方案选择等工程技术研究的基础上，计算项目投入和产出效益，经多方案比较，对拟建项目的经济合理性进行分析论证，进而作出全面经济分析和评价。经济评价是项目可行性研究的重要组成部分。

9.4.1 选煤厂工程主要技术经济指标

初步设计说明书中附有技术经济指标表，表格形式和内容见表 9-15。

9.4.2 选煤厂工程技术经济评价

选煤厂技术经济评价的方法可分为静态评价法和动态评价法两种。

表 9-15 主要技术经济指标

序号	名 称	单位	数量	备注	序号	名 称	单位	数量	备注
(1)	(2)	(3)	(4)	(5)	(6)	(7)	(8)	(9)	(10)
1	原煤入选量	万吨/a			14	机械设备总质量	t		
2	原煤灰分	%			15	"三材"消耗			
3	选后产品质量（灰分、水分、硫分、发热量）	%				钢材	t		
						木材	m³		
4	选后产品数量（各种产品年产量和回收率）	万吨/a %				水泥	t		
					16	劳动定员	人		
5	原煤及产品仓容量	t			17	生产工效率	t/工		
6	建筑物总体积	m³			18	全员效率	t/工		
	其中：主厂房	m³			19	基建投资	t/工		
7	建筑总面积	m²				其中：建筑工程	万元		
8	工业广场占地面积	m²				设备及安装工程	万元		
9	运输机总长度	m				其他费用	万元		
10	吨煤用循环水量	m³/t			20	吨原煤基建投资	元		
	吨煤消耗水量	m³/t			21	吨原煤加工费	元		
11	变压器总容量	kVA			22	选后产品单位成本	元		
12	电动机总设备容量	kW			23	投资利润率	%		
13	年耗电量	kW·h			24	投资回收期	a		
	入选吨原煤耗电量	kW·h/t			25	财务内部收益率	%		

9.4.2.1 静态评价法

静态评价法是在满足产品销售和环境保护等的前提下，假定资金没有利息、没有通货膨胀，计算静态可能获得的经济效益的一种评价方法，以投资回收期年限最短的方案为最佳。

A 总利润

总利润是总收入扣除生产总成本和税金之后的余额。可用下式计算：

总利润＝总收入-总成本-税金＝（产品价格×产量）-总成本-（总成本×税率）

B 投资利润率

投资利润率是指年净利润额与总投资额的比值，它表示单位投资所创造的利润，是衡量投资利润水平的主要指标之一，计算公式如下：

$$PR = \frac{P_r}{J} \times 100\% \tag{9-1}$$

式中 PR——投资利润率；

P_r——年净利润，元；

J——投资总额，元。

C 静态投资收益率

静态投资收益率是指单位投资能获得的收益，它反映项目投资所能获得的盈利水平，投资收益率越大，投资的经济效益越好。静态投资收益率有一个额定标准，这个标准称为标准投资收益率。一般来说，工业企业的静态投资收益率不低于 15%～30%。静态投资收益率按式（9-2）计算：

$$RR = \frac{P_r + DE}{J} \times 100\% \tag{9-2}$$

式中　RR——静态投资收益率；

　　　DE——年基本折旧（留给企业的部分）；

　　　其余符号意义同前。

对建设项目进行经济评价，经计算，如果投资收益率大于或等于标准投资收益率。则该项目在经济上是可行的，否则该项目在经济上是不可行的。

D 静态投资回收期

静态投资回收期也称返本期，它是静态投资收益率的倒数，表示每年的净收入能偿还全部原始投资所需的年限。

$$T' = \frac{1}{RR} = \frac{J}{P_r + DE} \times 100\% \tag{9-3}$$

式中　T'——投资回收期，年；

　　　其余符号意义同前。

投资回收期也是反映投资经济效益的指标之一，投资回收期越短，投资经济效益越好。若投资回收期比标准投资回收期短，则该项目投资的经济效益好，经济上是可行的。国家规定投资回收期一般为 8～10 年，不超过 15 年。在进行方案比较时，以投资回收期年限最短的方案为最佳。

9.4.2.2　动态评价法

动态评价法是静态评价法的发展。动态评价法中引入了资金的时间价值原理。评价时考虑了时间因素对资金价值的影响，也称计时评价。动态评价法的实质就是将选煤厂各年获得的利润折算到评价时的现值，以此为基础评价选煤厂建设的经济价值和经济效益。动态评价法也称"贴现法"。

资金的未来值可用式（9-4）计算：

已知现值 PV，计算未来值（本利和）FV：

$$FV = PV(1 + i)^n \tag{9-4}$$

式中　FV——n 年后资金的未来值（本利和）；

　　　PV——资金的现值；

　　　i——年利率；

　　　n——计息周期数；

　　$(1+i)^n$——一次支付复利系数。

年利率 i，经 n 年后积累可得资金额 FV，现在应向银行贷款多少，可用式（9-5）计算：

$$PV = FV\left[\frac{1}{(1+i)^n}\right] \tag{9-5}$$

式中　$\dfrac{1}{(1+i)^n}$ —— 一次支付现值系数；

其余符号意义同前。

A　总现值法

总现值法是把选煤厂各年期望利润逐一贴现成投产之日或某一规定时间的现值，然后将各分年现值累加，即得总现值。总现值法一般按选煤厂每年获得的实际利润，而不是按净利润来贴现计算。总现值的计算公式如下：

$$PV = \sum_{i=1}^{n} A_t\left[\frac{1}{(1+r)^t}\right] \tag{9-6}$$

式中　PV——总利润现值；

A_t——选煤于第 t 年的期望利润；

t——年份，$t=1,\ 2,\ 3,\ \cdots,\ n$；

r——贴现率。

如果选煤厂每年获得的利润相等，均为 A，则式（9-6）可简化为：

$$PV = A\left[\frac{(1+r)^n - 1}{r(1+r)^n}\right] \tag{9-7}$$

式中　$\dfrac{(1+r)^n-1}{r\,(1+r)^n}$ ——等额多次支付现值系数；

其余符号意义同前。

B　净现值法

净现值可用式（9-9）计算：

$$NPV = PV - J \tag{9-8}$$

式中　NPV——净现值；

PV——总现值；

J——基建投资现值。

基建投资现值（年末贷款）可用式（9-9）计算：

$$J = \sum_{t=0}^{p-1} J_t(1+i)^t \tag{9-9}$$

式中　J_t——第 t 年的投资额；

t——投资年份；

p——基建周期；

i——年利率。

如果每年的投资额相等，均为 J_t，则式（9-9）可简化为：

$$J = J_t\left[\frac{(1+i)^p - 1}{i}\right] \tag{9-10}$$

式中　$\dfrac{(1+i)^p-1}{i}$ ——等额多次支付复利系数；

其余符号意义同前。

如果拟建选煤厂的净现值大于零，则该选煤厂能取得大于基准收益率的良好经济效益，即有超额利润，证明该选煤厂建设项目在经济上是可行的。如果进行两个方案比较，则应选择净现值大的方案作为较优方案。

C 现值比法

现值比就是选煤厂服务年限内总利润现值与基建期间总投资的比，可用式（9-11）计算：

$$PVR = \frac{\sum_{i=1}^{n} A_t (1 + i)^{-t}}{\sum_{t=0}^{p} J_t (1 + i)^{t}} \tag{9-11}$$

式中 n——服务年限；

p——建设周期；

其余符号意义同前。

D 净现值比法

净现值比就是净现值与全部投资额现值和的比值，它表示单位投资的现值所能获得的净现值收益。即：

$$NPVR = \frac{NPV}{J} \tag{9-12}$$

式中 $NPVR$——净现值比；

NPV——净现值；

J——投资的现值和。

净现值比越大，说明单位投资现值所取得的经济效益越好。由于净现值比没有一个衡量尺度，在进行经济评价时，用于方案比较和方案选优的评价指标。

E 内部收益率法

内部收益率就是累计净现值等于零时的收益率。也就是要求出这样一个收益率，它在选煤厂评价期内，逐年现金流入的现值之和等于逐年现金流出的现值之和。

内部收益率一般用计算机进行计算，也可以用内插法计算。内插法计算是先选定两个贴现率 r_1 和 r_2 进行试算，分别计算净现值，使 NPV (r_1) 为正值。NPV (r_2) 为负值，内部收益率在两个贴现率之间，然后用内插法求出 r（见图 9-2），计算公式为：

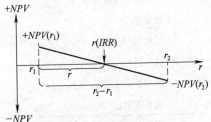

图 9-2 内部收益率内插计算图

$$r(IRR) = r_1 + \frac{\mid NPV(r_1) \mid}{\mid NPV(r_1) \mid + \mid NPV(r_2) \mid}(r_2 - r_1) \tag{9-13}$$

式中 r_1——较低的贴现率；

r_2——较高的贴现率。

内部收益率是选煤厂经济评价的一个重要指标。内部收益率大于基准收益率，则表明经济效益较好，经济上是可行的。

F 动态投资回收期法

如果现在获得银行贷款为 J，利率为 i，并希望在 t 年内还清本息，那么平均每年应该偿还的资金为：

$$J_t = J\left[\frac{i(1+i)^T}{(1+i)^t - 1}\right] \tag{9-14}$$

式中 $\dfrac{i(1+i)^T}{(1+i)^t-1}$ ——等额多次支付资金回收系数。

如果把 J 视为设备投资，那么 J_t 为每年的折旧费，设备积压时间越长，折旧费就越高，因此对设备积压现象应该引起重视。

如果选煤厂投产后的年收益为 A，则动态投资回收期为：

$$T = \frac{-\lg\left(1 - \dfrac{Ji}{A}\right)}{\lg(1+i)} \tag{9-15}$$

例 9-3：某年处理能力为 0.4 Mt 的炼焦煤选煤厂，采用跳汰选煤法，要求精煤灰分小于 7%。硫分小于 0.1%，选煤厂服务年限为 45 年。其经济评价见表 9-16～表 9-19。

表 9-16　销售收入、税金及附加估算表

序号	项　目	销售价格	年限（2～20）
1	销售收入/万元		5217.70
1.1	精煤销售量（万 t/a）		30.47
	精煤销售收入/万元	164.50	5012.30
1.2	中煤销售量（万 t/a）		2.12.00
	中煤销售收入/万元	25.00	53.00
1.3	煤泥销售量（万 t/a）		3.81
	煤泥销售收入/万元	10.00	152.40
2	销售税金及附加/万元		142.50
2.1	增值税/万元		131.90
2.1.1	销项税/万元		600.30
2.1.2	进项税/万元		468.30
2.2	城市维护建设税/万元		6.60
2.3	教育税附加/万元		4.00

表 9-17　损益表

序号	项目	年　限					合计	年平均
		2	3	4～11	12～16	17～20		
	生产能力/万元	40.0	40.0	40.0	40.0	40.0	760	40.0
1	产品销售收入/万元	5217.7	5217.7	5217.7	5217.7	5217.7	99137	5217.7
2	销售税金及附加/万元	142.5	142.5	142.5	142.5	142.5	2707	142.5
3	总成本费用/万元	4269.9	4284.3	4269.9	4266.9	4220.9	80932	4259.6

序号	项目	年限					合计	年平均
		2	3	4~11	12~16	17~20		
4	利润总额/万元	805.3	790.9	805.3	808.3	854.3	15498	815.7
5	弥补以前年度亏损/万元							
6	所得税/万元	265.7	261.0	265.7	266.8	281.9	5114	269.2
7	税后利润万元	539.5	529.9	539.5	541.6	572.4	10383	546.5
8	盈余公积金万元	54.0	53.0	54.0	54.2	57.2	1038	54.6
9	应分配利润/万元			485.6	487.4	515.2	8383	441.2
9.1	本年利润分配/万元			485.6	487.4	515.2	8383	441.2
10	未分配利润/万元	485.6	476.9					
11	累计未分配利润/万元	485.6	962.5	962.5	962.5	962.5	17811	937.4

表 9-18 现金流量表（全部投资）

序号	项目	年限									
		1	2	3	4	5	6	7	8	9	10
	生产能力/万元	40	40	40	40	40	40	40	40	40	40
1	现金流入/万元		5218	5218	5218	5218	5218	5218	5218	5218	5218
1.1	产品销售收入/万元		5218	5218	5218	5218	5218	5218	5218	5218	5218
1.2	回收固定资产余值/万元										
1.3	回收流动资金/万元										
2	现金流出/万元	1016	5259	4592	4597	4597	4597	4597	4597	4597	4597
2.1	固定资产投资/万元	1016									
2.2	流动资金/万元		622	0	0						
2.3	经营成本/万元		4189	4189	4189	4189	4189	4189	4189	4189	4189
2.4	销售税金及附加/万元		142	142	142	142	142	142	142	142	142
2.5	所得税/万元		266	261	266	266	266	266	266	266	266
3	净现金流量/万元	-1016	-41	625	621	621	621	621	621	621	621
4	累计净现金流量/万元	-1016	-1057	-432	189	809	1430	2050	2671	3291	3912
5	税前净现金流量/万元	-1016	224	886	886	886	886	886	886	886	886
6	税前累计净现金流量/万元	-1016	-792	95	981	1867	2754	3640	4526	5413	6299

序号	项目	年限									
		11	12	13	14	15	16	17	18	19	20
	生产能力/万元	40	40	40	40	40	40	40	40	40	40
1	现金流入/万元	5218	5218	5218	5218	5218	5218	5218	5218	5218	6035
1.1	产品销售收入/万元	5218	5218	5218	5218	5218	5218	5218	5218	5218	5218
1.2	回收固定资产余值/万元										155
1.3	回收流动资金/万元										662

序号	项 目	年 限									
		11	12	13	14	15	16	17	18	19	20
2	现金流出/万元	4597	4598	4598	4598	4598	4598	4613	4613	4613	4613
2.1	固定资产投资/万元										
2.2	流动资金/万元										
2.3	经营成本/万元	4189	4189	4189	4189	4189	4189	4189	4189	4189	4189
2.4	销售税金及附加/万元	142	142	142	142	142	142	142	142	142	142
2.5	所得税/万元	266	267	267	267	267	267	282	282	282	282
3	净现金流量/万元	621	620	620	620	620	620	604	604	604	1422
4	累计净现金流量/万元	4533	5152	5772	6391	7011	7630	8235	8839	9444	10865
5	税前净现金流量/万元	866	866	866	866	866	866	866	866	866	1704
6	税前累计净现金流量/万元	7185	8072	8958	9844	10731	11617	12503	13390	14276	15980

表 9-19 计算评价指标表

计 算 指 标	所 得 税 前	所 得 税 后
财务内部收益率/%	62.25	41.90
财务净现值/万元	3443	2008
投资回收期/年	2.89	3.70

9.4.3 选煤厂工程不确定性分析

选煤厂设计过程中所采用的一些数据或指标，如产品价格、产量、销量、生产成本、投资、煤炭储量、煤质变化情况等都是预测和估算的，具有不确定性。这些因素的不确定性，将使评价的结果也不可避免地存在不确定性。为了尽量查明和减少不确定性因素对评价的影响，使评价的结果更好地为决策服务，必须进行不确定性分析。

不确定性分析的方法有盈亏平衡点分析、敏感性分析和风险分析。

9.4.3.1 盈亏平衡点分析

盈亏平衡就是指选煤厂的收入和支出相等。盈亏平衡点是选煤厂盈亏的分界点，在此点处选煤厂的经济效益为零。影响选煤厂经济效益的因素有很多，但主要因素是产品的销售价格、生产成本和产品产量。盈亏平衡点分析就是通过改变销售价格、生产成本和产品产量等因素，引起盈亏平衡点移动的方法来分析其不确定性。这样可以确定选煤厂在某一生产力水平时的盈利情况。

A 销售收入

销售收入取决于产品产量和选煤产品的价格，可用式（9-16）计算：

$$Y = ZX \tag{9-16}$$

式中 Y——销售收入，元；

Z——产品的销售价格，元/t；

X——销售量，当产品无积压时即为生产量，t。

B 生产成本

生产成本可用式 (9-17) 计算：

$$S = VX + F \qquad (9-17)$$

式中 S——生产成本，元；

V——单位产品可变成本，元/t；

X——销售量，t；

F——固定成本，元。

固定成本不随生产量和产品产量的变化而变化。如管理费、设备折旧费等，而可变成本随着产品产量的变化而变化，如工人工资、原材料费等。

C 盈亏平衡点

当收支平衡时。即 $Y=S$ 时，有 $ZX_0 = VX_0 + F$，由此可得：

$$X_0 = \frac{F}{Z - V} \qquad (9-18)$$

式中 X_0——盈亏平衡点产量，t。

盈亏平衡点分析可用图解形式表示，见图9-3。以销售量为横坐标，以金额为纵坐标。F 为生产成本中的固定成本，它不受销售量变化的影响，是一水平的直线。可变成本 VX 是一直线，表示它随产品产量的变化而变化。销售收入在单位产品销售价格不变的情况下也是一直线。生产成本与销售收入两条直线的交点 G 即为盈亏平衡点，其生产成本等于销售收入，G 点对应的产量即 X_0 为盈亏平衡点产量。当产量低于 X_0

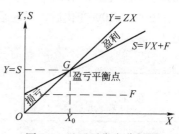

图9-3 盈亏平衡点分析图

时，销售收入低于生产成本，两者之差表示亏损。当产量高于 X_0 时，销售收入高于生产成本，两者之差表示盈利。

D 生产能力利用率

选煤厂不至于亏本的最低生产能力利用率 η，可用式 (9-19) 计算：

$$\eta = \frac{X_0}{X} \times 100\% = \frac{F}{Z - V} \times \frac{1}{X} \times 100\% \qquad (9-19)$$

式中 X——设计生产能力；

其余符号意义同前。

9.4.3.2 敏感性分析

敏感性分析也称敏感度分析或灵敏度分析。它是研究对选煤厂经济评价起作用的各个因素（如固定资产投资、生产成本、产品的销售价格等）发生变化时，选煤厂的经济效益（财务内部收益率、投资回收期等）如何相应地发生变化。敏感性的强弱，是指经济效益指标对其影响因素的敏感程度大小，如果某种影响因素有较小的波动，就会使经济效益指标发生较大的变化，则说明该指标对这种因素敏感性强，灵敏度大。

通过敏感性分析，可以掌握每个因素的变化与经济效益的关系，了解相互变化的规律和数量关系，找出影响选煤厂经济效益的有利因素和不利因素，特别是最关键的影响因素，为决策者和经营者提供科学依据。

影响选煤厂经济效益的因素有很多，一般来说，凡是被认为关键性的因素，都应该对其进行敏感性分析。所谓关键性因素，是指具有高度不确定性，它一旦发生变化，就会引起经济效益指标较大变化的因素。分析时往往更侧重于对不利因素及其影响程度的分析。敏感性分析如图 9-4 所示。

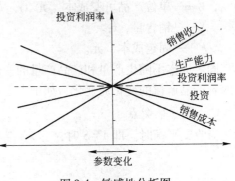

图 9-4 敏感性分析图

例 9-4：某新设计选煤厂，考虑到项目实施过程中的一些不确定性因素变化，分别对固定资产投资、生产成本和产品的销售价格做了 ±10%、±20% 变化后，对税后财务内部收益率及投资回收期影响的敏感性分析，见表 9-20。

表 9-20　敏感性分析表

项　目	变化率/%				
	−20	−10	0	+10	+20
销售价格变化 税后内部收益率/% 税后投资回收期/年	−11.38 超期	4.01 18.37	41.90 3.70	83.01 2.47	127.42 2.01
生产成本变化 税后内部收益率/% 税后投资回收期/年	109.60 2.15	74.60 2.61	41.90 3.70	11.68 9.30	1.35 超期
固定资产投资变化 税后内部收益率/% 税后投资回收期/年	49.50 3.37	45.36 3.53	41.90 3.70	38.95 3.86	36.41 4.02

从表 9-20 中可以看出，产品的销售价格和生产成本对经济效益的影响最为显著，固定资产投资的影响相对较小。该项目具有一定的抗风险能力。

9.4.3.3　风险分析

敏感性分析对不确定性因素造成的风险难以作出定量的分析，对风险的定量分析有赖于不确定因素的概率分析，即风险分析。风险分析可以定量地预测投资方案经济效益好坏的可能性，或者是在多个方案选择比较中，确定一个概率估计方案被采用的可能性。

风险分析实际上也是一种决策方法，属于这类决策方法的有优势准则、热望水平准则、最可能前景准则和期望值准则等。一般来说，方案的确定与实现和具体条件的概率有关，所以都存在着一定程度的风险。下面举例说明风险分析的方法，见表9-21。

表 9-21　各方案条件的量化指标示例（已知条件概率时）

方　案	方案的条件			
	S_1 概率为 0.5	S_2 概率为 0.1	S_3 概率为 0.1	S_4 概率为 0.3
I	3	−1	1	1
II	4	0	−4	6
III	5	−2	0	2
IV	2	−2	0	0
V	5	−4	−1	0

A　优势准则

当几个方案的技术经济条件能够量化时，要找出一个方案在各方面都优于另一个方案，则可把劣势方案剔除，依此类推，最后选出最佳的少数几个方案，剩下的方案可以进一步比选。

从表9-21中各方案对比可以看出，方案I对方案IV占优势；方案III对方案V占优势。去掉方案IV和方案V两个方案后，剩下的方案进一步进行比较。

B　热望水平准则

热望水平准则是根据决策者的愿望确定方案的条件水平。如果条件是利润，则希望确定较高的水平；如果条件是成本，则尽可能确定低的水平。

表9-21中，对I、II、III三个方案进行进一步比较，找到至少是5的最好结果，同时要找到不比—1更坏的结果。

经过比较选择可知，至少是5的方案有方案I和方案III。方案I出现5的概率是0.5，而方案II出现6的概率是0.3，概率高者为优，因此选方案III。不比—1更坏的方案只有方案I。

方案比较选择时，往往受时间的限制，如限定合同签订日期，限期享受优惠等，同时也不希望开支过大，消耗精力过多。从许多方案中找出一个达到热望水平且概率较高的方案是容易的。因此热望水平准则在方案比选时充分显示了方便简捷的特点，在进行多方案比选中被广泛采用。

C　最可能前景准则

在决策者考虑方案选择时，特别注重某一因素，这种选择是遵循最可能前景准则，即抓住问题的实质和主要方面。

表9-21中的I、II、III三个方案中，以概率最高的因素 S_1 为主要方面，在方案的量化指标中方案III为5，是最高的，因此选择方案III。

D 期望值准则

量化指标与概率加权，得到方案的期望值。将各个方案的期望值进行比较，以期望值较大者为优。期望值可用式（9-20）计算：

$$E(A_i) = \sum_{i=1}^{k} R_{ij} \times P(S_j) \tag{9-20}$$

式中 $E(A_i)$——方案 A_i 的期望值；

R_{ij}——方案 A_i 第 j 个量化指标；

$P(S_j)$——第 j 个量化指标的概率。

计算表 9-21 中 Ⅰ、Ⅱ、Ⅲ 三个方案的期望值得：$E(A_{\mathrm{I}}) = 1.8, E(A_{\mathrm{II}}) = 3.4, E(A_{\mathrm{III}}) = 2.9$，从计算结果可知，方案 Ⅱ 的期望值最高，因而是最佳方案。

10 || 选煤工艺设计需要的相关知识

10.1 土建基本知识

工艺设计人员在进行工艺布置时，必须考虑建筑物与构筑物的构造、结构和性能，如厂房的柱、主次梁、楼板、楼梯及电梯、门窗、提升孔、安装门、检修梁、设备的基础及吊挂支撑，构筑物的位置、结构形式、构筑物附属机电设备的安装等。

10.1.1 建筑物的分类

10.1.1.1 按使用性质分

A 民用建筑

这是指供人们工作、学习、生活及居住等使用的建筑物。如办公、教学、商业、医疗、文体、住宅等建筑。

B 工业建筑

这是指各类生产用建筑和为生产服务的附属建筑，包括单层工业厂房、多层工业厂房和层次混合的工业厂房等建筑。

10.1.1.2 按结构类型分

A 砌体结构

这种结构的竖向承重构件是采用黏土实心砖、黏土多孔砖或承重钢筋混凝土小砌块砌筑的墙体，水平承重构件为钢筋混凝土楼板及屋顶板，该结构一般用于多层建筑。

B 框架结构

这种结构的承重部分是由钢筋混凝土或钢材制作的梁、板、柱形成的骨架，墙体只起围护和分隔作用，这种结构一般用于多层或高层建筑以及多层工业厂房。

C 钢筋混凝土板墙结构

这种结构的竖向承重构件和水平承重构件均采用钢筋混凝土制作，施工时可以现场浇筑或在工厂预制，现场吊装，这种结构可以用于多层和高层建筑。

D 特种结构

这种结构又称空间结构，它包括悬索、网架、拱、壳体等结构形式，一般用于大跨度的公共建筑。

10.1.1.3 按施工方法分

施工方法是指建筑房屋所采用的方法，分为以下几类：

（1）现浇、现砌式。这种施工方法是指主要构件均在施工现场浇筑或砌筑，如钢筋混凝土构件、砖墙等。

（2）预制、装配式。这种施工方法是指主要构件在加工厂预制，在施工现场进行装配。

（3）部分现浇现砌、部分装配式。这种施工方法是一部分构件在现场浇筑或砌筑（大多为竖向构件），一部分构件为预制吊装（大多为水平构件）。

10.1.2 建筑模数及建筑标准化

为了使建筑制品、建筑构配件及其组合件实现工业化大规模生产，使不同形式和不同制造方法的建筑构配件、组合件符合模数并具有较大的通用性和互换性，采用建筑统一模数制，作为设计、施工、构件制作和科研的尺寸依据。建筑模数协调统一标准包括基本模数、扩大模数和分模数。基本模数 $M = 100mm$，扩大模数按 $3M$、$6M$、$12M$、$15M$、$30M$、$60M$ 取用，用于竖向尺寸的扩大模数仅为 $3M$ 和 $6M$ 两个。分模数为基本模数的分数倍，为了满足细小尺寸的需要，分模数按 $1/2M$（50mm）、$1/5M$（20mm）、$1/10M$（10mm）取用。

建筑标准化包括标准构件与标准配件、标准设计和标准工业化建筑体系。标准构件是房屋的受力构件，如楼板、梁、楼梯等；标准配件是房屋的非受力构件，如门窗、装修件等。

10.1.3 建筑物的构造组成

建筑物的种类很多，无论是民用建筑还是工业建筑，基本组成部分都包括基础、柱、梁、墙体、楼板、楼梯（电梯）、门窗、屋顶等（见图10-1）。

选煤厂厂房中布置有各种机电设备，厂房不仅要承受设备的静载荷，而且还要承受设备工作时的动载荷，如振动筛、离心机、破碎机等设备在工作时都会产生强烈的振动，要求厂房要牢固，因此，选煤厂的生产厂房一般都采用整体现浇钢筋混凝土框架结构，也有部分选煤厂的厂房采用钢结构。

10.1.4 基础与地基

基础是指建筑物地面以下的承重构件。基础承受建筑物上部构件传下来的载荷，并把这些载荷连同本身的自重一起传给地基。地基是承受由基础传下来载荷的土层，地基承受建筑物载荷而产生的应力和应变是随着土层深度的增加而减小，在达到一定深度以后就可以忽略不计。直接承受建筑物载荷的土层为持力层，持力层以下的土层为下卧层。基础的结构尺寸根据载荷的大小经计算确定。基础与地基的关系见图10-2。

10.1.4.1 柱和柱基础

柱是厂房的主要承重部件，厂房中的载荷通过梁传给柱，再通过柱传给基础，由基础传给地基。柱的断面形状多为方形或矩形，因为下部承受的载荷大，所以断面尺寸一般基部大而顶部小，具体尺寸根据载荷大小经计算确定。一般情况下，选煤厂主厂房内柱的断面尺寸为：宽 500~800mm，长 600~1200mm。

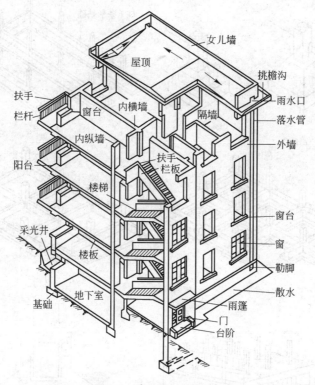

图 10-1　建筑物的构造组成

柱基础是厂房结构的重要组成部分，它承受整个厂房的全部载荷。柱基础的结构形式很多。采用哪种结构形式的柱基础，应该根据载荷大小和工程地质条件来确定。基础的结构形式见图 10-3。

A　单独基础

单独基础见图 10-3a。每根柱下独立设置一个基础，由于这种基础与地基的接触面积小，受力集中，所以地基承载力大时，适合采用该基础。

B　条形基础

条形基础见图 10-3b。沿着厂房的纵向或横向将各

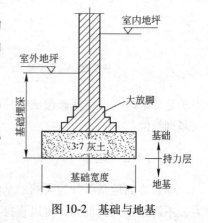

图 10-2　基础与地基

柱下的基础用钢筋混凝土单向联合起来，做成柱下钢筋混凝土条形基础。这种基础与地基的接触面积比单独基础大，地基承载力较小时适合采用此基础。图 10-3f 的预制桩基础与条形基础类似。

C　井格基础

井格基础见图 10-3c。如果地基土质更软，条形基础也无法保证厂房的整体性时，可将纵横双向都采用条形基础，即井格基础。

D　板式基础

板式基础也称筏式基础，见图 10-3d。地基土质很弱而载荷又很大，采用井格基础仍

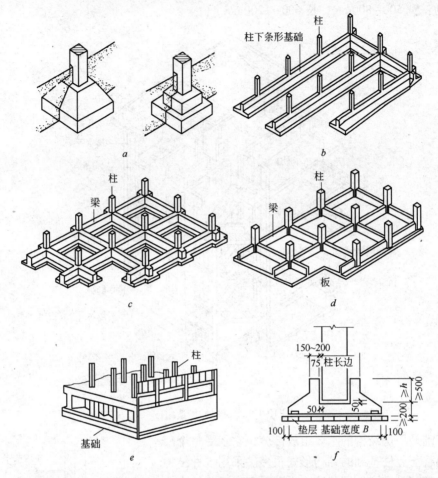

图 10-3　基础的结构形式

a—单独基础；*b*—条形基础；*c*—井格基础；*d*—板式基础；*e*—箱型基础；*f*—预制桩基础

不满足要求时，可将基础做成整片的钢筋混凝土筏式基础。图 10-3*e* 所示的箱型基础与筏式基础类似。

10.1.4.2　地基

建筑物的地基可分为天然地基和人工地基两类。天然地基是指上层具有足够的承载能力，不需经过人工加固，可以直接在其上部建造建筑物的土层；当土层的承载力较差或虽然土层质地较好，但上部载荷过大时，为使地基具有足够的承载能力，应对土层进行加固，这种经过人工处理的土层称人工地基。人工地基的处理方法有以下几种。

A　压实法

利用重锤（夯）、碾压和振动法将土层压实，这种方法简单易行，对提高地基承载力收效较大。

B　换土法

当地基土为淤泥、充填土、杂填土及其他高压缩性土时，应采用换土法。换土法所用材料为中砂、粗砂、碎石或级配石等空隙大、压缩性低、无侵蚀性的材料。换土的范围由计算确定。

C 桩基

在建筑物载荷大、层数多、高度高、地基土又松软时，可采用桩基。桩基的结构形式见图 10-4。

a 支撑桩

支撑桩也称柱桩，见图 10-4a。这种桩为钢筋混凝土预制桩，借助打桩机打入土中。桩的长度视需要而定，一般为 6~12m。桩端应有桩靴，保证支撑桩能顺利地打入土层中。

b 钻孔桩

钻孔桩也称灌注桩，见图 10-4b。这种桩是先利用钻孔机钻孔，然后放入钢筋骨架，最后浇筑混凝土而成。钻孔直径一般为 300~500mm，桩长不超过 12 m。钻孔桩内也可填砂石、碎石等。

c 爆扩桩

如图 10-4c 所示，它由钻孔、引爆、浇筑混凝土而成。引爆的作用是将桩端扩大，以提高承载力。

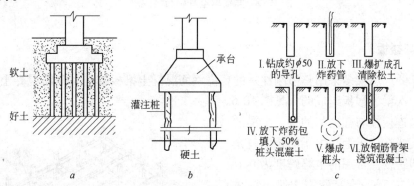

图 10-4　桩基的结构形式

a—支撑桩；b—钻孔桩；c—爆扩桩

d 振动桩

这种桩是先用打桩机把钢管打入地下，然后将钢管取出，最后放入钢筋骨架并浇筑混凝土而成。其直径、桩长与钻孔桩相同。

采用桩基时，应在桩顶加放承台梁或承台板，以承托基础。

10.1.4.3 基础与地基的特殊处理

为了防止建筑物特别是比较长或比较宽的建筑物出现不均匀沉降，在设计时，应对地基进行一些特殊处理，处理的方法有以下几种。

A 做刚性墙基础

采用一定高度和厚度的钢筋混凝土墙与基础共同作用，能均匀地传递载荷，调整不均匀沉降。

B 加设基础圈梁

在条形基础的上部做连续的、封闭的圈梁，可以保证建筑物的整体性，防止不均匀下沉。

C 设置沉降缝

凡属下列情况者均应设置沉降缝：当建筑物布置在不同地基土壤时；当同体建筑物的相邻部分高度相差两层以上或部分高差超过 10m 以上时；当建筑物部分的基础底部压力差别很大时；在原有建筑物和扩建新建筑物之间；当相邻的基础宽度和埋深相差悬殊时；平面形状较复杂的建筑物分几部分建筑时。沉降缝的设置形式见图 10-5。

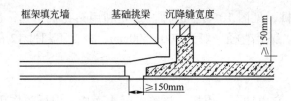

图 10-5 框架承重基础与沉降缝

10.1.5 梁与楼板

选煤厂的厂房大多采用整体刚性好的现浇钢筋混凝土梁板结构。钢筋混凝土梁板楼层是由主梁、次梁、楼板组成的，见图 10-6。

主梁是连接柱与柱之间的梁，主梁的两端直接支撑在柱子上。主梁的长度就是柱间距，即跨度。常用的主梁跨度为 6m、6.5m、7m、7.5m，有特殊需要时可以采用 8m 或 8.5 m。主梁的高度为跨度的 1/14～1/8。主梁宽度为高度的 1/3～1/2。

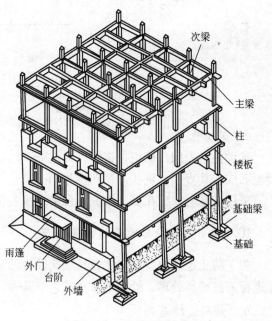

图 10-6 整体框架结构

次梁是连接梁与梁之间的梁。次梁的两端支撑在两根主梁上，次梁的高度为跨度的 1/16～1/12，宽度为梁高的 1/3～1/2。厂房中的次梁可根据设备布置情况设置，一般设备的载荷由次梁承载，通过次梁传给主梁，再由主梁传给柱。

为了保证厂房的整体刚性。厂房中的楼板采用钢筋混凝土结构，与梁、柱一起整体浇筑，楼板不承重，厚度一般为 100mm，厂房中的设备不能直接安装在楼板上。

10.1.6 楼梯与电梯

楼梯是多层建筑楼层间垂直方向的通行设施,选煤厂主厂房中,一般有主楼梯、辅助楼梯和检修通道。主楼梯用于正常的通行和疏散,布置在主要出入口,并常与提升孔布置在同一跨间内。辅助楼梯是楼层间操作联系的通道。消防楼梯布置在厂房外面并通向楼顶,以供救火和疏散人员用。如果厂房较高,也可以设置人货两用电梯。小型设备及配件用电梯提运,大型设备用提升孔提升。楼梯的组成见图10-7,电梯的组成见图10-8。

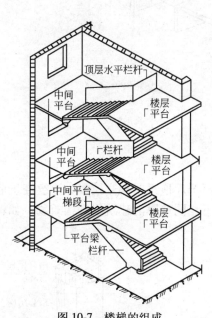

图 10-7 楼梯的组成

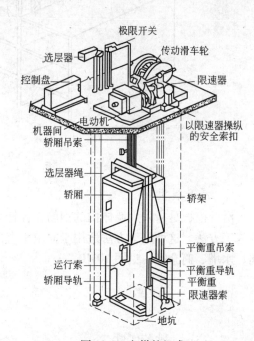

图 10-8 电梯的组成

楼梯的宽度应满足使用要求,选煤厂的主要楼梯宽度一般为1.2~2.0m。辅助楼梯宽度为0.8m左右。休息平台的宽度应不小于楼梯段宽度。主楼梯的坡度一般为26°~35°,辅助楼梯的坡度一般为45°~60°。楼梯每一个踏步的高度通常为150~180mm,相应的宽度为250~300mm。保护栏杆扶手高度一般为900mm。

10.1.7 建筑施工

10.1.7.1 施工方法

建筑施工方法很多,根据建筑物及构筑物的不同,可采用不同的施工方法。

A 大模板施工

施工时采用工具式大模板现场浇筑钢筋混凝土,大模板多采用钢材制作,有平模、筒模等多种类型。一般面积较大的钢筋混凝土板墙采用该方法。

B 台模施工

台模也称"飞模",一般与大模共同使用。它是在采用大模板浇筑的墙体达到一定强度时，拆去大模，放入台模，在台模上放置楼板钢筋网，再浇筑楼板。见图 10-9。

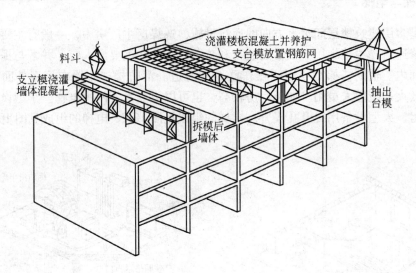

图 10-9 台模施工

C 滑升模板

滑升模板是指采用墙体内的钢筋作导杆、用油压千斤顶逐层提升模板，连续浇筑墙体的施工方法。这种施工方法适用于简单垂直体、上下相同壁厚的建筑物和构筑物。如：烟囱、水塔、筒仓等。见图 10-10。

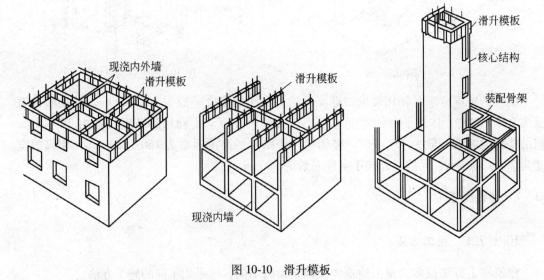

图 10-10 滑升模板

10.1.7.2 选煤厂厂房施工

选煤厂的厂房属于多层纵横相交的全框架结构整体现浇工业厂房，施工较复杂。一般情况下，新建厂房的土建工程和大型设备安装同时进行，如跳汰机、大型振动筛等设备，在其安装基础完成后，就进行设备吊装，然后继续进行上部的土建工程。

10.1.8 选煤厂建筑物及构筑物设计的相关规定

建筑设计必须全面贯彻适用、安全、经济、美观的方针。

设计前应具备必要的工程地质、水文地质、地震、地形、气象等原始资料。

建筑标准应按其在生产上的重要性和使用要求区别对待，并应遵照国家及相关部门的规定。

对改扩建的厂应充分利用已有的建筑物和构筑物。

结构类型应根据使用要求并结合材料来源和施工条件，经技术经济比较后合理选择。应积极选用国内外行之有效的先进技术，合理使用钢材、木材和水泥。

选煤厂建筑物和构筑物耐火等级不应低于表 10-1 中的规定，建筑物与构筑物的其他防火要求应符合《建筑设计防火规范》的规定。

表 10-1　选煤厂建筑物与构筑物耐火等级补充规定

生产类别	建筑物与构筑物名称	耐火等级	
		大、中型厂	小型厂
甲	汽油库、油脂库、水泵房	二	三
	蓄电池充电间	二	三
乙	浮选药剂站	二	三
丙	原煤暗道、受煤坑、浮选车间	二	二
	煤仓、装车仓、准备车间、原煤输送机栈桥、卸煤栈桥、转载点、半地下式煤仓、贮煤场及受煤坑	二	二
	材料库（综合材料）	三	三
丁	锅炉房、干燥车间	二	二
	煤样化验室	三	三
	汽车库、消防车库	三	四
戊	消防泵房	二	二
	主厂房、压滤车间、浓缩车间、选后产品输送机栈桥	二	二
	水塔	三	三
	空气浓缩机房、办公室、浴室	三	四
	人行走廊、水源、水处理建筑物	三	三

注：凡本表中未列出的厂房、库房、民用建筑均按《建筑设计防火规范》确定其类别、耐火等级及其他防火要求。

选煤厂建筑物与构筑物楼面均布活载荷可按表 10-2 中的规定设计。

表 10-2 选煤厂建筑物与构筑物楼面均布活载荷的标准值及其准永久值系数

类　别		标准值 /kN·m⁻²	准永久值系数 ϕ_q	备　注
标准轨距翻车机房	±0.00 翻车机楼层	10	0.85	
		10	0.85	
	其他部分	5	0.7	
窄轨翻车机楼层		5	0.85	
矿车栈桥		5	0.8	
带式输送机栈桥、卸煤栈桥	带宽 $B \geq 1000mm$	2.5	0.8	包括设备及煤重，不包括头尾轮传动和拉紧装置
	带宽 $B < 1000mm$	3	0.8	
链板输送机栈桥	17 型、20 型 B	2.5	0.8	
	40 型、75 型	3.5	0.8	
标准轨距受煤坑	±0.00 楼面	10	0.85	
	其他部分	4	0.7	
选矸楼、筛分楼煤仓、装车煤仓、原煤仓、装车点、转载点、斗子提升机房、准备车间		4.5	0.8	
装车添煤平台		4.5	0.8	
主厂房、浮选车间、干燥车间		5	0.7	布置重介质分选机和其他检修场地楼面活载标准取 10 kN/m²
装车操作平台、其他无设备操作平台		2	0.6	
挡土墙地道顶板上的地面载荷		10	0.8	当有车辆通行或有堆煤时，应按实际载荷计
浴室、更衣室		3	0.6	包括走廊、门厅、厕所、浴室。其中如有大池，按实际载荷取
材料库		5	0.85	当存放载荷较大时，按实际载荷取
变电所		4	0.8	
锅炉房	锅炉平台	3	0.8	
	附属间	4	0.7	
	休息室、浴室	2.5	0.6	

注：1. 安装孔附近楼板均布活载荷标准值按 10 kN/m² 采用。安装孔周围小梁，在梁的跨中还应验算本层起吊设备的最大部件质量；

　　2. 表格备注栏中未注明的设备自重、物料和冲击载荷均未包括在表内。

主要厂房、栈桥、室内通道最小宽度按第 7 章中相关的规定设计。

建筑物安全出口的设置在现行的《建筑设计防火规范》基础上，作如下规定：

（1）当生产系统厂房每层面积不超过 400m²，且同一时间的生产作业人数不超过 15 人，总生产作业人数不超过 30 人时，可设一个安全出口，楼梯不封闭。

（2）生产系统的井塔、转运站，当每层生产作业人数不超过 3 人，且总生产作业人数不超过 10 人时，可用宽度不小干 800mm、坡度不大于 60°的金属工作梯兼作疏散梯用。煤仓的结构类型应根据选煤厂服务年限、工艺要求、工程地质和施工条件等并经技术经济比较后确定。

（3）当煤仓的容量较大时，宜采用钢筋混凝土圆筒仓；煤的品种或分级较多的煤仓可采用钢筋混凝土方仓；有地形可以利用且地基适宜的，可采用滑坡式煤仓；当地基良好、工艺允许时，宜建高仓。

（4）楼板上的配煤孔洞应加防护栏杆、箅子或活动盖板。严寒地区的煤仓应考虑防冻措施，室外楼梯宜设围护结构。跨线仓或滑坡仓应考虑地基沉陷对铁路建筑限界的影响。

（5）选煤厂厂房宜采用钢筋混凝土框架结构，大中型选煤厂的厂房应设置楼梯间，经常有人通行的楼层应设厕所。年产 1.2Mt 及以上的选煤厂宜设客、货两用电梯。

（6）对承受动载荷的结构应进行动力学计算，但有充分根据时，可将重物或设备的载荷乘以动力系数后按静力计算。

（7）真空泵、大型带式输送机机头等根据结构布置情况增加支撑结构的刚度。

（8）厂房各楼面的洞孔应沿洞孔周边设凸台或采取其他措施防止废水、煤渣流入下层。

（9）干燥车间与其他车间联合建筑时，应设防火隔断。

（10）集中控制室的地面应采用不易起尘、防静电的材料。控制室的门、窗应为双层隔声窗和密闭门。对厂房内噪声较大的机电设备，如鼓风机等，应采取隔声、消声措施。

（11）选煤厂的浮选车间应有良好的通风措施。

（12）标准轨距翻车机房及受煤坑应采用钢筋混凝土结构，窄轨翻车机房及浅受煤槽宜采用砌体或混凝土结构，受煤坑应设置顶盖并满足机车通过的要求，受煤坑地面两侧的围护高度宜高出地面 1.2~1.5m。严寒地区当煤的含水量较大时，受煤坑应有保温措施。

（13）受煤坑的地下建筑应有通风、除尘和排水措施。受煤坑或翻车机房应设工人休息室。

（14）高架式浓缩池应采用钢筋混凝土结构，落地式浓缩池可根据具体条件采用钢筋混凝土、混凝土或砌体结构。当浓缩池直径为 30m 及以上且温差较大时，池体应考虑温度应力或设温度缝。

（15）当煤泥沉淀池与事故池的池壁高度大于 3m 或地下水位较高时，宜采用钢筋混凝土结构，浅池可采用混凝土结构或砌体结构。

（16）煤泥沉淀池及事故池应有环境保护措施，当采用抓斗清理煤泥池时，池底应有抗冲击措施。

（17）栈桥支撑结构高度在 10m 及以下时，可采用砌体结构；高度在 10m 以上时宜采用钢筋混凝土结构。

（18）栈桥的跨间宜采用钢筋混凝土结构，当低端支架高度在 20m 及以上且跨度在 24m 及以上或特殊需要时，可采用钢结构。

（19）栈桥的上部建筑，当条件允许时，可采用敞开式或半敞开式。

（20）栈桥的支撑结构一般避免埋入煤中，如果受条件限制，必须埋入煤中时，其支撑结构不宜采用框架。栈桥、地道垂直斜面的净高不小于 2.2m，当为拱形结构时，其拱脚高度不小于 1.8m。

（21）人行道和检修通道的坡度在 5°以上时，应设防滑条；8°以上时，应设踏步。

（22）长栈桥、地道中部应设置入口，其间距以 100~150m 为宜，地道设计应妥善解决通风、排水和防火等问题。

10.2 溜槽及生产管道

10.2.1 溜槽

溜槽在选煤厂中使用极为广泛，溜槽是生产设备之间、生产设备与输送设备之间以及输送设备与输送设备之间相连接的重要设备，是一种不需要动力的设备。溜槽所起的作用包括运输、密封、分配、集中、等分以及调节工艺流程。

10.2.1.1 溜槽的断面

溜槽的断面形状一般有方形、矩形，U 形、半圆形等，根据具体情况确定采用哪一种断面形状的溜槽。矩形断面溜槽常用于倾斜段，方形断面溜槽一般用于垂直段，U 形断面溜槽常用于敞口式溜槽，而半圆形断面溜槽则可用于封闭式溜槽。

溜槽断面尺寸的确定，主要取决于输送物料的种类、输送量和性质。矩形溜槽的高度应大于或等于 1.5 倍的最大粒度，物料中最大粒度的量占总量的百分数不能超过 10%，矩形断面溜槽允许通过量和最大通过粒度如表 10-3 所示。有些溜槽的封闭段需要设置观察孔或活动盖板。磨损严重的溜槽，内部可以加衬耐磨材料。溜槽的断面面积可用式（10-1）计算：

$$A = \frac{Q}{3600\varphi v \gamma} \tag{10-1}$$

式中　A——溜槽的断面面积，m^2；

　　　Q——输送的物料量，t/h；

　　　φ——装满系数，断面大时取大值，对于煤，$\varphi = 0.3~0.4$，对于矸石，$\varphi = 0.2~0.3$；

　　　v——物料平均流动速度，m/s，见表 10-4；

　　　γ——输送物料的堆密度，t/m^3，见表 10-4。

表 10-3　矩形断面溜槽允许通过量和最大通过粒度

溜槽断面宽度 B/mm		400	500	600	700	800	1000	1200
溜槽断面高度 h/mm		350	350	400	500	600	700	800
允许通过最大粒度 D/mm		100	150	200	300	300	300	300
输送量 /t·h⁻¹	+13mm 各种分级煤	95	120	165	240	440	570	880
	原煤和精煤	200	255	350	505	940	1360	1870
	中煤和煤泥	295	370	500	735	1340		
	矸石	120	150	200	300	620	900	1240

表 10-4　物料的流速和堆密度

物料名称	+13mm 分级煤	原煤	中煤	精煤	矸石	煤泥
堆密度 $\gamma/t \cdot m^{-3}$	0.8~0.85	0.85~1.0	1.2~1.4	0.8~0.9	1.6	1.2~1.3
平均流速 $v/m \cdot s^{-1}$	0.75	1.5	1.5	1.5	0.75	1.5

10.2.1.2　溜槽的倾角

各种物料的粒度组成、水分含量、密度等性质不同，溜槽的底部衬板材料不同，物料的流动性及物料与溜槽间的摩擦力不同，在设计溜槽时应根据物料的特性选择合适的倾角。常用的溜槽倾角见表 10-5 和表 10-6。

表 10-5　溜槽倾角参考数值

烟煤和褐煤			无烟煤			
	溜槽的倾角 /(°)			溜槽的倾角 /(°)		
粒级/mm	煤的水分		粒级/mm	煤的水分		
	<7%	>7%		<4%	<4%~7%	>7%
+100	30~35	30~35	+100	20~23	20~23	20~23
+50	32~37	32~37	50~100	22~25	25~27	27~30
原煤	40~45	45~50	25~50	23~28	28~32	32~35
0~100	44~47	47~52	13~25	25~30	30~33	33~37
0~50	45~50	50~53	原煤	25~30	30~35	35~40
0~13	50~55	55~60	0~100	32~36	35~40	40~45
0~1	60~65	65~70	0~50	33~36	36~41	41~46
0~1	65~70	70~75	0~25	34~37	37~42	42~47
浮选精煤		75~90	0~13	35~38	38~43	43~48

表 10-6　中煤、煤泥和矸石溜槽倾角

输送物料名称	粒级/mm	溜槽的倾角/(°)	输送物料名称	粒级/mm	溜槽的倾角/(°)
水选中煤	13~50	37~40	水选矸石	13~50	38~40
	0~13	50~60		0~13	50~40
	0~50	48~52		0~50	48~52
粗粒煤泥	+0.5	65~75		+100	30
细粒煤泥	0~0.5	75~90	手选矸石	+50	30~35

在设计溜槽时应该注意，筛下溜槽倾角应比一般溜槽倾角大 5°；水分较大时，对于以零为下限的含粉煤溜槽倾角宜大不宜小；如果块煤的含量远小于粉煤的含量，溜槽的倾角应按相近的粉煤粒级选取。

10.2.1.3　溜槽的衬板

溜槽衬板常用的材料有铸石、瓷砖和钢板。铸石和瓷砖的耐冲击能力差，不宜用在受冲击较大的部位。由于铸石的制造工艺简单、取材方便、成本低、耐磨损、使用寿命长，所以应用较多。

10.2.1.4 溜槽的布置

布置溜槽时应遵循下列原则：

（1）溜槽要布置得尽可能短；

（2）溜槽的形状应力求简单，少拐弯，收口要缓慢，空间角度要大于等于溜槽所要求的角度；

（3）溜槽的排料状况应符合受料设备的性能要求，避免偏载或受料不均；

（4）溜槽出现大的拐折时，对于大粒度分级煤和手选矸石，在拐折处应该用螺旋段连接；

（5）应尽量避免输送物料垂直下落，如果避免不了，要尽量减小垂直落差；

（6）溜槽穿过人行道时，应有不小于 2m 的净高；

（7）应注意溜槽本身和邻近设备的安装和检修方便。

10.2.1.5 常用的溜槽节段

A 带式输送机机头溜槽

带式输送机机头溜槽的结构形式见图 10-11。图中的几何尺寸是根据头轮落煤轨迹经计算确定的。设计机头溜槽时也可查相关手册获得几何尺寸。

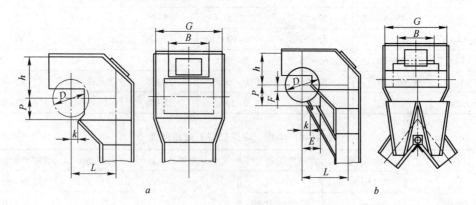

图 10-11 带式输送机机头溜槽
a—整体下料形式；b—等分下料形式

B 斗式提升机头部溜槽

斗式提升机头部溜槽的结构形式见图 10-12。图中的几何尺寸可查相关手册获得。

C 溜槽的螺旋节段

在工艺设备布置时，经常会出现物料给入下一输送设备，因高差较大而产生冲击使厂房噪声很大，同时加剧溜槽和输送设备的磨损，落差过大也会使输送的物料产生破碎和泥化。因此，在溜槽布置时常采用螺旋段溜槽或通过改变溜槽倾角进行缓冲。

当溜槽出现大的拐折时，在溜槽的拐折处也常采用螺旋段连接，这样可以减轻拐折处

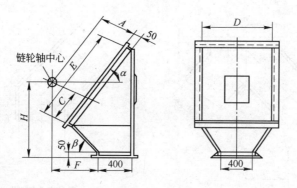

图 10-12　斗式提升机头部溜槽

的磨损和减少噪声。

　　螺旋溜槽在动力煤和分级煤的运输和装仓时使用较多，主要是防止块煤跌落破碎。螺旋溜槽的给料应沿着螺旋溜槽的切线方向给入。溜槽螺旋节段的形式见图 10-13。图中的几何尺寸可通过查相关手册获得。

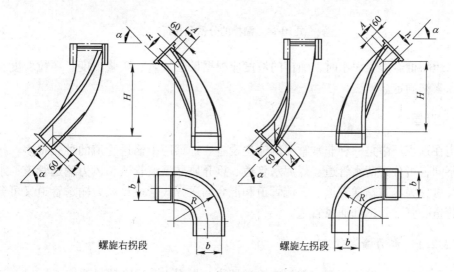

螺旋右拐段　　　　　　螺旋左拐段

图 10-13　溜槽的螺旋节段

D　溜槽的分岔和拐折

　　工艺上经常需要改变物料的流向、分配物料等，所以在溜槽输送中往往设有分岔和拐折。根据工艺需要的不同，选用的分岔和拐折形式也不同，常用的形式见图 10-14，图中的几何尺寸可通过查相关手册获得。

10.2.1.6　水运溜槽

　　水运溜槽在选煤厂中主要用于跳汰机的溢流、中煤再选给料及煤泥水的输送等。

　　当输送大颗粒、含水量少的物料时，其倾角大小与冲水量有关。一般情况下，尽量将溜槽的倾角选得大一些，以减少冲水量。

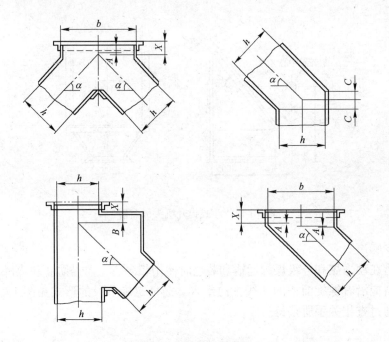

图 10-14 溜槽的分岔和拐折

当水运溜槽运送煤泥水时，溜槽的坡度应根据矿浆流量、矿浆浓度、颗粒粒度、颗粒密度等因素来确定。

10.2.2 生产管道

管道在选煤厂中是一种非常重要的输送设备。选煤厂中输送管道的种类很多，按输送的物料不同，可分为清水管道、煤泥水管道、重介质悬浮液管道和风力输送管道；水力输送管道又可分为压力输送管道、自流管道和混合输送方式管道；风力输送管道又可分为有压风力管道、真空管道和通风管道。

10.2.2.1 水力输送管道

选煤厂中的水力输送管道一般用来输送清水、煤泥水和重介质悬浮液。

A 管道直径的计算

对于压力输送管道，设计时可根据输送矿浆的性质按下式计算：

$$d_{\text{压}} = \sqrt{\frac{QK}{0.785 v_{KP}}} \qquad (10\text{-}2)$$

式中　$d_{\text{压}}$——压力输送管道直径，m；

　　　Q——输送流量，m^3/s；

　　　K——波动系数，一般取 1.1~1.2；

　　　v_{KP}——矿浆临界流动速度，m/s。

矿浆临界流动速度是指为了避免颗粒在输送管道内发生沉淀而允许的最小流动速度。见表 10-7。

表 10-7　压力输送管道内矿浆临界流速

矿浆浓度/%		密度不大于 2.7 g/cm³ 的矿石平均粒度 d_{cp}/mm				
	≤0.074	0.074~0.15	0.15~0.4	0.4~1.5	1.5~3.0
1~20	1.0	1.0~1.2	1.2~1.4	1.4~1.6	1.6~2.2	
20~40	1.0~1.2	1.2~1.4	1.4~1.6	1.6~2.1	2.1~2.3	
40~60	1.2~1.4	1.4~1.6	1.6~1.8	1.8~2.2	2.2~2.5	
60~80	1.6	1.6~1.8	1.8~2.0	2.0~2.5		

对于自流管道，直径可根据式（10-3）计算：

$$d_{自} = \left(\frac{K_i Q}{\sqrt{i}} \right)^{\frac{3}{8}} \tag{10-3}$$

式中　$d_{自}$——自流管道直径，m；

K_i——矿浆充满系数，见表 10-8；

Q——矿浆流量，m³/s；

i——自流管道水力坡度，见表 10-9。

表 10-8　矿浆充满系数

管材类别	粗糙系数 n	h/D				
		满管 1	0.95	0.6	0.5	0.4
钢管	0.0125	0.040	0.0373	0.0598	0.0840	0.1192
铸铁管	0.013	0.0417	0.0388	0.0625	0.0838	0.1258
混凝土管	0.015	0.048	0.0448	0.0734	0.0985	0.1462

表 10-9　各种管道水力坡度

序号	名　称		煤泥水浓度（固：液）	最小坡度	
				倾角	i 值
（一）压力管道					
1	清水、澄清水、循环水管等				0.005
2	煤泥水管				0.01~0.015
（二）自流管道（或槽）					
1	循环水溢流管		1:25~1:8	0°35′~1°10′	0.01~0.02
2	弧形筛或固定筛筛下水管			1°10′~1°40′	0.02~0.03
3	精煤脱水筛筛下水管		1:55~1:20	1°40′~2°8′	0.03~0.04
4	煤泥脱水筛筛下水管		1:25~1:8	2°18′~2°50′	0.04~0.05
5	筛网式离心机离心液管		1:3~1:2	4°30′~5°30′	0.08~0.1
6	沉降式离心机离心液管		约 1:3	4°~5°10′	0.07~0.09
7	浓缩机底流	粗粒煤泥水管	1:4~1:1	4°~6°5′	0.07~0.11
		细粒煤泥水管	1:4~1:2	2°50′~4°	0.05~0.07

序号	名　称		煤泥水浓度（固∶液）	最小坡度	
				倾角	i 值
(二) 自流管道（或槽）					
8	矿浆分配器	排料管	1∶4~1∶2	2°50′~4°	0.05~0.07
		溢流管	1∶55~1∶50	1°42′~2°50′	0.03~0.05
		入料管	1∶4~1∶2	2°50′~4°	0.05~0.07
9	搅拌桶	事故放料管	约 1∶2	1°40′~2°18′	0.03~0.04
		溢流管		2°19′~2°50′	0.04~0.05
10	浮选机	入料管	1∶6~1∶4	2°18′~2°50′	0.04~0.05
		精矿管	1∶2~1∶1	4°~5°10′	0.07~0.09
		尾矿管（不含黄铁矿）	1∶55~1∶20	1°40′~2°19′	0.03~0.04
		尾矿管（含黄铁矿）		4°~6°15′	0.07~0.11
		事故放料管		2°18′~2°50′	0.04~0.05
11	过滤机	入料管	1∶4~1∶2	4°~5°10′	0.07~0.09
		溢流管		4°~5°10′	0.07~0.09
		事故放料管		2°50′~4°	0.03~0.07
12	浮选药剂管			1°40′	0.03
13	室内煤泥水沟（或污水）				0.015
14	室外煤泥水沟（或污水）				0.015~0.02
(三) 重介质悬浮液管道					
1	斜轮分选机放料管			5°10′~6°15′	0.09~0.11
2	磁力脱水槽	溢流管		1°40′~2°50′	0.03~0.04
		底流管		4°~6°15′	0.07~0.11
3	磁选机	精矿管		约 10°12′	约 0.18
		尾矿管		2°50′~4°	0.05~0.07
4	悬浮液	$\Delta=2.0\mathrm{g/cm^3}$ 介质管		<10°20′	>0.18
		$\Delta=1.8\mathrm{g/cm^3}$ 介质管		8°~10°12′	0.14~0.18
		$\Delta=1.45\mathrm{g/cm^3}$ 介质管		5°10′~6°	0.09~0.12
		$\Delta=1.1\mathrm{g/cm^3}$ 介质管		2°18′~2°50′	0.04~0.05
5	介质桶溢流管			2°18′~2°50′	0.03~0.04
6	地板介质回收坡度			1°40′	0.03

B　管材的选择

选煤厂常用的管材有无缝钢管、卷焊钢管、铸铁管等。厂内工艺生产管道常用无缝钢管和卷焊钢管。铸铁管常用于地下埋设管道及排污管道，对于直径大于 100mm 的易磨损管件，最好作内衬耐磨处理。风力输送管道多采用卷焊钢管。

C 管道的布置

选煤厂内的管道种类很多，最理想的布置方式是多种管道能并行排列布置在梁下，柱边并走直线。在矿浆管道的汇合处或分流处应顺着矿浆流动方向连接。当管道与电缆平行布置时，管道应布置在电缆的下方。管道应避免穿过变电所、配电室、集中控制室。管道安装后应有防腐措施并进行压力试验。

布置管道时，应根据管道的强度和刚度条件，合理布置支架吊架点。一般支架吊架点设在柱边或梁下，管径及负荷较大的横向管道可采用固定式支架。管道与梁、柱的关系见图 10-15~图 10-17。图中标注的几何尺寸见表 10-10~表 10-13。

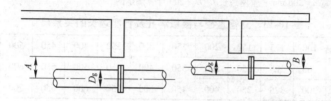

图 10-15　横管与梁的关系

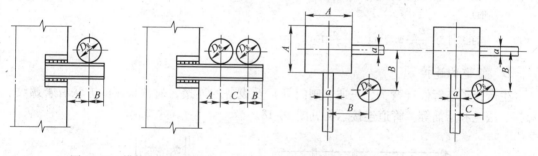

图 10-16　横管与柱的关系　　　　图 10-17　立管与梁、柱的关系

表 10-10　横管与梁的关系尺寸

管径 D_g/mm	100	125	150	200	250	300	350	400	450	500	600	700	800
A 法兰盘在梁下	150	160	170	200	230	260	290	320	350	380	430	490	540
B 法兰盘不在梁下	90	110	120	140	170	200	220	250	270	300	350	400	450

注：表中数据是按不保温管考虑的。

表 10-11　横管与柱的关系尺寸

管径 D_g/mm	50	70	80	100	125	150	200	250	300	350	400	450	600	700	800
A	80	90	100	110	120	140	160	190	210	240	260	290	360	400	450
B	50	60	60	80	100	110	160	190	220	240	260	290	350	400	450
C	150	170	190	210	240	270	320	370	410	480	530	590	750	850	960

注：表中数据是按不保温管的双管和钢筋混凝土柱预埋钢板式支架考虑的。

表 10-12 立管与梁、柱的关系尺寸

管径 D_g/mm		100	125	150	200	250	300	350	400	450	500	600	700	800
C		300	320	330	350	380	400	430	450	480	500	550	600	650
B	$A=500$	400	420	430	450	480	500	530	550	580	600	650	700	750
	$A=600$	450	470	480	500	530	550	580	600	630	650	700	750	800
	$A=700$	500	520	530	550	580	600	630	650	680	700	750	800	850
	$A=800$	550	570	580	600	630	650	680	700	730	750	800	850	900
	$A=900$	600	620	630	650	680	700	730	750	780	800	850	900	950

注：表中尺寸是按宽 $a=300$ mm、管座边长 $L=D_g+200$ 计算确定的。

表 10-13 立管直径与楼板洞孔及管座边长的关系尺寸

立管直径 D_g/mm	100	125	150	200	250	300	350	400	450	500	600	700	800
洞孔尺寸 ϕ/mm	200	225	250	300	350	400	450	500	550	600	700	800	900
管座边长 L/mm	300	325	350	400	450	500	550	600	650	700	800	900	1000

注：1. 对于直径 $D_g<100$mm 的管子，楼板洞孔及管座边长所加的附加量可适当减少；

   2. 对于直径 $D_g<50$mm 的管子，可不设管座，但在管道安装完毕后，应将洞孔用水泥砂浆填塞并抹平；

   3. 对于两管并排的管道，两管中心距离应考虑其中一根带法兰（指等径的）或一大管带法兰（指不等径的）。

洞孔尺寸为：$\dfrac{D_{g1}}{2}+$两管中心距$+\dfrac{D_{g2}}{2}+100$。

D 管道的连接

生产管道与管件（弯头、三通、阀门等）及设备的连接，通常采用的方法有管螺纹、焊接、法兰和承插等。管道连接示例见图 10-18。

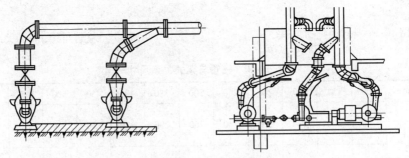

图 10-18 管道连接示例

管螺纹连接主要用于直径不大于 80 mm、介质工作压力小于 10 个表压、温度在 100℃以内且便于检查和修理的钢管的连接以及钢管与带有管螺纹阀件的连接等。

焊接可用于各种管径和管壁厚度钢管的连接。焊接一般分为电焊和气焊两种，电焊比气焊经济且强度高，手工气焊只适用于直径不大于 80mm、壁厚不大于 3.5mm 的管子。

法兰连接用于管道与管件、阀门或设备的连接，为了使法兰连接处密封，根据法兰的形式、管道输送介质的压力和温度，在法兰密封面之间应安装软垫。生产管道直线上的法兰间距应满足安装检修拆卸方便的要求，一般管径 $D_g \leq 200$mm 时，法兰盘最大间距为 8m 左右；管径 $D_g>200$mm 时，法兰盘最大间距以 9~12m 为宜。

承插连接主要用于铸铁管连接，采用承插连接时常用石棉水泥接口和铅接口，也有用沥青水泥砂浆接口和水泥砂浆接口连接的。

E 单机管道布置

a 跳汰机管道布置

跳汰机应配有水管和风管。水管分为顶水管和冲（喷）水管。顶水管由跳汰机自配，冲水管布置与跳汰机的给料机有关，电磁振动给料机和链式给料机的冲水管一般设在给料机的中部或前端。冲水管的直径根据喷水量的大小和喷水压力来确定。

跳汰机总风管通常有两种布置形式（图10-19）：一是非对称布置，这种布置使各台跳汰机的风压损失差值较大，严重时影响最后一台跳汰机的工作效果，风量不足时影响更为显著，所以这种形式很少采用；二是对称布置，它没有上述缺点，一般都采用这种形式。跳汰机的进风管应设置阀门。

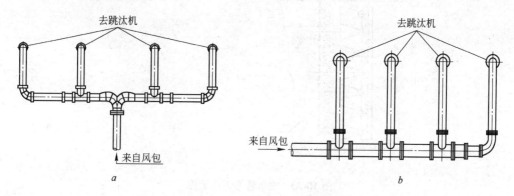

图 10-19　跳汰机风管布置形式
a—对称布置形式；b—非对称布置形式

b 脱水筛和脱介筛管道布置

脱水筛有产品脱水筛、原煤脱泥筛和煤泥回收筛等。这些筛子均配有筛下泄水管和筛上喷水管（中煤脱水筛可不加喷水）。脱水筛的筛上喷水管一般布置在筛子前段，根据工艺上的要求，喷水管可以用单排管，也可以用多排管。脱水筛筛下泄水管的布置应满足下料要求的水力坡度，管径经过计算确定，实际所采用的管径往往比计算的大。

脱介筛也有筛上喷水管和筛下泄水管。筛上喷水管一般布置在筛子的中部，与筛下溜槽的分接处相对应，喷水管前脱下的是合格介质，喷水管后脱下的是稀介质。筛下泄水管分为合格介质管和稀介质管，筛下泄水管的弯头宜做成"斜三通"型，其他要求与脱水筛相同。筛上喷水管的布置见图10-20。

c 浮选机管道布置

浮选机应配有入料管、浮选精矿管、浮选尾矿管、事故放料管、精矿槽的冲水管和药剂管。浮选机配置的各类管道的布置因浮选机类型不同而异。浮选机事故放料一般是用事故放料槽收集后再用管子接出，槽底孔径为200~250mm。槽底两端向孔位的水力坡度为 $i=0.015$。浮选机入料管是连接浮选机与矿浆准备器的通道，入料管应设置截止阀，用以调节浮选机的给料量。精矿槽的冲水管布置形式有一点冲水和淋式洒水两种，由于浮选精矿加冲水后浓度会降低，影响过滤脱水效果，所以冲水管应设置截止阀，需要时才加冲

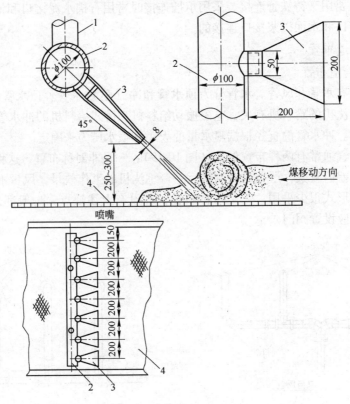

图 10-20　喷水管布置示意图
1—进水管；2—短管；3—喷嘴；4—筛板

水。浮选药剂管直径一般为 $D_g = 40 \sim 50\text{mm}$，设给药泵或截止阀调节给药量，给药点的设定根据操作制度确定，一般浮选机各室均设有给药管。

　　d　介质系统管道布置

　　介质对管道的磨损严重，在设计中应选用材质较好的管，最好是加衬耐磨材料的管。布置时一般不采用水平布置，防止介质在管道中沉降而堵塞管道。管道拐弯处不宜采用90°的弯头，特殊需要时，曲率半径最好取 $R > 4D_g$，$D_g \leqslant 200\text{mm}$ 的管道弯头最好采用热弯管。介质设备的底流排料弯头不宜采用90°，最好做成"斜三通"形。

　　e　供水管网

　　为了保证厂房各需用清水作业用水量的稳定性，一般采用管网供水。管网的布置形式主要是根据厂型大小、用水点的多少及其分布来确定。通常采用环状管网或主干线管网，然后去定压水箱。管网用水不足或压力降低时，则由定压水箱及时补充到管网中。管网中除设置足够数量的调量或分配闸阀之外，在定压水箱底流管上还应设置止回阀，同闸门串联使用。止回阀设在闸门之前。

10.2.2.2　风力输送管道

　　选煤厂中的风力输送管道包括介质桶风力搅拌用风力管道、跳汰机的鼓风系统、真空过滤机及加压过滤机的真空系统及压风系统、风动阀门、风力清仓等。

风力输送管道的布置也应该尽量减小压头损失，管道布置宜对称，使风压平衡。在管道中利用闸阀调整风量。当多台鼓风机连接一台风包时，应先汇合成总管，然后再接风包，并应在风机出口处设置闸阀。

10.3 选煤厂供配电简介

10.3.1 供电

选煤厂一般为二级用电户。供电电压宜采用 5kV 或 10kV。大、中型选煤厂的供电电源应采用双回路，并引自不同母线段，每回线所能承担的负荷不低于全厂计算负荷的 75%。小型选煤厂的供电电源可采用单回路。供电设计一般不考虑外用电。

电力负荷计算采用需用系数法，需用系数可按表 10-14 中的数据选取。

表 10-14　电力负荷需用系数

序 号	设备名称		计 算 数 据	
			K_c	$\cos\varphi$
1	受煤系统		0.55	0.70
2	原煤筛分破碎系统		0.60	0.70
3	重选、脱水、装车系统		0.6~0.65	0.72
4	浮选系统		0.7~0.75	0.75
5	干燥系统		0.6~0.65	0.72
6	风机、水泵、空压机		0.7~0.8	0.80
7	铁路装车系统		0.45	0.72
8	压滤系统		0.55	0.72
9	煤样室设备		0.40	0.75
10	化验室设备		0.35	0.85
11	翻车机		0.30	0.50
12	起重机		0.35	0.50
13	机修车辆		0.25	0.85
14	照明	白炽灯	0.85	1.00
		荧光灯	0.90	0.55~0.6

60kV 及以上供电线路的截面选择，应符合安全截流量和允许电压降的要求。年最大负荷利用小时在 3000 以上的线路，其截面应按经济电流密度选择，电缆应按短路热稳定校验。

电力负荷无功功率补偿一般采用低压静电电容器组自动补偿装置。补偿后，6kV 母线 $\cos\varphi$ 不低于 0.90。

电源为双回路进线的变电所或配电室的主母线应采用分段单母线。6kV 或 10kV 配电室应预留开关柜安装台数的 10%~15% 的备用位置，并且安装柜台数不少于 2 个。

变压器的容量等级应尽量减少，其设计负荷率不高于 85%。并应选择低损耗变压器。

同一工艺流程的负荷可由同一台变压器供电。

10.3.2 配电

电压等级：6kV 或 10kV 用于高压配电；6kV 用于高压电动机；380V、660V（有条件时采用）用于动力配电；220V 用于照明及控制电源。

直接影响煤矿生产的原煤系统和铁路运输的装车系统，宜设两回路电源，母线可分段。浓缩机和消防水泵应有一回路备用电源。

车间变电所变压器二次侧，宜采用母线引至各主要配电室，裸母线不宜进入生产车间。主要配电室的配电设备应有 10%~15% 的备用回路，并预留 1~2 个盘的位置。

电缆在厂房内明铺或沿电缆沟铺设时，可采用全塑电缆；室外埋地铺设时，宜采用钢带铠甲全塑电缆。

有沼气和煤尘聚集且无任何排放措施的场所，必须选用隔爆型电气设备。采取排放措施后，电气设备可选用防尘型或封闭型。重选、浮选等较潮湿的车间，应采用封闭型或防水型电气设备。

高压电机配电装置宜选用带真空接触器的开关柜。容量在 100kW 以上的水泵、风机等。经技术经济比较后，可设调速装置。

车间变电所、配电室位置的选择应符合下列要求：

（1）尽量靠近负荷中心；

（2）远离振动源；

（3）不应设置在水池或多水场合；

（4）进出线方便；

（5）严禁与变、配电室无关的管道通过；

（6）不跨沉降缝；

（7）避开西晒。

10.3.3 照明

照明和动力电可由同一台变压器供电，线路分开。距离较远的分散用户，可合用一回线供电。主要生产车间的照明应设两个独立电源交叉供电。控制室和车间的主要通道应设事故照明。

10.3.4 防雷和接地

下列建筑物、构筑物应设直击雷防护：

（1）高度超过 15m 的建筑物或构筑物；

（2）全年雷电日数超过 30 天，高度超过 12m 的建筑物或构筑物；

（3）油库；

（4）室外变电站。

装设雷电保护的建筑物或构筑物，应尽量利用钢筋混凝土柱和基础内的钢筋作为引下线和接地装置，各构件之间必须连成电气通路。输油管道及贮油罐应良好接地。

10.3.5 控制

主要工艺流程的设备，可分为下列几个主要的集中控制系统：

(1) 原煤系统；

(2) 重选系统；

(3) 压滤系统；

(4) 干燥系统；

(5) 装车系统。

集中控制设计的原则为：

(1) 满足工艺要求，系统简单灵活，操作方便；

(2) 集中控制设备应性能可靠，技术先进，维护方便；

(3) 必须具备集中（联锁）及就地（解锁）两种控制方式，并可使两种控制方式方便地进行交换，在互换过程中不影响设备的运行；

(4) 集中控制方式，宜按逆煤流顺序启动，按顺煤流顺序停车；

(5) 在任何控制方式中，机旁停车按钮都必须有效；

(6) 各类机械设备的全部安全措施必须纳入控制系统；

(7) 启动前应有预告信号，有关岗位人员可以中断集中控制，启动时间应尽量短，停车可分段进行；

(8) 应设置模拟信号，模拟信号应包括运行信号、翻板、闸门位置信号和必要的料位、液位信号等。

选择集中控制室位置时，应考虑以下几点：

(1) 应尽量靠近主要配电室；

(2) 应远离振动源；

(3) 不在水池底下或多水场所；

(4) 不跨在沉降缝上。

10.3.6 自动化

选煤厂自动化装置的选择应积极采用行之有效的先进技术和设备，不断提高生产过程的自动化水平，逐步实现单机、机组或生产系统的自动化。根据工艺要求和现有的技术装备水平，可实现自动化的项目，主要有带式输送机配仓、给料机轮换给料、重介质系统、跳汰机排矸、浮选系统、干燥系统热工控制以及可以实现的其他自动化项目等。

10.3.7 监测

选煤厂应设下列监测装置：原煤和产品煤的数量、质量；工业用电量及民用电量；工业用水及民用水；耗油量；主要工艺设备运行状态等。

监测装置可按下列原则设置：装备水平较高的选煤厂，应设置自动监测系统，有条件时，可设原煤和产品煤的在线灰分检测。装备水平一般的选煤厂，可设置自动监测系统；装备水平较差的选煤厂，一般用常规仪表监测。

10.4 选煤专业委托有关专业的资料提纲

在选煤厂设计过程中，选煤专业需要向有关配合专业提供必要的设计条件，向下述有关专业提交委托资料（亦可供可行性研究工作阶段参考）。

10.4.1 公用性委托资料

提供给各有关专业的公用性委托资料有：

（1）建厂规模情况，见表10-15。

表 10-15　建厂规模情况

规模/t·a⁻¹	服务年限/a	发展远景	逐年投产情况	分期建设情况	备　注

（2）工作制度，见表10-16。

表 10-16　工作制度

厂房名称	年工作天数/d	每天工作班数/班	每班工作时间/h	设备作业率/%	备　注

10.4.2 土建专业

（1）工艺建（构）筑物联系图。图中应表示各厂房（间、室、站）、通廊、栈桥、辅助建（构）筑物的高度、面积大小、标高、位置及连接关系，分期建设时预留场地的大致位置和尺寸等。

（2）主要厂房的设备配置图。图中应标明要求的厂房平面尺寸和高度、多层厂房中各层楼面和操作平台的面积及标高、各部分单间房屋的名称和用途、各柱列线编号；设备名称、型号、规格、数量、质量（单重、总重），设备之间的相互关系尺寸及与厂房的定位尺寸；起重机的类型、跨度、起重量、轨道标高、活动范围，各层楼面或操作平台检修设备最大及最重件的尺寸、质量；各层楼面或操作平台上预留主要孔洞的大致尺寸和位置；对厂房开门设窗的要求等。

（3）各种矿仓条件，见表10-17。若图纸中已注明的可不另外提出。

表 10-17　各种矿仓条件

矿仓名称	形式	容积/m³ 几何	容积/m³ 有效	贮矿 贮量/t	贮矿 时间/h	矿石性质 粒度/mm	矿石性质 水分/%	矿石性质 松散密度/t·m⁻³	矿石性质 安息角/(°)	矿石性质 硬度	装卸矿方式	备注

（4）厂房特殊要求，见表10-18。

表 10-18　厂房特殊要求

厂房	取暖要求	保温（含降温）要求	防水（防潮）要求	防腐要求	隔声要求	采光要求	其他	备　注

（5）厂房各层面设备质量及动力系数，见表10-19。

表 10-19　厂房各层面设备质量及动力系数

位置号	设备名称	台　数	设备质量及负荷参数	动力系数

10.4.3　运输专业

10.4.3.1　原矿运输条件

原矿受矿仓卸车条件见表10-20。

表 10-20　原矿运输条件

矿石名称	输送量/万吨·年⁻¹	卸车方式	矿仓长度/m	允许同时卸车数	备　注

10.4.3.2　产品运输及产品矿仓条件

（1）产品运输条件见表10-21。

表 10-21　产品运输条件

产品名称	运输量/t·d⁻¹	松散密度/t·m⁻³	水分/%	粒度/mm	包装情况	备　注

（2）产品矿仓条件见表10-22。

表 10-22　产品矿仓条件

产品名称	运输量/t·d⁻¹	装车方式	该种产品的矿仓长度/m	允许同时装车的车厢数/个	装一节车厢所需时间/min	备　注

10.4.3.3　设备运输条件

设备运输条件见表10-23。

表 10-23　设备运输条件

厂房名称	最大或最重设备名称	质量/t	外形尺寸/mm	最重件		最大件		备注
				外形尺寸/mm	质量/t	外形尺寸/mm	质量/t	

此外，还应提出对设备运输、堆放的技术要求，某些设备的检修周期及一次检修量。

10.4.3.4　材料运输条件

若需运输材料（如钢球、钢棒、衬板、油脂、滤布、药剂、胶带、筛网、耐火砖等）、燃料（如煤、焦炭、燃油等）、地方材料（如石灰等），均应说明单位消耗量、年消耗量、供货地点、运输量不均衡情况、贮存量或贮存时间、材料性质（如属固体、液体，是否有毒、有腐蚀性等）、包装方式、对堆场或专用仓库的要求。

10.4.3.5 图纸条件

提交工艺建（构）筑物联系图和有关的主要厂房的设备配置图。图中应标明进入厂房的铁路、公路和厂房附近便道的要求，各厂房扩建或预留发展场地要求。

10.4.3.6 其他资料

（1）原矿及产品计量地中衡的大致位置和要求；
（2）厂区工艺管线（栈桥或管沟敷设）的线路布置；
（3）化验室如有精密天平时，应提及化验室的位置要求；
（4）职工通勤人数、最大班人数、通勤地点。

10.4.4 给排水专业

（1）生产工艺用水：按厂房提出各作业水质、水量等要求（见表 10-24）。

表 10-24 生产工艺用水情况

厂房名称	作业名称	用水性质	用水量/m³·h⁻¹				水温/℃	水压/kPa	水质	备注
			最大	最小	平均	波动系数				

（2）设备冷却、水封用水：按厂房提出各用水设备对水质、水量等的要求（见表 10-25）。

表 10-25 设备冷却、水封用水情况

厂房名称	设备名称	设备台数/台	用水性质	用水量/m³·h⁻¹		水温/℃	水压/kPa	水质	备注
				单台用水量	合计用水量				

（3）对厂房地坪冲洗用水、其他卫生用水提出大致要求，由给排水专业统一安排设计。
（4）提出实验室用水的水量、水质、水压要求。
（5）按厂房分别提出每班人数，以便安排生活用水。
（6）提交工艺矿浆流程图、工艺建（构）筑物联系图、主要厂房的设备配置图。
（7）排水条件，见表 10-26。

表 10-26 工艺排水条件

污水点位置	污水点标高	污水量/m³·h⁻¹	污水浓度/%	粒度组成	污水性质	回收或排放要求	备注

选煤厂用水、排水的水质资料，可以根据选煤试验报告提出。

10.4.5 电力专业

（1）各厂房用电设备条件，见表 10-27。除表中内容外，还应说明要求调速、正逆转、直流供电或多路电源供电的设备、起重机的工作制度。对于大功率电动机（200kW 以上）及特殊要求的电动机的选定，应事先与电力专业协商。对于分期建设的工程要说明由此而引起用电设备功率的变化情况。

表 10-27　用电设备条件

序号	厂房名称	设备名称	数量/台		电 动 机				备注
			生产	备用	型号	功率/kW	电压/V	转速/r·min⁻¹	

（2）厂房生产、检修、安全（或事故）照明的条件、范围及其他要求。

（3）厂房内环境情况，如粉尘浓度、环境温度、强度。

（4）提供工艺建（构）筑物联系图，设备形象联系图、主要厂房的设备配置图。设备形象联系图应注明设备启动、加速、停车、控制与联锁等方面的要求；设备配置图中应标明与电力专业协商的变电所、配电室、电工间的位置及大小。

（5）除铁装置及要求。

10.4.6 自动化仪表专业

（1）自动控制、调节、显示的项目及内容。见表 10-28。

表 10-28　自动化项目、内容、参数

序号	项目名称	测控地点	测控内容	技术条件	备注

近年来，物料粒度、品位的在线分析和电子计算机在选煤过程中的应用日益广泛，设计中可以根据实际情况逐步采用。在提出资料前，应与自动化仪表专业协商，共同研究确定自动化项目的内容及水平。

（2）自动调节、自动控制项目的技术要求，可参考下述内容提出：

1）提出采用集中控制方式还是分散控制方式的建议并说明理由；

2）需要检测、控制或调节流量时，应提供被测介质的名称、流量、流速、压力、温度、介质浓度、密度、pH 值、需要检测的具体位置等资料；

3）采用料位装置时，需提供物料名称、粒度、水分，贮矿仓或贮浆槽的形式、容积、贮存量等资料；

4）采用液位装置时，需提供液体名称、性质、液池容积、输出及输入速度等资料；

5）采用皮带秤计量时，需要提出物料名称、粒度、水分，带式输送机的运输量，单位长度胶带上矿石载荷及波动情况，带宽，带速，安装角度，最大单块物料质量等资料；

6）采用自动分析装置时，应按专门格式要求提出；

7）采用无人操作泵时，应提出自动控制的要求、泵的有关技术性能等资料；

8）生产过程需要程序控制时，应提出设备动作顺序表；

9）提出的各种工艺参数，应包括正常使用值及最大值和最小值、要求控制（或检测）的精度，并说明是否要求自动记录等。

（3）提供工艺流程图、设备形象联系图、工艺建（构）筑物联系图、主要厂房的设备配置图。必要时还应在配置图中注明仪表安装的示意位置。

10.4.7 电讯专业

（1）要求安设电讯项目的地点及数量。见表 10-29。

表 10-29 电讯项目

序号	用户	台 数								备注
		电话				对讲机	生产扩音	工业电视	点钟	
		行政	调度	直通	载波					

（2）提供工艺流程图、设备形象联系图、工艺建（构）筑物联系图、主要厂房的设备配置图。

10.4.8 采暖通风专业

（1）对需要采暖的选煤厂，应提供下列资料：

1）采暖季节中，厂房和岗位应保持的正常温度及应保证的最低温度；

2）厂房的潮湿地表面积；

3）矿浆的暴露面积数（或者矿石量及水分）；

4）散热设备及散热作业（如干燥、焙烧、加温浮选等）的散热量（或表面温度、散热面积）；

5）工艺建（构）物联系图和主要厂房的设备配置图。在有关图纸中标明用电设备的功率、热平衡计算所需资料、进出厂房车辆情况（车种、型号、停留时间、运输频率、材料质量等）。

（2）通风除尘条件：

1）厂房或岗位通风、降温要求；

2）设备本身的通风要求；

3）产生粉尘的厂房（如破碎、筛分、干选、焙烧、干燥等厂房）的净化要求；

4）对除尘点要提供物料性质（如粒度、密度、松散密度、湿度及允许湿度、二氧化硅含量等）及料位落差等资料；

5）对焙烧、干燥厂房还应提供生产过程中产生的废气量、废气温度、废气中粉尘含量等资料；

6）对浮选厂房、给药室、药剂制备间、药剂仓库、煤粉制备间及产生有害气体的其他厂房，应提出保护生产环境的通风要求；

7）提供工艺建（构）筑物联系图、主要厂房的设备配置图。设备配置图中注明通风机、除尘器安装的建议位置。

10.4.9 机械专业

（1）设备资料：提供全厂工艺设备表。对于设备配置图及其他图纸已经表示清楚的，可不提供。

（2）材料消耗情况，按表 10-30 中的内容提出。

表 10-30 材料消耗

序号	材料名称	单位	每吨原矿耗量	年耗量	备注

（3）各厂房最重、最大检修件资料可按表 10-31 中的内容提出。

表 10-31 最重、最大检修件

厂房名称	最大或最重检修件设备名称	最重件		最大件		备注
		外形尺寸/mm	质量/t	外形尺寸/mm	质量/t	

（4）设备及金属结构件总质量。

10.4.10 环境保护专业

（1）选煤工艺过程排放的废水、废气、废渣、废石等废弃物的名称、种类、数量及化学分析结果。

（2）选煤噪声源及危害情况。

（3）设计中对环保的建议或要求。

10.4.11 技术经济专业

（1）选煤厂生产岗位劳动定员（见表 10-32）。

表 10-32 岗位劳动定员

序号	厂房名称	工种（或职务）名称	人数				备注
			一班	二班	三班	合计	

（2）生产消耗指标（见表 10-33）。

表 10-33 生产消耗指标

序号	材料名称	单位	每吨原矿消耗量	备注

（3）选别方法及工艺流程。

（4）选别指标，参照表 10-34，或提供选煤工艺数、质量流程图。此外，还应提供年

（日）产金属量、精矿多元素分析、选煤比等指标。

表 10-34 选别指标

产品名称	产量/t·a⁻¹	产率/%	品位/%	回收率/%	水分/%	备 注

（5）设备质量及装机电容量、主要设备的处理量、作业率。

（6）提供初步设计过程中方案比较用的资料。如各方案的主要技术条件、工程量估算、材料消耗、劳动定员、选煤技术经济指标、设备配置方案图纸以及其他可比资料。

（7）提供选煤工艺流程图、工艺建（构）筑物联系图等图纸。

10.4.12 概算专业

选煤工艺部分的单位工程概算一般由选煤专业编制。如果由概算专业承担时，选煤专业应向概算专业提供下列主要资料：

（1）设备（包括设计中给出的备品、备件）表，可参照表 10-35 提出。利用库存设备或旧有设备时，要注明修复项目的内容及技术条件；采用非标设备时，要说明加工复杂程度。

表 10-35 设备表

序号	厂房名称	设备名称	性能及规格	单位	数量	质量/t		电动机				制造厂家	备注
						单重	总重	型号	数量	单台功率/kW	合计功率/kW		

（2）金属结构件、工艺管道及材料的种类、规格、数量。

（3）当采用新工艺、新设备、新材料时，应提供有关的技术内容，并协助概算专业编制补充指标及单价。

11 选煤厂建设模式与生产调试

选煤厂建设是一个连续、复杂的系统工程，有很多因素影响到选煤厂的建设质量。选煤厂建设项目具有以下特点：

（1）工艺布置难度大。大型选煤厂的建设依据煤矿建设发展、煤矿工业场地地形图和工艺流程确定选煤厂的整个工艺布局，工艺布置和工程建设难度大。

（2）工程量大。目前，大型选煤厂工程建设项目总承包一般包括从主井皮带机头溜槽下的转载带式输送机开始（立井从箕斗煤仓下给煤机开始）至产品装车站装车溜槽（含）为止的全部土建、机械设备、供配电、控制、照明、采暖、消防、环保、安全、卫生、防雷等，即全部生产系统及辅助生产设施。主要单项工程有原煤贮煤设施、筛分破碎车间、主厂房、产品仓、矸石仓、浓缩车间、变配电所、地磅房、材料库、机修车间、带式输送机栈桥及转载点等。

（3）工期短。目前，5.0Mt/a 新建选煤厂从设计到投产的工期往往不到一年。大型选煤厂工程建设通常属于矿井配套工程，要求选煤厂和矿井同时建成、同时投产。此外，选煤厂建设项目占用的资金多，尽快投产有助于回收资金。

（4）工程投资大。选煤厂的吨煤投资为 50~100 元，随着近几年新建选煤厂的规模越来越大，新建选煤厂的投资额大多在 1 亿元以上。选煤厂建设项目资金分为资本金和债务资金，其中资本金约占项目总投资的 30% 以上。债务资金可以通过信贷、债券、租赁方式来融资。此外，在市场经济条件下，工程材料价格波动较大，加大了工程建设资金的控制难度。

（5）工程建设项目地理交通不便利。根据国家相关政策，选煤厂工程建设项目大多是作为煤矿原煤加工的配套项目，建设地多为煤炭矿井区域，而我国煤矿所处位置大都基础交通建设很不发达，给工程建设项目的设备运输造成很大障碍。

选煤厂建设不仅涉及项目管理的理论、模式、方法和技术，同时也体现了业主与承包方以及其他项目参与者之间的责、权、利的合同关系。因此，选煤厂建设模式是指针对整个工程各参与方的不同角色构建的管理架构。我国选煤厂建设模式从计划经济时期的工程指挥部模式（DBB）逐渐过渡到市场经济条件下的总承包模式（EPC）。

11.1 选煤厂建设项目的管理模式

选煤厂建设项目的管理模式确定了选煤厂建设项目管理的总体框架、项目参与各方的职责、义务和风险分担，在很大程度上决定了项目的合同管理方式以及建设速度、工程质量和造价。本节主要介绍选煤厂建设项目中常用的几种管理模式。

11.1.1 工程指挥部模式（DBB）

工程指挥部模式是我国最为传统的选煤厂建设模式，即设计→招标→建设的业主管理建设模式（design→bid→build，DBB），其合同结构如图 11-1 所示。建设指挥部由工程质量监督、工程采购和工程管理组成，以经过审定后的施工图为基础进行组织设备采购、土建施工、机电设备加工及安装、电气安装等分包工作。项目基建结束后，由建设方聘请选煤厂生产及管理人员，以安装单位为主，完成选煤厂调试，然后移交选煤厂生产方。

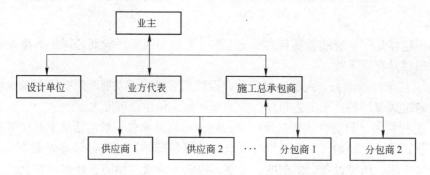

图 11-1　DBB 模式合同结构

21 世纪以前，我国选煤厂建设大多采用 DBB 模式。其突出特点是选煤厂建设必须按设计→招标→建设的顺序进行，只有一个阶段结束后另一个阶段才能开始。采用这种建设模式时，由业主与选煤设计单位签订专业服务合同，由设计单位负责提供选煤厂的设计和施工文件。在设计单位的协助下，通过竞争性招标将工程施工任务交给报价和质量都满足要求或最具资质的投标人（承包商）来完成。在施工阶段，设计专业人员通常担任重要的监督角色，并且是业主与承包商沟通的桥梁。

11.1.1.1　DBB 模式的特点

（1）建设期（投资期）与生产运营期（回收期）截然分开，分由两套机构、两套人马负责。建设期的组织管理机构只负责选煤厂的建设，不负责建成后的生产经营。生产运营期的组织管理机构只负责选煤厂建成后的生产经营，而不负责选煤厂建设。

（2）一般采取平行承包模式，即业主将设计、设备供应、土建、安装、装饰等工程分别委托给不同的承包商。各承包商分别与业主签订合同，向业主负责。

（3）建设项目管理人员较多，包括建设项目管理的工程技术、经济人员；熟悉选煤工艺、设备的专业人员及日常管理人员等。

（4）完成多次的招标工作以及项目大量的前期工作，项目前期需要有充足的准备时间。

（5）各承包商之间没有合同关系，业主、设计单位、施工承包商在合同约定下行使各自的权、责、利，存在一定的制衡作用，因此，业主必须具备较强的项目管理能力和协调能力。

（6）工程质量管理，实行自我监督，所有环节均由建设方严格控制，在工程各环节社会资源相对薄弱的情况下，能最大限度地规避质量、进度等风险。

11.1.1.2　DBB 模式的优点

（1）由于这种模式长期、广泛地在各地采用，因而各方对有关程序较为熟悉。

（2）业主可自由选择咨询、设计方，便于控制设计要求。

（3）可选择各方均熟悉使用标准的合同文本，有利于合同管理和风险管理。

（4）施工时的承包和分包形式及范围可灵活调节，设备供应、土建、安装、装饰等工程可承包给一家公司，也可根据情况承包给多家公司。

11.1.1.3 DBB 模式的缺点

DBB 模式客观上造成建设单位（即出资建设的业主）与承建单位（建设指挥部）甲乙方不分，责任不清，效益不明，不利于监督与控制。它存在以下缺点：

（1）选煤厂建设必须经过规划、设计、施工三个环节之后才可移交给业主。选煤厂建设周期较长，投资成本容易失控。

（2）工程进度管理，由设计、采购、施工三个单位承担，容易产生脱节与隔离，设计进度、采购计划和施工安排难以合理交叉与配套，设计和施工的脱节导致设计变更频繁，不利于缩短建设周期。

（3）工程投资，没有有效的费用控制手段。设计人员、设计单位与工程投资没有关联关系，按我国现行设计费收取办法，工程投资越高则设计收费越多。因此，优化设计、降低工程投资、减少设计浪费往往难以实现。

（4）工程材料管理，需要先完成全部施工图设计，根据施工图汇总材料，由施工单位核准报材料，指挥部工程管理批准材料，而后进行采购、领料、核销。运作环节多、工作量大，难以核准和控制。在设计过程中，设计单位希望更安全可靠，"肥梁胖柱"。而施工单位则希望料多，既有剩料节余，安装量又多，收入又高。

（5）交付与投产环节，由于竣工后由使用单位直接介入，无法理解与吃透设计的意图与设备的特性，往往造成项目很长时间达不到设计能力和使用效果。

（6）工程质量管理，采用自我监督的模式，没有形成监督职能独立性，难以保证完全按标准规范办事，难以排除工程领导的行政干扰。

11.1.2 总承包模式（EPC）

目前，我国选煤厂建设的 DBB 模式逐步被新型的、符合市场经济规模的、与国际接轨的 EPC（engineering procurement construction）模式所取代。以设计为龙头的 EPC 建设模式比例约占 40%。

总承包 EPC 模式，即设计→采购→建设模式，通常也称为"交钥匙"工程建设。在 EPC 模式中，设计（engineering）不仅包括具体的设计工作，而且包括整个建设工程的总体策划及实施组织管理策划和具体工作；采购（procurement）是指选煤设备的选型和材料的采购；建设（construction）包括施工、安装、试车、技术培训等。EPC 工程公司接受建设单位的委托，从建设项目的勘察设计、设备采购、工程施工、生产准备直到竣工投产的全过程进行总承包或部分承包，以代替行政管理型的工程建设指挥部。EPC 模式的合同结构如图 11-2 所示。合同关系简单，业主介入具体组织实施的程度低，总承包商更能发挥主观能动性，运用其管理经验，创造更多的效益。表 11-1 为 EPC 模式下业主与承包商的工作分工。

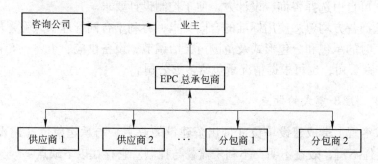

图 11-2　EPC 模式合同结构

表 11-1　EPC 模式下业主与承包商的工作分工

项目阶段	业　主	承　包　商
机会研究	项目设想转变为初步项目投资方案	
可行性研究	通过技术经济分析判断投资建议的可行性	
项目评估	确定是否立项和发包方式	
项目实施准备	组建项目机构，筹集资金，选定项目地址，确定工程承包方式，提出功能性要求，编制招标文件	
初步设计规划	对承包商提交的招标文件进行技术和财务评估，与承包商谈判签订合同	提出初步的设计方案，递交投标文件，通过谈判和业主方签订合同
项目实施	检查进度和质量，确保质量，评估其对工期和成本的影响，并根据合同进行支付	施工图，设备材料采购和施工队伍的选择，施工的进度、质量、安全管理等
移交和试运行	竣工检验和竣工后检验，接收工程，联合承包商进行试运行	接受单体和整体的竣工检验，培训业主人员，联合业主进行试运行，移交工程，修补工程缺陷

11.1.2.1　EPC 模式的项目组织机构

EPC 工程公司以项目为中心，推行项目经理负责制，是实施项目控制的组织保证。工程公司典型的组织机构主要由十四个部门组成（如图 11-3 所示），这些职能部门以项目为中心进行运作。

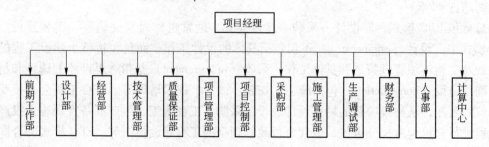

图 11-3　EPC 工程公司典型的组织机构

EPC 工程公司以项目组构成，其中包括项目控制组、项目设计组、项目采购组、项目施工管理组、项目质量组以及项目行政组。项目执行部分推行项目经理负责制。

11.1.2.2　EPC 模式的项目管理

为保证选煤厂建设项目质量，控制工程建设总投资，保证工程按期完成，项目管理应当实施细化控制、量化控制和过程控制，主要涉及以下几个方面。

A　项目设计审核

方案设计是整个选煤厂建设的第一步，也是核心。设计质量和设计进度是项目的重要保障，设计是影响工程质量、成本和工期的重要环节。

设计方案编制过程中，业主方应与总包方随时沟通，针对选煤厂厂型、选煤工艺、设备选型、建设工期、工程总投资等重大事项和技术方案进行中间审查和论证，审查和论证结果应有记录。

施工图的审查是选煤厂建设过程中非常重要的一个环节。施工图的设计应遵循设计阶段所确定的工艺及技术方案。在这个阶段，业主方与总包方应协商制订施工图并提交计划，同时委派专人负责，保证施工图按期提交。在审查施工图前，业主方应建立图纸会审制度，收到施工图纸后，及时组织监理、设计、施工单位进行图纸会审；会审人员应熟悉专业知识、国家相关规定和选煤厂安全运行规程等方面的内容，在审查过程中尤其要对各种设备的安全栏杆、安全防护罩、安全通道、提升孔位置等进行重点审查，彻底从源头上消除失误与缺陷。

B　设备采购与验收

设备采购包括设备的招标、采购合同的签订、产品监造、催交、预验收、验收以及设备厂家的现场服务等。根据项目总体计划和设计技术文件，及时编制招标文件，组织招标。在评标时，为有利于对投标文件的审查、评价和比较，评标委员会有权请投标人对投标文件加以澄清。但不得寻求、提供或允许对投标价格或实质性内容做任何更改。在公平合理、公正公开的原则下，经过对各设备供应商的报价和技术进行评标，最终确定中标单位。

采购合同签订时，对设备的主要性能指标、技术规格、供货范围、外配套厂家的约定、质保期等都要进行明确的确认。设备的催交工作要及时，避免因设备到货迟而影响项目工期。对于大型设备或者关键设备，采购方还要派设备监造师，监督设备制造。

在设备到货验收阶段，业主方应建立设备验收的相关制度，并成立设备验收小组。设备到货前验收小组成员应先做好验收的各项准备工作，包括制订严密的验收方案、理解招标文件要求、熟悉设备的性能和技术参数、准备好验收所需的检验设备和专用工具等。在设备验收过程中，要以合同和装箱单为依据，仔细检查设备的规格、型号、出厂编号及附件是否与装箱单和合同要求相符，同时要认真检查设备的说明书、操作规程、检修手册、产品检验合格证等随机资料是否齐全。进口设备和特种设备的验收要严格把关，如起重设备厂家必须提供其属地的技术监造证和使用地的检测安全合格证，锅炉设备必须有当地技术检验部门的检验和监测记录或报告，空压机贮气罐必须有当地技术监督局出具的检验报告，进口设备必须要有报关单等。对于验收过程中发现的问题应做详细记录，必要时可拍照留据。设备验收完后，要及时出具书面报告，写明验收时间、地点、参加人员、设备（或组装零部件）名称、规格型号、单位（台、件等）、数量、相关技术资料、设备随机备品备件、工具明细单等，同时应注明验收过程中发现的问题，并附有相关检验记录。箱内所带的设备保修单及说明书、装箱单等随机资料应及时整理归档。

C 项目施工管理

项目施工管理主要由现场项目部负责，由项目执行经理负责组织技术、计划、工程及综合管理等专业工程师实施项目的现场管理工作。

项目部施工组筹现场的各项工作，包括土建、设备安装以及调试工作。组织协调各分包单位施工，合理计划施工次序，进行有序的交叉施工。施工过程管理主要遵循以下原则：按照总承包方"工程总承包施工管理规定"的要求对项目施工管理工作进行过程控制；由于合同工期较短，故采用倒推法编制项目施工总进度计划并分解到各个单位工程；合理划分工程标段，组织好项目的施工与设计、采购、开工等分项工作的技术接口和管理接口，强调并突出以现场施工为主的管理思想；定时召开平衡会议，及时处理施工偏差问题，尊重业主和监理单位的意见，及时纠偏。

在选煤厂施工前，业主方应注意健全施工现场安全管理体系，完善安全管理制度，落实施工现场的安全责任制；在施工过程中，业主方应配合监理方监督施工单位，使其严格按照行业安全规程及操作规范施工，禁止未经培训或培训不合格的工人上岗，同时要求施工单位指派专人负责施工现场安全。业主方一定要定期组织人员对施工现场进行安全检查，及时消除安全隐患。

D 项目进度管理

在进度控制方面，建立进度控制系统、保证目标进度的正点到达。为了有效控制进度，EPC 工程公司可建立以进度工程师为中心，以设计计划统计工程师、采购计划统计工程师、施工计划统计工程师、施工分包商计划统计工程师和设备材料分包商统计计划人员为执行层的进度控制机构。业主应根据矿井投产期、拆迁工作量大小、项目所在地环境人文情况、设计进度等影响项目进度的各种因素进行充分的调查、分析、论证。集中精力完成工程前期的各项准备工作，督促总包单位在阶段性详细设计完成后，及时组织召开设计审查会，为后续工程建设奠定基础；参与监理组织的现场会议，掌握关键控制节点的完成情况，对涉及进度的重大问题及时组织各方参加进度协调会，下达有关进度的决策；尽可能减少或避免实施工程建设过程中的工程变更，一旦发生变更，应在承包商进行修改工序前提出，避免返工浪费并由此带来的工期延误。

E 项目质量控制

在质量控制方面，应建立业主方、监理、总承包商及分包商等各方质量管理体系、质量保证体系，明确在项目实施过程中各方的职责。建立质量责任制度、设计审查制度、图纸技术交底制度、检查验收制度及质量奖惩制度等一系列规章制度，全面保证质量目标的实现。

项目开工前，EPC 工程公司要建立以项目经理为责任人的质量保证体系，确立质量问题责任人，细化施工、安装及采购各环节专项责任人，严把质量关，保证整个工程质量。业主要及时督促并参加由 EPC 工程公司组织的有专业人员、监理、质检站、施工分包商等参加的设计交底会、图纸会审会，使各参建单位了解、把握设计意图，保证图纸审查质量。

加强阶段性验收工作，对工程质量进行跟踪检查，确保质量保证体系的有效运作。业主参与关键工序交接的检验，严格控制工序交接质量。

F 项目费用控制

在费用控制方面，建立费用控制系统，保证工程费用目标的实施。费用控制建立在费用估算的基础上，根据费用估算工程师选择的设备估算法进行估算。在估算的基础上，由费用控制工程师编制 EPC 人工时消耗指标、设计限量指标、施工台班指标、采购限额指标、项目变更控制指标，把费用控制目标细化和量化。

项目费用计划是费用控制的依据和执行的基准文件。以项目费用计划为基准，对工程实际产生费用和完成工程量的预算值进行比较，分析费用偏差，制定合理纠偏措施，确保项目整体费用在计划之内。建立并严格执行项目费用变更控制程序，包括申请变更、变更批准、变更实施和变更费用控制的全过程实施。由于业主原因产生的变更，业主要承担变更费用。EPC 工程公司产生的变更费用应在内部协调，在满足合同要求的前提下，尽量控制在费用限额之内。

G 工程档案管理

在选煤厂建设过程中，业主方应配备专人进行项目档案管理，严格按照国家有关档案管理规定，及时整理项目的设计、招标、施工及验收等各个环节的文件资料，建立健全项目档案管理制度。同时，业主方也要监督施工方在施工的同时同步整理相关工程资料，这些资料与工程同步验收，在工程竣工时一起归档。对于档案资料不合格的工程项目要进行档案资料修改，直至合格后才能通过验收。

H 联合试运转及项目竣工验收

在联合试运转前，EPC 工程公司应编制详细的联合试运转方案，并需经业主方审批后方可试运转，并且在完成所有设备的单机试运转后方可进行联合试运转。联合试运转方案应包括调试组织机构、调试目的及计划、调试步骤、调试的安全措施以及联合试运转事故应急预案，所有参与联合试运转的管理人员及操作人员必须具备上岗条件。在选煤厂所有工程严格按照设计要求建设完成，联合试运转各项指标符合设计要求后，方可进行项目竣工验收。项目竣工验收前，业主方应组建验收委员会，并成立专业验收小组进行验收，验收后应出具客观真实的验收意见。同时，业主方须协助 EPC 工程公司报请政府有关部门完成对环境保护设施、消防设施、职业病预防控制措施、项目竣工决算审计等的专项验收。在整个选煤厂工程竣工验收完成后，业主方与 EPC 工程公司要按照《建筑工程质量管理条例》的要求，签订工程质量保修书，明确保修期内 EPC 工程公司对工艺系统、土建工程、设备等的维修和售后服务的义务。

11.1.2.3 EPC 模式的特点

EPC 模式具有设计、施工、安装速度快，工期短，投资少等优势；合同关系简单，责任单一。主要参与方仅限于业主和一家总承包商两方，不再存在独立的设计单位，总承包商对工程的设计、设备采购和施工向业主负全部责任。总承包商一般是具有雄厚设计实力的工程公司、咨询公司或二者的联合体。承包商与设备供应商、分包商之间一般存在密切的长期合作关系，以便承包商对工程的实施采取以设计为龙头的、集成化的管理。

EPC总承包项目中，业主希望通过总承包商的专业优势化解工程实施风险和提高项目效益，因此，在向总承包商转移风险的同时，也给了承包商创造价值和获取利润的机会。EPC总承包模式具有以下特点：

（1）承包商承担大部分风险。承包商的承包范围包括设计、施工、调试等工作，承担的风险范围较大。减少了与业主直接关联的承包商的数量，业主事务性的工作也减少。

（2）采用固定总价合同的计价方式（若项目范围调整了，允许调整合同价格）。

（3）承包商能够将整个项目管理形成一个统一的系统，避免多头领导，同时也减少了管理人员的数量。

（4）对业主而言，合同关系简单，组织协调工作量小。方便业主协调和管理，信息沟通方便、快捷，有利于施工现场的管理，减少中间检查和交接的环节和手续，避免由此引起的工期延误。

（5）缩短建设工期。由于设计与施工由一个单位统筹安排，对进度目标控制有利。

（6）有利于投资控制。通过设计与施工的统筹考虑，可以提高项目的经济性，取得明显的经济效果，但不意味着项目总承包的价格就低。

11.1.2.4 EPC模式的缺点

20世纪90年代以来，我国选煤厂建设大多采用了EPC总承包方式。选煤厂投产以来的生产情况表明，尚存在一些质量优化等问题。主要存在以下几个方面的缺点：

（1）有意压缩工程项目投资。由于市场竞争激烈，总承包商为保证中标，最大限度地降低投标报价，由此带来的常常是降低设备规格、配置，压缩厂房体积，甚至降低设计标准，以至于设计仅靠理论值，对实际生产适应空间较小，也曾有因低价中标而最后无法完成项目的事例发生。

（2）工程管理的隐蔽性。由于是"交钥匙"工程，整个项目由总承包方代替业主行使管理职责，可能会造成施工过程或设备采购的偷工减料，或出现工程质量问题，以至于影响选煤厂预计经济技术指标的实现。

（3）初步设计和总承包设计脱节。由于种种原因，初步设计单位和总承包单位往往不是一家公司，初步设计是编制招标文件和总承包设计的依据。编制初步设计都在项目的前期，后期工程煤质和销售市场都会有所波动，在总承包方案中有时需要对初步设计加以调整和优化，以适应实际生产需要。总承包方在工程投标时，为了使工程造价最低，只以招标文件提供的原始煤质资料为设计依据，不对其做任何调研及校正，致使很多选煤厂煤质适应性较差，不能很好地适应选煤厂实际生产煤质的波动，项目竣工后出现煤质变差时，工艺系统无法适应，业主只能选择减量生产以使系统正常运行。

（4）设计在满足生产的条件下，尽量地压缩设备台数和工程量，简化布置空间，致使一些选煤厂在投产交付业主使用后，出现设备没有良好检修空间和人行通道等问题，尤其是在细节控制设计时不做最优化的设计，在工程交付后进行选煤厂生产管理时，很多环节不利于操作，遗留问题较多。

11.1.3 设计→施工→运营模式（DBO）

DBO（design→build→operate）模式是指由一家承包商设计、建设并运营该设施的一种建设管理模式。近年来，我国的一些选煤厂的建设采用该模式。选煤厂建设总承包商运营的工作范围，通常包括生产运行、设备和设施的保养，负责设备大、中、小修，并且承担中、小修费用，提供介质、油脂、药剂等生产材料，根据项目情况，提供（或不提供）电力费用，提供大修费用，但原煤的供应和产品的销售由业主方负责。

与传统的发包模式相比，该模式下承包商不仅承担工程的设计施工，在移交给业主之后，还要负责其建设工程的运营。在 DBO 模式下，责任主体比较单一，比较明确，风险转移给 DBO 主体，设计、施工、运营三个过程均由一个责任主体来完成。DBO 模式也可以优化项目的全寿命周期成本，在选煤厂设计时，必须考虑运营成本。由于建设和运营为"一套人马"，操作工人可以较早地参与到选煤厂项目中，较早地领会设计思想，并参与选煤厂试车、调试任务中，从而可以减少不必要的延误，使施工周期更为合理。从质量角度来看，DBO 合同可以保证项目质量长期的可靠性。但是 DBO 模式责任范围的界定容易引起较多争议，招标过程也较长。

11.2 选煤厂建设工程的监理

建设工程监理制于 1988 年开始试点，5 年后逐步推开，1997 年《中华人民共和国建筑法》以法律制度的形式作出规定，国家推行建设工程监理制度，从而使建设工程监理在全国范围内进入全面推行阶段。2001 年建设部颁布了《建设工程监理范围和规模标准规定》，规定了必须实行监理的建设工程项目的具体范围和规模标准。按此规定要求，总投资在 3000 万元以上的选煤厂工程建设项目必须实行监理。

11.2.1 选煤厂建设工程监理的概念

建设工程监理是指具有相应资质的工程监理企业，接受建设单位的委托，承担其项目监督管理工作，并代表建设单位对承包单位的建设行为进行监控的专业化服务活动。

建设单位，也称为业主、项目法人，是委托监理的一方。选煤厂建设项目的建设单位在工程建设中拥有确定选煤厂建设工程规模、标准、功能以及选择勘察、设计、施工、监理单位等工程建设重大问题的决定权。

工程监理企业是指取得企业法人营业执照，具有监理资质证书的依法从事建设工程监理业务活动的经济组织。

建设工程监理的实施需要建设单位的委托和授权。工程监理企业应根据委托监理合同和有关建设工程合同的规定实施监理。建设工程监理只有在建设单位委托的情况下才能进行。只有与建设单位订立书面委托监理合同，明确了监理的范围、内容、权利、义务、责任等，工程监理企业才能在规定的范围内行使管理权，合法地开展建设工程监理。

工程监理单位对哪些建设行为实施监理，要根据委托监理合同的规定，例如，仅委托施工阶段监理的工程，工程监理企业只能根据委托监理合同和施工合同对施工行为实行监理；而在委托全过程监理的工程中，工程监理企业则可以根据委托监理合同以及勘察合同、设计合同、施工合同对勘察单位、设计单位和施工单位的建设行为实行监理。

承建单位根据法律、法规的规定和它与建设单位签订的有关建设工程合同的规定，接受工程监理企业对其建设行为进行的监督管理，接受并配合监理是其履行合同的一种行为。

选煤厂建设工程监理的依据:

(1) 工程建设文件,包括批准的选煤厂建设项目可行性研究报告、选址意见书、用地规划许可证、建设工程规划许可证、批准的施工图设计文件、施工许可证等。

(2) 有关的法律、法规、规章和标准规范,包括《建筑法》、《合同法》、《招标投标法》等法律法规,《建设工程质量管理条例》、《建设工程安全生产管理条例》等行政法规、《工程建设监理规定》等部门规章,以及有关地方性法规等,还包括《工程建设标准强制性条文》、《建设工程监理规范》以及有关选煤厂建设项目的工程技术标准、规范、规程等。

(3) 建设工程委托监理合同和有关建设工程合同。一是工程监理企业与建设单位签订的建设工程委托监理合同,二是建设单位与承建单位签订的建设工程合同。

11.2.2 选煤厂建设工程监理的性质

11.2.2.1 服务性

建设工程监理具有服务性,是由它的业务性质决定的。建设工程监理的主要方法是规划、控制、协调,主要任务是控制建设工程的投资、进度和质量,最终应当达到的基本目的是协助建设单位在计划的目标内将建设工程建成并投入使用。

在工程建设中,监理人员利用自己的知识、技能和经验、信息,以及必要的试验、检测手段,为建设单位提供管理服务。

工程监理企业不能完全取代建设单位的管理活动。它不具有工程建设重大问题的决策权,它只能在授权范围内代表建设单位进行管理。

11.2.2.2 科学性

科学性是由建设工程监理要达到的基本目的决定的。面对工程规模日趋庞大,环境日益复杂,功能、标准要求越来越高,新技术、新工艺、新材料、新设备不断涌现,参加建设的单位越来越多,在市场竞争越来越激烈,风险日渐增加的情况下,必须采用科学的思想、理论、方法和手段驾驭工程建设。

科学性主要表现在:工程监理企业应当由组织管理能力强、工程建设经验丰富的人员担任领导;应当有足够数量的、有丰富的管理经验和应变能力的监理工程师组成的骨干队伍;要有一套健全的管理制度;要有现代化的管理手段;要掌握先进的管理理论、方法和手段;要积累足够的技术、经济资料和数据;要有科学的工作态度和严谨的工作作风,要实事求是、创造性地开展工作。

11.2.2.3 独立性

《建筑法》明确指出,工程监理企业应当根据建设单位的委托,客观、公正地执行监理任务。《工程建设监理规定》和《建设工程监理规范》要求工程监理企业按照"公正、独立、自主"原则开展监理工作。

按照独立性要求,工程监理单位应当严格地按照有关法律、法规、规章、工程建设文件、工程建设技术标准、建设工程委托监理合同、有关的建设工程合同等的规定实施监理；在委托监理的过程中，与承建单位不得有隶属关系和其他利害关系；在开展工程监理的过程中，必须建立自己的组织，按照自己的工作计划、程序、流程、方法、手段，根据自己的判断，独立地开展工作。

11.2.2.4 公正性

公正性是社会公认的职业道德准则，也是监理行业能够长期生存和发展的基本职业道德准则。在开展建设工程监理的过程中，工程监理企业应当排除各种干扰，客观、公正地对待监理的委托单位和承建单位。特别是当这两方发生利益冲突或者矛盾时，工程监理企业应以事实为依据，以法律和有关合同为准绳，在维护建设单位的合法权益时，不损害承建单位的合法权益。例如在调解建设单位和承建单位之间的争议，处理工程索赔和工程延期，进行工程款支付控制以及竣工结算时，应当尽量客观、公正地对待建设单位和承建单位。

11.2.3 选煤厂建设工程监理的作用

我国实施建设工程监理的时间虽然不长，但已经发挥出了明显的作用，为政府和社会所承认。建设工程监理的作用主要表现在以下几个方面。

11.2.3.1 有利于提高建设工程投资决策科学化水平

在建设单位委托工程监理企业实施全方位、全过程监理的条件下，工程监理企业可协助建设单位选择适当的工程咨询机构，管理工程咨询合同的实施，并对咨询结果（如项目建议书、可行性研究报告）进行评估，提出有价值的修改意见和建议；或者直接从事工程咨询工作，为建设单位提供建设方案。工程监理企业参与或承担项目决策阶段的监理工作，有利于提高项目投资决策的科学化水平，避免项目投资决策失误，也为实现建设工程投资综合效益最大化打下良好的基础。

11.2.3.2 有利于规范工程建设参与各方的建设行为

工程建设参与各方的建设行为都应当符合法律、法规、规章和市场准则。要做到这一点，仅仅依靠自律机制是远远不够的，还需建立有效的约束机制，能在建设工程实施过程中对工程建设参与各方的建设行为进行约束。建设工程监理制就是这样一种约束机制。

在建设工程实施过程中，工程监理企业可依据委托监理合同和有关的建设工程合同对承建单位的建设行为进行监督管理。由于这种约束机制贯穿于工程建设的全过程，采用事前、事中和事后控制相结合的方式，因此可以有效地规范各承建单位的建设行为，最大限度地避免不当建设行为的发生。即使出现不当建设行为，也可以及时加以制止，最大限度地减少其不良后果。应当说，这是约束机制的根本目的。另外，由于建设单位不了解建设工程有关的法律、法规、规章、管理程序和市场行为准则，也可能发生不当建设行为。在这种情况下，工程监理单位可以向建设单位提出适当的建议，从而避免发生建设单位的不当建设行为，这对规范建设单位的建设行为也可起到一定的约束作用。当然，要发挥上述约束作用，工程监理企业首先必须规范自身的行为，并接受政府的监督管理。

11.2.3.3 有利于促使承建单位保证建设工程质量和使用安全

建设工程是一种特殊的产品，不仅价值大、使用寿命长，而且关系到国家经济发展和人民的生命财产安全。因此，保证建设工程质量和使用安全就显得尤为重要，在这方面不允许有丝毫的懈怠和疏忽。

工程监理企业对承建单位建设行为的监督管理，实际上是从产品需求者的角度对建设工程生产过程的管理。而工程监理企业又不同于建设工程的实际需求者，其监理人员都是既懂工程技术，又懂项目管理的专业人士。他们有能力及时发现建设工程实施过程中出现的问题，发现工程材料、设备以及阶段产品存在的问题，从而避免留下工程质量隐患。因此实行建设工程监理制之后，在加强承建单位自身对工程质量管理的基础上，由工程监理企业介入建设工程生产过程的管理，对保证建设工程质量和使用安全起到重要作用。

11.2.3.4 有利于实现建设工程投资效益最大化

建设工程投资效益最大化有以下三种表现：

（1）在满足建设工程预定功能和质量标准的前提下，建设投资额最少；

（2）在满足建设工程预定功能和质量标准的前提下，建设工程寿命周期费用（或全寿命费用）最少；

（3）建设工程本身的投资效益与环境、社会效益的综合效益最大化。

实施建设工程监理制之后，工程监理企业一般都能协助建设单位实现上述建设工程投资效益最大化的第一种表现，也能在一定程度上实现上述第二种和第三种表现。随着建设工程寿命周期费用和综合效益理念被越来越多的建设单位所接受，建设工程投资效益最大化的第二种和第三种表现的比例将越来越大，从而大大地提高我国全社会的投资管理水平，促进我国国民经济又好又快的发展。

11.3 选煤厂的生产调试

选煤厂建设工程在土建和安装完工以后，就需要进行单位调试，联动调试，带水、带介调试、带煤调试等一系列生产调试。只有生产调试达到选煤设计的生产能力和生产指标后，才能算选煤厂建设工程竣工。

11.3.1 调试的准备

11.3.1.1 组织构建

为确保调试工作有条不紊的展开，选煤厂生产调试前应成立以总承包为主，各分包方为辅，选煤厂积极配合的调试组。调试组由设计单位、设备厂家、土建施工、安装单位、电气施工单位、选煤厂的相关人员组成。调试组设立组长和若干名副组长，分别负责统筹规划和具体实施。组长全面负责调试组各单位的协调工作，而各副组长分别负责水、电、煤源、外运等外部关系的协调，人员培训，调试过程的技术支持，施工、调试过程的改造、完善等工作。只有成立职责分明的调试组织，才能在计划的调试时间内完成相应的工作量，为顺利完成调试任务提供坚实的基础。

11.3.1.2　人员培训

针对选煤厂具体的选煤工艺，由设计人员、设备厂家负责对参与调试和生产人员进行选煤工艺、设备操作和维修以及电气控制等方面的培训。培训后，所有人员上岗前应做到：

（1）熟知选煤厂安全操作规程、岗位责任制，熟知选煤厂通讯、消防、防火设施的地点和使用方法。把"安全第一"意识贯彻到每一项工作中去。

（2）熟知选煤工艺流程，设备及其编号，掌握选煤厂设备起停顺序、各设备集中和就地起停机方法。

（3）熟知各主要设备性能及参数调整。

（4）集中控制系统人员应熟知选煤工艺调整及对其他作业的影响，并能采取相应措施；熟知各种事故报警及处理。

（5）电气人员应熟知全厂供配电系统，各设备的电气参数；熟知各电气设备参数的整定、变频器操作等。

11.3.1.3　调试前的系统检查

（1）检查各设备、管道、溜槽、池、桶有无杂物，各算子是否畅通，确保设备正常运行。

（2）检查各减速机、激振器的油质、油位（油量）。

（3）检查各设备保护装置是否灵敏可靠，设备的零配件是否完好。

（4）检查各刮板机及胶带机张紧装置及松紧程度。

（5）检查各电保护整定值是否合适。

（6）检查压力表、液位计、料位计、密度仪、皮带秤等仪器仪表的灵敏准确度。

（7）检查各水、气阀是否可靠。

（8）检查各设备电机转向，尤其是振动筛、刮板机等。

（9）检查各处耐磨材料是否牢固。

11.3.2　选煤厂生产调试步骤

选煤厂调试，主要有以下几个阶段。

11.3.2.1　单机空载试运转

主要任务是考核单台设备的运转状况，检验设备的安装质量及设备的空负荷运行情况，做好各种技术数据的测试与记录工作。

主要步骤及要求如下：

（1）对各机械、电气设备检查、测试合格后，分别送电，进行单机运转试验；

（2）设备连续运转时间不少于 4h，各项技术指标应符合设备技术文件的要求；

（3）各施工安装单位负责做好试车记录，待工程竣工时一并移交。

11.3.2.2 空载联合试运

设备空载联合试运的任务是检查集中控制系统是否正常灵敏,检查各系统的运转状态,各岗位进行模拟操作,为带水带煤试运做好准备。

主要步骤及要求如下:

(1) 给各台设备送电,进行集中控制系统的启车、停车试验和全系统设备空负荷联合试运转。

(2) 检查各岗位信号的灵敏性、可靠性,确保紧急情况下就地停车;

(3) 检查集中控制系统的启车、停车是否正常;

(4) 运行过程中停止某一台设备,观察整个系统是否能按预定程序停车;

(5) 检查集中控制系统启车、停车的可靠性以及时间间隔。

11.3.2.3 带水、带介联合试运转

该阶段试运的主要任务是要检查验证设备、溜槽、管道系统的密封密闭性能,同时考核设备在轻负荷下的运行情况,检查水循环系统管道、阀门是否正常、开启灵活,水循环是否平衡;检查介质添加及重介质系统的管道、阀门是否正常灵活;检查水位、液位、介质密度自动控制是否准确、灵敏以及悬浮液(介质)密度是否调配合适,为加煤试运做好准备工作。

在带水调试前,应完成以下工作:

(1) 浓缩池、澄清水池注满水,准备介质、浮选药剂、絮凝剂等;

(2) 所有阀门处于初始位置,按照工艺需求调整开启度;

(3) 所有仪器仪表的监控能正常工作;

(4) 所有参与调试人员都必须在指挥人员统一指挥下,认真、积极、及时地搞好调试工作;

(5) 各岗位人员做好调试记录工作,认真填写各项调试记录。

具体的调试步骤如下:

(1) 设备控制位于集控单机状态。

(2) 启动澄清水泵向系统供水,补水一般通过调整各手动阀门(相关设备附近)完成,液位通过自动阀门调整。

(3) 岗位人员及时与集控联系,询问桶位调整情况,待系统正常后做好截门开启度记录。

(4) 随时观察设备运转情况,观察声音、温度、振动、压力、电流等参数。

(5) 每次连续带水、调整平衡时间不小于 4h,对存在及发现的问题,集控室做好详细记录,提交相关部门处理,并完善系统。

带水调试完成后,开始向系统添加介质,使系统分选密度达到设定值。带介调试是在带水调试基础上进行的。主要掌握密度调整、桶位设定及调整、介质系统中非磁性物含量与分流的关系。岗位人员与集控人员联系,确认分流阀门工作正确灵活。

带介调试过程中,必须保证各合格介质桶与稀介质桶的桶位,防止因事故停机导致各介质桶溢流,造成介质浪费。

调试期间，各岗位人员要密切注意运转情况，发现问题立即调整并报告指挥人员，同时做好运行记录。

11.3.2.4 带煤联合试运

在主厂房带煤调试前，先将原煤仓至主厂房入厂皮带、矸石皮带、中煤皮带、精煤皮带调试完毕，并具备正常运转条件，在主厂房带煤运行阶段，派专人对入厂皮带、矸石皮带、中煤皮带、精煤皮带进行维护，并积极配合调试工作。

带煤运行是选煤厂最终目标。只有通过带煤运行才能不断发现系统存在的问题，经过不断改进，使选煤厂运行逐步趋于正常。

带煤调试的要求：

（1）确保各管路溜槽无"跑、冒、滴、漏"现象。

（2）各手动、气动阀操作灵活可靠。

（3）及时采样、化验，以便及时调整工艺和选煤分选条件，提高选煤的精度和效益。

（4）组织者每次应该有重点地调试某个工艺参数，以逐步达到最佳的洗选效果。

（5）组织者及时分析汇总调试过程中存在的各种问题，全面综合制定整改措施；制订下一次调试方案。

带煤调试的步骤：

（1）系统启车，调整密度。

（2）桶位稳定，密度达到设定值后，开始通知原煤准备系统上煤。

（3）原煤量分步加大，随时观察设备运行情况，发现问题及时处理。

（4）随时观察浓缩机运行状况（电流、扭矩、煤泥厚度），根据浓缩机底流浓度确定煤泥回收系统开启。

（5）详细记录各分选条件下分选指标，调整工艺流程，满足产品质量要求。

总之，选煤厂的调试是一个复杂工程，不但需要有经验丰富的专业人员负责，还需要提前做好科学规划、合理布置以及业主方的积极配合，只有参调各方团结合作和密切配合，才能圆满完成调试任务。

11.3.3 技术指标测试

新建选煤厂工艺技术指标检测验收在系统能力达到设计能力并正常连续运行一周后进行。由业主方委托各方认可的具有相应资质的第三方科研单位进行检测。其中产品数质量指标、分选设备 E、I 值，主要工艺设备效率指标，根据国家有关标准、规范，现场采样、化验后得出；系统能力指标以工艺系统内有关计量设备的正常运行数据为准；介质消耗指标以运行单位根据系统正常运行 15 天的介耗统计数据为准。

为保证各种技术数据的正确性和具有代表性，要求在系统正常稳定状态下进行检测，即机械设备运转正常，原料煤、水、电、气和仓贮充足。

选煤厂技术指标测试依据的国家和煤炭行业标准如下：

GB/T 211 煤中全水分的测定方法

GB/T 212 煤的工业分析方法

GB/T 213 煤的发热量测定方法

GB/T 214 煤中全硫的测定方法

GB 474 煤样的制备方法

GB 475 商品煤样采取方法

GB/T 481 生产煤样采取方法

GB/T 477 煤炭筛分试验方法

GB/T 478 煤炭浮沉试验方法

GB/T 15715 煤用重选设备工艺性能评定方法

GB/T 15716 煤用筛分设备工艺性能评定方法

GB/T 16417 煤炭可选性评定方法

MT/T57 煤粉浮沉试验方法

MT/T58 煤粉筛分试验方法

附 录

t-F(*t*) 附表

中煤国际工程集团北京华宇工程有限公司用近似公式和分配曲线变形方法来计算重力分选的 *t* 值，算出 *t* 值后，查 *t-F*(*t*) 附表，即可得到相应平均密度级的分配率。

一、跳汰选（或槽选）的近似公式

$$t = \frac{1.553}{I} \lg \frac{\delta - 1}{\delta_p - 1}$$

二、重介选的近似公式

$$t = \frac{0.675}{E}(\delta - \delta_p)$$

三、风选的近似公式

$$t = \frac{1.553}{I} \lg \frac{\delta}{\delta_p}$$

式中　*t*——中间计算结果，根据 *t* 值查高斯积表得分配率；

　　　E——可能偏差；

　　　δ——平均密度，g/cm^3；

　　　δ_p——分选密度，g/cm^3。

"t" 为正值的分配指标表

t	0.00	0.01	0.02	0.03	0.04	0.05	0.06	0.07	0.08	0.09	小数第三位的 t 值								
											1	2	3	4	5	6	7	8	9
0.0	50.00	50.40	50.80	51.20	51.60	51.99	52.39	52.79	53.19	53.59	4	8	12	16	20	24	28	32	36
0.1	53.98	54.38	54.78	55.17	55.57	55.96	56.36	56.75	57.14	57.53	4	8	12	16	20	24	28	32	36
0.2	57.93	58.32	58.71	59.10	59.48	59.87	60.26	60.64	61.03	61.41	4	8	12	15	19	23	27	31	35
0.3	61.79	62.17	62.55	62.93	63.31	63.68	64.06	64.43	64.80	65.17	4	8	11	15	19	23	26	30	34
0.4	65.54	65.91	66.28	66.64	67.00	67.36	67.72	68.08	68.44	68.79	4	7	11	14	18	22	25	29	32
0.5	69.15	69.50	69.85	70.19	70.54	70.88	71.23	71.57	71.90	72.24	3	7	10	14	17	21	24	28	31
0.6	72.57	72.91	73.24	73.57	73.89	74.24	74.54	74.86	75.17	75.49	3	6	10	13	17	20	23	26	30
0.7	75.80	76.11	76.42	76.73	77.04	77.34	77.64	77.94	78.23	78.52	3	6	9	12	15	18	21	24	27
0.8	78.81	79.10	79.39	79.67	79.95	80.23	80.51	80.73	81.06	81.33	3	6	8	11	14	17	20	22	25
0.9	81.59	81.86	82.12	82.38	82.64	82.90	83.15	83.40	83.65	83.89	3	5	8	10	13	15	18	20	23
1.0	84.13	84.38	84.61	84.85	85.08	85.31	85.54	85.77	85.99	86.21	2	5	7	9	12	14	16	18	21
1.1	86.43	86.65	86.86	87.08	87.29	87.49	87.70	87.90	88.10	88.30	2	4	6	8	11	13	15	17	19
1.2	88.49	88.69	88.88	89.07	89.25	89.44	89.62	89.80	89.97	90.15	2	4	6	8	10	11	13	15	17
1.3	90.32	90.49	90.66	90.82	90.99	91.15	91.31	91.47	91.62	91.77	2	3	5	6	8	10	11	13	14
1.4	91.92	92.07	92.22	92.36	92.51	92.65	92.79	92.92	93.06	93.19	2	3	4	6	7	8	10	11	13
1.5	93.32	93.45	93.57	93.70	93.82	93.94	94.06	94.18	94.29	94.41	1	3	4	5	6	8	9	10	11
1.6	94.52	94.63	94.74	94.84	94.95	95.05	95.15	95.25	95.35	95.45	1	2	3	4	5	6	7	8	9
1.7	95.54	95.64	95.73	95.82	95.91	96.00	96.08	96.14	96.25	96.33	1	2	3	4	5	5	6	7	8
1.8	96.41	96.49	96.56	96.64	96.71	96.78	96.86	96.93	96.99	97.06	1	2	2	3	4	5	5	6	7
1.9	97.13	97.17	97.26	97.32	97.38	97.44	97.50	97.56	97.61	97.67	1	1	2	2	3	4	4	5	5
2	97.72	97.78	97.83	97.88	97.93	97.98	98.03	98.08	98.12	98.17	1	1	2	2	2	3	4	4	5
2.1	98.21	98.26	98.30	98.34	98.38	98.42	98.46	98.50	98.54	98.57	0	1	1	2	2	2	3	3	4

续表

t	0.00	0.01	0.02	0.03	0.04	0.05	0.06	0.07	0.08	0.09
2.2	98.61	94.64	98.68	98.71	98.75	98.78	98.81	98.84	98.87	98.90
2.3	98.93	98.96	98.98	99.01	99.04	99.06	99.09	99.11	99.13	99.16
2.4	99.18	99.20	99.22	99.24	99.27	99.29	99.30	99.32	99.34	99.36
2.5	99.38	99.40	99.41	99.43	99.45	99.47	99.48	99.49	99.51	99.52
2.6	99.53	99.55	99.56	99.57	99.58	99.60	99.61	99.62	99.63	99.64
2.7	99.65	99.66	99.67	99.68	99.69	99.70	99.71	99.72	99.73	99.74
2.8	99.74	99.75	99.76	99.77	99.77	99.78	99.79	99.80	99.80	99.81
2.9	99.81	99.82	99.82	99.83	99.84	99.84	99.85	99.85	99.86	99.86
3.0	99.86	99.87	99.87	99.88	99.88	99.89	99.89	99.89	99.90	99.90
3.1	99.90	99.91	99.91	99.91	99.92	99.92	99.92	99.93	99.93	99.93
3.2	99.93	99.94	99.94	99.94	99.94	99.94	99.95	99.95	99.95	99.95
3.3	99.95	99.95	99.96	99.96	99.96	99.96	99.96	99.96	99.96	99.97
3.4	99.97	99.97	99.97	99.97	99.97	99.97	99.97	99.97	99.98	99.98
3.5	99.98	99.98	99.98	99.98	99.98	99.98	99.98	99.98	99.98	99.98
3.6	99.98	99.98	99.99	99.99	99.99	99.99	99.99	99.99	99.99	99.99
3.7	99.99	99.99	99.99	99.99	99.99	99.99	99.99	99.99	99.99	99.99
3.8	99.99	99.99	99.99	99.99	99.99	99.99	99.99	99.99	99.99	99.99
3.9	100.00	100.00	100.00	100.00	100.00	100.00	100.00	100.00	100.00	100.00

小数第三位的 t 值

t	1	2	3	4	5	6	7	8	9
2.2	0	1	1	1	2	2	2	3	3
2.3	0	1	1	1	2	2	2	3	3
2.4	0	0	1	1	1	1	1	2	2
2.5	0	0	0	1	1	1	1	1	1
2.6	0	0	0	0	1	1	1	1	1
2.7	0	0	0	0	0	1	1	1	1

当 t 值为负值时，应将本表查得的数字用100来减

参 考 文 献

[1] 戴少康. 选煤工艺设计实用技术手册 [M]. 北京：煤炭工业出版社，2010.

[2] 王宏，李明辉，曾琳，等. 煤炭洗选加工实用技术 [M]. 徐州：中国矿业大学出版社，2010.

[3] 匡亚莉. 选煤工艺设计与管理 [M]. 徐州：中国矿业大学出版社，2006.

[4] 黄波. 煤泥浮选技术 [M]. 北京：冶金工业出版社，2012.

[5] 杨小平. 重力选煤技术 [M]. 北京：冶金工业出版社，2012.

[6] 金雷. 选煤厂固液分离技术 [M]. 北京：冶金工业出版社，2012.

[7] 欧泽深，张文军. 重介质选煤技术 [M]. 北京：中国矿业大学出版社，2006.

[8] 王伍仁. EPC 工程总承包管理 [M]. 北京：中国建筑出版社，2008.

[9] 刘顺，赵承年，路迈西. 选煤厂设计 [M]. 北京：煤炭工业出版社，1987.

[10] 李寻，刘顺. 选煤厂设计 [M]. 北京：煤炭工业出版社，1995.

[11] 张明旭. 选煤厂煤泥水处理 [M]. 徐州：中国矿业大学出版社，2004.

[12] 谢广元. 选煤厂产品脱水 [M]. 徐州：中国矿业大学出版社，2004.

[13] 吴大为. 浮游选煤技术 [M]. 徐州：中国矿业大学出版社，2004.

[14] 路迈西. 选煤厂经营管理 [M]. 北京：煤炭工业出版社，1991.

[15] 郝凤印，李文林. 选煤手册（工艺与设备）[M]. 北京：煤炭工业出版社，1993.

[16]《选煤厂设计手册》编写委员会. 选煤厂设计手册 [M]. 北京：煤炭工业出版社，1978.

[17] 杨金铎，房志勇. 房屋建筑构造 [M]. 北京：中国建材工业出版社，2002.

[18]《选矿厂设计手册》编写委员会. 选矿厂设计手册 [M]. 北京：冶金工业出版社，1988.

[19] 戴少康. 选煤工艺设计的思路与方法 [M]. 北京：煤炭工业出版社，2003.

[20] 中国煤炭建设协会. GB 50359—2005 煤炭洗选工程设计规范 [S]. 北京：中国计划出版社，2005.

[21] 中国煤炭建设协会. GB 50583—2010 选煤厂建筑结构设计规范 [S]. 北京：中国计划出版社，2010.

[22] 中国煤炭建设协会. GB/T 50748—2011 选煤厂工艺制图标准 [S]. 北京：中国计划出版社，2011.

[23] 中国煤炭建设协会. GB/T 50553—2010 煤炭工业选煤厂工程建设项目设计文件编制标准 [S]. 北京：中国计划出版社，2010.

[24] 中国煤炭建设协会. MT/T 1153—2011 煤炭工业选煤厂工程建设项目可行性研究报告编制标准 [S]. 北京：煤炭工业出版社，2011.

[25] 中国国家标准化管理委员会. GB/T 18512—2008 高炉喷吹用煤技术条件 [S]. 北京：中国标准出版社，2008.

[26] 中国国家标准化管理委员会. GB/T 397—2009 炼焦用煤技术条件 [S]. 北京：中国标准出版社，2009.

[27] 中国国家标准化管理委员会. GB/T 9143—2008 常压固定床气化用煤技术条件 [S]. 北京：中国标准出版社，2008.

[28] 中国国家标准化管理委员会. GB/T 23810—2009 直接液化用煤技术条件 [S]. 北京：中国标准出版社，2009.

[29] 国家发展和改革委员会. MT/T 1011—2006 煤基活性炭用煤技术条件 [S]. 北京：煤炭工业出版社，2009.

[30] 常德亮. 选煤厂建设模式的探讨 [J]. 山西建筑，2013，39（1）：233~234.

[31] 张文. 基于 FIDIC 合同框架的选煤厂工程项目建设管理探讨 [J]. 选煤技术，2012，6：129~131.

[32] 严广柏，张法军. 选煤厂建设的项目管理模式及其实践 [J]. 煤炭工程，2002，3：25~27.

[33] 杨万福，王博，符国强. 浅谈 EPC 总承包模式下选煤厂的建设 [J]. 选煤技术，2012，4：105~107.

［34］李志勇，吕建红，郭志强，等. 浅析宁鲁煤电任家庄选煤厂工程总承包项目［J］. 煤炭工程，2012，1：137~139.

［35］荆萍. 选煤厂工程项目总承包管理实践［J］. 煤炭加工与综合利用，2012，6：57~59.

［36］张金国. 隔膜快开压滤机及其在浮选精煤脱水工艺中的应用［J］. 煤炭加工与综合利用，2009，8：8~11.

［37］王占勇. 特大群矿型选煤厂建设、管理模式的探索与实践［J］. 内蒙古煤炭经济，2007，3：14~18.

［38］杨学民，陈常州，葛慧娟. 选煤厂项目建设过程控制探讨和实践［J］. 煤炭工程，2011，11：92~94.

［39］郭牛喜，陶能进，李明辉. 我国特大型现代化选煤厂设计的实践与展望［J］. 煤炭工程，2012，1：82~85.

［40］赵选选. 快开式隔膜压滤机在浮精脱水中的应用［J］. 中国煤炭，2009，35（9）：82~84.

［41］刘峰. 重介质旋流器选煤技术的现状及在我国的新发展［J］. 选煤技术，2004，10（5）：1~8.

［42］段昆，肖敏，王良福. 动筛跳汰系统设计中若干环节的探讨［J］. 煤炭加工与综合利用，2004，3：8~9.

［43］姜英. 煤化工用煤技术标准系统研究［J］. 煤炭科学技术，2008，36（12）：86~69.

［44］黄波，韦彬，李志勇，等. 基于SolidWorks的选煤厂车间三维设计［J］. 煤炭工程，2014，46（3）：23~25.